土木建筑大类专业系列新形态教材

平法识图与钢筋算量理论实践

潘少红　廖术龙 ▣ 主　编
罗昌杰　丁佳佳 ▣ 副主编

清華大学出版社
北　京

内容简介

本书依据22G101《混凝土结构施工图平面整体表示方法制图规则和构造详图》系列图集(101-1、101-2、101-3)、《混凝土结构设计规范》(GB 50010—2010)(2015年版)、《建筑抗震设计规范》(GB 50010—2010)(2016年版)、《建筑结构制图标准》(GB/T 50105—2010)、《高层建筑混凝土结构技术规程》(JGJ 3—2010)等规范编写。

本书内容丰富、通俗易懂、实用性强，便于读者理解。本书主要内容有三大模块，包括平法识图规则与钢筋算量方法、工学结合案例识读、技能训练项目集。本书在实训部分将实际工程案例作为实训内容，通过单项训练和综合训练，提高学生的动手能力。

本书可作为高职高专院校以及应用型本科院校工程造价专业、工程管理专业、建筑工程技术专业、工程监理专业等土建类相关专业的“平法识图与钢筋算量”课程教材和实训用书，也可供设计人员、施工技术人员、工程造价人员以及相关专业大中专的师生学习参考。

图书在版编目(CIP)数据

平法识图与钢筋算量理论实践 / 潘少红，廖术龙主编. —北京：清华大学出版社，2023.9(2024.8重印)
土木建筑大类专业系列新形态教材
ISBN 978-7-302-63320-4

Ⅰ. ①平… Ⅱ. ①潘… ②廖… Ⅲ. ①钢筋混凝土结构—建筑构图—识图—高等职业教育—教材 ②钢筋混凝土结构—结构计算—高等职业教育—教材 Ⅳ. ①TU375

中国国家版本馆CIP数据核字(2023)第060515号

责任编辑：郭丽娜
封面设计：曹 来
责任校对：袁 芳
责任印制：丛怀宇

出版发行：清华大学出版社
网 址：https://www.tup.com.cn，https://www.wqxuetang.com
地 址：北京清华大学学研大厦A座　　**邮 编：**100084
社 总 机：010-83470000　　**邮 购：**010-62786544
投稿与读者服务：010-62776969，c-service@tup.tsinghua.edu.cn
质量反馈：010-62772015，zhiliang@tup.tsinghua.edu.cn
课件下载：https://www.tup.com.cn，010-83470410
印 装 者：三河市龙大印装有限公司
经 销：全国新华书店
开 本：185mm×260mm　　**印 张：**19.25　　**字 数：**461千字
版 次：2023年9月第1版　　**印 次：**2024年8月第2次印刷
定 价：59.00元

产品编号：092748-01

前言

党的二十大报告指出:“统筹职业教育、高等教育、继续教育协同创新,推进职普融通、产教融合、科教融汇,优化职业教育类型定位。”本书为适应职业教育高质量发展需要编写,是一本内容充实、案例丰富、通俗易懂、将工作任务与学习任务紧密结合、适合高等院校学生和工程一线专业技术人员使用的指导书。

《混凝土结构施工图平面整体表示方法制图规则和构造详图》(22G101 系列图集)是国家建筑标准设计图集。随着混凝土结构施工图平面整体方法在建筑行业的全面运用,看懂平法表示的结构施工图之后,进行工程施工、监理、造价和设计,是相关专业技术人员应掌握的基本技能,也是相关专业在校大学生们应具备的基本技能。

高等院校相关专业学生和技术人员学习过程中,极其需要通过工程实际案例的训练来强化平法识图和钢筋算量的技能。本书分为三大模块,包括平法识图规则与钢筋算量方法、工学结合案例识读、技能训练项目集。在实训部分,将实际工程案例作为实训内容,使学生能够获得第一手工程资料,通过单项训练和综合训练,提高学生综合识图和算量的能力。

本书根据土建类高职高专人才培养的要求,按照工学结合、项目化、任务驱动教学理念进行编写。针对高职学生特点,以就业岗位需求为目标,从实际应用中的具体技术问题出发,合理编排教材内容。在内容和难度上,充分考虑高职高专学生的知识基础,使学生在掌握平法识图和钢筋算量基本方法的基础上,具备识读工程结构施工图、计算结构构件钢筋工程量的能力。本书具有以下特点。

1. 本书与实训相结合,以实际项目为载体

本书内容和体系框架设计充分考虑了高职高专学生的认知规律和职业岗位要求,书中所用内容、结构遵循“重应用”的原则,选择最基本的内容、方法及典型应用实例,突出体现“理实一体,注重实践”的高等职业教育特点,有利于专业能力的培养。

2. 解决理论知识与工程实际应用分离的问题

传统的专业课程教材大多存在理论知识与工程实际应用分离的问题,学生对学习专业基础课与专业课之间以及与将来的工作内容之间有何联系不甚清楚,对学习兴趣和积极性有极大的影响。本书以完成具体工程任务为目标,找出完成任务所需相关理论知识,通过虚拟和实际操作相结合的方法构建书中内容,将工作内容与学习内容、工作任务与学习任务相结合,注重知识在工程中的应用方法和过程,解决了专业基础课程教材理论知识与工程实际应用分离的问题。

3. 紧密结合新规范,融入新技术、新方法,反映新成果

本书将建筑工程相关新标准、新规范纳入其中,注重基础理论与工程实践的结合,并与生产实践紧密结合,既满足教学需要,又具有生产、科研方面的应用价值和意义。

本书由云南国土资源职业学院的潘少红、廖术龙担任主编,罗昌杰、丁佳佳担任副主编,由四川省地质矿产勘查开发局攀西地质队的杨国红参编，全书由潘少红统稿。第1章由杨国红编写，第2～4、8、9章由潘少红编写；第5、7章由廖术龙编写；第6、11章由罗昌杰编写；第10章由丁佳佳编写。全书的三维图形建模和三维图形处理由廖术龙和罗昌杰完成。

在编写本书的过程中，参阅和借鉴了很多优秀书籍、图集和国家相关规范和大量网络资源，在此一并表示感谢。由于编者水平有限，书中难免存在疏漏和不足之处，恳请有关专家和读者提出宝贵意见并予以批评、指正。

编　者

2023年2月

目 录

第1部分 平法识图规则与钢筋算量方法

第2部分 工学结合案例识读

第3部分 技能训练项目集

第 1 部分

平法识图规则与钢筋算量方法

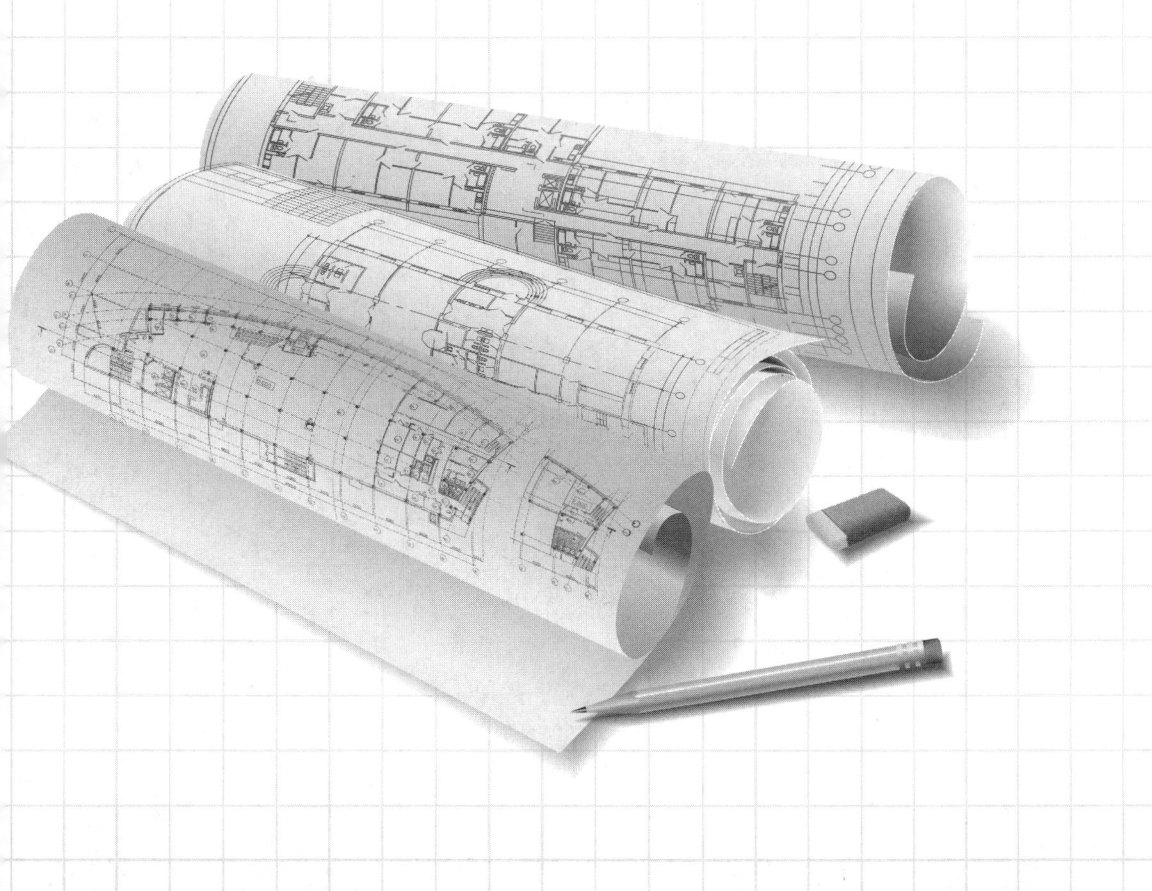

第1章 基础知识

1.1 结构施工图基础知识

建筑工程施工图是工程界的技术语言，是表达工程设计和指导工程施工不可缺少的重要依据，是具有法律效力的正式文件，也是重要的技术档案文件。

建筑工程施工图按照其内容和作用不同，通常分为结构施工图、建筑施工图、设备施工图(包含给水排水施工图、暖通施工图和电气施工图等)。建筑工程施工图一般的编排顺序是图纸目录、设计总说明、建筑总平面图、建筑施工图、结构施工图、给水排水施工图、暖通施工图和电气施工图等。

结构施工图是在房屋建筑阶段，根据建筑物使用要求和作用于建筑物上的荷载，选择合理的结构类型和结构方案，进行结构布置，经过结构计算，确定各结构构件的几何尺寸、材料等级及内部构造，把结构设计的结果绘成图样，即为结构施工图。

结构施工图是施工定位、放线、基槽开挖、支模板、绑扎钢筋、设置预埋件、浇筑混凝土、安装梁、板、柱及编制预算和施工进度计划的重要依据。

建筑结构根据其主要承重构件所采用的材料不同，通常可分为钢结构、木结构、砖混结构和钢筋混凝土结构等。对于不同的结构类型，其结构施工图的具体内容及编排方式也各有不同。结构施工图一般应包括结构设计说明、结构布置平面图及构造详图。

1.2 建筑结构安全等级的划分

建筑结构安全等级简称安全等级、结构安全等级，是为了区别在近似概率论极限状态设计方法中，针对重要性不同的建筑物，采用不同的结构可靠度而提出的。

现行国家标准《建筑结构可靠度设计统一标准》(GB 50068—2018)规定，进行建筑结构设计时，应根据结构破坏可能产生的后果的严重性，采用不同的安全等级。建筑结构安全等级划分为三个等级：一级是重要的建筑物；二级是大量的一般建筑物；三级是次要的建筑物。至于重要建筑物与次要建筑物的划分，则应根据建筑结构的破坏后果，即危及人的生命、造成经济损失、产生社会影响等的严重程度确定。

同一建筑物内的各种结构构件宜与整个结构采用相同的安全等级，但允许对部分结构构件根据其重要程度和综合经济效果进行适当调整。如提高某一结构构件的安全等级所需额外费用很少，又能减轻整个结构的破坏，从而大大减少人员伤亡和财物损失，则可将该结构构件的安全等级比整个结构的安全等级提高一级；相反，如某一结构构件的破坏并不影响整个结构或其他结构构件，则可将其安全等级降低一级；任何情况下结构的安全等级均不得低于三级。

1.3 关于抗震的几个概念

震级是表示地震强度所划分的等级，中国把地震划分为六级：小地震3级，有感地震3～4.5级，中强地震4.5～6级，强烈地震6～7级，大地震7～8级，大于8级的为巨大地震。

地震烈度是指某一地区地面和各类建筑物遭受一次地震影响破坏的强烈程度，是衡量某次地震对一定地点影响程度的一种度量。同一地震发生后，不同地区受地震影响的破坏程度不同，烈度也不同，受地震影响破坏越大的地区，烈度越高。

设计部门依据国家有关规定，按"建筑物重要性分类与设防标准"，根据设防类别、结构类型、烈度和房屋高度四个因素确定并采用不同抗震等级进行具体设计。抗震等级划分为一级至四级，以表示其很严重、严重、较严重及一般的四个级别。

建筑工程抗震设防类别分为甲、乙、丙、丁四类，划分情况如下。

特殊设防类(简称甲类)：指使用上有特殊设施，涉及国家公共安全的重大建筑工程，以及地震时可能发生严重次生灾害等特别重大灾害后果，需要进行特殊设防的建筑。

重点设防类(简称乙类)：指地震时使用功能不能中断或需尽快恢复的生命线相关建筑，以及地震时可能导致大量人员伤亡等重大灾害后果，需要提高设防标准的建筑。

标准设防类(简称丙类)：指大量的除特殊、重点、适度设防类以外按标准要求进行设防的建筑。

适度设防类(简称丁类)：指使用上人员稀少且震损不致产生次生灾害，允许在一定条件下适度降低要求的建筑。

1.4 钢筋基础知识

1.4.1 钢筋的品种、级别及选用

根据《混凝土结构设计规范》(GB 50010—2010)(2015年版)的规定，我国混凝土结构中钢筋应按以下规定选用。

(1) 纵向受力普通钢筋可采用HRB400、HRB500、HRBF400、HRBF500、HRB335、RRB400、HPB300钢筋。

(2) 梁、柱和斜撑构件的纵向受力普通钢筋宜采用HRB400、HRB500、HRBF400、HRBF500钢筋。

(3) 箍筋宜采用HRB400、HRBF400、HRB335、HPB300、HRB500、HRBF500钢筋。

(4) 预应力筋宜采用预应力钢丝、钢绞线或预应力螺纹钢筋。

各种钢筋类型的钢筋符号及其在软件中的代号如表1-1所示。

表 1-1　钢筋符号表

钢 筋 种 类	钢筋牌号	钢筋符号	软件代号
热轧光圆钢筋	HPB300	A	A
普通热轧带肋钢筋	HRB335	B	B
普通热轧带肋钢筋	HRB400	C	C
余热处理带肋钢筋	RRB400	C^{R}	D
普通热轧带肋钢筋	HRB500	D	E
细晶粒热轧带肋钢筋	HRBF335	B^{F}	BF
细晶粒热轧带肋钢筋	HRBF400	C^{F}	CF
细晶粒热轧带肋钢筋	HRBF500	D^{F}	EF
普通热轧抗震钢筋	HRB335	B^{E}	BE
普通热轧抗震钢筋	HRB400	C^{E}	CE
普通热轧抗震钢筋	HRB500	D^{E}	DE
细晶粒热轧抗震钢筋	HRBF335E	B^{FE}	BFE
细晶粒热轧抗震钢筋	HRBF400E	C^{FE}	CFE
细晶粒热轧抗震钢筋	HRBF500E	D^{FE}	EFE
冷轧带肋钢筋		A^{R}	L
冷轧扭钢筋		A^{l}	N
预应力钢绞线		A^{S}	
预应力钢丝		A^{P}	

1.4.2　钢筋在图纸中的表示方法

普通钢筋的一般表示方法应符合表 1-2 的规定。

钢筋的常见画法见表 1-3。

表 1-2　普通钢筋的一般表示方法

名　　称	图　例	说　　明
钢筋横断面	•	—
无弯钩的钢筋端部		表示长，短钢筋投影重叠时， 短钢筋的端部用 45°斜画线表示
带半圆形弯钩的钢筋端部		—
带直钩的钢筋端部		—
带丝扣的钢筋端部		—

续表

名　　称	图　例	说　　明
无弯钩的钢筋搭接		—
带半圆弯钩的钢筋搭接		—
带直钩的钢筋搭接		—
花篮螺丝钢筋接头		—
机械连接的钢筋接头		用文字说明机械连接的方式（如冷挤压或直螺纹等）

表 1-3　钢筋的画法

序号	图　例	说　　明
1	（底层）　（顶层）	在结构楼板中配置双层钢筋时，底层钢筋的弯钩应向上或向左，顶层钢筋的弯钩则应向下或向右
2	JM　YM	钢筋混凝土墙体配双层钢筋时，在配筋立面图中，远面钢筋的弯钩应向上或向左，而近面钢筋的弯钩应向下或向右（JM：近面，YM：远面）
3		若在断面图中不能表达清楚钢筋布置，应在断面图外增加钢筋大样图（如钢筋混凝土墙、楼梯）
4		若图中所表示的箍筋、环筋等布置复杂时，可加画钢筋大样及说明
5		每组相同的钢筋、箍筋或环筋，可用一根粗实线表示，同时用一根带斜短画线的横穿细线，表示其钢筋及起止范围

1.4.3　混凝土结构的环境类别

影响混凝土结构耐久性最重要的因素就是环境，环境类别应根据其对混凝土结构耐久性的影响而确定。混凝土结构环境类别的划分主要是为了方便混凝土结构正常使用极限状态的验算和耐久性设计，环境类别见表1-4。

表1-4　混凝土结构的环境类别

<table>
<tr><th colspan="2">环境类别</th><th>条　件</th></tr>
<tr><td colspan="2">一</td><td>室内干燥环境，无侵蚀性静水浸没环境</td></tr>
<tr><td rowspan="2">二</td><td>a</td><td>室内潮湿环境，非严寒和非寒冷地区的露天环境；非严寒和非寒冷地区与无侵蚀性水或土直接接触的环境；严寒或寒冷地区的冰冻线以下与无侵蚀性的水或土壤直接接触的环境</td></tr>
<tr><td>b</td><td>干湿交替环境；水位频繁变动环境；严寒地区和寒冷地区的露天环境；严寒地区和寒冷地区冰冻线以上与无侵蚀性的水或土壤直接接触的环境</td></tr>
<tr><td rowspan="2">三</td><td>a</td><td>严寒地区和寒冷地区冬季水位变动区环境；受除冰盐影响环境；海风环境</td></tr>
<tr><td>b</td><td>盐渍土环境；受除冰盐作用环境；海岸环境</td></tr>
<tr><td colspan="2">四</td><td>海水环境</td></tr>
<tr><td colspan="2">五</td><td>受人为或自然的侵蚀性物质影响的环境</td></tr>
</table>

注：① 室内潮湿环境是指构件表面经常处于结露或湿润状态的环境。

② 严寒或寒冷地区的划分应符合现行国家标准《民用建筑热工设计规范》(GB 50176—2016)的有关规定。

③ 海岸环境和海风环境宜根据当地情况，考虑主导风向及结构所处迎风、背风部位等因素的影响，由调查研究和工程经验确定。

④ 受除冰盐影响环境是指受到除冰盐、盐雾影响的环境；受除冰盐作用环境是指被除冰盐溶液溅射的环境以及使用除冰盐地区的洗车房、停车楼等建筑。

1.4.4　混凝土的保护层厚度

混凝土与钢筋两种不同性质的材料共同工作是保证结构构件承载力和结构性能的基本条件，混凝土是抗压性能较好的脆性材料，钢筋是抗拉性能较好的延性材料，这两种材料各以其抗压、抗拉性能优势相结合而构成了具有抗压、抗拉、抗弯、抗剪、抗扭等结构性能的各种结构形式的建筑物或构筑物。混凝土与钢筋共同工作的保证条件是依靠混凝土与钢筋之间足够的握裹力，这就要求在钢筋混凝土构件中钢筋的外边缘至构件表面应留有一定厚度的混凝土，这个厚度就是混凝土保护层最小厚度。

另外，钢筋会因受到外界介质的化学作用或电化学作用而逐渐被破坏，此现象称为锈蚀。混凝土保护层能保护钢筋不锈蚀，确保结构安全性和耐久性。

影响混凝土保护层厚度的四大因素是环境类别、构件类型、混凝土强度等级及结构设计使用年限。不同环境类别的混凝土保护层的最小厚度应符合表1-5的规定。

表 1-5　混凝土保护层的最小厚度

环境类别		板、墙/mm	梁、柱/mm
一		15	20
二	a	20	25
	b	25	35
三	a	30	40
	b	40	50

注：① 表中混凝土保护层厚度是指最外层钢筋外边缘至混凝土表面的距离，适用于设计使用年限为 50 年的混凝土结构。

② 构件中受力钢筋的保护层厚度不应小于钢筋的公称直径。

③ 设计使用年限为 100 年的混凝土结构，一类环境中，最外层钢筋的保护层厚度不应小于表中数值的 1.4 倍；二、三类环境中，应采取专门的有效措施(混凝土的环境类别见表 1-4)。例如，环境类别为一类，结构设计使用年限为 100 年的框架梁，混凝土强度等级为 C30，其混凝土保护层的最小厚度应为 20×1.4=28(mm)。

④ 混凝土强度等级不大于 C25 时，表中保护层厚度数值应增加 5mm。

⑤ 基础底面钢筋的保护层厚度，有混凝土垫层时，应从垫层顶面算起，且不应小于 40mm；无垫层时，不应小于 70mm。

1.4.5　受拉钢筋的锚固长度

为了保证钢筋与混凝土共同受力，它们之间必须要有足够的黏结强度。为了保证黏结效果，钢筋在混凝土中要有足够的锚固长度。

受拉钢筋基本锚固长度 l_{ab} 和抗震设计时受拉钢筋基本锚固长度 l_{abE} 应分别符合表 1-6 和表 1-7 的规定。

表 1-6　受拉钢筋基本锚固长度 l_{ab}

钢筋种类	混凝土强度等级							
	C25	C30	C35	C40	C45	C50	C55	≥C60
HPB300	34*d*	30*d*	28*d*	25*d*	24*d*	23*d*	22*d*	21*d*
HRB400、HRBF400、RRB400	40*d*	35*d*	32*d*	29*d*	28*d*	27*d*	26*d*	25*d*
HRB500、HRBF500	48*d*	43*d*	39*d*	36*d*	34*d*	32*d*	31*d*	30*d*

表 1-7　抗震设计时受拉钢筋基本锚固长度 l_{abE}

钢筋种类		混凝土强度等级							
		C25	C30	C35	C40	C45	C50	CSS	>C60
HPB300	一、二级	39*d*	35*d*	32*d*	29*d*	28*d*	26*d*	25*d*	24*d*
	三级	36*d*	32*d*	29*d*	26*d*	25*d*	24*d*	23*d*	22*d*
HRB400、HRBF400	一、二级	46*d*	40*d*	37*d*	33*d*	32*d*	31*d*	30*d*	29*d*
	三级	42*d*	37*d*	34*d*	30*d*	29*d*	28*d*	27*d*	26*d*

续表

钢筋种类		混凝土强度等级							
		C25	C30	C35	C40	C45	C50	CSS	>C60
HRB500、HRBF500	一、二级	55d	49d	45d	41d	39d	37d	36d	35d
	三级	50d	45d	41d	38d	36d	34d	33d	32d

注：四级抗震时，$l_{aE}=l_a$，混凝土强度等级应取锚固区的混凝土强度等级。

受拉钢筋锚固长度 l_a、受拉钢筋抗震锚固长度 l_{aE} 应分别符合表1-8和表1-9的规定。

表1-8 受拉钢筋锚固长度 l_a

钢筋种类	混凝土强度等级															
	C25		C30		C35		C40		C45		C50		C55		≥C60	
	d≤25	d>25	d≤25	d>25	d≤25	d>25	d≤25	d>25	d≤25	d>25	d≤25	d>25	d≤25	d>25	d≤25	d>25
HPB300	34d	—	30d	—	28d	—	25d	—	24d	—	23d	—	22d	—	21d	—
HRB400、HRBF400、RRB400	40d	44d	35d	39d	32d	35d	29d	32d	28d	31d	27d	30d	26d	29d	25d	28d
HRB500、HRBF500	48d	53d	43d	47d	39d	43d	36d	40d	34d	37d	32d	35d	31d	34d	30d	33d

表1-9 受拉钢筋抗震锚固长度 l_{aE}

钢筋种类及抗震等级		混凝土强度等级															
		C25		C30		C35		C40		C45		C50		C55		≥C60	
		d≤25	d>25	d≤25	d>25	d≤25	d>25	d≤25	d>25	d≤25	d>25	d≤25	d>25	d≤25	d>25	d≤25	d>25
HPB300	一、二级	39d	—	35d	—	32d	—	29d	—	28d	—	26d	—	25d	—	24d	—
	三级	36d	—	32d	—	29d	—	26d	—	25d	—	24d	—	23d	—	22d	—
HRB400、HRBF400、RRB400	一、二级	46d	51d	40d	45d	37d	40d	33d	37d	32d	36d	31d	35d	30d	33d	39d	32d
	三级	42d	46d	37d	41d	34d	37d	30d	34d	29d	33d	28d	32d	27d	30d	26d	29d
HRB500、HRBF500	一、二级	55d	61d	49d	54d	45d	49d	41d	46d	39d	43d	37d	40d	36d	39d	35d	38d
	三级	50d	56d	45d	49d	41d	45d	38d	42d	36d	39d	34d	37d	33d	36d	32d	35d

注：① 当为环氧树脂涂层带肋钢筋时，表中数据尚应乘以1.25。

② 当纵向受拉钢筋在施工过程中易受扰动时，表中数据尚应乘以1.1。

③ 当锚固长度范围内纵向受力钢筋周边保护层厚度为3d、5d(d为锚固钢筋的直径)时，表中数据可分别乘以0.8、0.7，中间时按内插值计算。

④ 当纵向受拉普通钢筋锚固长度修正系数(注①～注③)多于一项时，可按连乘计算。

⑤ 受拉钢筋锚固长度 l_a、l_{aE} 计算值不应小于200。

⑥ 四级抗震时，$l_{aE}=l_a$。

⑦ 当锚固钢筋的保护层厚度不大于5d时，锚固钢筋长度范围内设置横向构造钢筋，其直径不应小于d/4(d为锚固钢筋的最大直径)；对梁、柱等构件间距不应大于5d，对板、墙等构件不应大于10d，且均不应大于100mm(d为锚固钢筋的最小直径)。

1.4.6 钢筋的连接方式

在施工过程中，由于钢筋的供货长度是有限的，常见的有 12m 和 9m，而构件的长度往往大于钢筋的供货长度，这时需要对钢筋进行连接，钢筋的连接处应设置在构件受力较小的位置。钢筋的主要连接方式有三种，即绑扎搭接、机械连接和焊接连接，如图 1-1 所示。

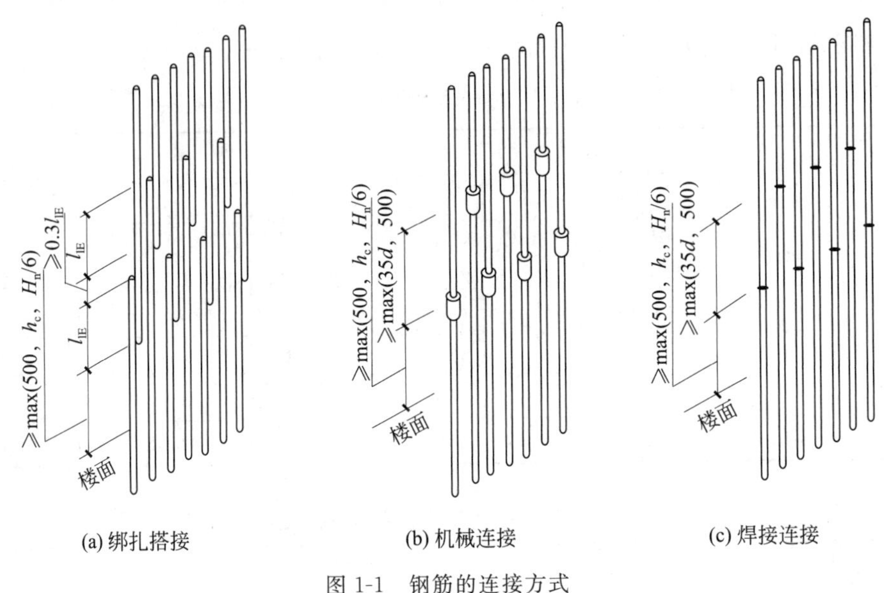

(a) 绑扎搭接　　(b) 机械连接　　(c) 焊接连接

图 1-1　钢筋的连接方式

1. 绑扎搭接

纵向受力钢筋的绑扎搭接是钢筋连接最常见的方式之一，具有施工操作简单的优点，但连接强度较低，不适合大直径钢筋连接。规范规定，当受拉钢筋 $d \geqslant 25$mm 和受压钢筋 $d \geqslant 28$mm 时，不宜采用绑扎搭接。绑扎搭接连接比较浪费钢筋，目前主要应用于楼板钢筋的连接。

在钢筋算量时，机械连接和焊接不需要额外增加钢筋长度，但绑扎搭接时，需要考虑钢筋的搭接长度，钢筋的搭接长度和抗震搭接长度分别见表 1-10 和表 1-11。

表 1-10　纵向受拉钢筋搭接长度 l_l

钢筋种类		混凝土强度等级															
		C25		C30		C35		C40		C45		C50		C55		>C60	
		$d \leqslant 25$	$d > 25$	$d \leqslant 25$	$d > 25$	$d \leqslant 25$	$d > 25$	$d < 25$	$d > 25$	$d \leqslant 25$	$d > 25$	$d \leqslant 25$	$d > 25$	$d \leqslant 25$	$d > 25$	$d \leqslant 25$	$d > 25$
HPB300	<25%	41d	—	36d	—	34d	—	30d	—	29d	—	28d	—	26d	—	25d	—
	50%	48d	—	42d	—	39d	—	35d	—	34d	—	32d	—	31d	—	29d	—
	100%	54d	—	48d	—	45d	—	40d	—	38d	—	37d	—	35d	—	34d	—

续表

钢筋种类		C25		C30		C35		C40		C45		C50		C55		>C60	
		$d\leqslant25$	$d>25$	$d\leqslant25$	$d>25$	$d\leqslant25$	$d>25$	$d<25$	$d>25$	$d\leqslant25$	$d>25$	$d\leqslant25$	$d>25$	$d\leqslant25$	$d>25$	$d\leqslant25$	$d>25$
HRB400、HRBF400、RRB400	<25%	48d	53d	42d	47d	38d	42d	35d	38d	34d	37d	32d	36d	31d	35d	30d	34d
	50%	56d	62d	49d	55d	45d	49d	41d	45d	39d	43d	38d	42d	36d	41d	35d	39d
	100%	64d	70d	56d	62d	51d	56d	46d	51d	45d	50d	43d	48d	42d	46d	40d	45d
HRB500、HRBF500	<25%	58d	64d	52d	56d	47d	52d	43d	48d	41d	44d	38d	42d	37d	41d	36d	40d
	50%	67d	74d	60d	66d	55d	60d	50d	56d	48d	52d	45d	49d	43d	48d	42d	46d
	100%	77d	85d	69d	75d	62d	69d	58d	64d	54d	59d	51d	56d	50d	54d	48d	53d

（表头“C25～>C60”上方跨列标题：混凝土强度等级）

注：① 表中数值为纵向受拉钢筋绑扎搭接接头的搭接长度。

② 两根不同直径钢筋搭接时，表中 d 取较细钢筋直径。

③ 当为环氧树脂涂层带肋钢筋时，表中数据尚应乘以 1.25。

④ 当纵向受拉钢筋在施工过程中易受扰动时，表中数据尚应乘以 1.1。

⑤ 当搭接长度范围内纵向受力钢筋周边保护层厚度为 $3d$、$5d$（d 为搭接钢筋的直径）时，表中数据尚可分别乘以 0.8、0.7；中间时按内插值计算。

⑥ 当上述修正系数（注③～注⑤）多于一项时，可按连乘计算。

⑦ 位于同一连接区段内的钢筋搭接接头面积百分率为表中数据中间值时，搭接长度可按内插取值。

⑧ 任何情况下，搭接长度不应小于 300mm。

⑨ HPB300 级钢筋末端应做 180°弯钩。

表 1-11　纵向受拉钢筋抗震搭接长度 l_{lE}

钢筋种类			C20	C25		C30		C35		C40		C45		C50		C55		>C60	
			$d\leqslant25$	$d\leqslant25$	$d>25$	$d\leqslant25$	$d>25$	$d\leqslant25$	$d>25$	$d<25$	$d>25$	$d\leqslant25$	$d>25$	$d\leqslant25$	$d>25$	$d\leqslant25$	$d>25$	$d\leqslant25$	$d>25$
一、二级抗震等级	HPB300	<25%	54d	47d	—	42d	—	38d	—	35d	—	34d	—	31d	—	30d	—	29d	—
		50%	63d	55d	—	49d	—	45d	—	41d	—	39d	—	36d	—	35d	—	34d	—
	HRB335	<25%	53d	46d	—	40d	—	37d	—	35d	—	31d	—	30d	—	29d	—	29d	—
		50%	62d	53d	—	46d	—	43d	—	41d	—	36d	—	35d	—	34d	—	34d	—
	HRB400、HRBF400	<25%	—	55d	61d	48d	54d	44d	48d	40d	44d	38d	43d	37d	42d	36d	40d	35d	38d
		50%	—	64d	71d	56d	63d	52d	56d	46d	52d	45d	50d	43d	49d	42d	46d	41d	45d
	HRB500、HRBF500	<25%	—	66d	73d	59d	65d	54d	59d	49d	55d	47d	52d	44d	48d	43d	47d	42d	46d
		50%	—	77d	85d	69d	76d	63d	69d	57d	64d	55d	60d	52d	56d	50d	55d	49d	53d

（表头“C20～>C60”上方跨列标题：混凝土强度等级）

续表

钢筋种类			混凝土强度等级																
			C20	C25		C30		C35		C40		C45		C50		C55		>C60	
			$d\leqslant25$	$d\leqslant25$	$d>25$	$d\leqslant25$	$d>25$	$d\leqslant25$	$d>25$	$d<25$	$d>25$	$d\leqslant25$	$d>25$	$d\leqslant25$	$d>25$	$d\leqslant25$	$d>25$	$d\leqslant25$	$d>25$
三级抗震等级	HPB300	≤25%	49d	43d	—	38d	—	35d	—	31d	—	30d	—	29d	—	28d	—	26d	—
		50%	57d	50d	—	45d	—	41d	—	36d	—	25d	—	34d	—	32d	—	31d	—
	HRB335	≤25%	48d	42d	—	36d	—	34d	—	31d	—	29d	—	28d	—	26d	—	26d	—
		50%	56d	49d	—	42d	—	39d	—	36d	—	34d	—	32d	—	31d	—	31d	—
	HRB400、HRBF400	≤25%	—	50d	55d	44d	49d	41d	44d	36d	41d	35d	40d	34d	38d	32d	36d	31d	35d
		50%	—	59d	64d	52d	57d	48d	52d	42d	48d	41d	46d	39d	45d	38d	42d	36d	41d
	HRB500、HRBF500	≤25%	—	60d	67d	54d	59d	49d	54d	46d	50d	43d	47d	41d	44d	40d	43d	38d	42d
		50%	—	70d	78d	63d	69d	57d	63d	53d	59d	50d	55d	48d	52d	46d	50d	45d	49d

注：① 表中数值为纵向受拉钢筋绑扎搭接接头的搭接长度。

② 两根不同直径钢筋搭接时，表中 d 取较细钢筋直径。

③ 当为环氧树脂涂层带肋钢筋时，表中数据尚应乘以 1.25。

④ 当纵向受拉钢筋在施工过程中易受扰动时，表中数据尚应乘以 1.1。

⑤ 当搭接长度范围内纵向受力钢筋周边保护层厚度为 $3d$、$5d$（d 为搭接钢筋的直径）时，表中数据尚可分别乘以 0.8、0.7；中间时按内插值计算。

⑥ 当上述修正系数（注③～注⑤）多于一项时，可按连乘计算。

⑦ 当位于同一连接区段内的钢筋搭接接头面积百分率为表中数据中间值时，搭接长度可按内插取值。

⑧ 任何情况下，搭接长度不应小于 300mm。

⑨ 四级抗震等级时，$l_{lE}=l_l$。

⑩ HPB300 级钢筋末端做成 180°弯钩。

在同一连接区段内，纵向受拉钢筋绑扎搭接接头宜相互错开，无论采用何种连接方式，连接点都是钢筋最薄弱的环节，所以钢筋的连接接头宜相互错开，尽量避免在同一个位置。根据《混凝土结构设计规范》（GB 50010—2010）（2015 年版）的规定，钢筋绑扎搭接接头连接区段的长度为搭接长度的 1.3 倍，凡搭接接头中点位于连接区段长度内的搭接接头均属于同一连接区段，如图 1-2 所示。

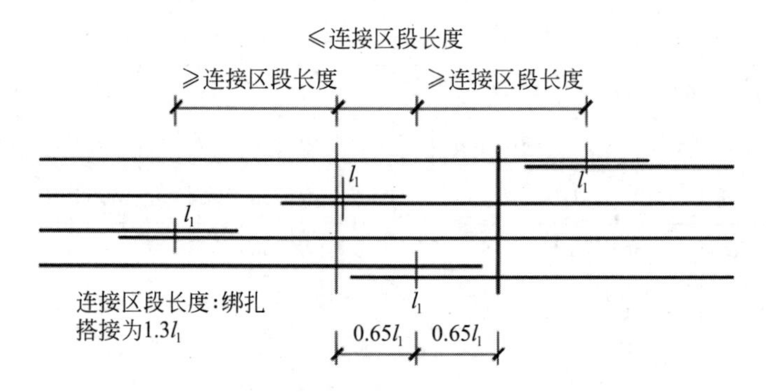

图 1-2　同一连接区段内纵向受拉钢筋绑扎搭接

钢筋连接区段规定，同一连接区段内纵向受力钢筋搭接接头面积百分率为该区段内有搭接接头的纵向受力钢筋与全部纵向受力钢筋截面面积的比值。位于同一连接区段内的受拉钢筋搭接接头面积百分率规定如下：对梁类、板类及墙类构件不宜大于25%，对柱类构件不宜大于50%，当工程中确有必要增大受拉钢筋搭接接头面积百分率时，对梁类构件不宜大于50%。

并筋采用绑扎搭接连接时，应按每根单筋错开搭接的方式，连接接头面积百分率应按同一连接区段内所有的单根钢筋计算，并筋中钢筋的搭接长度应按单筋分别计算。

构件中的纵向受压钢筋采用搭接连接时，其受压搭接长度不应小于受拉钢筋搭接长度的70%，且不宜小于200mm。

《混凝土结构设计规范》(GB 50010—2010)(2015年版)对搭接长度范围内的箍筋规定如下：纵向受力钢筋搭接长度范围内应配置箍筋，其直径不应小于钢筋较大直径的0.25。当钢筋受拉时，箍筋间距不应大于搭接钢筋较小直径的5倍，且不应大于100mm；当钢筋受压时，箍筋间距不应大于搭接钢筋较小直径的10倍，且不应大于200mm，当受压钢筋直径大于25mm时，尚应在搭接接头两端面外100mm范围内各设置两道箍筋。

2. 机械连接

纵向受力钢筋机械连接的接头形式有套筒挤压连接接头、直螺纹套筒连接接头和锥螺纹套筒连接接头。

纵向受力钢筋的机械连接接头宜相互错开。钢筋机械连接区段的长度为35d(d为连接钢筋的较小直径)。凡接头中点位于该区段长度内的机械连接接头均属于同一连接区段，位于同一连接区段内的纵向受拉钢筋接头面积百分数不宜大于50%，但对板、墙、柱及预制构件的拼接处，可根据实际情况放宽，纵向受压钢筋的接头面积百分率不受限制。

机械连接套筒的横向净距不宜小于25mm，套筒处箍筋的间距仍应满足相应的构造要求。

3. 焊接连接

纵向受力钢筋焊接连接的方法有闪光对焊、电渣压力焊等。根据《钢筋焊接及验收规程》(JGJ 18—2012)的规定，电渣压力焊只能用于柱、墙、构筑物等竖向构件中纵向钢筋的连接，不得用于梁、板等水平构件中纵向钢筋的连接。

纵向受力钢筋的焊接接头应相互错开，钢筋焊接接头连接区段的长度为35d(d为连接钢筋的较小直径)，且不小于500mm，凡接头中点位于该连接区段长度内的焊接接头，均属于同一连接区段，如图1-3所示。

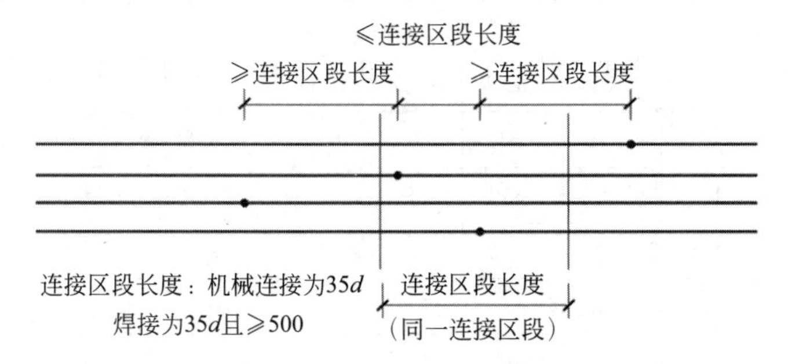

图1-3　同一连接区段内纵向受拉钢筋机械连接、焊接接头

纵向受拉钢筋的接头面积百分率不宜大于50%，但对预制构件的拼接处，可根据实际情况放宽。纵向受压钢筋的接头面积百分率可不受限制。

1.4.7 钢筋弯钩取值

钢筋弯钩根据弯折的角度不同而取不同的值，一般按表1-12计算。

表1-12 钢筋弯钩取值表（*d* 为钢筋直径）

名　称	不抗震	抗震
箍筋180°	8.25*d*	13.25*d*
直筋180°	6.25*d*	6.25*d*
箍筋90°	5.5*d*	10.5*d*
箍筋135°	6.9*d*	11.9*d*
抗扭箍筋	30*d*	30*d*

1.4.8 钢筋算量基本原理

根据《房屋建筑与装饰工程工程量计算规范》（GB 50854—2013）中钢筋工程量计算的要求，钢筋工程量应按设计图示钢筋（网）长度（面积）乘以单位理论质量计算。计算公式如下：

$$钢筋工程量=钢筋图示长度\times钢筋每米理论质量 \tag{1-1}$$

式中，钢筋图示长度为钢筋在构件内的净长加在节点处的锚固长度，并考虑钢筋的连接长度。钢筋在节点处的锚固长度受构件混凝土强度等级、结构抗震等级、钢筋型号以及混凝土保护层厚度的影响。

在实际工作中，钢筋每米理论质量可以查表1-13得到。

表1-13 钢筋的公称直径、公称截面面积及理论质量

公称直径/mm	不同根数钢筋的计算截面面积/mm²									单根钢筋理论质量/(kg/m)
	1	2	3	4	5	6	7	8	9	
6	28.3	57	85	113	142	170	198	226	255	0.222
8	50.3	101	151	201	252	302	352	402	453	0.395
10	78.5	157	236	314	393	471	550	628	707	0.617
12	113.1	226	339	452	565	678	791	904	1017	0.888
14	153.9	308	461	615	769	923	1077	1231	1385	1.21
16	201.1	402	603	804	1005	1206	1407	1608	1809	1.58

续表

公称直径/mm	不同根数钢筋的计算截面面积/mm²									单根钢筋理论质量/(kg/m)
	1	2	3	4	5	6	7	8	9	
18	254.5	509	763	1017	1272	1527	1781	2036	2290	2.00(2.11)
20	314.2	628	942	1256	1570	1884	2199	2513	2827	2.47
22	380.1	760	1140	1520	1900	2281	2661	3041	3421	2.98
25	490.9	982	1473	1964	2454	2945	3436	3927	4418	3.85(4.10)
28	615.8	1232	1847	2463	3079	3695	4310	4926	5542	4.83
32	804.2	1609	2413	3217	4021	4826	5630	6434	7238	6.31(6.65)
36	1017.9	2036	3054	4072	5089	6107	7125	8143	9161	7.99
40	1256.6	2513	3770	5027	6283	7540	8796	10053	11310	9.87(10.34)
50	1963.5	3928	5892	7856	9820	11784	13748	15712	17676	15.42(16.28)

注：括号内为预应力螺纹钢筋的数值。

第2章 梁平法识图与钢筋算量

2.1 梁平法施工图识图

2.1.1 梁的钢筋种类

梁构件钢筋种类较多，按钢筋在梁中的作用分为纵筋、箍筋和其他钢筋。按钢筋在梁中的位置，纵筋分为上部纵筋、下部纵筋、中部纵筋，上部纵筋按钢筋作用又分为上部通长筋、支座负筋和架立筋，中部纵筋又分为构造钢筋和受扭钢筋，其他钢筋包括附加箍筋、吊筋和拉筋等，如图 2-1 所示。

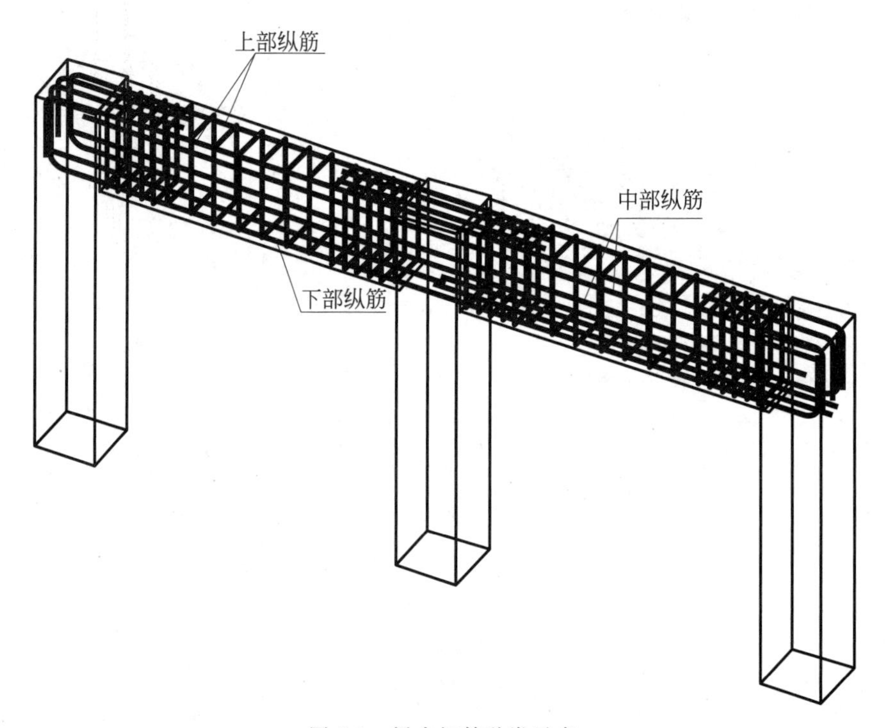

图 2-1　梁内钢筋种类示意

梁平法施工图是在梁平面布置图上采用平面注写方式或截面注写方式表达的施工图。由于实际工程中多用平面注写方式，故本书重点讲解平面注写方式。

平面注写方式是在梁平面布置图上，分别在不同编号的梁中各选一根梁，在其上注写截面尺寸和配筋具体数值的方式来表达梁平法施工图。

平面注写包括集中标注与原位标注，如图 2-2 所示。集中标注表达梁的通用数值，原位标注表达梁的特殊数值。当集中标注中的某项数值不适用于梁的某部位时，则将该项数值原位标注，施工时，原位标注取值优先。

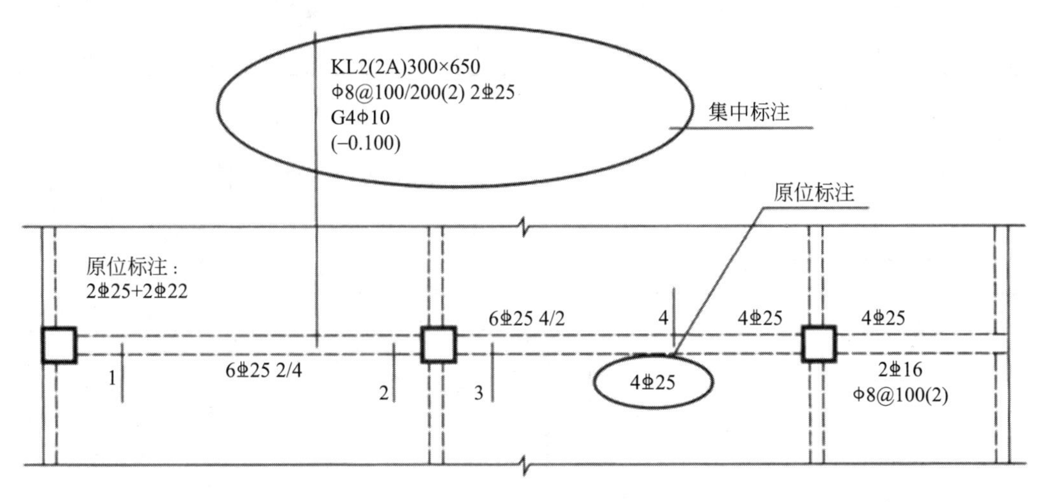

图 2-2　梁平面注写方式

2.1.2　梁平法施工图集中标注

梁的集中标注可以从梁的任意一跨引出，梁构件集中标注包括梁编号、截面尺寸、箍筋、上下部通长筋（或架立筋）、侧部构造筋（或受扭钢筋）等五项必注内容及一项选注值，如图 2-3(a)所示。

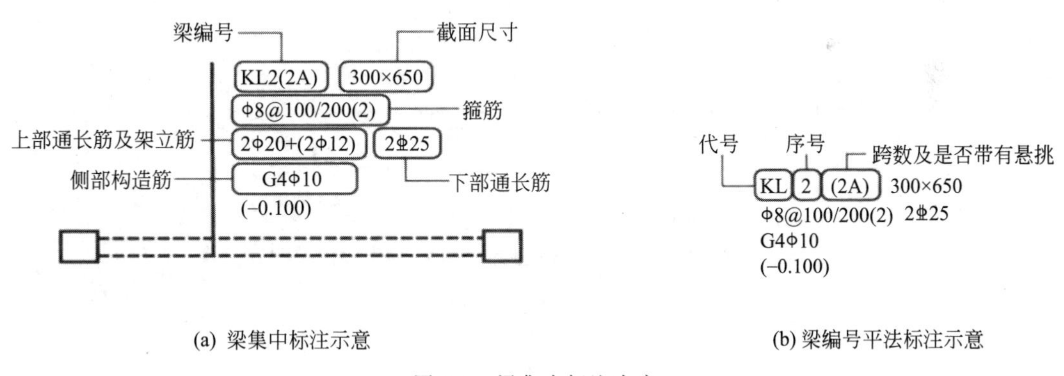

(a) 梁集中标注示意　　(b) 梁编号平法标注示意

图 2-3　梁集中标注内容

1. 梁的编号

梁编号由"代号""序号""跨数及是否带有悬挑"三项组成。编号根据梁类型的不同而有不同的代号，如图 2-3(b)和表 2-1 所示。跨数及是否带有悬挑表达为(××)为无悬挑，(××A)为一端有悬挑，(××B)为两端有悬挑，悬挑不计入跨数。楼层框架扁梁节点核心区代号为 KBH。非框架梁 L、井字梁 JZL 表示端支座为铰接；当非框架梁 L、井字梁 JZL 端支座上部纵筋可充分利用钢筋的抗拉强度时，在梁代号后加"g"。当非框架梁按受扭设计时，在梁代号后面加"N"。

表 2-1 梁编号

梁类型	楼层框架梁	楼层框架扁梁	屋面框架梁	非框架梁	框支梁	托柱转换梁	悬挑梁	井字梁
代号	KL	KBL	WKL	L	KZL	TZL	XL	JZL

2. 梁的截面尺寸

梁的截面尺寸根据梁截面类型及形状不同而有不同的表示方法，如图 2-4 所示。

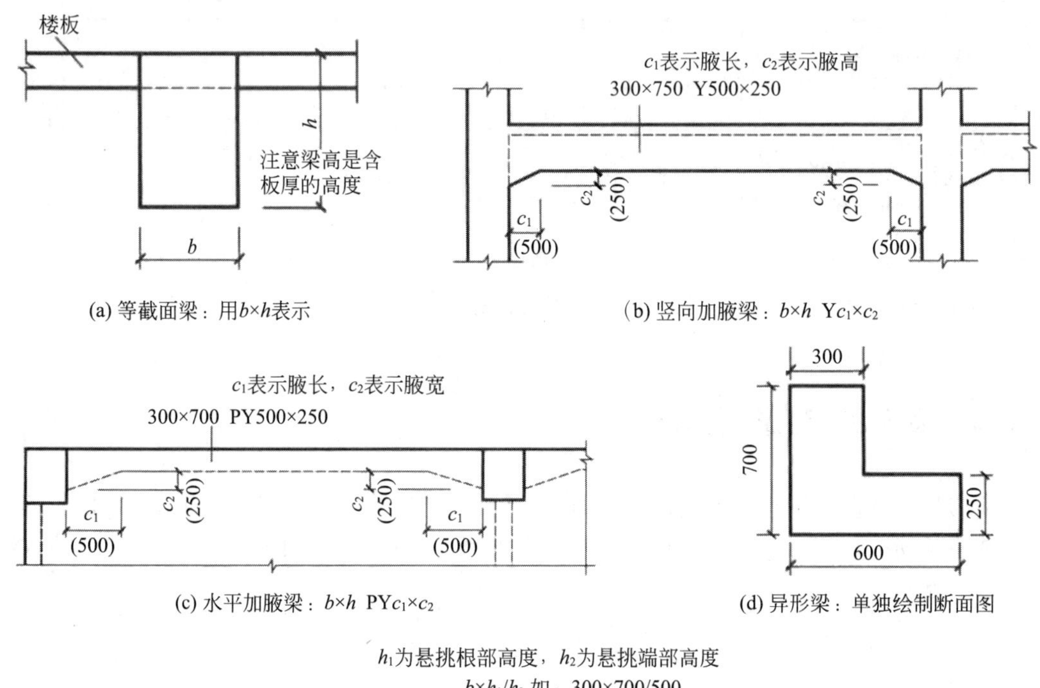

图 2-4 梁不同截面类型

3. 梁的箍筋

梁箍筋包括钢筋级别、直径、加密区与非加密区间距及肢数。箍筋加密区与非加密区的不同间距及肢数需用斜线分隔；当梁箍筋为同一种间距及肢数时，则不需用斜线；当加密区与非加密区的箍筋肢数相同时，则将肢数注写一次；箍筋肢数应写在括号内，如图 2-3(a)所示，“φ8@100/200(2)”中的“100/200”表示加密区箍筋间隔为 100mm，非加密区箍筋间隔为 200mm，“(2)”表示双肢箍。梁箍筋肢数如图 2-5 所示。

非框架梁、悬挑梁、井字梁采用不同的箍筋间距及肢数时，也用斜线将其分隔开。注写时，先注写梁支座端部的箍筋(包括箍筋的箍数、钢筋级别、直径、间距与肢数)，在斜线后注写梁跨中部分的箍筋间距及肢数。

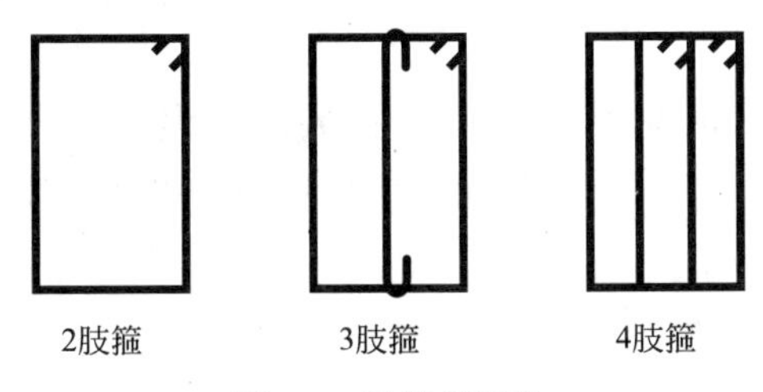

图 2-5 梁箍筋肢数

4. 梁的上部通长筋及架立筋

梁的上部通长筋是指贯通某根梁的所有跨的上部纵筋，所注规格与根数应根据结构受力要求及箍筋肢数等构造要求而定。当梁内上部通长筋直径大于等于支座负筋的直径时，往往呈通跨布置。当梁内上部通长筋直径小于支座负筋的直径时，往往呈分跨布置。因此，通长筋可为相同或不同直径采用绑扎搭接连接、机械连接或焊接的钢筋。

当上部通长筋在同一排布置且由不同直径钢筋组成时，两种直径的钢筋用"＋"相连，且角筋写在"＋"前面，中部筋写在"＋"后面。

当通长筋的根数少于梁内箍筋肢数时，需要在梁上部设置构造筋以便架设箍筋，构造筋通常与梁上部支座负筋连接，称为架立筋。当同排纵筋中既有通长筋又有架立筋时，应用"＋"将通长筋和架立筋相连。注写时，需将通长筋写在"＋"的前面，架立筋写在"＋"后面的括号内，以示不同直径及与通长筋的区别。当全部采用架立筋时，则将其写入括号内，如图 2-3(a)所示，"2 ϕ20＋(2 ϕ12)"中的"2 ϕ20"表示上部通长筋，"(2 ϕ12)"表示架立筋。

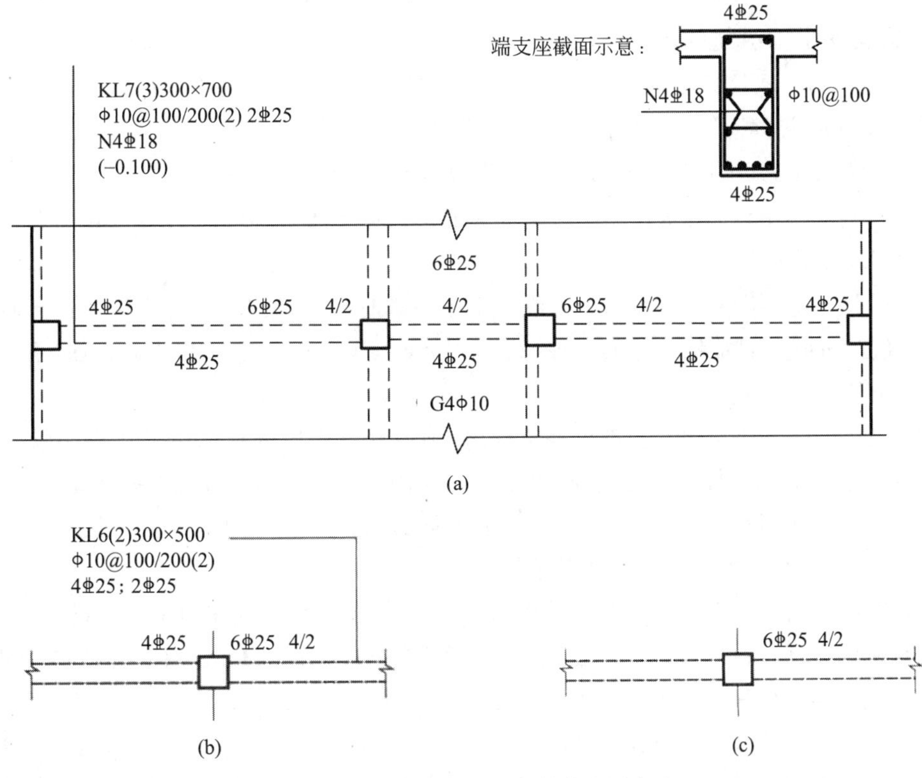

图 2-6 梁支座两边的上部纵筋注写方式

5. 梁的下部通长筋

当梁的上部纵筋和下部纵筋为全跨相同，且多数跨配筋相同时，此项可加注下部纵筋的配筋值，用“；”将上部纵筋与下部纵筋的配筋值分隔开来表达。少数跨不同者，则将该项数值原位标注，如图 2-6(b)所示。

6. 梁的构造筋及受扭筋

当梁腹板高度 $h_w \geqslant 450$mm 时，需配置纵向构造钢筋，所注规格与根数应符合规范规定。此项注写值以大写字母“G”打头，接续注写设置在梁两个侧面的总配筋值，且对称配置。

当梁侧面需配置受扭纵向钢筋时，此项注写值以大写字母“N”打头，注写配置在梁两个侧面的总配筋值，且对称配置。受扭纵向钢筋应满足梁侧面纵向构造钢筋的间距要求，且不再重复配置纵向构造钢筋，如图 2-3(a)和图 2-6(a)所示。

7. 梁顶面标高高差

梁顶面标高高差，系指梁顶面标高相对于结构层楼面标高的高差值，对于位于结构夹层的梁，则指相对于结构夹层楼面标高的高差。有高差时，需将其写入括号内，无高差时不标注。当某梁的顶面高于所在结构层的楼面标高时，其标高高差为正值，反之为负值。

2.1.3 梁平法施工图原位标注

梁的原位标注包括梁上部纵筋的原位标注(标注位置可以在梁上部的左支座、右支座或跨中)和梁下部纵筋的原位标注(标注位置在梁下部的跨中)。

1. 梁支座上部纵筋的原位标注

梁支座上部的原位标注就是进行梁上部纵筋的标注，分别设置左支座标注和右支座标注。梁支座上部纵筋包含通长筋在内的所有纵筋。

如图 2-6 所示，梁上部纵筋标注有以下几种情况。

(1) 左端支座 4⌀25 表示左端支座上部纵筋一共有 4 根，放置在同一排，其中有 2 根通长筋在角部，另 2 根支座负筋在中间。

(2) 中间支座 6⌀25 4/2，表示上部纵筋多于一排时，用斜线“/”将各排纵筋自上而下分开，6 根纵筋分两排布置，第一排共 4 根，同样包含 2 根上部通长筋，2 根支座负筋，第二排有 2 根支座负筋。

(3) 当梁中间支座两边的上部纵筋不同时，须在支座两边分别标注，如图 2-6(b)所示。当梁中间支座两边的上部纵筋相同时，可仅在支座的一边标注配筋值，另一边省去不注，如图 2-6(c)所示。也就是说，当支座的一边标注了梁的上部纵筋，而支座的另一边没有进行标注的时候，可以认为支座的左右两边配置同样的上部纵筋。

(4) 当梁某跨支座与跨中上部纵筋相同，且其配筋值与集中标注的梁上部纵筋相同时，不需要在该跨上部任何部位标注。也就是说，当某跨梁的上部没有进行任何原位标注时，表示该跨梁执行集中标注的梁上部纵筋——上部通长筋(和架立筋)。

(5) 当在某跨梁的左、右支座上没有做原位标注，而在跨中的上部进行了原位标注，当梁某跨支座与跨中上部纵筋相同，且其配筋值与集中标注的梁上部纵筋不同时，仅在该跨上部跨中标注，支座处不标注。也就是说，当某跨梁的跨中上部进行了原位标注时，表示该跨梁的上部纵筋按原位标注的配筋值从左支座到右支座贯通布置。

2. 梁下部纵筋的原位标注

当集中标注没有梁的下部通长筋的时候，在梁的每一跨都必须进行下部纵筋的原位标注，因为每跨梁不可能没有下部纵筋。当梁某跨下部纵筋配筋值与集中标注的梁下部通长纵筋相同时，不需要在该跨下部重做原位标注。也就是说，当某跨梁的下部纵筋没有进行原位标注时，表示该跨梁执行集中标注的梁下部通长筋。

（1）当下部纵筋多于一排时，用斜线"/"将各排纵筋自上而下分开。

（2）当同排纵筋有两种直径时，用"+"将两种直径的纵筋相连，注写时角部纵筋写在前面。

（3）当梁下部纵筋不全部伸入支座时，将梁支座下部纵筋减少的数量写在括号内。

（4）当梁的集中标注中已分别注写了梁上部和下部均为通长的纵筋值时，则不需在梁下部重复做原位标注。

（5）当梁设置竖向加腋时，加腋部位下部斜纵筋应在支座下部以"Y"打头注写在括号内（图 2-7），框架梁竖向加腋结构适用于加腋部位参与框架梁计算的情况，其他情况下设计者应另行给出构造。当梁设置水平加腋时，水平加腋内上、下部斜纵筋应在加腋支座上部以"Y"打头注写在括号内，上、下部斜纵筋之间用"/"分隔（图 2-8）。

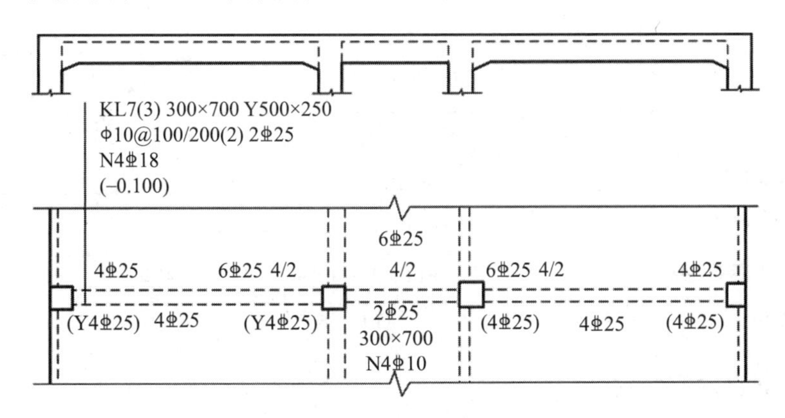

图 2-7　梁竖向加腋注写

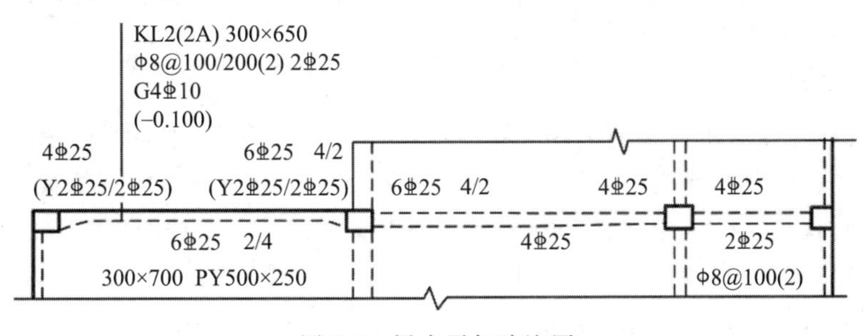

图 2-8　梁水平加腋注写

3. 梁附加箍筋和吊筋的原位标注

当两根梁相交时，主梁是次梁的支座，需要在次梁梁口两侧的主梁上设置附加箍筋，附加箍筋的作用是为了抵抗集中荷载引起的剪力。

附加箍筋原位标注的配筋值是“总的配筋值”，例如，附加箍筋的标注值“8ϕ8@50(2)”就是指在一个主次梁的交叉节点上一共布置 8 根直径为ϕ8 的附加箍筋，每侧布置 4 根。标注时，将其直接画在平面图中的主梁上，用线引注总配筋值（附加箍筋的肢数注写在括号内），如图 2-9 所示。当多数附加箍筋或吊筋相同时，可在梁平法施工图上统一注明，少数与统一注明值不同时，应在原位引注。

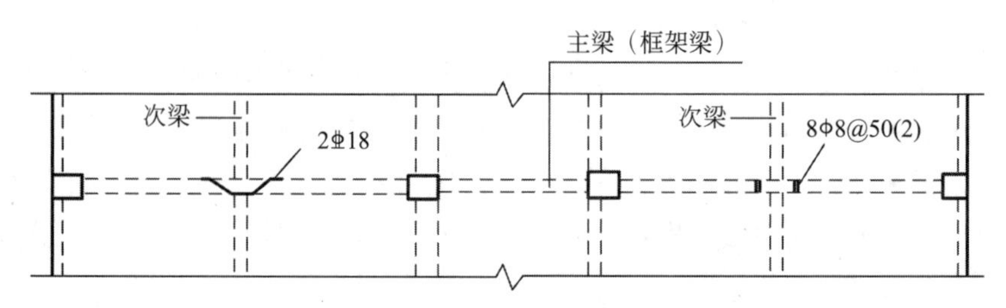

图 2-9　附加箍筋和吊筋的画法示例

吊筋也设置在主梁上，吊筋的下底可托住次梁的下部纵筋，吊筋的斜筋用于抵抗集中荷载引起的剪力。图 2-10 给出了三种不同情况下吊筋的设置方式。

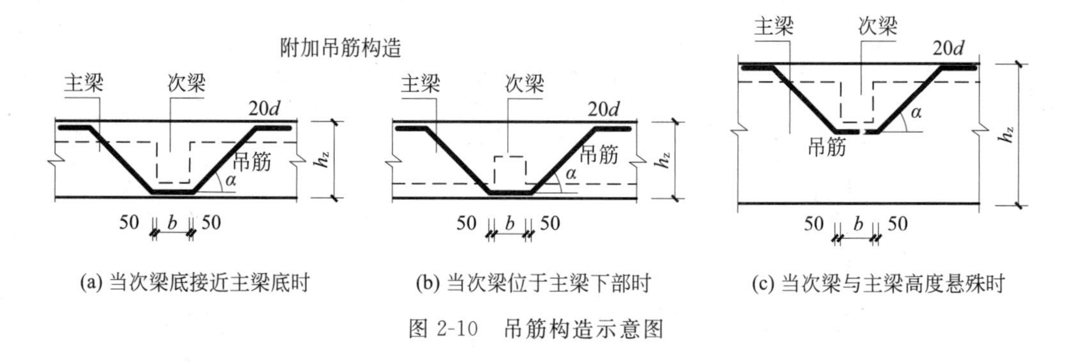

(a) 当次梁底接近主梁底时　(b) 当次梁位于主梁下部时　(c) 当次梁与主梁高度悬殊时

图 2-10　吊筋构造示意图

4. 非框架梁注写方式

非框架梁代号为 L，当某一端支座上部纵筋为充分利用钢筋的抗拉强度时，在梁平面布置图上该端支座位置进行原位标注，以符号“g”表示，此时即表示该非框架梁此端支座按 Lg 配筋构造。

5. 井字梁注写方式

井字梁系指在同一矩形平面内相互正交所组成的结构构件，井字梁所分布范围称为“矩形平面网格区域”（简称“网格区域”）。当在结构平面布置中仅有由 4 根框架梁框起的一片网格区域时，所有在该区域相互正交的井字梁均为单跨。当有多片网格区域相连时，贯通多片网格区域的井字梁为多跨，且相邻两片网格区域分界处即为该井字梁的中间支座。对某根井字梁编号时，其跨数为其总支座数减 1，在该梁的任意两个支座之间，无论有几根同类梁与其相交，均不作为支座（图 2-11）。

井字梁通常由非框架梁构成并以框架梁为支座（特殊情况下以专门设置的非框架大梁为支座）。在此情况下，为明确区分井字梁与作为井字梁支座的梁，井字梁用单粗虚线表示（当井字梁顶面高出板面时，可用单粗实线表示），作为井字梁支座的梁用双细虚线表示（当梁顶面高出板面时，可用双细实线表示）。

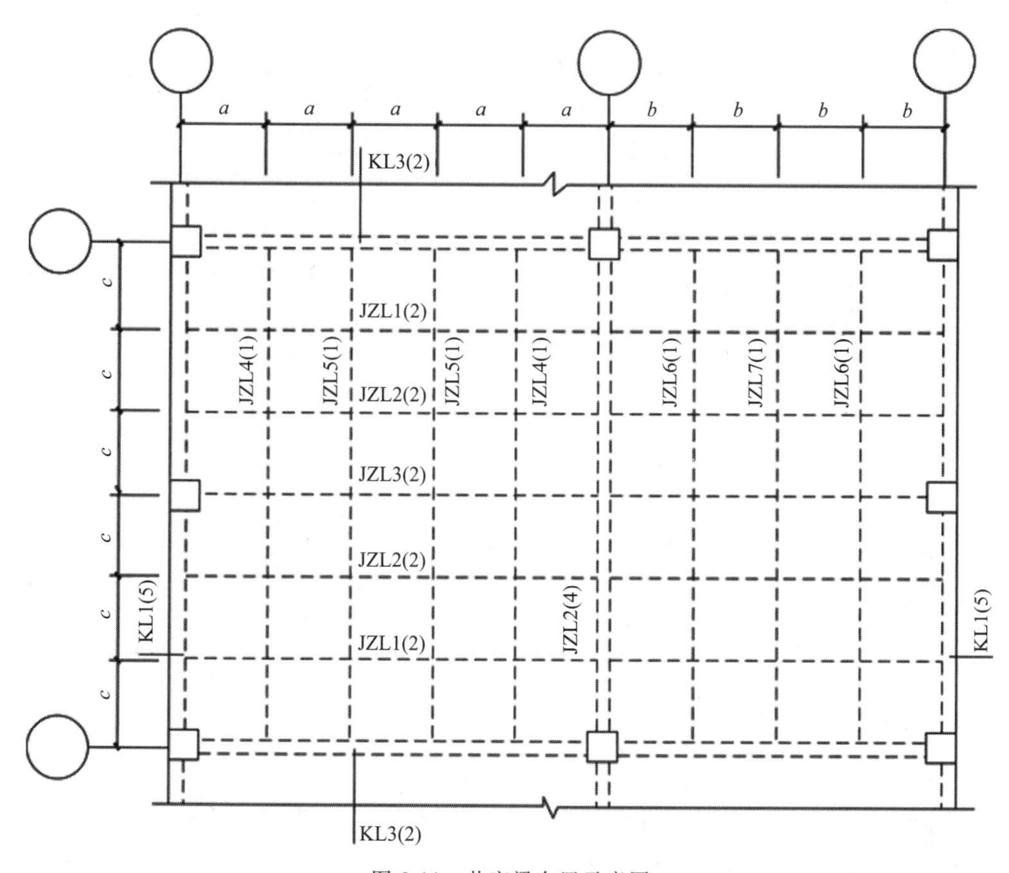

图 2-11　井字梁布置示意图

2.2　抗震框架梁配筋构造解读及钢筋计算

2.2.1　楼层框架梁上部通长筋

1. 上部通长筋端支座配筋构造

抗震框架梁上部通长筋在端支座的配筋构造有以下两种情况。

(1) 当(柱截面沿框架方向的高度 h_c－保护层厚度 c)≥构造要求的锚固长度 l_{aE} 时，梁上部通长筋在端支座直锚，其伸入柱内的长度按 l_{aE} 计算，应同时满足≥$0.5h_c+5d$ 和≥l_{aE} 的要求(d 为钢筋直径)，如图 2-12 所示。

(2) 当(柱截面沿框架方向的高度 h_c－保护层厚度 c)＜构造要求的锚固长度 l_{aE} 时，梁上部通长筋仍可在端支座直锚，但是需在上部通长筋端头加设锚头或锚板，如图 2-13 所示。另外一种主要配筋方式是在端支座采取弯锚的方式，将上部通长筋伸至柱外侧纵筋内侧并弯折 $15d$。这两种方法都要求伸入支座的直段长不小于 $0.4l_{abE}$。如图 2-13 和图 2-14 所示。

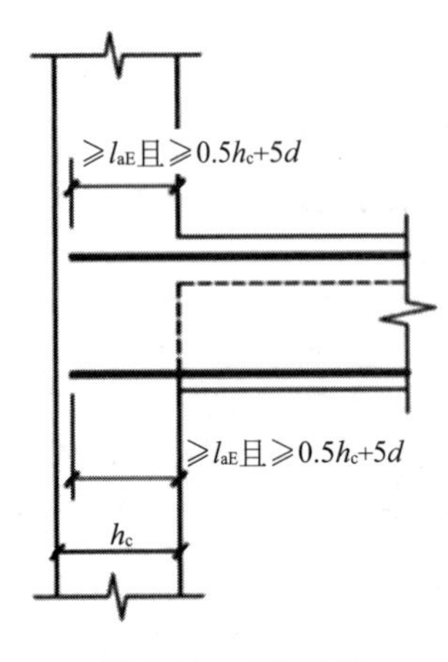

图 2-12　直锚构造

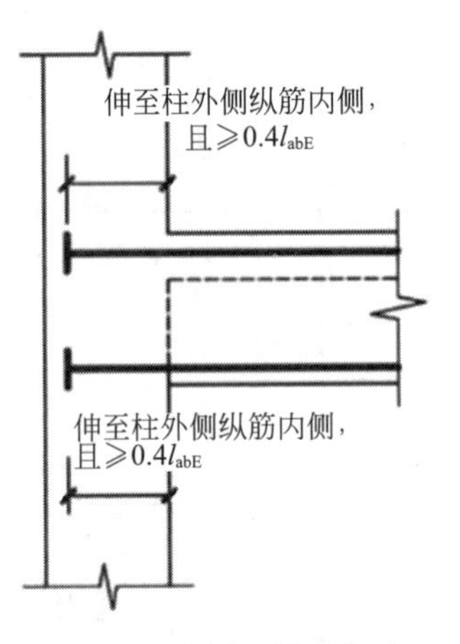

图 2-13　直锚＋锚头构造

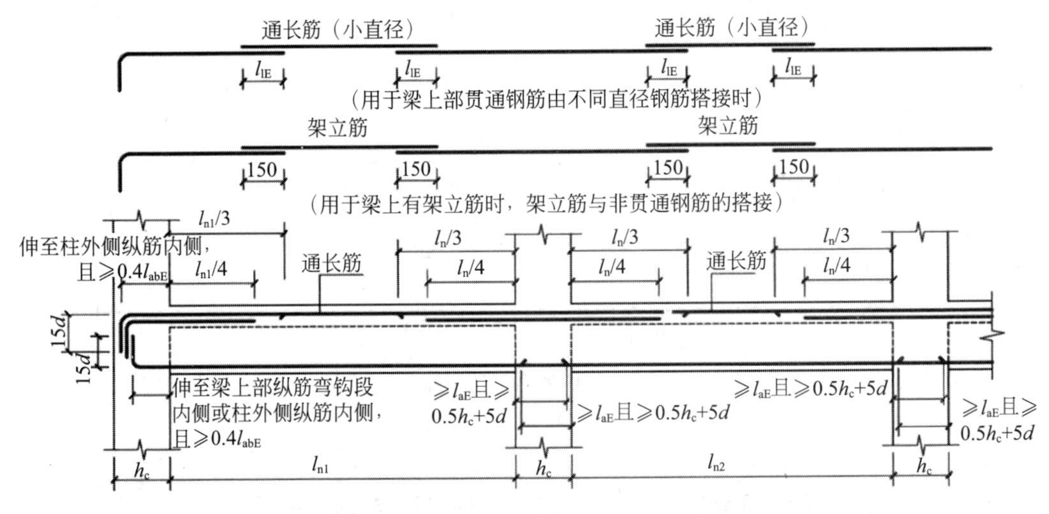

图 2-14　KL 纵向钢筋构造(端支座弯锚)

2. 上部通长筋计算

当梁内上部通长筋直径大于或等于支座负筋直径时,则上部通长筋可贯通布置,长度计算如下。

(1) 两端端支座均为直锚构造:

$$上部通长筋长度=通跨净长+左\ l_{aE}+右\ l_{aE} \tag{2-1}$$

(2) 两端端支座均为弯锚构造:

$$上部通长筋长度=梁长-2\times保护层厚度+15d(左)+15d(右) \tag{2-2}$$

(3) 端支座一端直锚一端弯锚构造:

$$上部通长筋长度=通跨净长+左\ l_{aE}+右(h_c-保护层厚度+15d) \tag{2-3}$$

当梁内上部通长筋直径小于支座负筋直径时，则上部通长筋为分跨布置，这时处于跨中的上部通长筋就在支座负筋的分界处与支座负筋进行连接。根据这条规则，可以计算出上部通长筋的长度：

上部通长筋长度=每跨净长−左、右两端支座负筋外伸长度+2×搭接长度 l_{lE} (2-4)

2.2.2 楼层框架梁支座负筋

支座负筋在端支座内的锚固形式和长度要求与上部通长筋相同，负筋伸出支座的长度与钢筋的位置有关，第一排支座负筋从柱边开始延伸至 $l_{n1}/3$ 位置，第二排支座负筋从柱边开始延伸至 $l_{n1}/4$ 位置(l_{n1} 为边跨的净跨长度)。中间支座负筋的延伸长度：第一排支座负筋从柱边开始延伸至 $l_n/3$ 位置，第二排支座负筋从柱边开始延伸至 $l_n/4$ 位置(l_n 为支座左、右两边的净跨长度的大值)。支座负筋长度计算如下。

(1) 当端支座截面满足直线锚固长度时：

端支座第一排负筋长度=$l_{n1}/3$+左 l_{aE}(或右 l_{aE}) (2-5)

端支座第二排负筋长度=$l_{n1}/4$+左 l_{aE}(或右 l_{aE}) (2-6)

(2) 当端支座截面不能满足直线锚固长度时：

端支座第一排负筋长度=$l_{n1}/3$+左 h_c(或右 h_c)−保护层厚度+$15d$ (2-7)

端支座第二排负筋长度=$l_{n1}/4$+左 h_c(或右 h_c)−保护层厚度+$15d$ (2-8)

(3) 中间支座负筋长度计算：

中间支座第一排负筋长度=$2\times\max(l_{n1}/3, l_{n2}/3)+h_c$ (2-9)

中间支座第二排负筋长度=$2\times\max(l_{n1}/4, l_{n2}/4)+h_c$ (2-10)

2.2.3 楼层框架梁架立筋

架立钢筋是梁的一种纵向构造钢筋。当梁顶面箍筋转角处无纵向受力钢筋时，应设置架立钢筋。架立钢筋的作用是形成钢筋骨架和承受温度收缩应力。框架梁不一定具有架立筋，当框架梁上部通长筋根数与所设置的箍筋肢数相同时，上部通长筋已经充当箍筋的架立筋，所以集中标注中就不需要注写架立筋。

但是，当该梁的箍筋肢数多于集中标注的上部通长筋的根数时，就需要增设架立筋来帮助箍筋架设钢筋骨架，这时应在集中标注中的上部通长筋后面标注架立筋，并写在圆括号里面。因此：

架立筋的根数=箍筋的肢数-上部通长筋的根数 (2-11)

首尾跨架立筋长度$=l_{n1}-l_{n1}/3-\max(l_{n1}/3,l_{n2}/3)+150\times2$ (2-12)

中间跨架立筋长度$=l_{n2}-\max(l_{n1}/3,l_{n2}/3)-\max(l_{n2}/3,l_{n3}/3)+150\times2$ (2-13)

2.2.4 楼层框架梁下部纵筋

楼层框架梁下部纵筋按配置分为通长筋、非通长筋和不伸入支座的纵筋，通长筋在端支座的构造要求与上部通长筋相同，因此钢筋的长度计算也相同，此处不再赘述。

1. 框架梁下部非通长筋长度计算

由于框架梁下部纵筋的配筋方式基本上是“按跨布置”，即是在中间支座锚固，因此框架梁下部非通长筋长度计算如下。

（1）两端支座均为直锚：

边跨下部非通长筋长度=净跨长 l_{n1}+左 l_{aE}+右 $\max(l_{aE},0.5h_c+5d)$ (2-14)

中间跨下部非通长筋长度=净跨长 l_n+左 $\max(l_{aE},0.5h_c+5d)$+右 $\max(l_{aE},0.5h_c+5d)$ (2-15)

（2）两端端支座均为弯锚：

边跨下部非通长筋长度=净跨长 l_{n1}+左 h_c-保护层厚度$+15d$+右 $\max(l_{aE},0.5h_c+5d)$ (2-16)

中间跨下部非通长筋长度=净跨长 l_n+左 $\max(l_{aE},0.5h_c+5d)$+右 $\max(l_{aE},0.5h_c+5d)$ (2-17)

2. 框架梁下部纵筋不伸入支座长度计算

当梁（不包括框支梁）下部纵筋不全部伸入支座时，不伸入支座的梁下部纵筋截断点距支座边的距离，统一取为 $0.1l_n$（l_n 为本跨梁的净跨值），如图 2-15 所示。

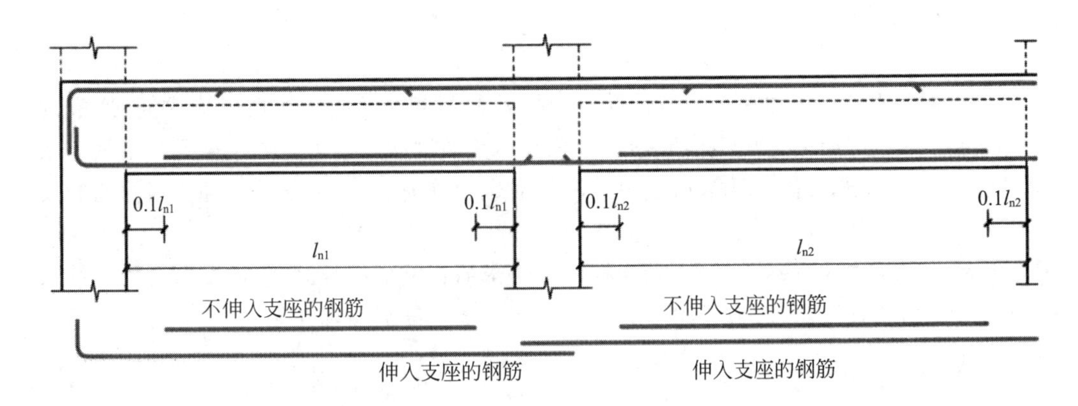

图 2-15 不伸入支座的梁下部纵向钢筋断点位置

框架梁下部纵筋不伸入支座长度＝净跨长 l_n－0.1×2×净跨长 l_n＝0.8×净跨长 l_n　(2-18)

2.2.5　楼层框架梁箍筋

KL 箍筋加密区范围如图 2-16 所示。

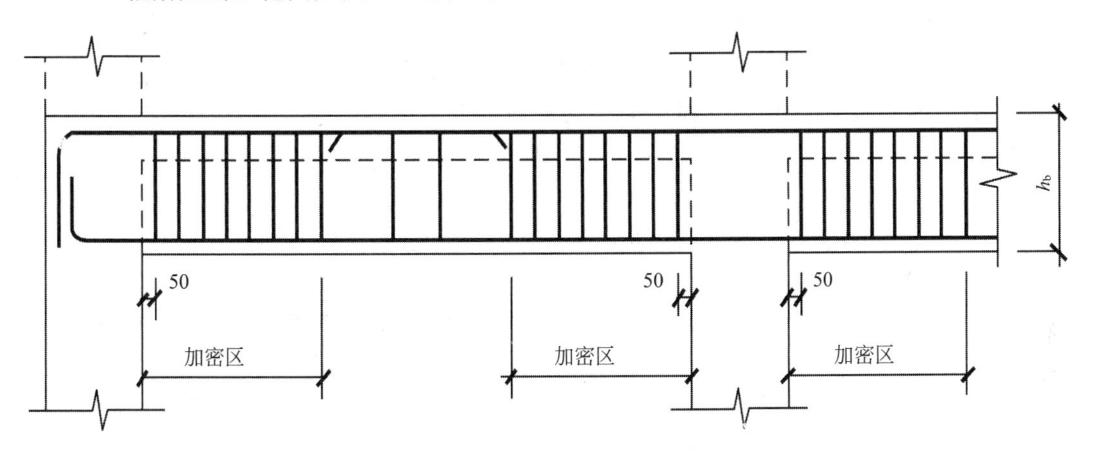

(a) 箍筋加密区范围

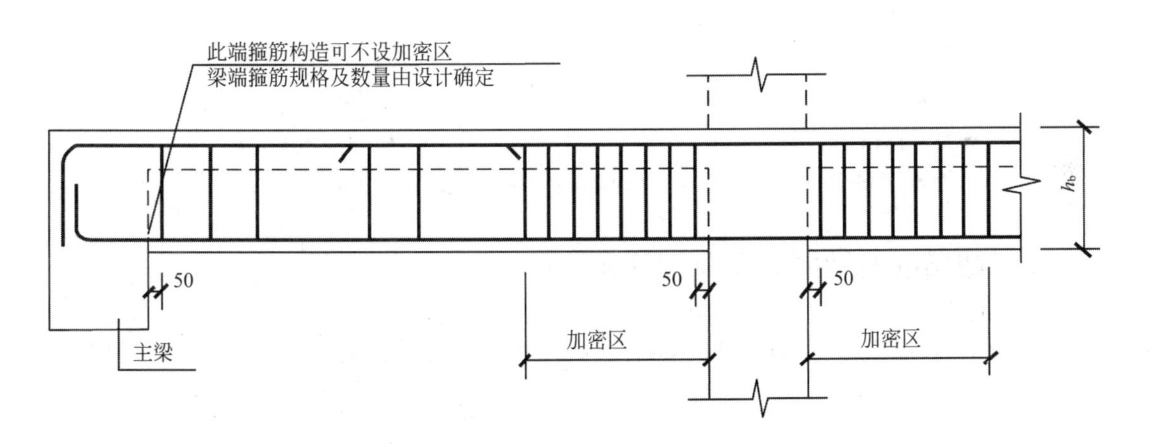

(b) 尽端为梁时箍筋加密区范围

图 2-16　箍筋构造

抗震等级为一级时，箍筋加密区长度≥2.0h_b 且≥500mm(h_b 为梁截面宽度)。抗震等级为二～四级时，箍筋加密区长度≥1.5h_b 且≥500mm(h_b 为梁截面宽度)。第一个箍筋在距支座边缘 50mm 处开始设置。若框架梁为弧形梁，则沿中心线展开，箍筋间距沿凸面线量度。当箍筋为复合箍时，应采用大箍套小箍的形式。尽端为梁时，可不设加密区，梁端箍筋规格及数量由设计确定。

1. 箍筋根数计算

一级抗震：箍筋加密区长度 $l_1 = \max(2.0h_b, 500)$ (2-19)

二级抗震：箍筋加密区长度 $l_1 = \max(1.5h_b, 500)$ (2-20)

箍筋根数 $= 2\times[(l_1-50)/$加密区间距$+1]+(l_n-2\times l_1)/$非加密区间距-1 (2-21)

2. 箍筋单根长计算

框架梁的箍筋分为双肢箍和多肢箍，如图 2-17 所示，当为双肢箍时，只需要计算外箍长度，当为多肢箍时，还需要计算拉筋和内箍长度，拉筋计算与梁侧面纵向钢筋的拉筋计算方法一样。

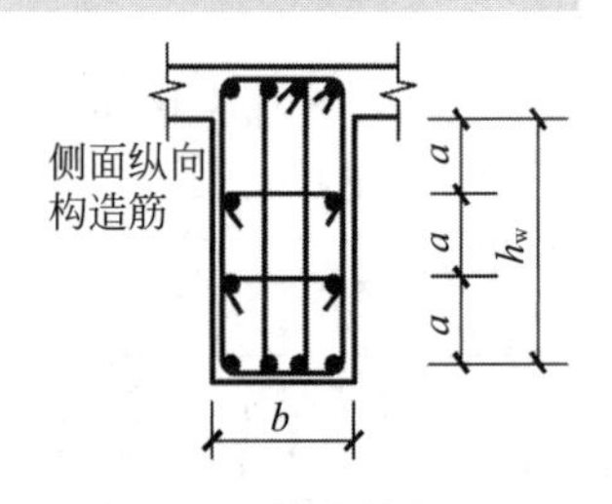

图 2-17 梁箍纵筋断面

外箍箍筋长度 $=(b+h)\times2-8c+2\times1.9d+\max(10d,75)\times2+8d$ (2-22)

内箍箍筋长度 $=\{[(b-2c-D)/n-1]\times j+D\}\times2+2\times(h-c)$

$+2\times1.9d+\max(10d,75)\times2+8d$ (2-23)

式中：b——梁宽度；

h——梁高度；

c——混凝土保护层厚度；

d——箍筋直径；

n——纵筋根数；

D——纵筋直径；

j——梁内箍包含的主筋孔数，$j=$内箍内梁纵筋数量-1。

2.2.6 楼层框架梁侧面纵向钢筋和拉筋

梁的侧面纵筋俗称“腰筋”，包括梁侧面构造纵筋和侧面抗扭纵筋。侧面纵向构造筋和拉筋构造如图 2-18 所示。

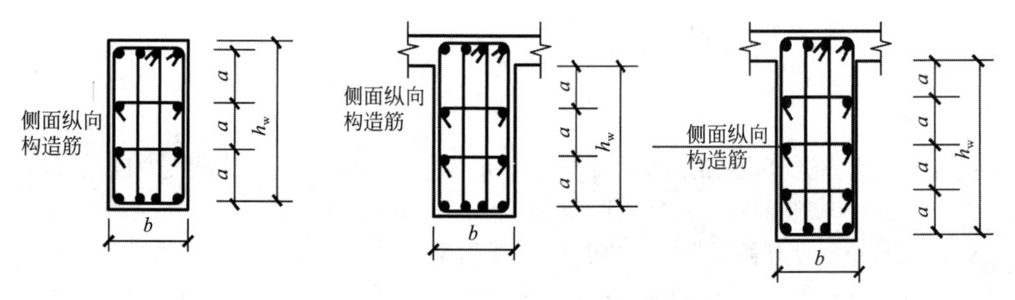

图 2-18 梁构造筋和拉筋构造示意

当梁的腹板高度 $h_w \geqslant 450$mm 时，应在梁的两个侧面沿高度配置纵向构造筋，侧面纵向

构造筋间距 $a \leqslant 200$mm。当梁侧面配置有直径不小于构造纵筋直径的受扭纵筋时，受扭纵筋可以代替构造钢筋。梁侧面构造钢筋的搭接与锚固长度可取 $15d$，梁侧面受扭纵筋的搭接长度为 l_{lE} 或 l_l，其锚固长度为 l_{aE} 或 l_a，锚固方式同框架梁下部纵筋。

当梁宽度≤350mm 时，拉筋直径为 6mm，当梁宽>350mm 时，拉筋直径为 8mm。拉筋间距为非加密区箍筋间距的 2 倍，当设有多排拉筋时，上下两排拉筋竖向错开设置。拉筋弯钩角度为 135°，弯钩平直段长度为 $10d$（d 为拉筋直径）和 75mm 中的最大值。

拉筋构造如图 2-19 所示。

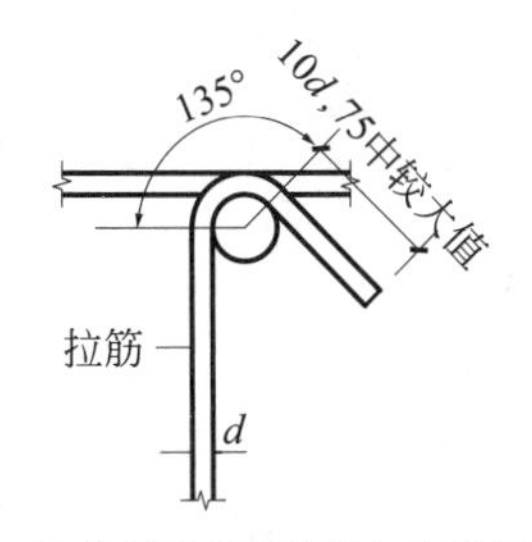

(a) 拉筋紧靠箍筋并勾住纵筋

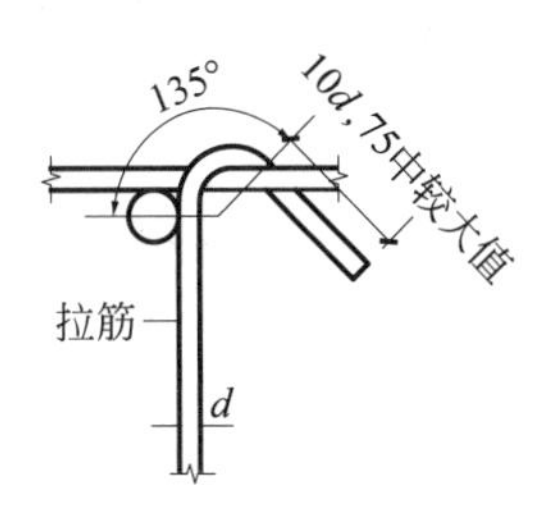

(b) 拉筋紧靠纵筋并勾住箍筋

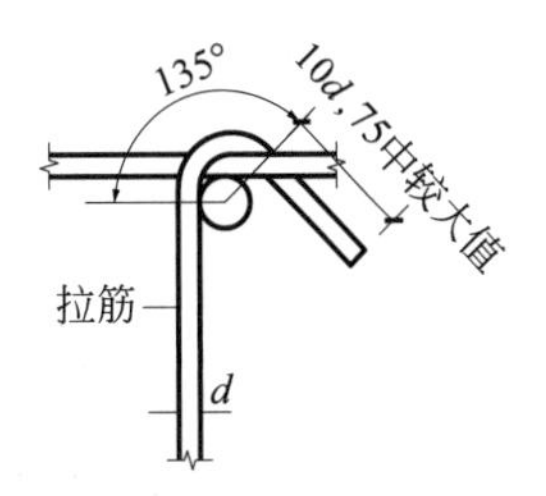

(c) 拉筋同时勾住箍筋和纵筋

图 2-19　拉筋构造图

1. 梁侧面构造纵筋长度计算（图 2-20）

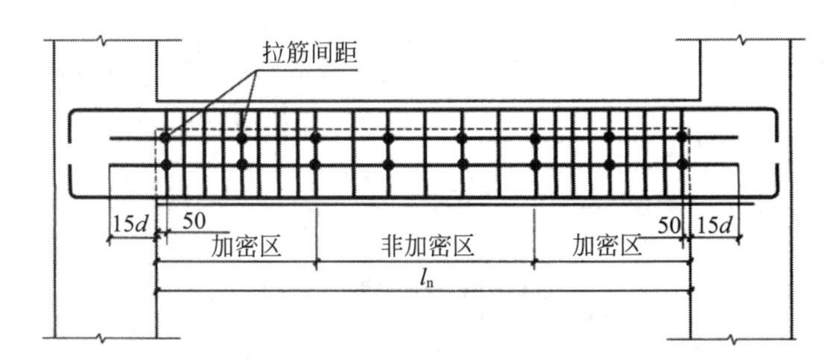

图 2-20　梁侧面构造纵筋示例

$$梁侧面构造纵筋长度 = l_n + 15d \times 2 \tag{2-24}$$

2. 梁侧面抗扭纵筋长度计算

梁侧面抗扭纵筋的计算方法分两种情况，即直锚情况和弯锚情况。

(1) 当端支座足够大时，梁侧面抗扭纵筋直锚在端支座里，如图 2-21 所示。

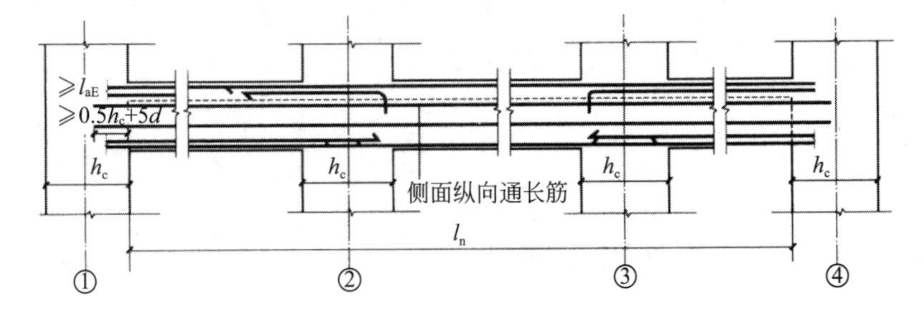

图 2-21　梁侧面抗扭纵筋示例（直锚情况）

梁侧面抗扭纵筋长度＝通跨净长 l_n＋左、右锚入支座内长度 l_{aE}　(2-25)

(2) 当支座不能满足直锚长度时，必须弯锚，如图 2-22 所示。

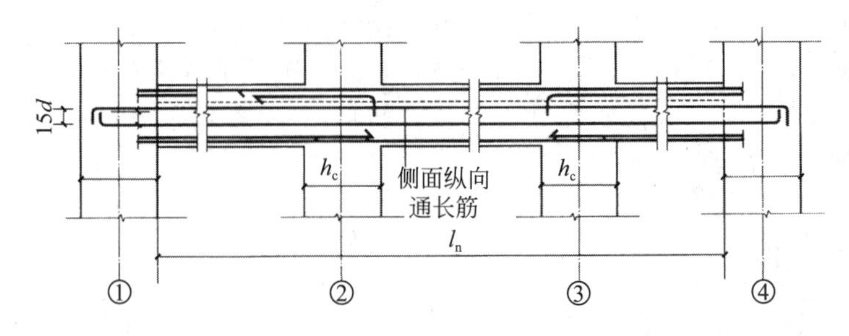

图 2-22　梁侧面抗扭纵筋示例(弯锚情况)

梁侧面抗扭纵筋长度＝通跨净长 l_n＋左、右锚入支座内长度(支座宽 h_c－保护层厚度＋弯折 $15d$)　(2-26)

3. 梁侧面纵筋的拉筋长度计算

梁侧面纵筋一定有拉筋，拉筋配置如图 2-23 所示。

(1) 当拉筋同时勾住主筋和箍筋时：

拉筋长度＝(梁宽 b－保护层厚度×2)＋$2d$＋$1.9d$×2＋max($10d$,75)×2　(2-27)

(2) 当拉筋只勾住纵筋时：

拉筋长度＝(梁宽 b－保护层厚度×2)＋$1.9d$×2＋max($10d$,75)×2　(2-28)

(3) 侧面纵筋的拉筋根数。拉筋根数配置如图 2-23 所示。

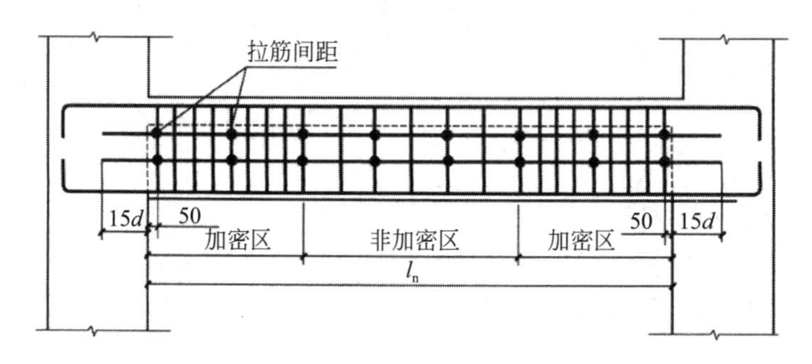

图 2-23　梁侧面纵筋的拉筋配置

拉筋根数＝(l_n－50×2)/非加密区箍筋间距的 2 倍＋1　(2-29)

2.2.7　楼层框架梁吊筋及附加箍筋

楼层框架梁附加箍筋构造和吊筋构造如图 2-24 所示。

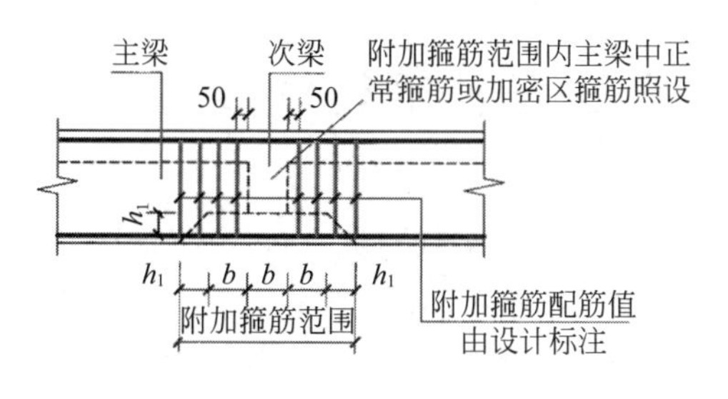

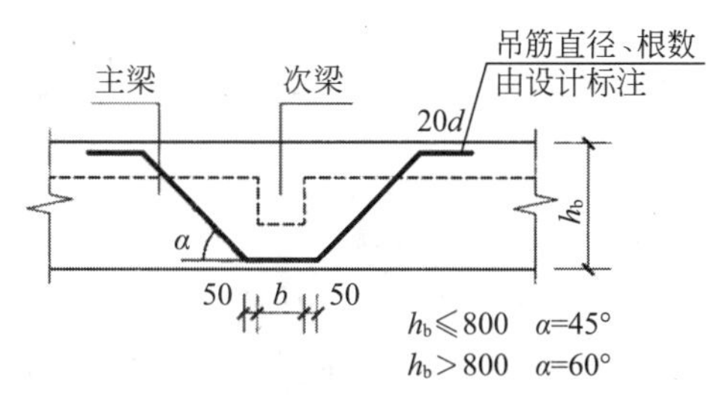

图 2-24　附加箍筋构造和吊筋构造图

附加箍筋的长度计算与框架梁箍筋长度计算一致，其间距和根数均按照设计标注的数量进行配置。附加吊筋的直径、根数由设计标注。

$$附加吊筋长度=次梁宽+2\times50+2\times(主梁高-保护层厚度)/\sin\alpha+2\times20d \tag{2-30}$$

当主梁高 $h_b\leqslant800$mm 时，$\alpha=45°$；当主梁高 $h_b>800$mm 时，$\alpha=60°$。

2.2.8　楼层框架梁变截面配筋构造

当支座左、右两边梁顶面或底面标高不一致，高差 Δh 满足条件的 $\Delta h/h_c\leqslant1/6$ 时，钢筋连续布置，其构造如图 2-25(b)所示。当 $\Delta h/h_c>1/6$ 时，钢筋断开布置，其构造如图 2-25(a)所示。顶面标高大的梁的上部纵筋或底面标高小的梁的下部纵筋，可将支座视同端支座。若支座宽度能够满足直锚要求，则采用直锚，其长度应满足 $\geqslant l_{aE}$ 且 $\geqslant0.5h_c+5d$ 要求。若不能满足直锚要求，则采用弯锚。弯锚要求平直段长度大于等于 $0.4l_{abE}$，弯折长度为 $15d$。另一侧相应部位的钢筋则采用直锚伸入支座内，直锚长度满足 $\geqslant l_{aE}$。

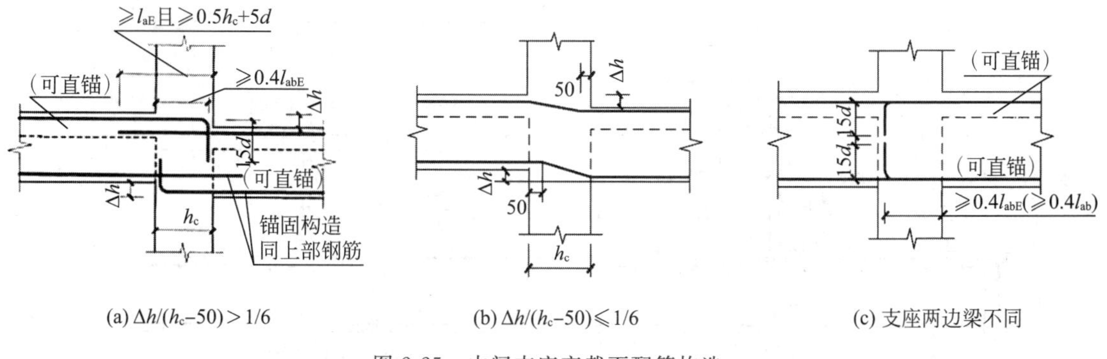

图 2-25　中间支座变截面配筋构造

当梁的宽度不一致或错开布置时，若钢筋不能直通，则将该支座视同端支座，钢筋采用弯锚伸入支座内，当支座两侧的钢筋数量不一致时，将之视作同端支座。多出的钢筋采用弯锚伸入支座内。弯锚要求平直段长度 $\geqslant0.4l_{abE}$，弯折长度为 $15d$。其配筋构造如图 2-25(c)所示。

2.3 屋面框架梁配筋构造解读及钢筋计算

屋面框架梁纵向钢筋构造，分为两种情况：第一种是屋面框架梁整体一致，没有错层，屋面框架梁纵筋构造如图 2-26(a)所示；第二种情况是存在错层，同一层高一部分为屋面框架梁，另一部分为框架梁，此时框架梁部分纵筋构造按照图 2-14 所示构造，屋面框架梁部分纵筋构造按照图 2-26(a)所示。具体的局部带屋面框架梁 WKL 纵筋构造详见图 2-26(b)。

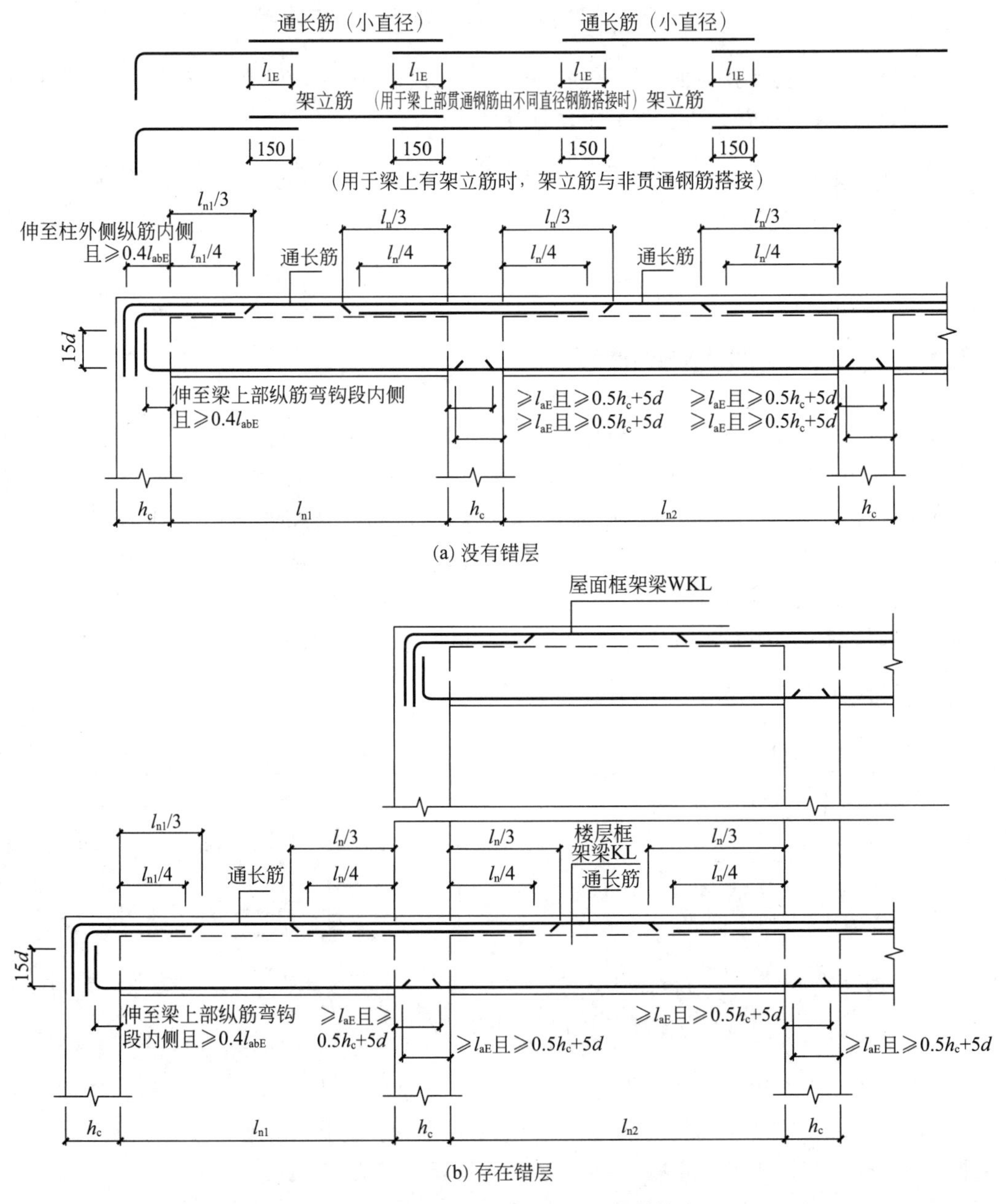

图 2-26 屋面框架梁 WKL 纵向钢筋构造

2.3.1 屋面框架梁端支座配筋构造

屋面框架梁除上部通长筋和端支座负筋弯折伸至梁底，其他钢筋长度的算法和楼层框架梁相同。

（1）屋面框架梁上部贯通筋长度：

屋面框架梁上部贯通筋长度＝通跨净长＋(左端支座宽－保护层厚度)＋(右端支座宽－保护层厚度)＋弯折长度[(梁高－保护层厚度)×2]　(2-31)

（2）屋面框架梁上部第一排端支座负筋长度：

屋面框架梁上部第一排端支座负筋长度＝$l_{n1}/3$＋(左端支座宽－保护层厚度)＋弯折长度(梁高－保护层厚度)　(2-32)

（3）屋面框架梁上部第二排端支座负筋长度：

屋面框架梁上部第二排端支座负筋长度＝$l_{n1}/4$＋(左端支座宽－保护层厚度)＋弯折长度(梁高－保护层厚度)　(2-33)

2.3.2 屋面框架梁中间支座变截面配筋构造

若屋面框架梁中间支座左、右两边梁截面尺寸相同，则配筋构造要求与楼层框架梁相同。若支座两边梁截面尺寸不同，如左、右两边梁高不同，梁顶标高或梁底标高不同，或梁宽不同，则需按变截面配筋构造要求配置钢筋，如图 2-27 所示。

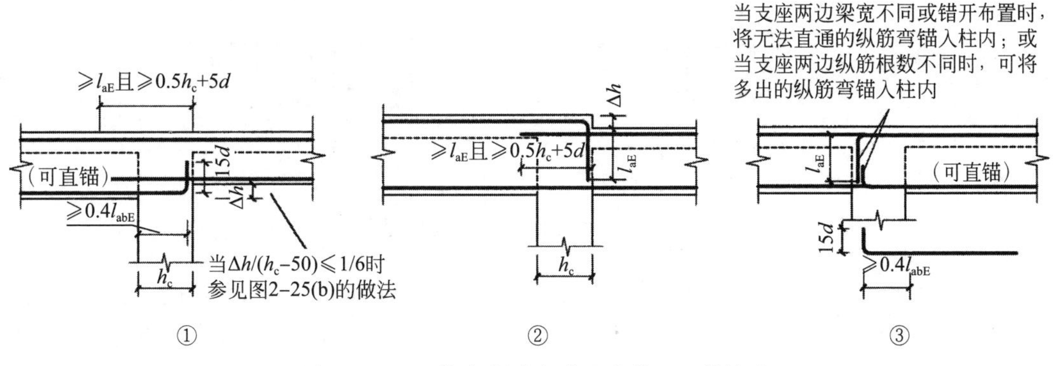

图 2-27　屋面框架梁中间支座变截面配筋构造

当屋面框架梁支座左、右两边梁顶面标高不一致时，不论尺寸变化多少或高差多少，上部纵筋均要在变截面处断开锚固，上部低位钢筋按直锚处理，上部高位钢筋则在柱边向下弯折，弯折长度为(l_{aE}＋高差 Δh)。当支座两边宽度不同，或钢筋数量有变化时，上部钢筋向下锚固 l_{aE}。

所以，屋面框架梁中间支座变截面配筋构造，除上部钢筋构造要求不同外，其余钢筋构造要求及计算方法均与楼层框架梁相同。

2.4 非框架梁配筋构造解读及钢筋计算

非框架梁配筋构造如图 2-28 所示。

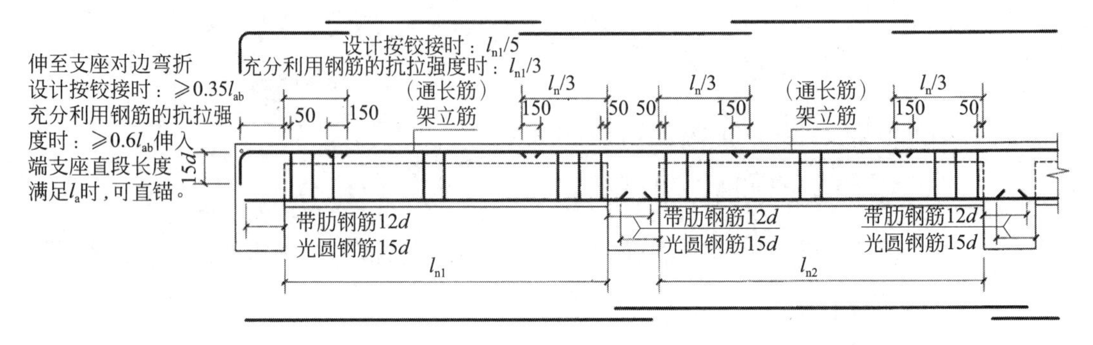

图 2-28　非框架梁 L(L_g)配筋构造

2.4.1 非框架梁配筋构造

1. 端支座配筋构造

按照支座处受力情况，非框架梁端支座配筋构造分为以下两种形式，如图 2-29 所示。

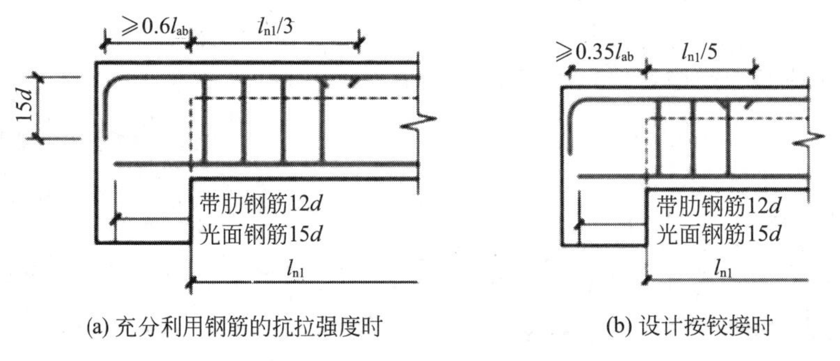

(a) 充分利用钢筋的抗拉强度时　(b) 设计按铰接时

图 2-29　非框架梁端支座配筋构造

“充分利用钢筋的抗拉强度时”是指支座上部非贯通钢筋按计算配置，承受支座负弯矩。如图 2-29(a)所示，此时支座上部非贯通钢筋伸至主梁外侧纵筋内侧后向下弯折，直段长度不小于 0.6l_{ab}，弯折段长度为 12d；当伸入支座内长度不小于 l_a 时，可不弯折。支座负筋伸出支座的长度为 l_{n1}/3。

“设计按铰接时”是指理论上支座无负弯矩，但实际上仍受到部分约束，故应在支座区上部设置纵向构造钢筋。如图 2-29(b)所示，此时支座上部非贯通钢筋伸至主梁外侧纵筋内侧后向下弯折，直段长度不小于 0.35l_{ab}，弯折段长度为 12d；当伸入支座内长度不小于 l_a

时，可不弯折。支座负筋伸出支座的长度为 $l_{n1}/5$。

2. 中间支座配筋构造

中间支座上部钢筋连续通过时，通长筋或架立筋在支座外 $l_n/3$ 处进行连接，架立筋与支座负筋搭接长度为 150mm。

非框架梁不受扭时，下部纵向带肋钢筋伸入端支座 $12d$（d 为下部纵向钢筋直径），如图 2-30 所示。实际工程中也会遇到支座宽度较小而不能满足上述要求的情况，此时可采取图 2-31 中的措施处理。

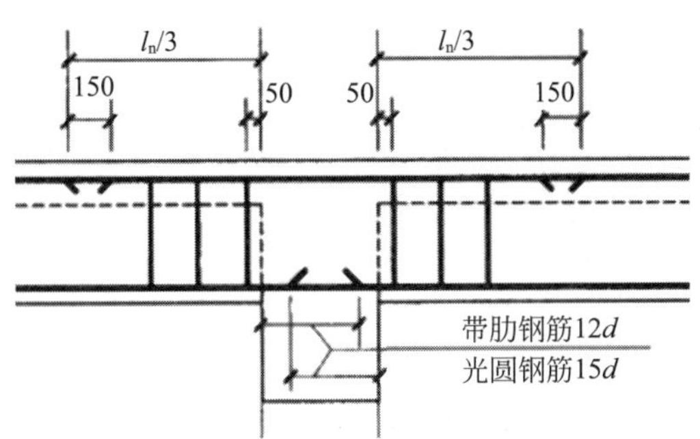

图 2-30　非框架梁中间支座

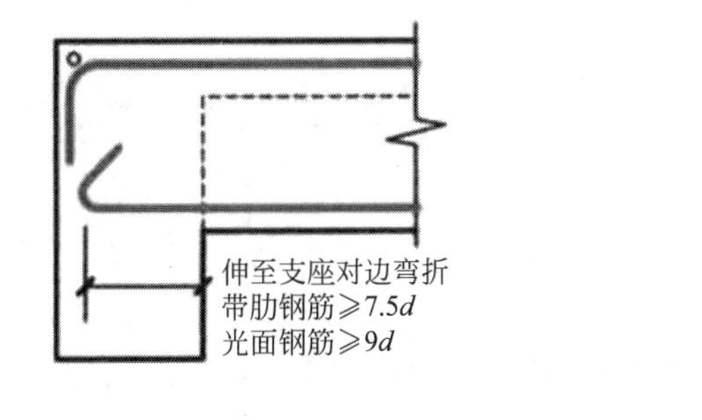

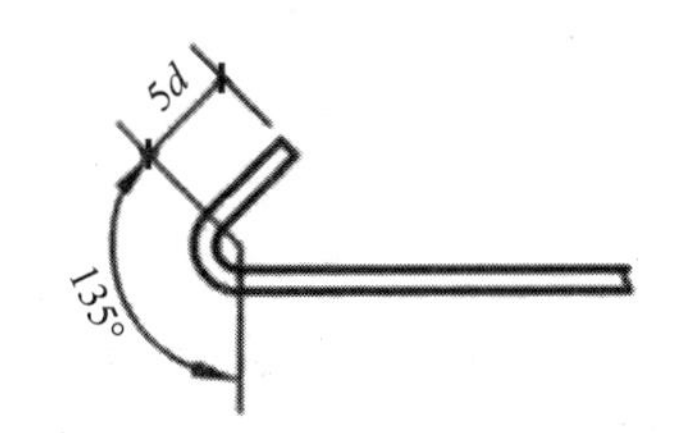

图 2-31　非框架梁端支座下部纵筋弯锚构造

非框架梁在不同情况下上部、下部纵筋长度计算如下：

非框架梁上部纵筋长度＝通跨净长 l_n＋左支座宽＋右支座宽－2×保护层厚度＋2×$12d$　　(2-34)

当设计充分利用抗拉强度时：

非框架梁端支座负筋长度＝$l_{n1}/3$＋端支座宽－保护层厚度＋$12d$　　(2-35)

当设计按铰接时：

非框架梁端支座负筋长度＝$l_{n1}/5$＋端支座宽－保护层厚度＋$12d$　　(2-36)

非框架梁中间支座负筋长度＝中间支座宽＋2×max(l_n，l_{n+1})×(支座左、右两边净跨的大值)/3　　(2-37)

当非框架梁下部纵筋采用通跨布置时：

$$非框架梁下部纵筋长度=通跨净长+2\times 12d(带肋钢筋) \tag{2-38}$$

当非框架梁下部纵筋采用分跨布置时：

$$非框架梁下部纵筋长度=本跨净跨长+2\times 12d(带肋钢筋) \tag{2-39}$$

非框架梁箍筋起步距离为距离支座边 50mm，箍筋间距以设计标注为准，箍筋长度及根数计算方法与框架梁相同。

2.4.2 非框架梁受扭时配筋构造

非框架梁受扭时(编号为 LN)，受扭纵向钢筋沿周边布置且受拉钢筋锚固在支座内，具体要求如图 2-32 所示。

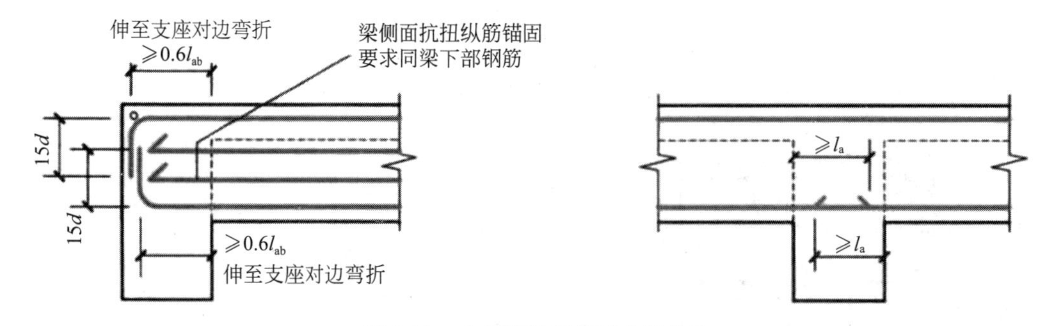

图 2-32　非框架梁受扭时纵筋构造

梁上部纵向钢筋，按“充分利用钢筋的抗拉强度”的原则锚固在端支座内；伸至主梁外侧纵筋内侧后向下弯折，直段长度不小于 $0.6l_{ab}$，弯折段长度为 15d。当伸入支座内长度不小于 l_a 时，可不弯折。需要连接时，可在跨中 1/3 净跨范围内连接；采用搭接时，搭接长度为 l_l，搭接长度范围内箍筋应加密。

梁下部纵向钢筋伸至端支座主梁对边向上弯折，直段长度不小于 l_{ab}，如弯折段长度为 15d。当伸入支座内长度不小于 l_a 时，可不弯折。

中间支座下部纵筋宜贯通，不能贯通时锚入支座长度不小于 l_a。

梁侧面受扭纵筋应沿截面周边均匀对称布置，间距不大于 200mm，其锚固形式同下部纵筋。

2.4.3 非框架梁中间节点特殊配筋构造

当上部标高不一致时，高位梁上部纵筋伸至支座边缘后弯折，弯折长度从低位梁顶面向下 l_a，低位梁上部纵筋直锚，锚固长度为 l_a，如图 2-33(a)所示。当下部标高不一致时，梁下部纵筋的构造如图 2-23(a)所示。

当支座两边梁宽不同或错开布置时，可将无法直通的纵筋采用弯锚伸入梁内；或当支座两边纵筋根数不同时，可将多出的纵筋采用弯锚伸入梁内，锚固要求如图 2-33(b)所示。

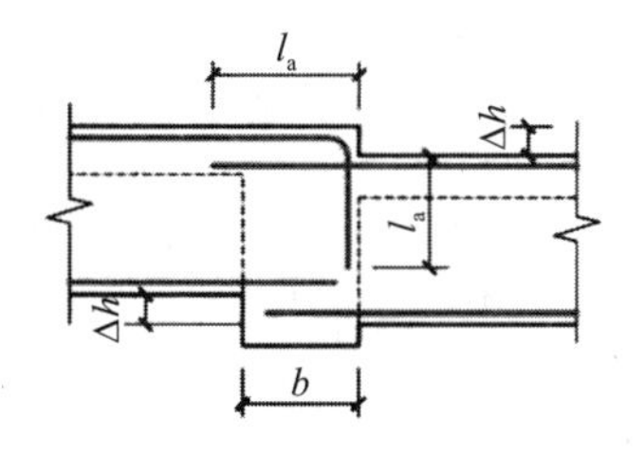

(a) 中间支座两侧梁标高不一致

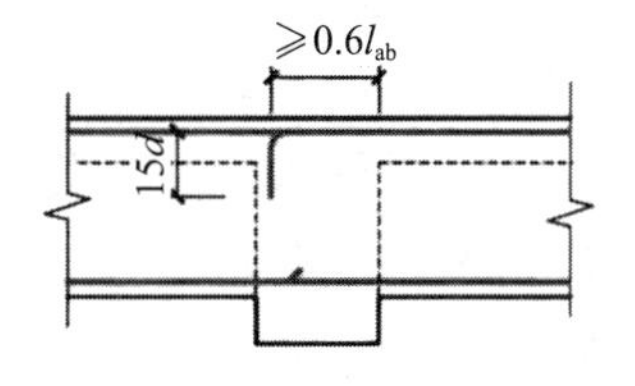

(b) 中间支座两侧梁宽度不一致或错开布置

图 2-33　非框架梁中间节点特殊构造

当梁两端支座不一致时，支承于框架柱的梁端纵向钢筋锚固方式和构造做法同框架梁；支承于梁的梁端纵向钢筋貓固方式和构造做法同非框架梁。

2.5　悬挑梁配筋构造解读及钢筋计算

悬挑梁包括纯悬挑梁 XL 和各类梁的悬挑端[在梁的平法标注中，梁的编号带有(××A)或(××B)的梁]，它们的配筋构造要求不同。

2.5.1　纯悬挑梁配筋构造

纯悬挑梁 XL 的钢筋构造如图 2-34 所示。

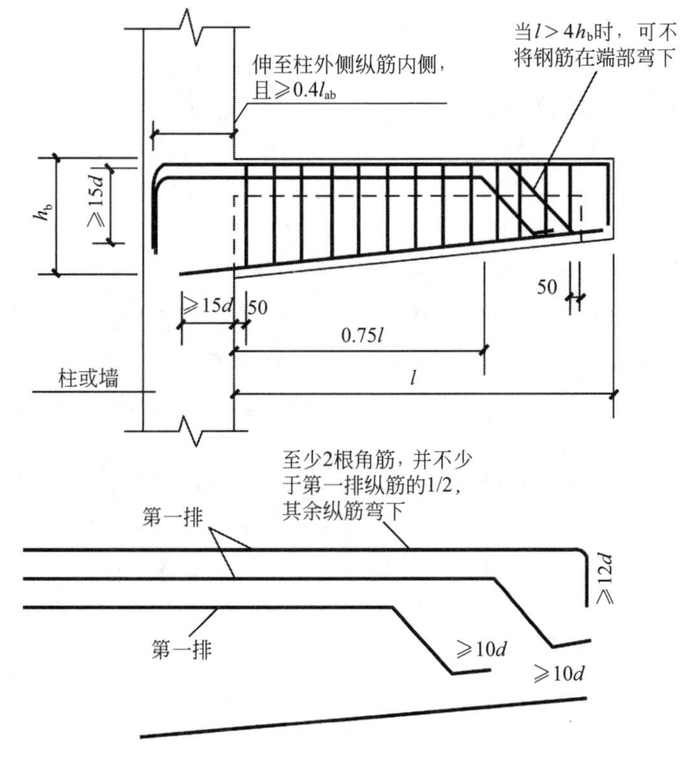

图 2-34　纯悬挑梁 XL 的钢筋构造图

纯悬挑梁上部纵筋第一排至少 2 根角筋，并不少于第一排纵筋根数的 1/2 的上部纵筋一直伸到悬挑梁端部，并直角弯折至梁底且弯折长不小于 $12d$。其余纵筋在端部弯折 45°至梁底，且端部有 $10d$ 的平直长度。当悬挑梁净跨长 $l<4h_b$ 时，第一排钢筋可不在端部弯折 45°，而是在两端弯折 90°到梁底，可不将钢筋在端部弯下。第二排上部纵筋伸到悬挑端长度的 $0.75l$ 处向下弯折 45°至梁底，且端部有 $10d$ 的平直长度。纯悬挑梁的上部纵筋在支座中伸至柱外侧纵筋内侧弯折 $15d$，同时要求直段长不小于 $0.4l_{ab}$。

悬挑梁上部纵筋(角筋)长度＝净跨长 l＋左支座锚固长度＋梁端部梁高－2×保护层厚度　　(2-40)

悬挑梁其余上部纵筋(包括第一排中部纵筋和第二排纵筋)应根据悬挑梁尺寸和形状按图示构造要求计算。

纯悬挑梁下部纵筋在悬挑端的下部伸至端部保护层内，在支座位置伸至支座内 $15d$。

悬挑梁下部纵筋长度＝净跨长 l 折算成斜长＋$15d$－保护层厚度　　(2-41)

悬挑梁的箍筋按照抗震构造要求应全长加密，起步距离距梁边或柱边 50mm。

2.5.2 各类梁的悬挑端配筋构造

各类梁的悬挑端配筋构造如图 2-35 所示。

图 2-35(a)构造：梁顶标高与悬挑端梁顶标高一致，梁的上部通长筋或支座负筋贯穿悬挑端的支座，伸至悬挑梁端部弯折，构造要求同纯悬挑梁，梁的下部纵筋伸至支座内的配筋构造按端支座的构造处理。悬挑端的下部纵筋为构造筋，配筋构造与纯悬挑梁相同。

图 2-35(b)构造：楼层框架梁的梁顶标高比悬挑端梁顶标高要高，高差为 Δh。当 $\Delta h/(h_c-50)>1/6$ 时，楼层框架梁的上部通长筋或支座负筋伸至柱或墙外侧纵筋内侧，弯折 $15d$，且在支座内的直段长不小于 $0.4l_{ab}$(或 $0.4l_{abE}$)。下部纵筋伸入支座，按端支座构造要求配筋。悬挑梁第一排及第二排上部纵筋在根部直锚伸入支座，直锚长度为 l_a，且 $l_a\geqslant 0.5h_c+5d$，在端部构造与纯悬挑梁相同。

图 2-35(c)构造：楼层框架梁的梁顶标高比悬挑端梁顶标高要高，高差为 Δh。当 $\Delta h/(h_c-50)\leqslant 1/6$ 时，楼层框架梁的上部通长筋或支座负筋贯通支座连续布置，伸至悬挑端部，在端部的构造与纯悬挑梁相同。下部纵筋伸入支座，按端支座构造要求配筋。悬挑端下部纵筋构造与纯悬挑梁相同。

图 2-35(d)构造：楼层框架梁的梁顶标高比悬挑端梁顶标高要低，高差为 Δh。当 $\Delta h/(h_c-50)>1/6$ 时，楼层框架梁的上部通长筋或支座负筋在支座处直锚，直锚长度为 l_a，且 $l_a\geqslant 0.5h_c+5d$。下部纵筋伸入支座，按端支座构造要求配筋。悬挑梁上部纵筋在悬挑根部伸至柱或墙对边纵筋内侧弯折 $15d$，且在支座内的直段长度不小于 $0.4l_{ab}$。悬挑梁下部纵筋在根部直锚伸入支座，直锚长度为 $l_a(l_{aE})$，且 $l_a\geqslant 0.5h_c+5d$，在端部构造与纯悬挑梁相同。

图 2-35(e)构造：楼层框架梁的梁顶标高比悬挑端梁顶标高要低，高差为 Δh。当 $\Delta h/(h_c-50)\leqslant 1/6$ 时，楼层框架梁的上部通长筋或支座负筋贯通支座连续布置，伸至悬挑端部，

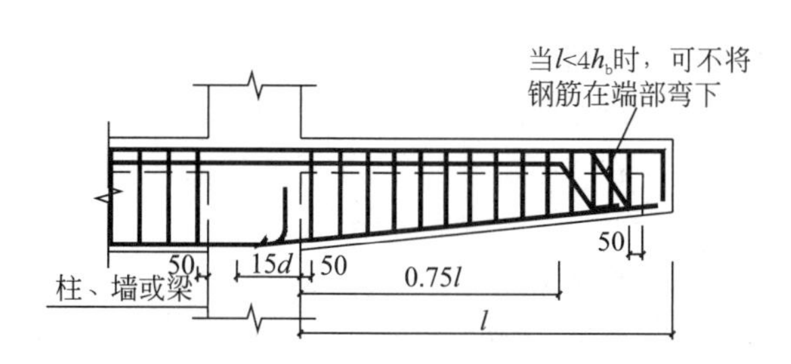

(a) 可用于中间层或屋面

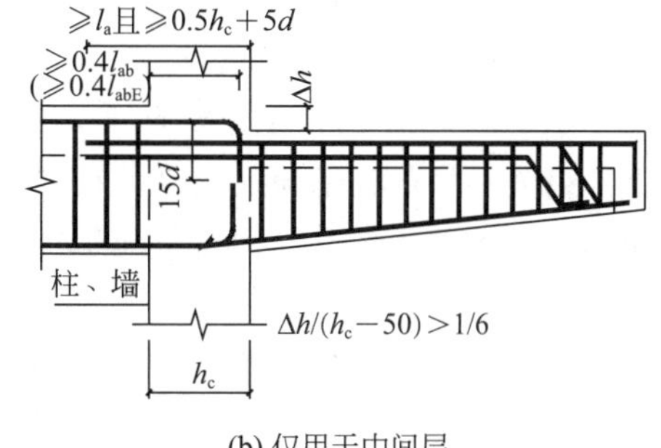

(b) 仅用于中间层

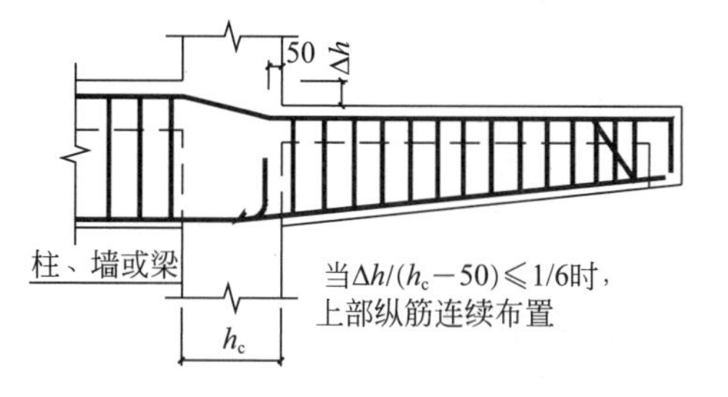

(c) 用于中间层，当支座为梁时也可用于屋面

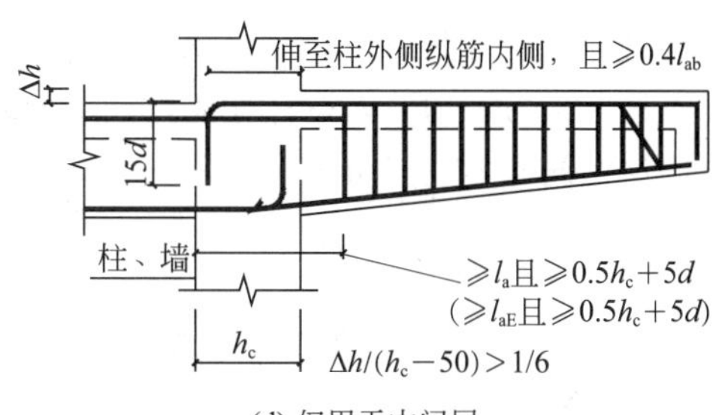

(d) 仅用于中间层

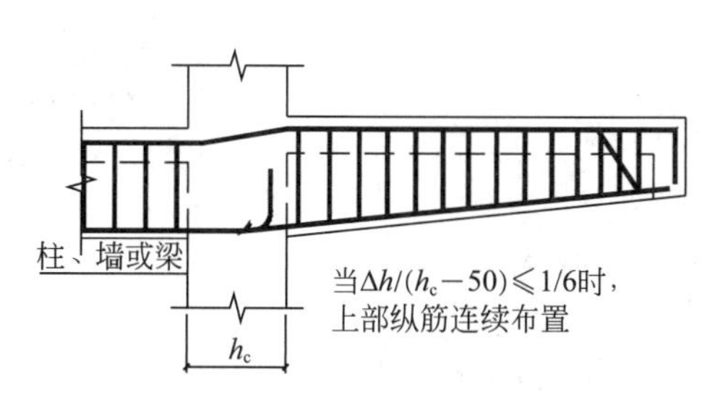

(e) 用于中间层，当支座为梁时也可用于屋面

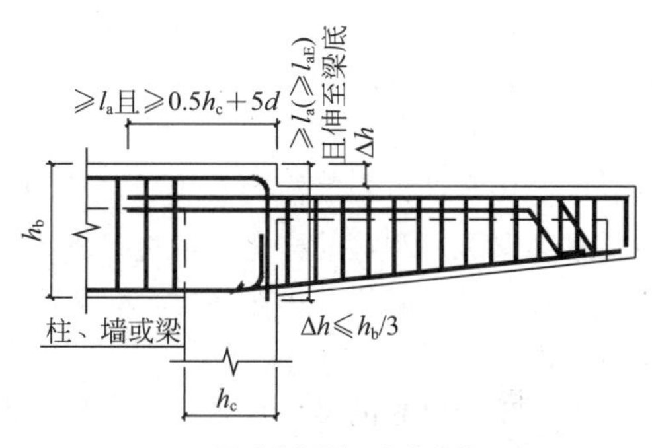

(f) 用于中间层，当支座为梁时也可用于屋面

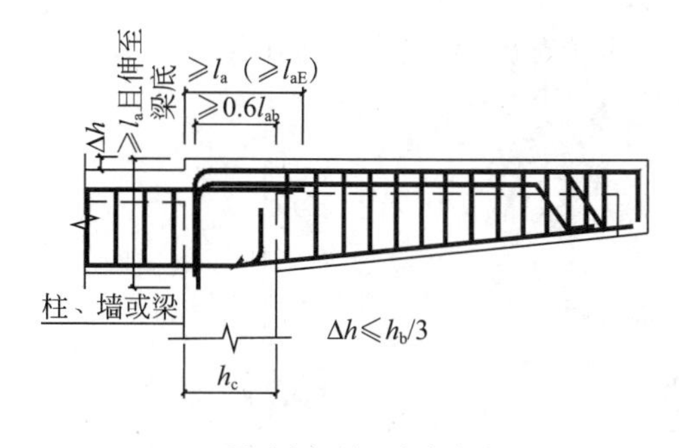

(g) 用于中间层，当支座为梁时也可用于屋面

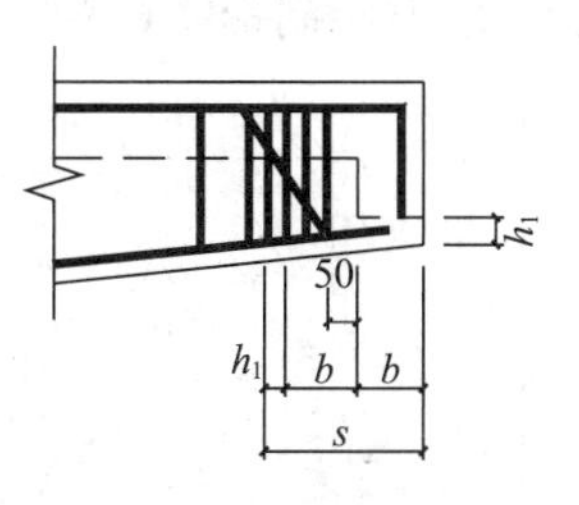

(h) 悬挑梁端附加箍筋范围

图 2-35　各类梁的悬挑端配筋构造图

在端部的构造与纯悬挑梁相同。下部纵筋伸入支座，按端支座构造要求配筋。悬挑端下部纵筋构造与纯悬挑梁相同。

图 2-35(f)构造：屋面框架梁的梁顶标高比悬挑端梁顶标高要高，高差为 Δh。当 $\Delta h \leqslant h_b/3$ 时，屋面框架梁的上部通长筋或支座负筋伸至柱或墙外侧纵筋内侧，弯折至梁底，且弯折长不小于 l_a(或 l_{aE})。下部纵筋伸入支座，按端支座构造要求配筋。悬挑梁第一排及第二排上部纵筋在根部直锚伸入支座，直锚长度为 l_a，且 $l_a \geqslant 0.5h_c+5d$，在端部构造与纯悬挑梁相同。悬挑端下部纵筋构造与纯悬挑梁相同。

图 2-35(g)构造：屋面框架梁的梁顶标高比悬挑端梁顶标高要低，高差为 Δh。当 $\Delta h \leqslant h_b/3$ 时，屋面框架梁的上部通长筋或支座负筋直锚伸至柱或墙中，直锚长度为 l_a(l_{aE})，且支座为柱时伸至柱对边。下部纵 筋伸入支座，按端支座构造要求配筋。悬挑梁第一排及第二排上部纵筋在根部伸入支座对边并弯折至梁底，且弯折长不应小于 l_a。悬挑端下部纵筋构造与纯悬挑梁相同。

图 2-35(h)构造：若设计注明在悬挑梁端部需配置附加箍筋时，箍筋起步距离为 50mm，并且附加箍筋布置范围为 $b-50+h_1$ 范围内，其中，h_1 为悬挑端梁高与悬挑端小梁梁高的高差。

2.6 梁施工图识图及钢筋算量实例

【学习提示】本节将通过右侧二维码中的抗震楼层框架梁 KL7 7.200m 标高梁配筋图(结施—09)平法施工图的识读，学习绘制框架梁的纵向剖面配筋图的步骤和方法；通过对梁的端支座、中间支座、非通长筋断点位置、箍筋加密区等关键部位钢筋锚固长度等的计算，来巩固、理解并最终能熟练掌握抗震框架梁纵筋和箍筋构造。通过计算该梁各种钢筋的长度，进一步了解各类钢筋在梁内的配置和排布情况，达到正确识读梁平法施工图和计算钢筋长度的目的。

梁平法施工图

右侧二维码中的梁平法施工图采用平面注写方式绘制，根据结构设计总说明规定梁纵筋优先采用机械连接，工程环境类别为一类；抗震等级为二级；框架梁混凝土 C30；与 KZ7 锚固的框架柱 KZ19、KZ20、KZ21 的尺寸及钢筋信息详见柱平面布置图(结施—04)和柱表(结施—05)。图 2-36 所示为 KL7 的平法施工图。试首先识读 KL7 平法施工图，然后计算梁钢筋的长度，并绘制钢筋材料明细表。

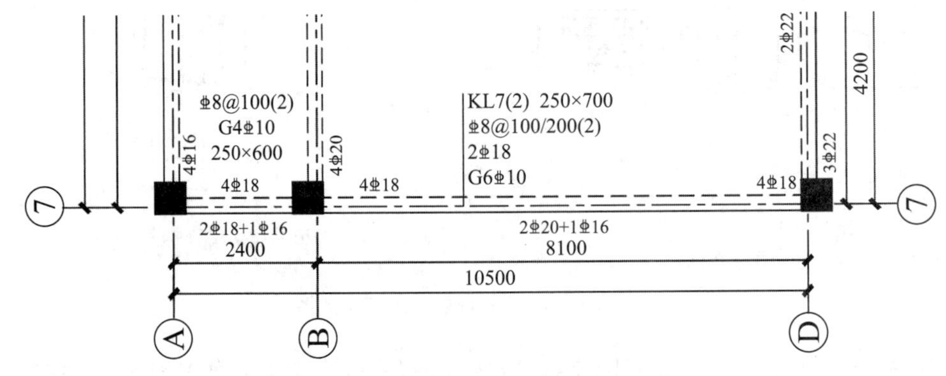

图 2-36 KL7 梁平法施工图

2.6.1　识读抗震楼层框架梁 KL7 平法施工图

该梁为二级抗震等级的楼层框架梁。下面主要对该梁的集中标注、原位标注进行解读。编号 KL7(2)表示其为 7 号楼层框架梁，2 跨，无悬挑端；A 轴和 B 轴之间是该梁第一跨，跨度 2400mm；B 轴和 C 轴之间是第二跨，跨度 8100mm；第一跨为小跨，第二跨为大跨。梁的截面宽度为 250mm，第一跨高度为 600mm，第二跨高度为 700mm；第一跨箍筋为直径 8mm 的 HRB400 级钢筋，已原位标注成全跨加密至 100mm 的双肢箍。第二跨的箍筋为直径 8mm 的 HRB400 级钢筋，加密区间距为 100mm，非加密区间距为 200mm 的双肢箍；该梁上部有 2 根直径 18mm 的 HRB400 级通长筋；第一跨梁的侧面共有 4 根直径 10mm 的 HRB400 级构造筋；第二跨梁的侧面共有 6 根直径 10mm 的 HPB400 级构造筋。第一跨的下部纵筋为 2 根直径 18mm 和 1 根直径 16mm 的 HRB400 级钢筋，第二跨的下部纵筋为 2 根直径 20mm 和 1 根直径 16mm 的 HRB400 级钢筋。上部纵筋除了 2 根直径 18mm 的 HRB400 级通长筋放在角部，第二跨左支座上部有 2 根直径 18mm 的 HRB400 级支座负筋，伸入第一跨后在第一跨为通长布置。第二跨右支座上部有 2 根直径 18mm 的 HRB400 级支座负筋。

上面的解读只是对图面的内容进行了剖析，为了进一步了解梁内纵向钢筋的排布情况，绘制梁的纵剖面图和截面配筋图，并对各钢筋进行编号，如图 2-37 和图 2-38 所示。

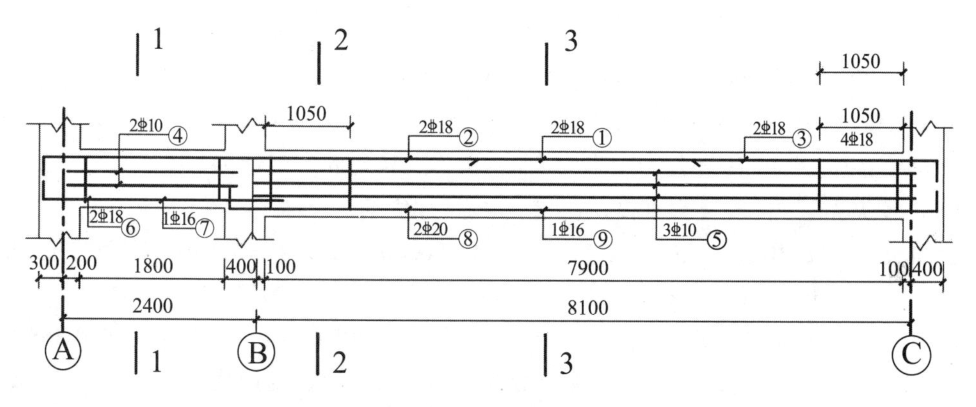

图 2-37　梁纵剖面配筋图

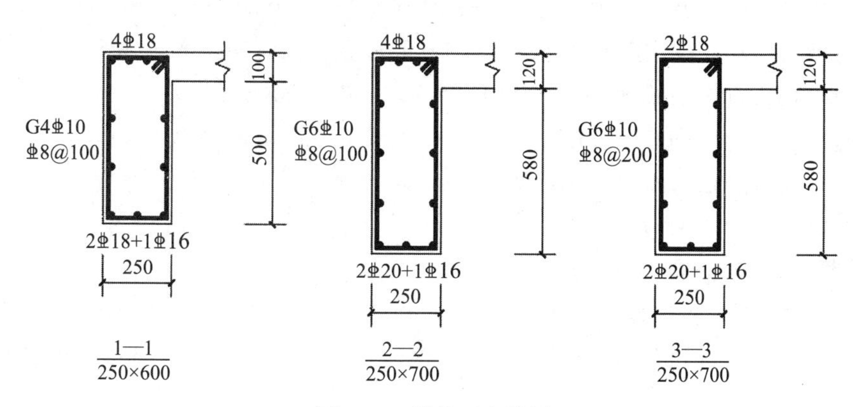

图 2-38　梁截面配筋图

2.6.2 计算 KL7 钢筋长度及箍筋根数

1. 绘制 KL7 纵剖面配筋图并计算基础信息、关键数据及关键信息

1）求梁、柱的保护层厚度(C_b 和 C_c)及 l_{aE} 等基础信息

根据环境类别一类、混凝土强度 C30、钢筋牌号 HRB400、二级抗震等基础信息，查表得，梁、柱的混凝土保护层厚度 $C_b=C_c=20$mm；查抗震锚固长度表得 $l_{aE}=40d$。

2）关键数据计算

(1) 计算第二跨梁上部支座负筋截断点的位置：$l_n/3=7900/3=2633$(mm)。

(2) 计算箍筋加密区范围。

第一跨的箍筋为全跨加密，间距为 100mm。

第二跨箍筋加密区$=\max(1.5h_b,500)=\max(1.5\times700,500)=1050$(mm)，取 1050mm。

3）关键部位锚固长度的计算

(1) 判断上部纵筋在端支座的锚固形式及锚固长度计算。

$h_c-C_c=700-C_c=700-20=680(mm)<l_{aE}=40d=40\times18=720$(mm)，故锚固形式为弯锚。

弯折垂直段长度：$15d=15\times18=270$(mm)。

(2) 判断第一跨下部纵筋在左端支座的锚固形式及锚固长度计算。

因 $l_{aE}=40\times18=720$(mm)$>$柱子宽度 h_c，$l_{aE}=40\times16=640$(mm)$>$柱子宽度 h_c，所以下部纵筋在左端支座内要弯锚。弯折长度为 $15d$，分别为 $15\times18=270$(mm)，$15\times16=240$(mm)。

(3) 判断第一跨下部纵筋在中间支座的锚固形式及锚固长度计算。

因下部纵筋在中间支座为直锚，直径Φ18 的下部纵筋：

锚固长度$=\max(l_{aE},0.5h_c+5d)=\max(40d,0.5h_c+5d)=\max(40\times18,0.5\times500+5\times18)=720$(mm)。

同理，直径Φ16 的下部纵筋锚固长度$=\max(l_{aE},0.5h_c+5d)=l_{aE}=40\times16=640$(mm)。

(4) 判断第二跨下部纵筋在右端支座的锚固形式及锚固长度计算。

因 $l_{aE}=40\times20=800$(mm)$>$柱子宽度 h_c，$l_{aE}=40\times16=640$(mm)$>$柱子宽度 h_c，所以下部纵筋在右端支座内要弯锚。弯折长度为 $15d$，分别为 $15\times20=300$(mm)，$15\times16=240$(mm)。

(5) 判断第二跨下部纵筋在中间支座的锚固形式及锚固长度计算。判断方法同第一跨。

直径Φ20 的下部纵筋锚固长度 $l_{aE}=40d=40\times20=800$(mm)。

直径Φ16 的下部纵筋锚固长度 $l_{aE}=40d=40\times16=680$(mm)。

(6) 计算构造筋在柱内的锚固长度。

$15d=15\times10=150$(mm)。

2. 计算 KL7 各钢筋单根长度

上部通长筋(①号筋)$=300+2400+8100+400-20\times2+15\times18\times2=11600$(mm)，共 2 根。

第二跨上部左支座负筋(②号筋)$=270+500-20+1800+500+2633=5683$(mm)，共 2 根。

第二跨上部右支座负筋(③号筋)$=2633+500-20+270=3383$(mm)，共 2 根。

第一跨中部构造筋(④号筋)＝1800＋150×2＝2100(mm)，共4根。

第二跨中部构造筋(⑤号筋)＝7900＋150×2＝8200(mm)，共6根。

第一跨下部纵筋(角筋⑥号筋)＝1800＋500－20＋270＋720＝3270(mm)，共2根。

第一跨下部纵筋(中间⑦号筋)＝1800＋500－20＋240＋680＝3200(mm)，共1根。

第二跨下部纵筋(角筋⑧号筋)＝7900＋(500－20)×2＋300×2＝9460(mm)，共2根。

第二跨下部纵筋(中间⑨号筋)＝7900＋(500－20)×2＋240×2＝9340(mm)，共1根。

3. 计算箍筋长度及根数

第一跨箍筋(⑩号筋)长度＝(250＋600)×2－20×8＋11.9×8×2＝1731(mm)；

根数＝(1800－50×2)/100＋1＝18(根)。

第二跨箍筋(⑪号筋)长度＝(250＋700)×2－20×8＋11.9×8×2＝1931(mm)；

加密区根数＝[(1050－50)/100＋1]×2＝22(根)；

非加密区根数＝(7900－1050×2)/200－1＝28(根)。

2.6.3　绘制KL7钢筋材料明细表(表2-2)

表2-2　KL7钢筋材料明细表

编号	钢筋简图/mm	规格/mm	长度/mm	数量/根
1	270 11160 270	Φ18	12140	2
2	270 5413	Φ18	5683	2
3	3313 270	Φ18	3383	2
4	2100	Φ10	2100	4
5	8200	Φ10	8200	4
6	270 3000	Φ18	3270	2
7	240 2960	Φ16	3200	1
8	300 8860 300	Φ20	9460	2
9	240 8860 240	Φ16	9340	1
10	210 560 210 560	Φ8	1731	18
11	210 660 210 660	Φ8	1931	50

第3章 柱平法识图与钢筋算量

3.1 柱平法施工图识图

柱构件的平法表达方式分为列表注写方式和截面注写方式两种。

3.1.1 柱构件列表注写方式

列表注写方式，就是在柱平面布置图上（一般只需采用适当比例绘制一张柱平面布置图，包括框架柱、转换柱、梁上柱和剪力墙上柱），分别在同一编号的柱中选择一个（有时需要选择几个）截面标注几何参数代号；在柱表中注写柱编号、柱段起止标高、几何尺寸（含柱截面对轴线的偏心情况）与配筋的具体数值，并配以各种柱截面形状及其箍筋类型图的方式，来表达柱平法施工图。

如图3-1所示，用列表注写方式表达的柱构件平法图，包含柱平面布置图、箍筋类型图、层高与标高表和柱表四部分，识读时，要结合和对应起来理解。

柱平面图上注明了本图适用的标高范围，根据这个标高范围，结合层高与标高表，判断柱构件在标高上位于的楼层。箍筋类型图主要用于说明工程中要用到的各种箍筋组合方式，具体每个柱构件采用哪种方式，需要在柱表中注明。层高与标高表用于和柱平面图、柱表对照使用。柱表用于表达柱构件的各个数据，包括柱号、截面尺寸、标高、配筋等。

1. 柱号

柱号由柱的类型代号和序号组成。类型代号应符合表3-1的规定。

表3-1 柱代号

梁类型	框架柱	转换柱	芯柱
代号	KZ	ZHZ	XZ

2. 柱段起止标高

柱段起止标高自柱根部往上以变截面位置，或截面未变但配筋改变处为界分段注写。框架柱和框支柱的根部标高指基础顶面标高。芯柱的根部标高指根据结构实际需要而定的起始位置标高。梁上柱的根部标高指梁顶面标高。剪力墙上柱的根部标高分为两种：当柱纵筋锚固在墙顶部时，其根部标高为墙顶面标高；当柱与剪力墙重叠一层时，其根部标高为墙顶面往下一层的结构层楼面标高。

3. 几何尺寸

对于矩形柱，注写柱截面尺寸 $b\times h$ 及与轴线关系的几何参数代号 b_1、b_2 和 h_1、h_2 的具

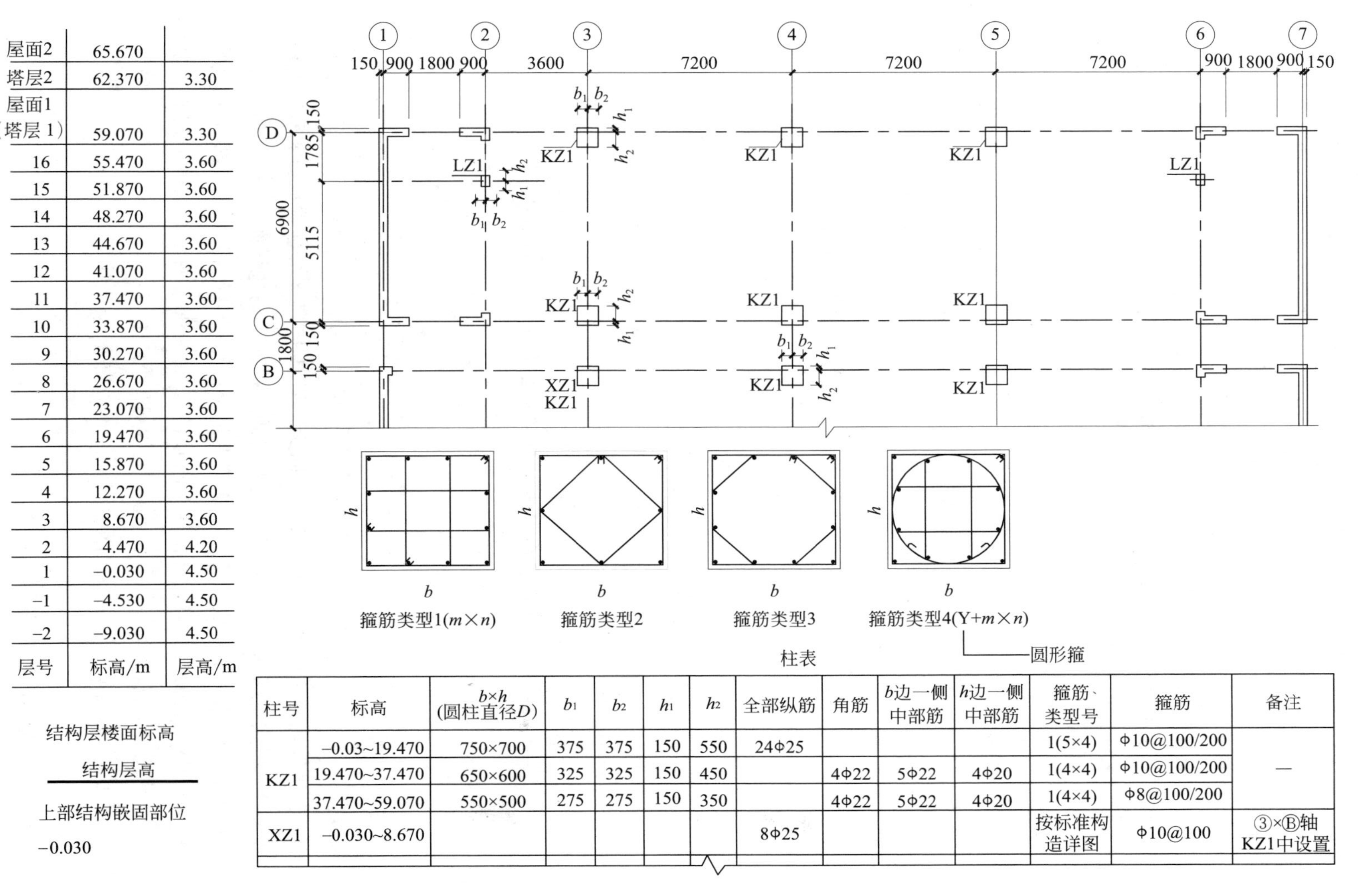

层号	标高/m	层高/m
屋面2	65.670	
塔层2	62.370	3.30
屋面1（塔层1）	59.070	3.30
16	55.470	3.60
15	51.870	3.60
14	48.270	3.60
13	44.670	3.60
12	41.070	3.60
11	37.470	3.60
10	33.870	3.60
9	30.270	3.60
8	26.670	3.60
7	23.070	3.60
6	19.470	3.60
5	15.870	3.60
4	12.270	3.60
3	8.670	3.60
2	4.470	4.20
1	−0.030	4.50
−1	−4.530	4.50
−2	−9.030	4.50

结构层楼面标高

结构层高

上部结构嵌固部位

−0.030

柱表

柱号	标高	$b\times h$（圆柱直径D）	b_1	b_2	h_1	h_2	全部纵筋	角筋	b边一侧中部筋	h边一侧中部筋	箍筋、类型号	箍筋	备注
KZ1	−0.03~19.470	750×700	375	375	150	550	24Φ25				1(5×4)	Φ10@100/200	—
	19.470~37.470	650×600	325	325	150	450		4Φ22	5Φ22	4Φ20	1(4×4)	Φ10@100/200	
	37.470~59.070	550×500	275	275	150	350		4Φ22	5Φ22	4Φ20	1(4×4)	Φ8@100/200	
XZ1	−0.030~8.670						8Φ25				按标准构造详图	Φ10@100	③×Ⓑ轴KZ1中设置

图 3-1　柱列表注写方式示例

体数值，需对应于各段柱分别注写。其中，$b=b_1+b_2$，$h=h_1+h_2$。当截面的某一边收缩变化至与轴线重合，或偏到轴线的另一侧时，b_1、b_2、h_1、h_2 中的某项为 0 或为负值。

对于圆柱，表中 $b\times h$ 一栏改用在圆柱直径数字前加 d 表示。为便于表达，圆柱截面与轴线的关系也用 b_1、b_2 和 h_1、h_2 表示，并使 $d=b_1+b_2=h_1+h_2$。

对于芯柱，根据结构需要，可以在某些框架柱的一定高度范围内，在其内部的中心位置设置(分别引注其柱编号)。芯柱截面尺寸按构造确定，并按图集标准构造详图施工，设计不需注写；当设计者采用与构造详图不同的做法时，应另行注明。芯柱随框架柱定位，不需要注写其与轴线的几何关系。

4. 柱纵筋

当柱纵筋直径相同，各边根数也相同时(包括矩形柱、圆柱和芯柱)，将纵筋注写在柱表的"全部纵筋"一栏中。除此之外，应在柱表中分别注写柱纵筋的角筋、截面 b 边中部筋和 h 边中部筋三项。对于采用对称配筋的矩形截面柱，可仅注写一侧中部筋，对称边省略不注。

5. 箍筋类型号

在柱表的箍筋类型栏内注写箍筋的类型号，并在括号内注明箍筋的肢数。

具体工程所设计的各种箍筋类型图以及箍筋复合的具体方式，需画在柱表的上方或图中的适当位置，并在其上标注与表中相对应的 b、h 和类型号。当为抗震设计时，箍筋肢数要满足对柱纵筋"隔一拉一"以及箍筋肢距的要求。

常见箍筋类型号所对应的箍筋形状如图 3-2 所示。

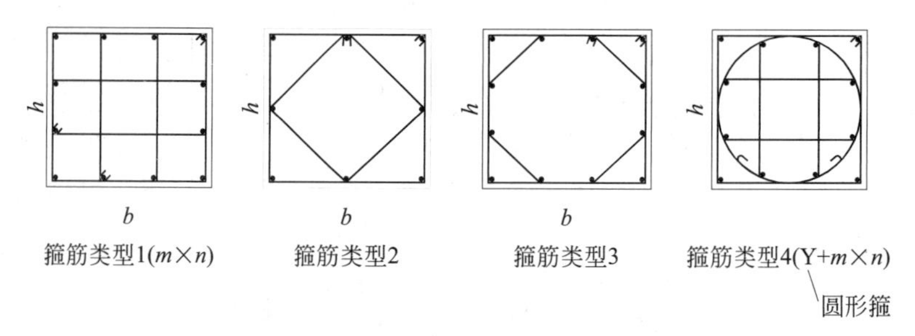

图 3-2 箍筋类型号及所对应的箍筋形状图

6. 柱箍筋

柱箍筋的注写内容包括箍筋种类、直径与间距。用斜线"/"区分柱端箍筋加密区与柱身非加密区长度范围内箍筋的不同间距。施工人员需根据标准构造详图的规定，在规定的几种长度值中取最大者作为加密区长度。当箍筋沿柱全高为一种间距时，则不使用斜线"/"。当框架节点核心区内箍筋与柱端箍筋设置不同时，应在括号中注明核心区箍筋的直径及间距。当圆柱采用螺旋箍筋时，应在箍筋前加"L"，如 Lϕ10@100/200，表示采用螺旋箍筋 HPB300 级钢筋，直径为ϕ10，加密区间距为 100mm，非加密区间距为 200mm。

3.1.2 柱构件截面注写方式

截面注写方式，就是在柱平面布置图的柱截面上，分别在同一编号的柱中选择一个截面，以直接注写截面尺寸和配筋具体数值的方式来表达柱平法施工图。

柱平法施工图截面注写方式如图 3-3 所示。

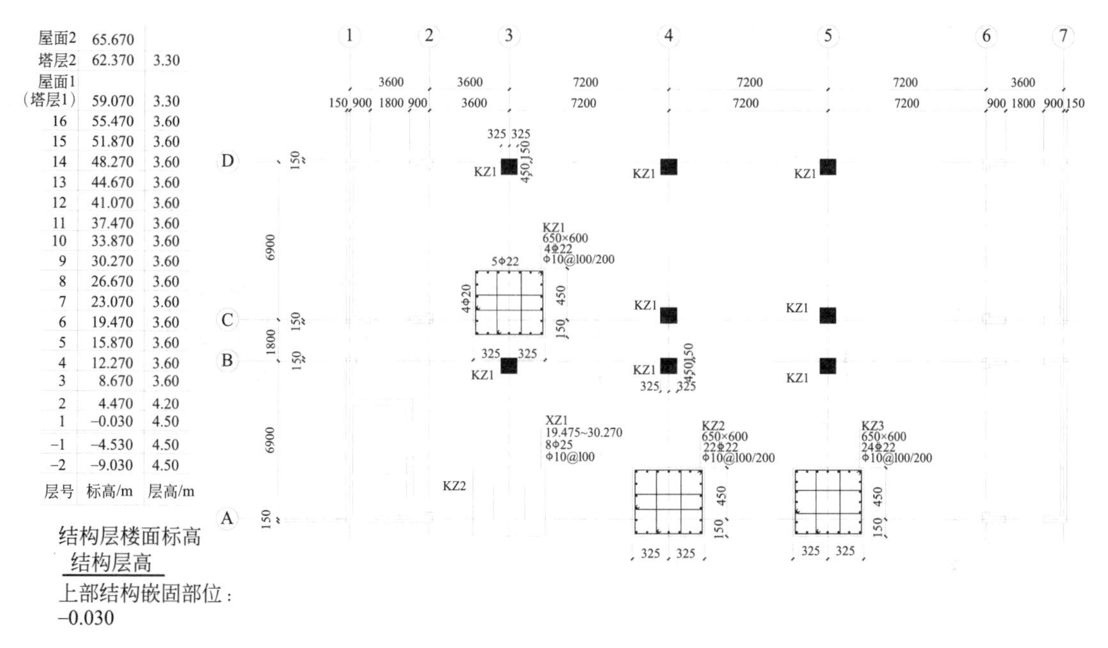

图 3-3　柱截面注写方式

柱截面注写方式用于表达柱纵筋的配筋信息，分为三种不同的情况。如果纵筋直径相同，则对全部纵筋进行统一注写，如图 3-4(a)所示；如果纵筋直径不同，先引出注写角筋，然后在各边注写中部纵筋。如果是对称配筋，则在对称的两边中，只注写其中一边即可，如图 3-4(b)所示。如果是非对称配筋，则每边注写实际的纵筋，如图 3-4(c)所示。其他识图要点同列表注写方式。

在截面注写方式中，如柱的分段截面尺寸和配筋均相同，仅截面与轴线的关系不同，可将其编为同一柱号，但此时应在未画配筋的柱截面上注写该柱截面与轴线关系的具体尺寸。

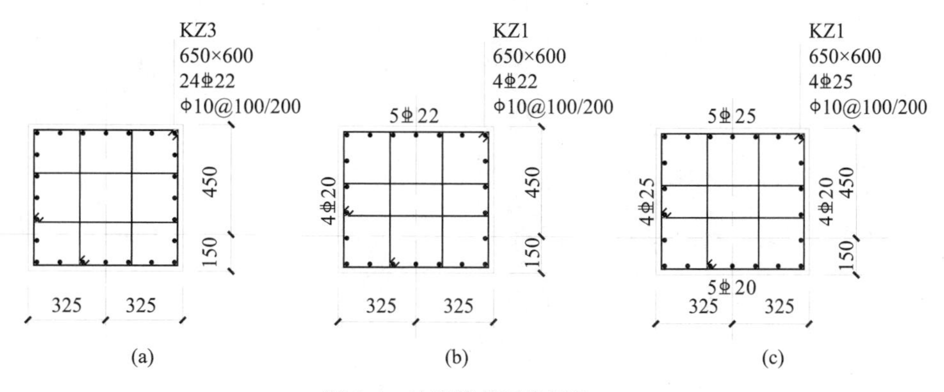

图 3-4　柱配筋截面注写法

在截面注写方式中，当在某些框架柱的一定高度范围内，在其内部的中心位设置芯柱时，首先应按照规定进行编号，继其编号之后注写芯柱的起止标高、全部纵筋及箍筋的具体数值。芯柱截面尺寸按构造确定，并按标准构造详图施工，设计不注。当设计者采用与本构造详图不同的做法时，应另行注明。芯柱应随框架柱定位，不需要注写其与轴线的几何关系。芯柱的构造尺寸如图 3-5 所示。

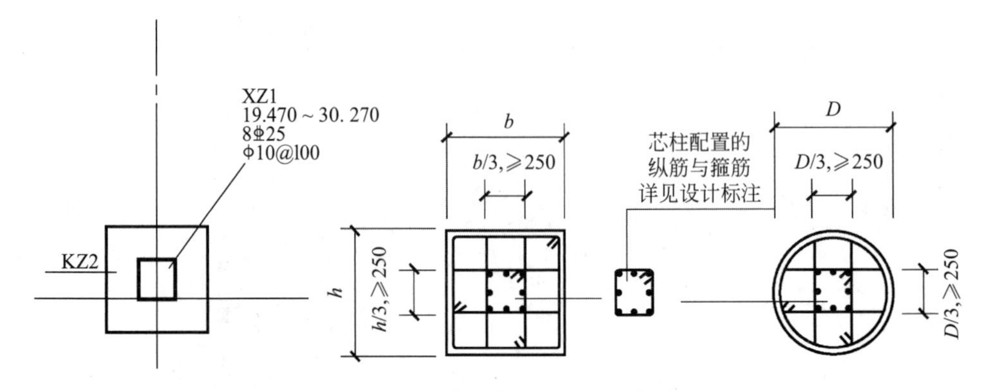

图 3-5　芯柱截面柱写法及芯柱构造

柱列表注写方式与截面注写方式的主要区别是，前者将箍筋和柱的相关配置信息分别注写在箍筋类型图和柱列表中，后者则将这些内容统一注写在截面图上。

3.2　框架柱配筋构造解读及钢筋计算

柱配筋构造包括柱纵筋和箍筋构造要求，柱纵筋的构造要求主要指柱纵筋在柱根部节点、中间节点、柱顶节点以及纵筋连接的构造要求。柱箍筋的构造要求主要解决柱箍筋起步距离、加密区范围的问题。

KZ 柱内钢筋种类及柱钢筋骨架如图 3-6 所示。

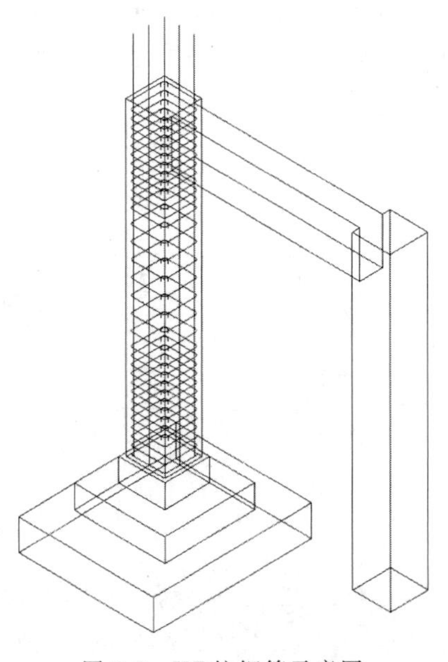

图 3-6　KZ 柱钢筋示意图

3.2.1　框架柱纵筋构造

1. 框架柱纵筋根部节点构造

柱纵筋在根部的节点构造包括基础上起柱、梁上起框架柱、墙上起柱框架等情况，不同情况对纵筋在根部的要求各不相同。本小节内容涉及基础上起柱根部节点配筋构造。

对于基础上起柱根部节点，柱插筋应伸至基础底部，并支在基础底部钢筋网片上，如图 3-7 所示。

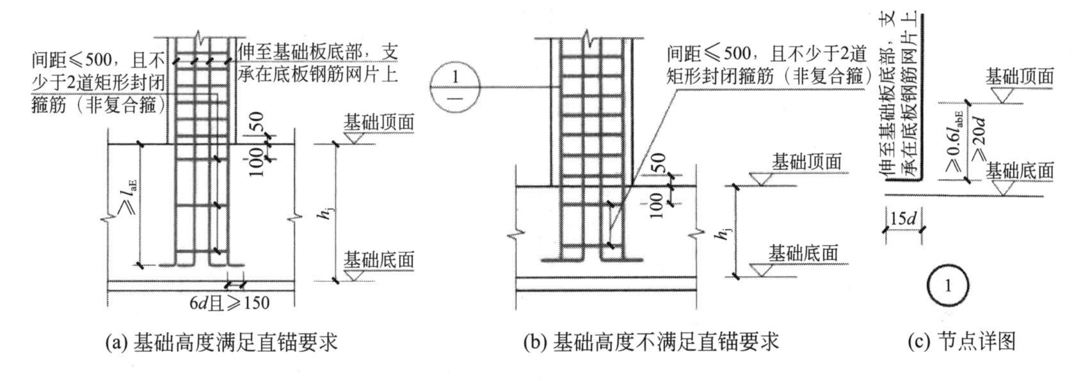

图 3-7　柱纵筋在基础中的构造

当基础的高度满足锚固长度要求时，即 $h_j \geqslant l_{aE}$，柱纵筋伸至基础底部钢筋网片上，并弯折 $6d$，且不小于 150mm，如图 3-7(a)所示；当基础高度不能满足锚固长度要求时，即 $h_j < l_{aE}$，如图 3-7(b)所示，柱纵筋伸至基础底部钢筋网片上，并弯折 $15d$，纵筋在基础内的平直段长度应满足 $\geqslant 0.6l_{ab}$ 的要求，如图 3-7(c)所示。

当符合下列条件之一时，可仅将柱四角纵筋伸至基础底板钢筋网片或者筏形基础中间层钢筋网片上（伸至钢筋网片上的柱纵筋间距不应大于 1000mm），其余纵筋锚固在基础顶面以下 l_{aE} 处即可。

（1）柱为轴心受压或小偏心受压，基础高度或基础顶面至中间层钢筋网片顶面的距离不应小于 1200mm。

（2）柱为大偏心受压，基础高度或基础顶面至中间层钢筋网片顶面的距离不应小于 1400mm。

2. 柱纵筋中间节点构造

柱纵筋中间节点构造主要是解决柱纵筋在各层的连接区和非连接区的问题。所谓“非连接区”，就是柱纵筋不允许在这个区域之内进行连接。无论是绑扎搭接连接、机械连接，还是焊接连接，都要遵守这项规定。按照图集 22G101-1 的规定，柱纵筋的非连接区位于柱根、柱中间节点和柱顶某一范围，避开这些非连接区，就是柱纵筋可以进行连接的地方。非连接区的要求与柱纵筋的嵌固部位有关，分为以下几种情况。

1）柱纵筋嵌固部位在基础顶面

图 3-8 所示为抗震 KZ 纵向钢筋连接构造。若建筑物不带地下室，则框架柱的嵌固部位在基础顶面，基础插筋与首层柱纵筋在基础顶面过非连接区连接。基础顶面的非连接区长度不应小于 $H_n/3$。

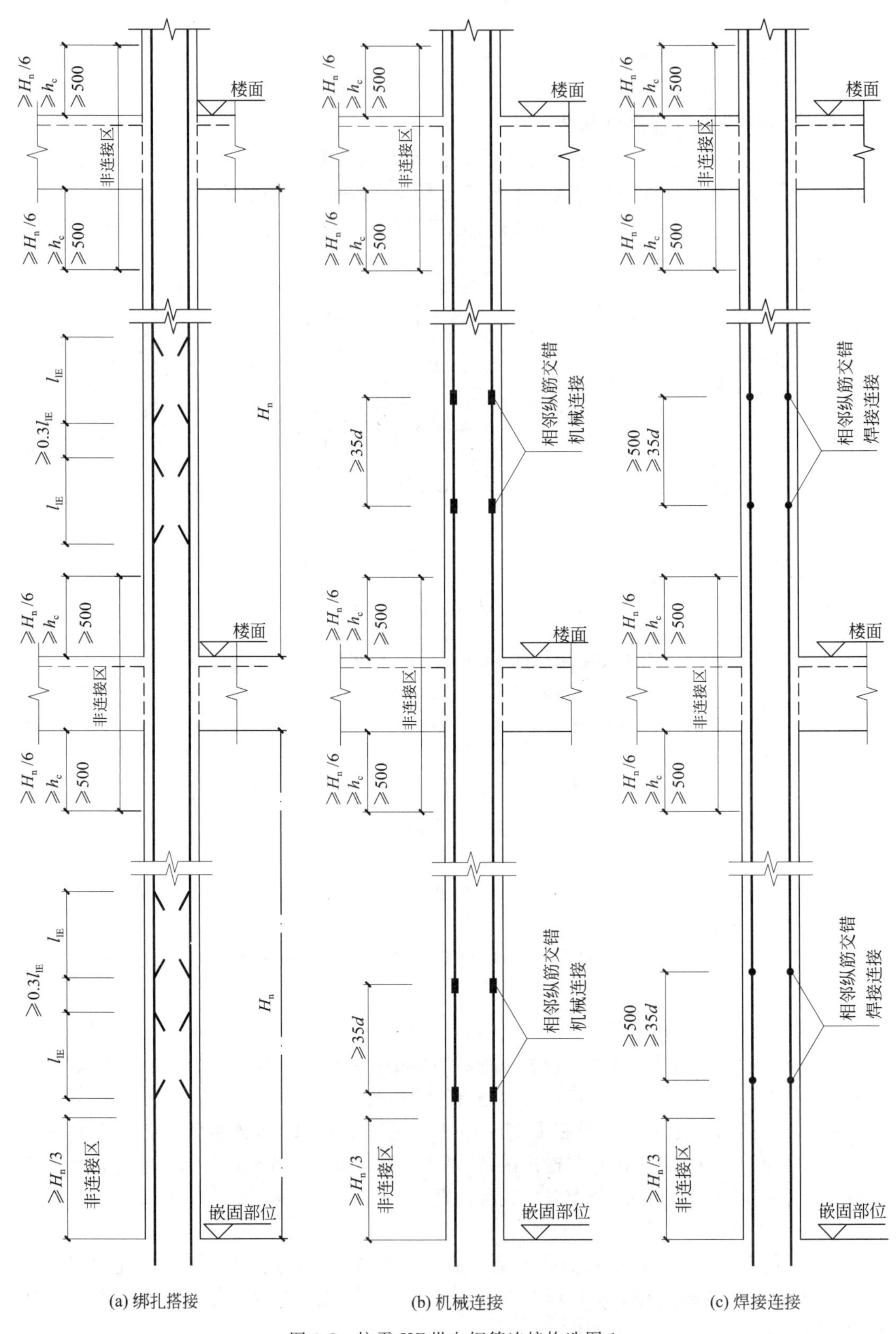

(a) 绑扎搭接　(b) 机械连接　(c) 焊接连接

图 3-8　抗震 KZ 纵向钢筋连接构造图 1

对于不同的基础类型，基础顶面嵌固部位的位置有所不同。如果是箱形基础，则基础顶面嵌固部位就是箱形基础的顶面，也就是地下室顶板的顶面。但是要注意，并非所有的地下室结构都是箱形基础。如果是筏形基础，而且是基础梁顶面高于基础板顶面的“正筏板”，则基础顶面嵌固部位就是基础主梁的顶面。如果是条形基础，则基础顶面嵌固部位就是基础主梁的顶面。如果是独立基础或桩承台，则基础顶面嵌固部位就是柱下平台的顶面。

2）柱纵筋嵌固部位在地下室顶面或地下室中层

如图 3-9 所示，若建筑物带有地下室，则框架柱的嵌固部位一般在地下室顶面或地下室中层，此时柱纵筋在嵌固部位以上的非连接区长度不应小于 $H_n/3$。上部结构嵌固部位的具体位置由设计确定，设计在柱平法施工图的层高表中以“双细线”来标注上部结构嵌固部位的位置。当层高表中缺省“双细线注写”，就表明上部结构嵌固部位在基础顶面。当设计将上部结构嵌固部位设置在地下室中层而不是地下室顶面，仍需考虑地下室顶板对上部结构实际存在的嵌固作用时，则除在层高表中嵌固位置以“双细线”标注外，还需在地下室顶板标高处使用“双虚线”来表示“考虑地下室顶板对上部结构实际存在嵌固作用”。此时，在嵌固位置和考虑嵌固作用的位置以上 $H_n/3$ 范围，都应作为柱非连接区和箍筋加密区。

3）柱纵筋中间层连接构造

柱纵筋中间层楼面处梁顶面以上及梁底面以下，非连接区的长度同时满足不小于 $H_n/6$、h_c、500 的要求，即 $\max(H_n/6, h_c, 500)$。柱纵筋的连接方式有三种，即搭接、机械连接、焊接。当柱纵筋为搭接时，搭接长度为 l_{lE}，相邻两根纵筋的搭接区净距离不小于 $0.3l_{lE}$；当柱纵筋为机械连接时，相邻两根纵筋的连接点距离不小于 $35d$；当柱纵筋为焊接时，相邻两根纵筋的连接点距离应同时满足不小于 $35d$、500 的要求，即 $\max(35d, 500)$。

对于轴心受拉或小偏心受拉柱，其纵向受力钢筋不得采用绑扎搭接，设计应在平法施工图中注明其平面位置及层数。当柱纵向受力钢筋采用并筋时，设计应采用截面注写方式绘制柱平法施工图。

3. 柱纵筋中部节点特殊配筋构造

1）配筋发生变化时

配筋变化包括钢筋的数量发生变化，或钢筋的直径发生变化，或者两者同时发生。

(1) 当柱纵筋数量发生变化时，多出的钢筋从梁边开始锚固 $1.2l_{aE}$。当下柱纵筋数量较多时，下柱多出的钢筋从梁底开始锚固 $1.2l_{aE}$，如图 3-10(a)所示；当上柱纵筋数量较多时，上柱多出的钢筋从梁顶开始锚固 $1.2l_{aE}$，如图 3-10(b)所示。

(2) 当柱纵筋直径发生变化时，遵循“粗钢筋多用”的原则。当下柱纵筋直径较大时，下柱纵筋伸过梁顶面非连接区与上柱纵筋连接，如图 3-10(c)所示；当上柱纵筋直径较大时，上柱纵筋向下过下层柱顶非连接区与下层柱纵筋连接，如图 3-10(d)所示。

2）柱截面尺寸发生变化时

抗震框架柱变截面通常是上柱截面比下柱截面小，上柱截面向内缩进。

(1) 抗震框架柱截面内侧尺寸变化时，纵筋断开锚固构造：上柱截面内侧缩进，当 $\Delta/h_0 > 1/6$ 时，该部位柱纵筋采用断开锚固构造，其中 Δ 为上柱截面缩进尺寸，h_0 为框架梁有效截面高度，如图 3-11(a)所示。其构造要求如下。

① 下柱纵筋向上伸至梁顶，同时满足不小于 $0.5l_{abE}$ 要求后，弯折 $12d$。

② 上柱收缩面的纵筋，自梁顶向下锚固 $1.2l_{aE}$。

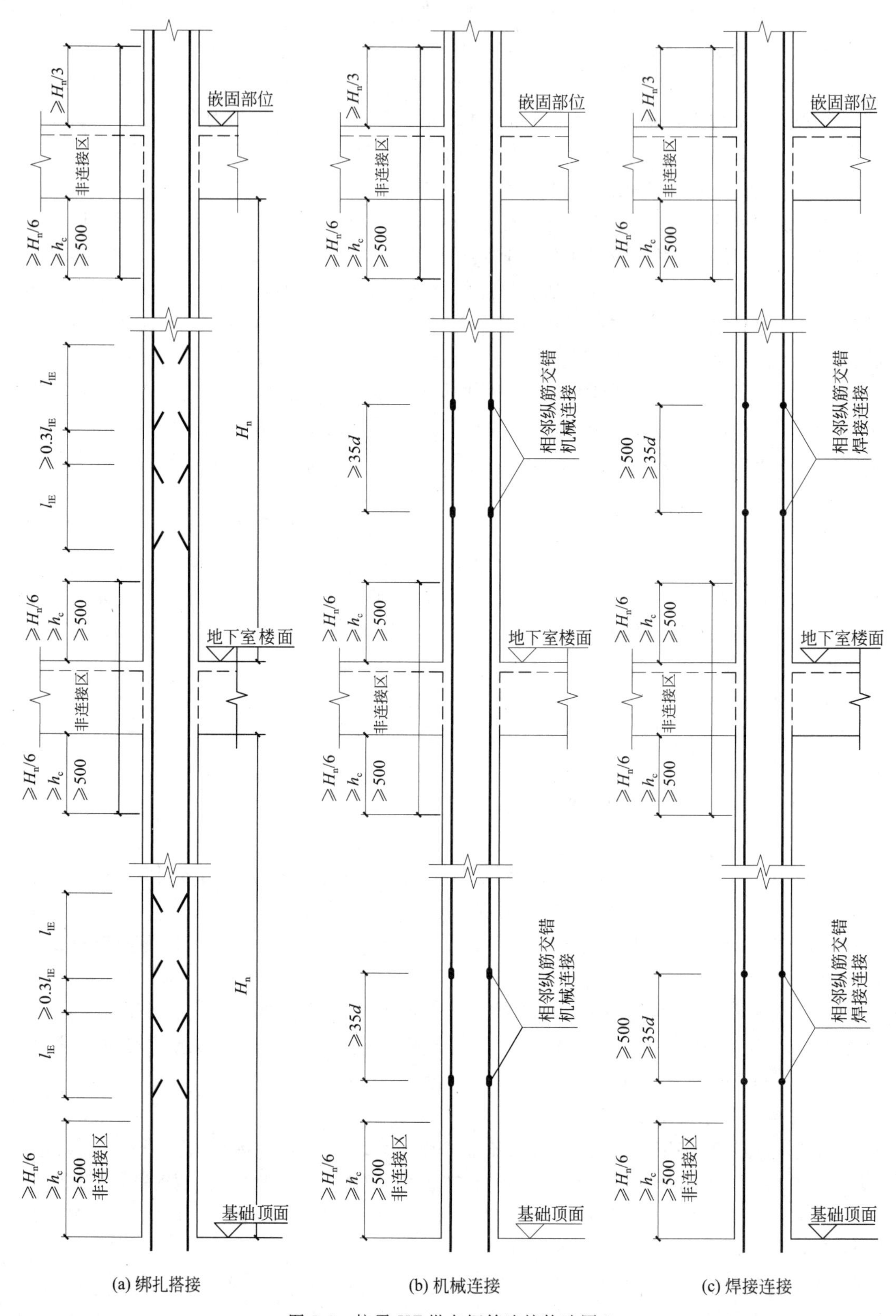

图 3-9　抗震 KZ 纵向钢筋连接构造图 2

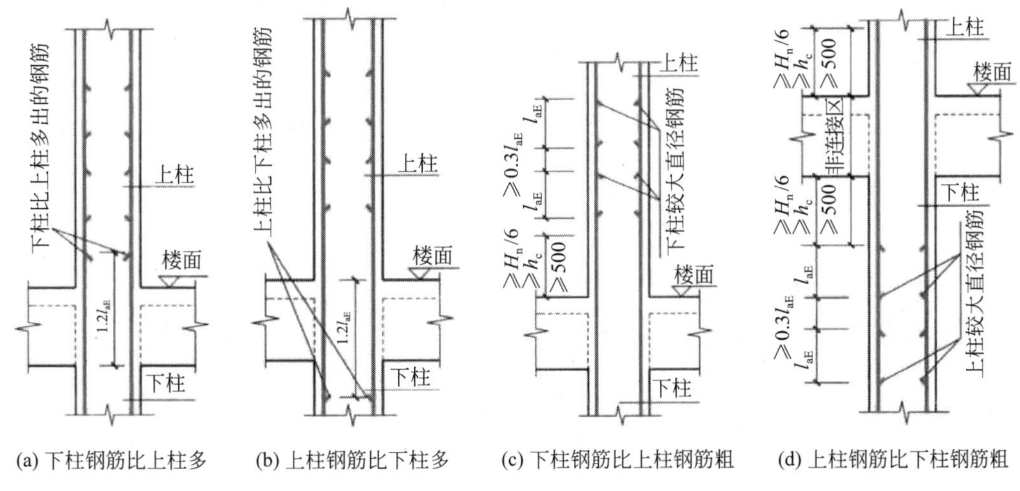

(a) 下柱钢筋比上柱多　(b) 上柱钢筋比下柱多　(c) 下柱钢筋比上柱钢筋粗　(d) 上柱钢筋比下柱钢筋粗

图 3-10　柱内钢筋发生变化时的配筋构造

③ 抗震框架柱非收缩面钢筋不发生变化，伸过梁顶上方非连接区后断开。

(2) 抗震框架柱截面内侧尺寸变化时，纵筋直通构造：上柱截面内侧缩进，当 $\Delta/h_0 \leqslant 1/6$ 时，该部位柱纵筋采用直通构造，如图 3-11(b)所示。其构造与柱纵筋中部节点一般配筋构造相同。

(3) 抗震框架柱截面外侧尺寸变化时，纵筋断开锚固构造：当抗震框架柱为边角柱，上柱截面外侧缩进时，纵筋在该部位需断开锚固，如图 3-11(c)所示。其构造要求如下。

① 下柱收缩面纵筋向上伸至梁顶后弯折，并满足锚固长度 l_{aE} 要求，其弯折长度为 $\Delta+l_{aE}$。

② 上柱收缩面的纵筋，自梁顶向下锚固 $1.2l_{aE}$。

③ 抗震框架柱非收缩面钢筋不发生变化，伸过梁顶上方非连接区后断开。

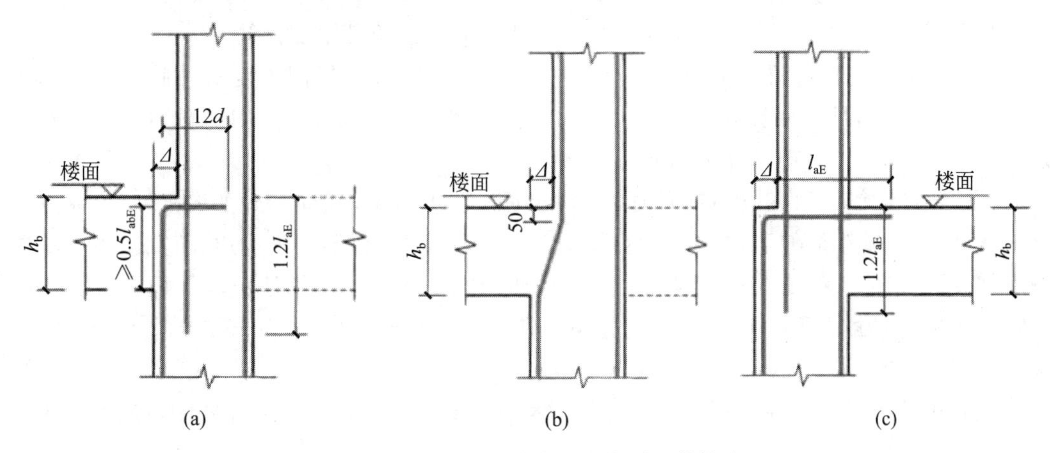

(a)　(b)　(c)

图 3-11　柱截面尺寸发生变化时配筋构造

4. 柱纵筋顶部节点构造

根据框架柱在柱网布置中的具体位置(或框架柱四边中与框架梁连接的边数)，可分为中柱、边柱和角柱。其中，角柱位于房屋转角的部位，两面临空，两面与框架梁相连，即为两个外侧面，两个内侧面；边柱位于框架外侧，一面临空，三面与框架梁相连，即为一个外侧面，三个内侧面；中柱位于框架的中间部位，四面均与框架梁相连，即四个侧面均为内侧面，如图 3-12 所示。根据框架柱中钢筋的位置，可以将框架柱中的钢筋分为框架柱内侧纵筋和外侧纵筋。顶层中间节点（顶层中柱与顶层梁节点）的柱纵筋全部为内侧纵筋，顶层边节点（顶层边柱与顶层梁节点）和顶层角节点（顶层角柱与顶层梁节点）分别由内侧和外侧钢筋组成。

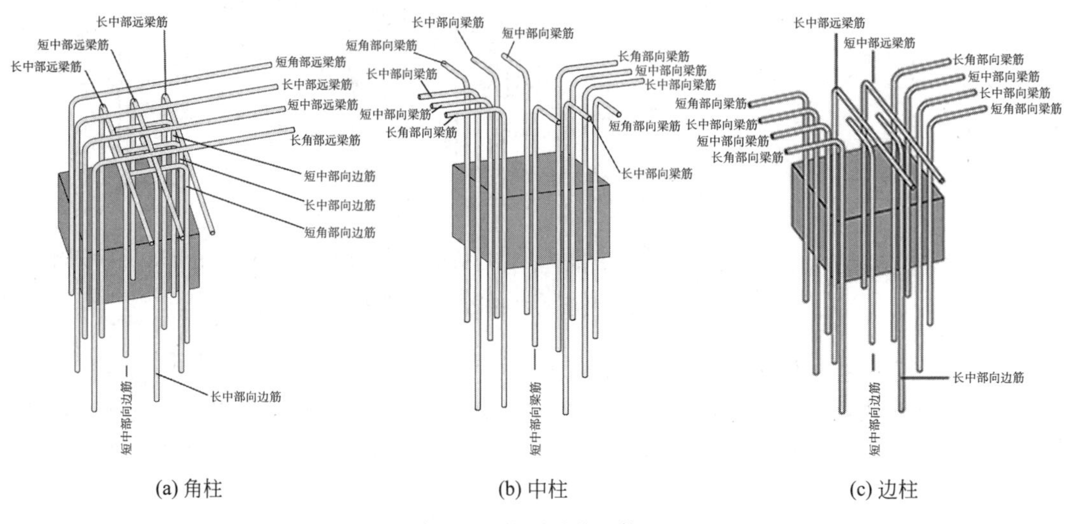

(a) 角柱　(b) 中柱　(c) 边柱

图 3-12　柱顶纵筋立体图

1）边、角柱外侧纵筋构造

框架柱边柱和角柱柱顶纵向钢筋构造有 5 个节点构造，如图 3-13 所示。

图 3-13 中，边柱、角柱外侧纵筋六种柱顶节点构造做法的使用条件如下。

当边柱、角柱的外侧纵筋作为梁的上部纵筋使用时，按图 3-13 节点①配筋，并在柱宽范围的柱箍筋内侧设置间距大于 150mm 但不少于 3 ϕ10 的角部附加钢筋。

当柱外侧纵筋伸入梁内锚固时，如图 3-13 中节点②所示，锚固长度从梁底开始算起大于等于 $1.5l_{abE}$；若从梁底算起的锚固长度 $1.5l_{abE}$ 未伸出柱内侧边缘，则在柱顶的平直长度大于等于 $15d$，如图 3-13 中节点③所示。

当柱外侧纵筋无法在梁内锚固时，外侧纵筋在柱内自锚，锚固形式如图 3-13 中节点④所示，柱顶第一排钢筋伸至柱内边向下弯折 $8d$，第二排钢筋伸至柱内侧边；节点④不应单独使用（仅用于未伸入梁内的柱外侧纵筋锚固），伸入梁内的柱外侧纵筋截面面积不宜少于柱外侧全部纵筋截面面积的 65%。可选择节点②＋④、③＋④、①＋②＋④或①＋③＋④的做法。

当梁柱纵向钢筋搭接接头沿节点外侧直线布置时，可与节点①组合使用，如图 3-13 中节点⑤所示。

当板厚大于或等于 100mm 时，柱外侧纵筋可在板内锚固，锚固长度应从梁底开始算起满足 $\geq 1.5l_{abE}$，且伸入板内的长度不宜小于 $15d$，如图 3-13 节点⑥所示。

2）柱内侧纵筋构造

边柱、角柱的柱内侧纵筋配筋构造与中柱柱顶纵筋配筋构造相同。

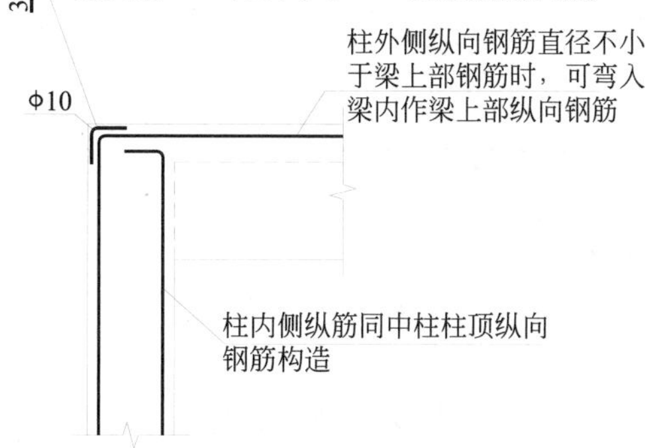

① 柱筋作为梁上部钢筋使用

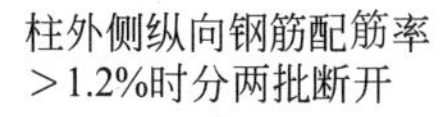

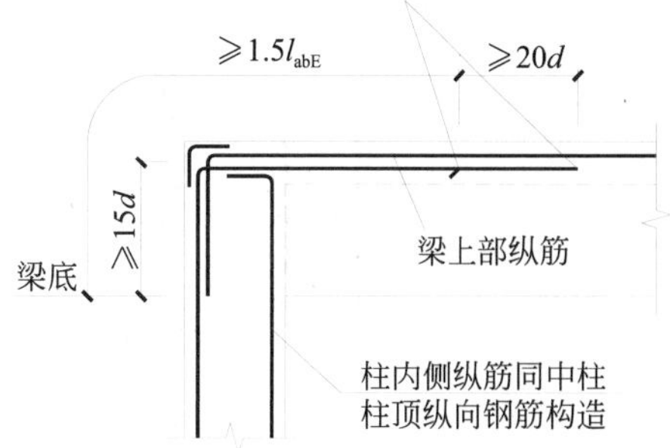

② 从梁底算起$1.5l_{abE}$并超过柱内侧边缘

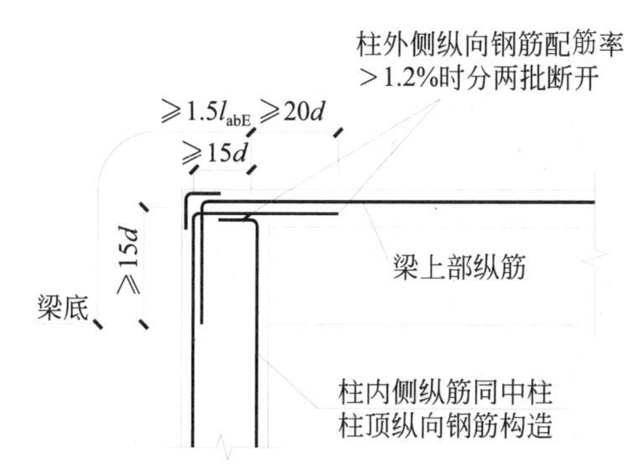

③ 从梁底算起$1.5l_{abE}$未超过柱内侧边缘

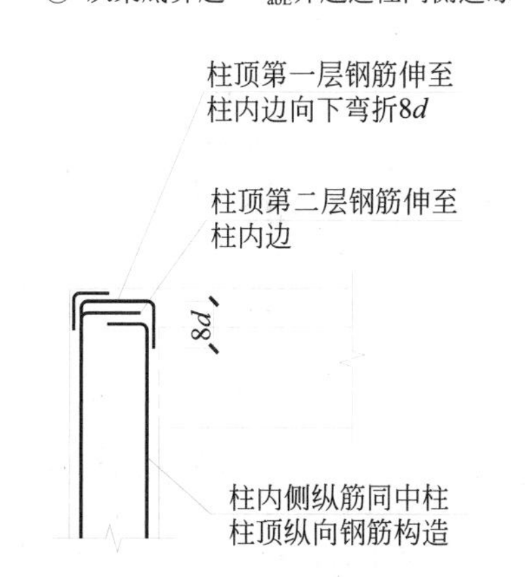

④ 未伸入梁内的柱外侧纵筋

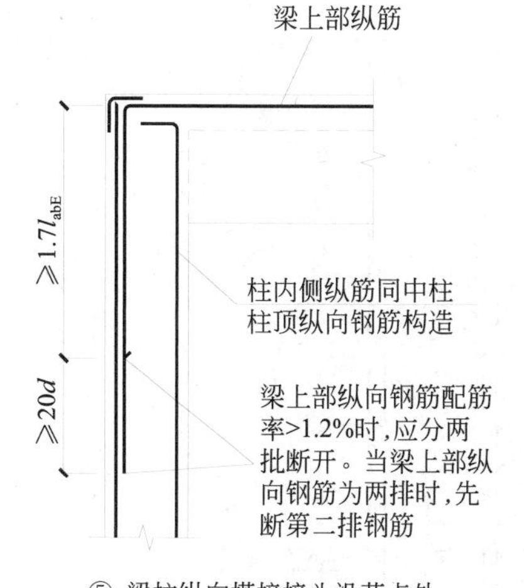

⑤ 梁柱纵向搭接接头沿节点外侧直线布置

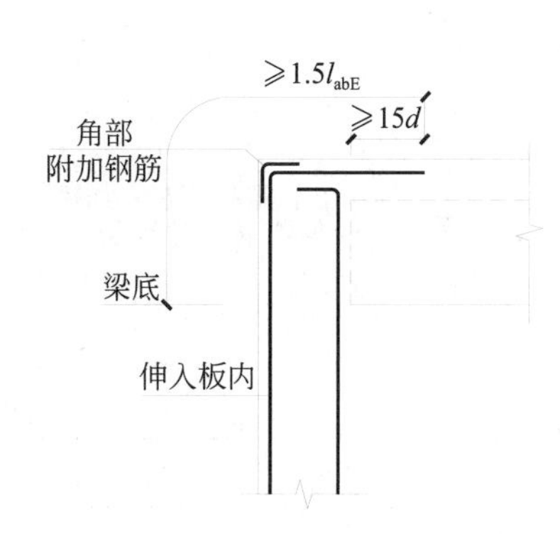

⑥ 梁宽范围外柱筋伸入现浇板内锚固

图 3-13 边柱、角柱外侧纵筋柱顶节点构造

当柱顶梁高满足锚固长度要求，即 $h_b-c \geqslant l_{aE}$ 时，柱内侧纵筋采用直锚方式，如图 3-14(a)所示。

当柱顶梁高不能满足锚固长度要求，即 $h_b-c<l_{aE}$ 时，柱内侧纵筋可在柱顶加锚板，如图 3-14(b)所示；也可采用弯锚方式，要求纵筋伸至柱顶，并满足 $h_b-c \geqslant 0.5l_{abE}$，并弯折

12d，如图 3-14(c)、(d)所示。

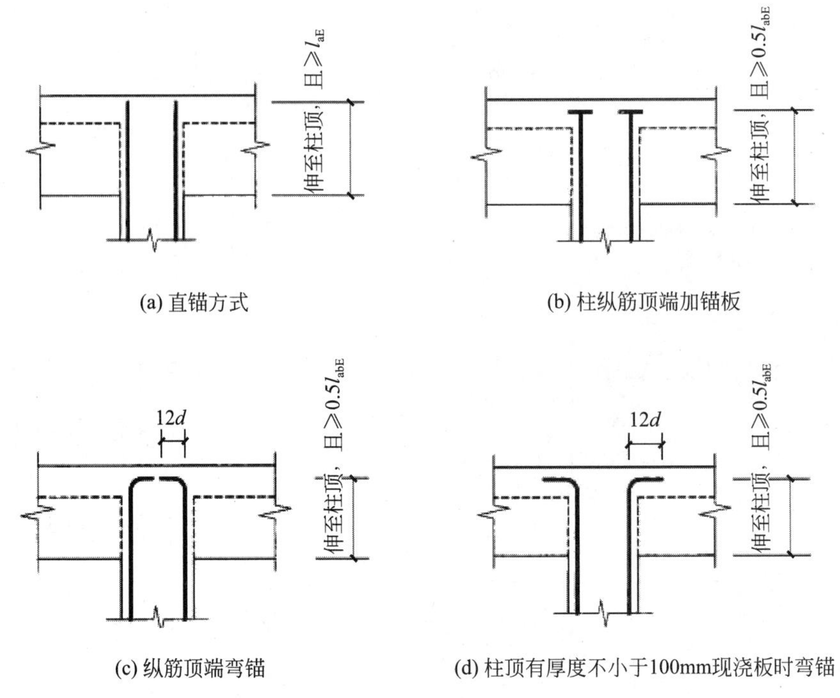

(a) 直锚方式　(b) 柱纵筋顶端加锚板

(c) 纵筋顶端弯锚　(d) 柱顶有厚度不小于100mm现浇板时弯锚

图 3-14　柱内侧纵筋(中柱纵筋)构造

5. 柱纵筋长度计算

1）柱基础插筋长度计算

柱插筋计算如图 3-15 所示。

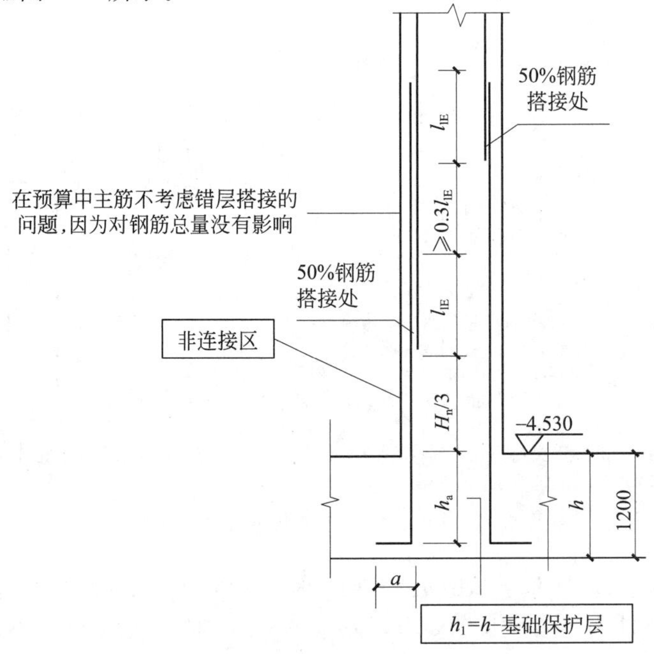

图 3-15　柱插筋计算图

对于绑扎搭接：

$$柱基础插筋长度(低位)=a+h_a+l+l_{lE} \tag{3-1}$$

$$柱基础插筋长度(高位)=a+h_a+l+2.3l_{lE} \tag{3-2}$$

对于机械连接：

$$柱基础插筋长度(低位)=a+h_a+l \tag{3-3}$$

$$柱基础插筋长度(高位)=a+h_a+l+35d \tag{3-4}$$

对于焊接连接：

$$柱基础插筋长度(低位)=a+h_a+l \tag{3-5}$$

$$柱基础插筋长度(高位)=a+h_a+l+\max(35d,500) \tag{3-6}$$

上述公式中，各字母含义及取值如下。

(1) 基础内插筋弯折长度 a：按照 3.2.1 小节框架柱纵筋根部节点构造的规定，当 $h_j \geqslant l_{aE}$，$a=\max(6d,150)$；当 $h_j<l_{aE}$，$a=15d$。

(2) 基础内插筋直段长 h_a：直段长 h_a 有两种算法，当柱为轴心受压或小偏心受压，基础高度或基础顶面至中间层钢筋网片顶面距离不小于 1200mm，或柱为大偏心受压，基础高度或基础顶面至中间层钢筋网片顶面距离不应小于 1400mm 时，柱纵筋一部分柱纵筋伸至底板钢筋网片上或者筏形基础中间层钢筋网片上(柱四角纵筋及伸至钢筋网片上的柱纵筋间距不应大于 1000mm)，即 $h_a=h_j-$保护层厚度 c；其余纵筋锚固在基础顶面以下 l_{aE} 处，即 $h_a=l_{aE}$。

当基础厚度不满足上述条件时，柱纵筋全部伸至基础底板的钢筋网片上，即 $h_a=h_j-$保护层厚度 c。

(3) 基础顶面非连接区长度 l：如基础顶面是上部结构嵌固部位，则非连接区 $l=H_n/3$，如上部结构嵌固部位不在基础顶面，则非连接区 $l=\max(H_n/6,h_c,500)$(H_n 是基础顶面所在的这一层的柱净高)。

(4) 搭接长度 l_{lE}：如果柱纵筋为绑扎搭接，则插筋长度应加上搭接长度 l_{lE}，如果是机械连接或焊接，则不需额外增加搭接长度。

不论采用哪种连接方式，按照构造要求，柱纵筋接头面积百分率不应超过 50%，因此柱纵筋应错开布置，基础插筋长度有高位筋、低位筋，同时顶层纵筋也存在同样的问题。对于其他各层柱纵筋，由于各纵筋总是高位筋与高位筋连接，低位筋与低位筋连接，纵筋长度是相同的，无须分开计算。

2) 柱首层纵筋计算

如图 3-16(a)所示，柱首层纵筋长度计算公式如下：

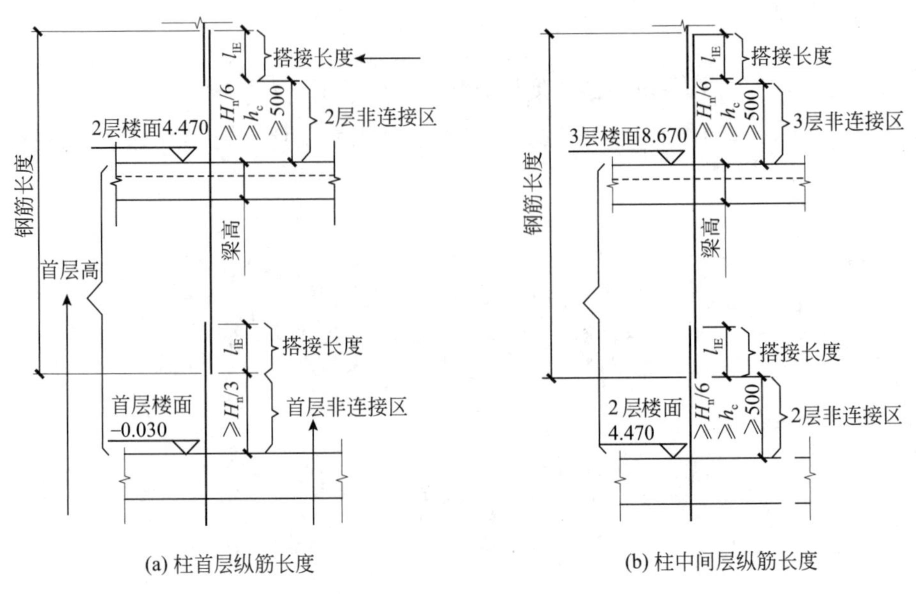

图 3-16 柱纵筋长度计算示意图

$$\text{首层柱纵筋长度}=\text{首层层高}-\text{首层底部非连接区}\ l+2\ \text{层底部非连接区}+\text{搭接长度}\ l_{lE} \tag{3-7}$$

若非绑扎搭接，则不需要计入 l_{lE}。如果不带地下室，上部结构嵌固部位在基础顶面，则在首层底部非连接区为 $H_n/3$，否则为 $\max(H_n/6, h_c, 500)$，2 层底部非连接区为 $\max(H_n/6, h_c, 500)$。

3）柱中间层纵筋计算

如图 3-16(b)所示，柱中间层纵筋长度计算公式如下：

$$\text{柱中间层纵筋长度}=\text{中间层层高}-\text{当前层底部非连接区}+(\text{当前层}+1)\text{底部非连接区}+\text{搭接长度}\ l_{lE} \tag{3-8}$$

若非绑扎搭接，则不需要计入 l_{lE}。

$$\text{中间层底部非连接区纵筋长度}=\max(H_n/6, h_c, 500) \tag{3-9}$$

4）柱顶层外侧纵筋计算

顶层纵筋长度计算与柱顶构造要求有关，根据框架柱为边柱、角柱和中柱，以及外侧筋还是内侧筋，有不同的算法，还需要区分高位筋和低位筋，以便和下一层的纵筋错开连接。

柱外侧筋柱顶构造有五种做法，长度计算各不相同。下面对照图 3-13 纵筋顶部节点构造中的五种做法计算柱顶层外侧纵筋长度。

（1）柱筋作为梁上部钢筋使用时：

$$\text{柱顶层纵筋长度(低位)}=\text{顶层层高}-\text{柱保护层厚度}-\text{顶层底部非连接区}+\text{柱宽}\ h_c-\text{柱保护层厚度}+\text{柱纵筋伸入梁内的长度} \tag{3-10}$$

绑扎搭接：

$$柱顶层纵筋长度(高位)=顶层层高-柱保护层厚度-顶层底部非连接区-1.3l_{lE}+柱宽h_c-柱保护层厚度+柱纵筋伸入梁内的长度 \quad (3\text{-}11)$$

机械连接：

$$柱顶层纵筋长度(高位)=顶层层高-柱保护层厚度-顶层底部非连接区-35d+柱宽h_c-柱保护层厚度+柱纵筋伸入梁内的长度 \quad (3\text{-}12)$$

焊接连接：

$$柱顶层纵筋长度(高位)=顶层层高-柱保护层厚度-顶层底部非连接区-\max(35d,500)+柱宽h_c-柱保护层厚度+柱纵筋伸入梁内的长度 \quad (3\text{-}13)$$

顶层底部非连接区$=\max(H_n/6,h_c,500)$，柱纵筋伸入梁内的长度按照框架梁构造要求计算。

以上几种柱顶节点构造的柱纵筋长度计算均只列出绑扎搭接时低位筋的算法，机械连接和焊接低位筋长度计算方法同绑扎搭接时低位筋的算法。绑扎搭接的高位筋长度在低位筋算法的基础上减去$1.3l_{lE}$，机械连接的柱纵筋高位筋在低位筋算法的基础上减去$35d$，焊接连接柱纵筋高位筋长度在低位筋算法的基础上减去$\max(35d,500)$。

(2) 从梁底算起$1.5l_{abE}$并超过柱内侧边缘和从梁底算起$1.5l_{abE}$未超过柱内侧边缘的情况，如图3-17所示。

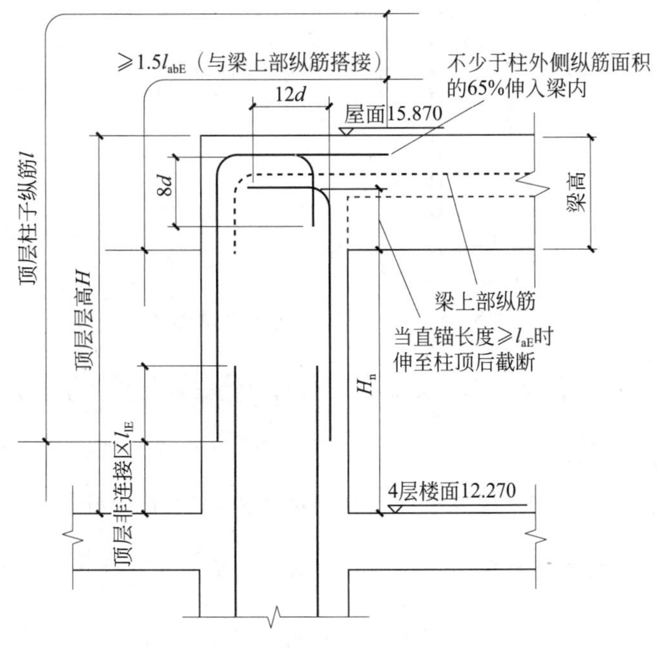

图3-17　柱顶层纵筋长度计算示意图1

顶层柱纵筋长度＝顶层层高－顶层底部非连接区－梁高＋1.5×锚固长度(在外侧纵筋中不少于65%)　(3-14)

当柱外侧纵向钢筋配筋率大于1.2%时，分两批截断，第一批纵筋长度仍按公式(3-14)计算，第二批纵筋的长度计算公式如下：

顶层柱纵筋长度＝顶层层高－顶层底部非连接区－梁高＋1.5×锚固长度＋$20d$　(3-15)

(3) 柱外侧纵筋未伸入梁内的长度计算(对应于图3-13柱顶节点构造④)。

柱顶层第一层纵筋长度＝顶层层高－顶层底部非连接区－梁高＋(梁高－保护层＋柱宽－2×保护层＋$8d$)　(3-16)

柱顶层第二层纵筋长度＝顶层层高－顶层底部非连接区－梁高＋(梁高－保护层＋柱宽－2×保护层)　(3-17)

(4) 梁上部纵筋弯折伸入柱内与柱纵筋搭接(对应于图3-13柱顶节点构造⑤)，如图3-18所示。

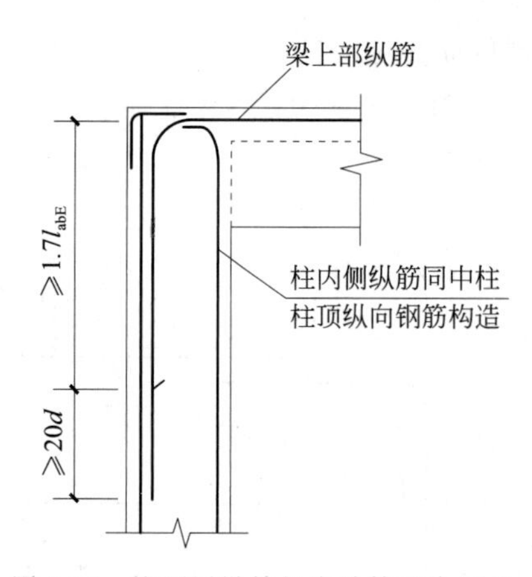

图3-18　柱顶层纵筋长度计算示意图2

柱顶层外侧纵筋长度＝顶层层高－顶层底部非连接区－保护层厚度　(3-18)

5) 柱顶层内侧纵筋计算

(1) 当顶层 $h_b-c \geqslant l_{aE}$ 时，柱顶层内侧纵筋可直锚，钢筋伸至柱顶。

柱顶层内侧纵筋长度＝顶层层高－顶层底部非连接区－梁高＋l_{aE}　(3-19)

(2) 当顶层 $h_b-c<l_{aE}$ 时，柱顶层内侧纵筋可直锚，钢筋伸至柱顶且 $\geqslant 0.5l_{abE}$，并在钢筋端头加设锚板。

柱顶层内侧纵筋长度＝顶层层高－顶层底部非连接区－保护层厚度　(3-20)

(3) 当顶层 $h_b - c < l_{aE}$ 时，柱顶层内侧纵筋弯锚，钢筋伸至柱顶，且不小于 $0.5l_{abE}$，弯折长度为 $12d$。

柱顶层内侧纵筋长度＝顶层层高－顶层底部非连接区－保护层厚度＋$12d$　(3-21)

3.2.2 柱箍筋配筋构造

1. 柱箍筋在基础内的配筋构造

基础内箍筋为非复合箍筋。当柱纵筋在基础中的保护层厚度不一致(如纵筋部分位于梁中，部分位于板内)时，保护层厚度不大于 $5d$ 的部分应设置锚固区横向钢筋。在基础内，应按锚固区设计要求配置箍筋，锚固区横向箍筋满足直径不小于 $d_{大}/4$($d_{大}$为纵筋最大直径)，间距不大于 $5d_{小}$($d_{小}$为纵筋最小直径)且不大于 100mm 的要求。当柱纵筋在基础内的保护层厚度大于 $5d$ 时，在基础高度范围内设置间距不大于 500mm，且不少于 2 道箍筋，如图 3-19 所示。

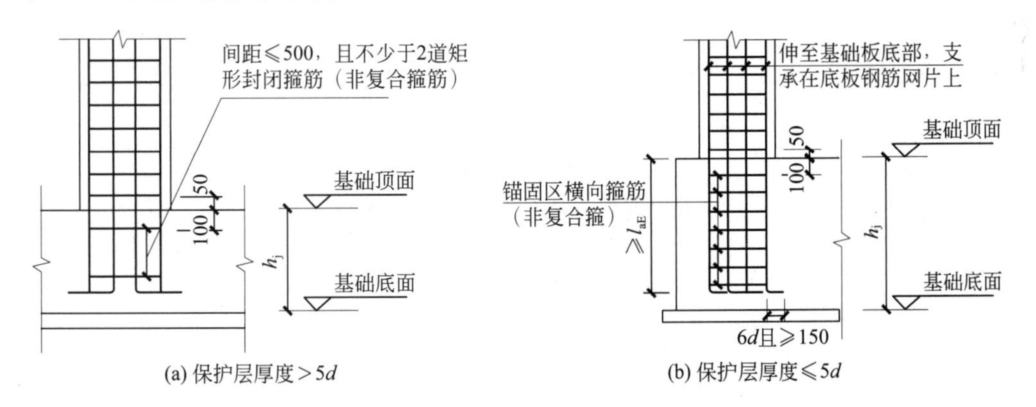

图 3-19　柱箍筋在基础中的构造

柱箍筋在基础以外的地方采用复合箍筋还是非复合箍筋，由设计在平法柱表或截面图中注明。

2. 框架柱箍筋加密区范围

如图 3-20 所示，框架柱的箍筋在柱高范围内设有加密区和非加密区。柱箍筋加密区有非连接区、梁高范围、搭接范围、刚性地面上下各 500mm 范围。

(1) 底层柱根加密区≥$H_n/3$(H_n 是从基础顶面到顶板梁底的柱的净高)。

(2) 楼板、梁上下部位的箍筋加密区长度由以下三部分组成。

梁底以下部分：≥max($H_n/6$，h_c，500)(H_n 为当前楼层的柱净高，h_c 为柱截面长边尺寸，对于圆柱，则使用截面直径)。

楼板顶面以上部分：≥max($H_n/6$，h_c，500)(H_n 为上一层柱净高，h_c 为柱截面长边尺寸，对于圆柱，则使用截面直径)。

再加上一个梁截面高度。

(3) 箍筋加密区直到柱顶。

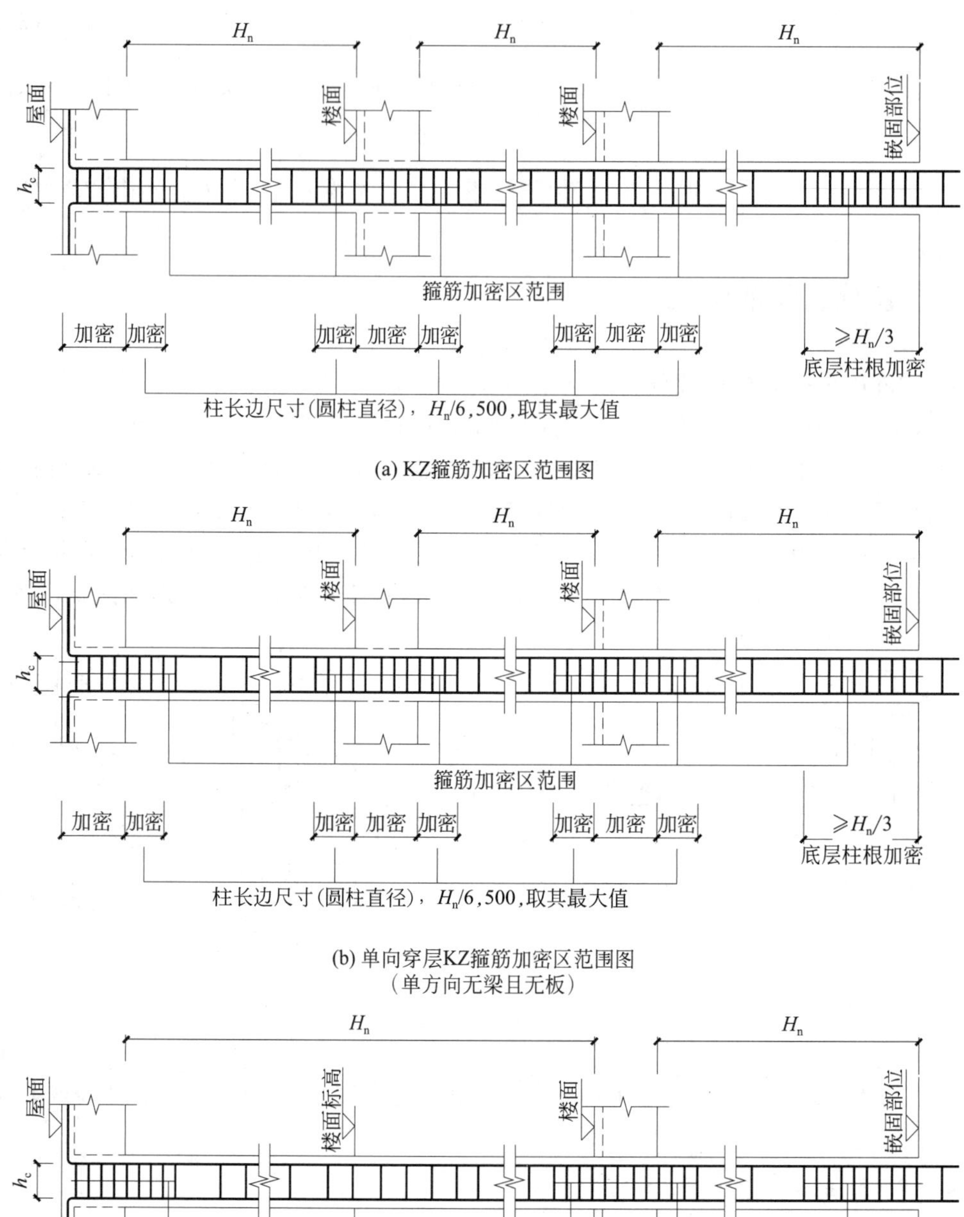

图 3-20　箍筋加密区范围图

（4）底层刚性地面上、下的柱箍筋加密构造如图 3-21 所示。

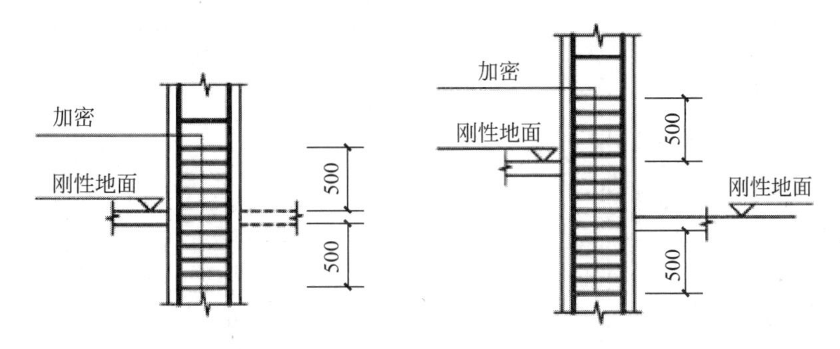

图 3-21　底层刚性地面柱箍筋加密区

这种结构只适用于没有地下室或架空层的建筑，若“地面”的标高落在基础顶面 $H_n/3$ 的范围内，则这个加密区就与 $H_n/3$ 的加密区重合，这两种箍筋加密区不必重复设置。

3. 框架柱箍筋长度计算

柱箍筋计算包括柱箍筋长度计算及柱箍筋根数计算两部分内容，框架柱箍筋布置要求主要应考虑以下几个方面。

(1) 沿复合箍筋周边，箍筋局部重叠不宜多于两层，并且尽量不在两层位置的中部设置纵筋。

(2) 抗震设计时，柱箍筋的弯钩角度为135°，弯钩平直段长度为 max(10d,75mm)。

(3) 为使箍筋强度均衡，当拉筋设置在旁边时，可沿竖向将相邻两道箍筋按其各自平面位置交错放置，如图 3-22 所示。

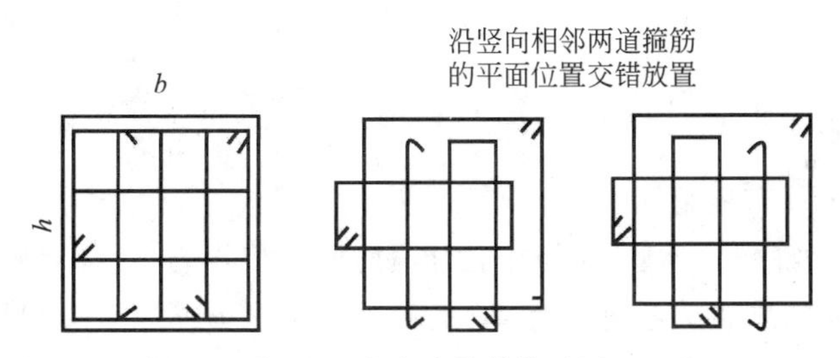

图 3-22　柱复合箍筋构造图

(4) 柱纵向钢筋应尽量设置在箍筋的转角位置，两个转角位置中部最多只能设置 1 根纵筋，抗震设计时，应满足箍筋对纵筋“隔一拉一”的要求。

柱箍筋常用的复合方式为肢箍形式，由外封闭箍筋、小封闭箍筋和单肢箍形式组成，箍筋长度即为复合箍筋总长度。抗震情况下箍筋的弯钩增加值统一取值为 l_w＝max(11.9d，75＋1.9d)。柱复合箍筋长度的计算方法如下(图 3-23)。

① 单肢箍。

对于 $m \times n$ 箍筋复合方式，当肢数为单数时，由若干双肢箍和一根单肢箍形式组合而成，该单肢箍的构造要求为同时勾住纵筋与外封闭箍筋。

单肢箍(拉筋)长度计算方法如下：

$$长度＝截面尺寸 h 或 b－柱保护层厚度 c\times 2＋2d_{箍筋}＋2d_{拉筋}＋2l_w \quad (3\text{-}22)$$

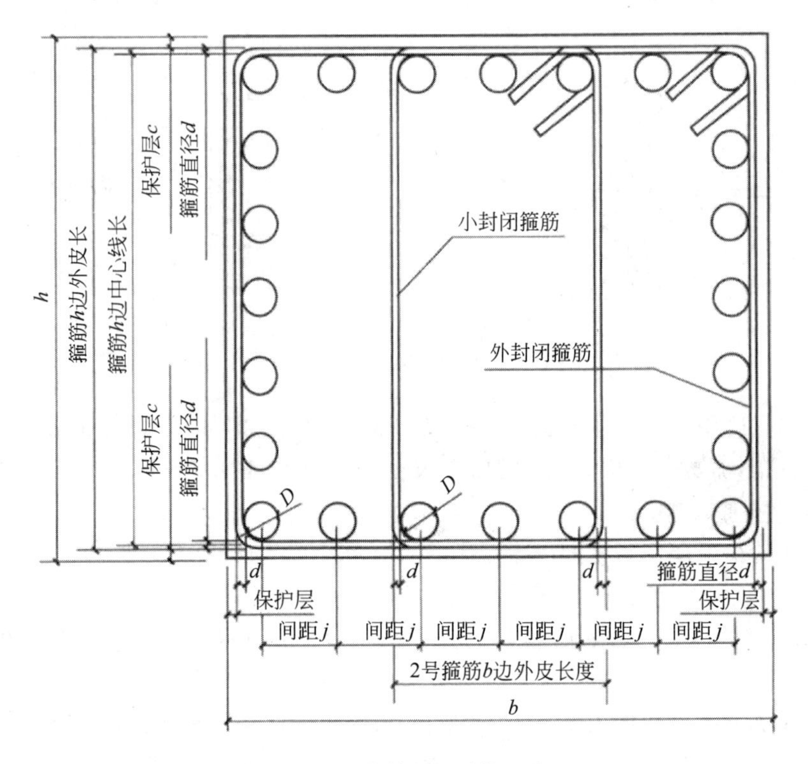

图 3-23　柱箍筋长度计算示意图

② 外封闭箍筋(大双肢箍)。

$$长度=(b-2\times 柱保护层厚度\ c)\times 2+(h-2\times 柱保护层\ c)\times 2+2l_w \quad (3\text{-}23)$$

③ 小封闭箍筋(小双肢箍)。

纵筋根数决定了箍筋的肢数,纵筋在复合箍筋框内按均匀、对称原则布置,计算小箍筋长度时,应考虑纵筋的排布关系进行计算:最多每隔 1 根纵筋应有 1 根箍筋或拉筋进行拉结,箍筋的重叠不应多于 2 层,按柱纵筋等间距分布排列设置箍筋,如图 3-24 所示。

$$长度=\left(\frac{b-2\times 柱保护层厚\ c-2d_{大箍筋}-d_{纵筋}}{纵筋根数-1}\times 间距个数+d_{纵筋}+2d_{小箍筋}\right)\times 2 +(h-2\times 柱保护层厚度\ c)\times 2+2l_w \quad (3\text{-}24)$$

4. 框架柱箍筋根数计算

柱箍筋在楼层中,按加密与非加密区分布,箍筋根数计算方法如下。

1) 柱插筋在基础中的箍筋根数

当柱插筋侧面混凝土保护层≥5d 时,箍筋根数为

$$根数=(基础高度\ h_j-100-基础保护层厚度\ c-2\times 基础底部钢筋直径\ d)/500+1 \quad (3\text{-}25)$$

当柱插筋侧面混凝土保护层<$5d$ 时，箍筋根数为

$$根数=(基础高度\ h_j-100-基础保护层厚度\ c-2\times基础底部钢筋直径\ d)/s+1 \tag{3-26}$$

式中：s 为锚固区横向箍筋间距，锚固区横向箍筋应满足直径不小于 $d/4$(d 为插筋最大直径)，间距≤$10d'$(d'为插筋最小直径)，且不大于 100mm 的要求。按文中给的公式计算出的每部分数值应取不小于计算结果的整数，且不小于 2。

2）基础相邻层或首层箍筋根数

$$根数=\frac{\frac{H_n}{3}-50}{加密区间距}+\frac{\max\left(\frac{H_n}{6},500,h_c\right)}{加密区间距}+\frac{节点梁高}{加密区间距}+\frac{非加密区长度}{非加密区间距}+\frac{2.3l_{lE}}{\min(100,5d)} \tag{3-27}$$

计算时，应注意以下几个问题。

(1) 箍筋加密区范围：箍筋加密区范围有基础相邻层或首层部位 $H_n/3$ 范围，楼板下 $\max(H_n/6,500,h_c)$范围，梁高范围。

(2) 箍筋非加密区长度=层高－加密区总长度。

(3) 搭接长度：若钢筋的连接方式为绑扎连接，搭接接头百分率为 50%时，则搭接连接范围为 $2.3l_{lE}$ 内，箍筋需加密，加密间距为 $\min(5d,100)$。

(4) 以下情况中，应进行框架柱全高范围内箍筋加密：当按非加密区长度计算公式所得结果小于 0 时，该楼层内框架柱全高加密；处于一、二级抗震等级框架角柱的全高范围及其他设计要求的全高加密的柱。

另外，当柱钢筋考虑搭接接头错开间距以及绑扎连接时，绑扎连接范围内的箍筋按构造要求加密后，若计算出的非加密区长度不大于 0 时，应为柱全高加密。

柱全高加密箍筋的根数计算方法如下。

机械连接：

$$根数=\frac{层高-50}{加密区间距} \tag{3-28}$$

绑扎搭接：

$$根数=\frac{层高-2.3l_{lE}-50}{加密区间距}+\frac{2.3l_{lE}}{\min(100,5d)} \tag{3-29}$$

(5) 箍筋根数值：按公式计算出的每部分数值应取不小于计算结果的整数，再求和。

(6) 单肢箍根数值：框架柱中的单肢箍(拉筋)通常与封闭箍筋共同组成复合箍筋形式，其根数与封闭箍筋根数相同。

(7) 刚性地面箍筋根数：当框架柱底部存在刚性地面时，需计算刚性地面位置的箍筋根数，计算方法如下：

$$根数=\frac{刚性地面厚度+1000}{加密区间距} \tag{3-30}$$

(8) 对于刚性地面与首层箍筋加密区相对位置关系，刚性地面位置一般设置在首层地面位置，而首层箍筋加密区间通常是从基础梁顶面（无地下室时）或地下室板顶（有地下室时）算起，因此，刚性地面和首层箍筋加密区间的相对位置有以下三种形式。

刚性地面在首层非连接区以外时，两部分箍筋根数分别计算即可。

当刚性地面与首层非连接区全部重合时，按非连接区箍筋加密计算（通常非连接区范围大于刚性地面范围）。

当刚性地面和首层非连接区部分重合时，根据两部分重合的数值，分别确定重合部分和非重合部分的箍筋根数。

3) 中间层箍筋根数

$$根数=\frac{\max\left(\frac{H_n}{6},500,h_c\right)-50}{加密区间距}+\frac{\max\left(\frac{H_n}{6},500,h_c\right)}{加密区间距}+\frac{节点梁高}{加密区间距}+\frac{非加密区长度}{非加密区间距}+\frac{2.3l_{lE}}{\min(100,5d)} \tag{3-31}$$

4) 顶层箍筋根数

$$根数=\frac{\max\left(\frac{H_n}{6},500,h_c\right)-50}{加密区间距}+\frac{\max\left(\frac{H_n}{6},500,h_c\right)}{加密区间距}+\frac{节点梁高-c}{加密区间距}+\frac{非加密区长度}{非加密区间距}+\frac{2.3l_{lE}}{\min(100,5d)} \tag{3-32}$$

顶层箍筋根数的计算范围与中间层相差混凝土保护层厚度 c，若其他参数相同，计算结果往往与中间层根数相同或相差 1 根箍筋。

另外，在计算柱箍筋根数时，不应每层都加 1，一根柱子箍筋数量只需加一次 1，原因是柱子的箍筋是沿着柱长连续布置的，这点与梁箍筋不同，梁箍筋在梁柱节点是没有的，而柱箍筋则有。所以柱箍筋总根数在分步骤算完之后，总和加起来再加 1 即可。

3.3 梁上起框架柱配筋构造解读及钢筋计算

3.3.1 梁上起框架柱配筋构造

抗震框架梁上起框架柱钢筋构造要求如下。

(1) 梁上起框架柱插筋应插至框架梁底部配筋位置，直锚深度应为 $\geq 20d$ 且 $\geq 0.6l_{abE}$，然后插筋端部做 90°弯锚，弯锚直段长度取 $15d$，如图 3-24 所示。

(2) 钢筋连接做法同抗震框架柱纵向钢筋连接构造。

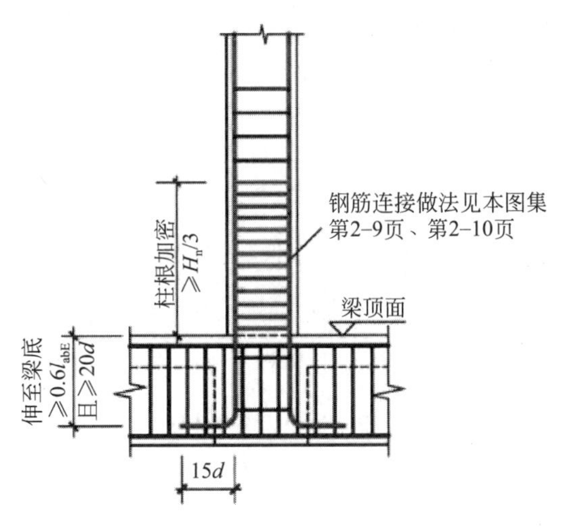

图 3-24　梁上起框架柱纵筋根部配筋构造

(3) 抗震框架梁宽度应尽可能设计成梁宽度大于柱宽度，当梁宽度小于柱宽度时，梁应设水平加腋。

(4) 梁上起框架柱时，在梁内设至少 2 道柱箍筋。

3.3.2　梁上起框架柱插筋长度计算

梁上起框架柱插筋可分为三种构造形式：绑扎搭接、机械连接、焊接连接，如图 3-25 所示。

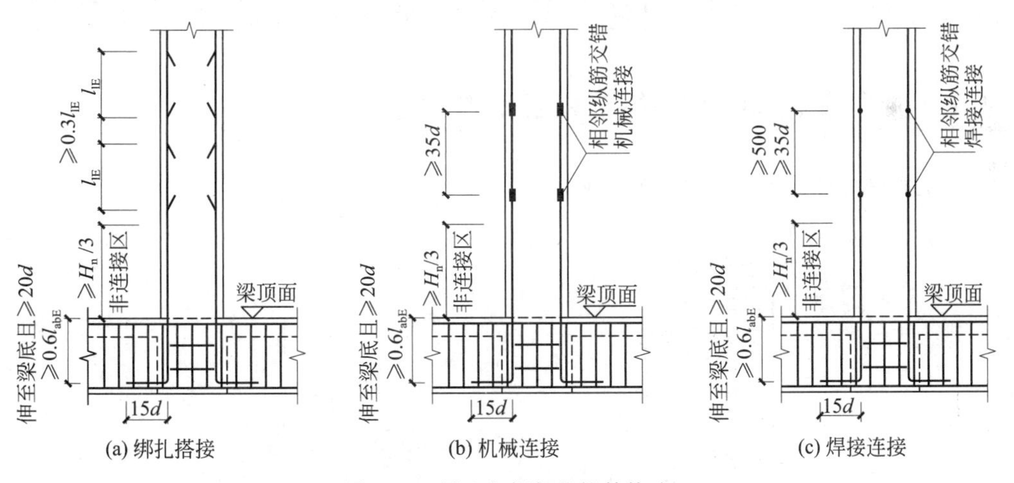

图 3-25　梁上起框架柱插筋构造

H_n—所在楼层的柱净高；l_{abE}—抗震设计时受拉钢筋基本锚固长度；

l_{lE}—纵向受拉钢筋抗震搭接长度；d—钢筋直径

1. 绑扎搭接

梁上起框架柱长插筋长度＝梁高度－梁保护层厚度－$\sum$［梁底部钢筋直径＋max(25,d)］＋15d＋max(H_n/6,500,h_c)＋2.3l_{lE}　(3-33)

$$梁上起框架柱短插筋长度=梁高度-梁保护层厚度-\sum[梁底部钢筋直径+\max(25,d)]+15d+\max(H_n/6,500,h_c)+l_{lE} \quad (3\text{-}34)$$

2. 机械连接

$$梁上起框架柱长插筋长度=梁高度-梁保护层厚度-\sum[梁底部钢筋直径+\max(25,d)]+15d+\max(H_n/6,500,h_c)+35d \quad (3\text{-}35)$$

$$梁上起框架柱短插筋长度=梁高度-梁保护层厚度-\sum[梁底部钢筋直径+\max(25,d)]+15d+\max(H_n/6,500,h_c) \quad (3\text{-}36)$$

3. 焊接连接

$$梁上起框架柱长插筋长度=梁高度-梁保护层厚度-\sum[梁底部钢筋直径+\max(25,d)]+15d+\max(H_n/6,500,h_c)+\max(35d,500) \quad (3\text{-}37)$$

$$梁上起框架柱短插筋长度=梁高度-梁保护层厚度-\sum[梁底部钢筋直径+\max(25,d)]+15d+\max(H_n/6,500,h_c) \quad (3\text{-}38)$$

3.4 剪力墙上起框架柱纵筋根部配筋构造解读及钢筋计算

3.4.1 剪力墙上起框架柱纵筋根部配筋构造

剪力墙上起框架柱纵筋有两种构造，如图 3-26 所示。

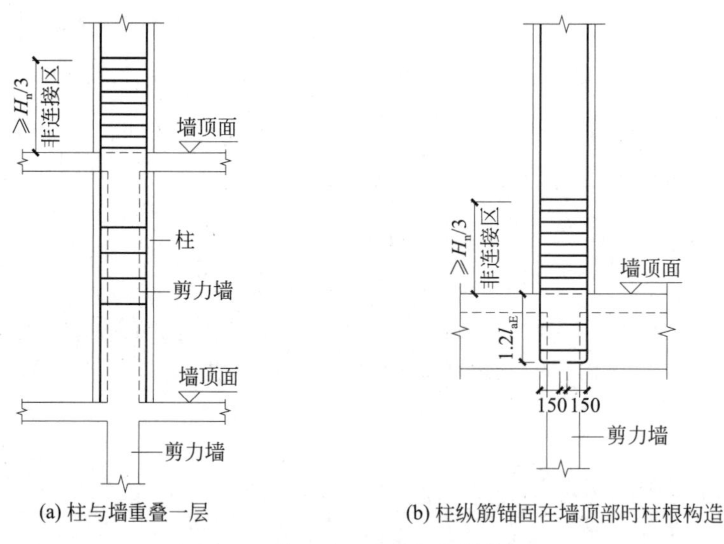

(a) 柱与墙重叠一层

(b) 柱纵筋锚固在墙顶部时柱根构造

图 3-26 剪力墙上起框架柱纵筋构造

(1) 柱与墙重叠一层时，根部与下层柱锚固长度为下层柱高。当柱纵筋锚固在墙顶部时，抗震剪力墙上起柱插筋应插至墙顶面以下 $1.2l_{aE}$ 处，然后水平弯锚 90°，弯锚长度取 150mm。

(2) 钢筋连接做法同抗震框架柱纵向钢筋连接构造。

(3) 墙上起框架柱，在墙顶面标高以下锚固范围内的柱箍筋按上柱非加密区箍筋要求配置。

3.4.2 剪力墙上起框架柱插筋计算

剪力墙上起框架柱插筋可分为三种构造形式：绑扎搭接、机械连接、焊接连接，如图 3-27 所示。

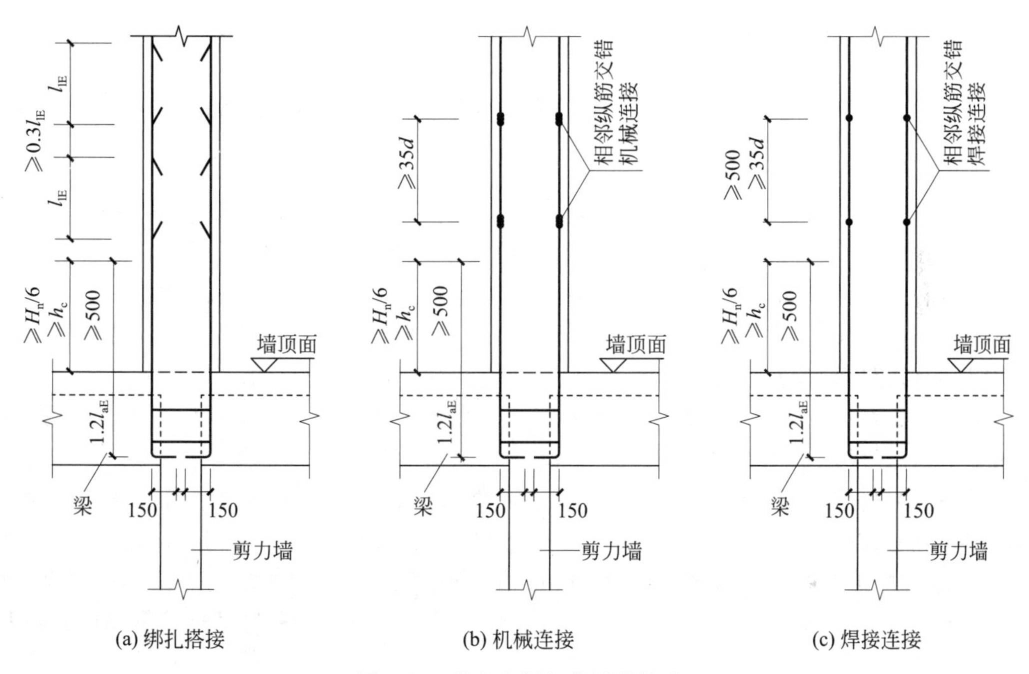

图 3-27 墙上起框架柱插筋构造

H_n—所在楼层的柱净高；h_c—柱截面长边尺寸；l_{lE}—受拉钢筋抗震搭接长度；d—钢筋直径；l_{aE}—受拉钢筋抗震锚固长度

1) 绑扎搭接

墙上起框架柱长插筋长度 $=1.2l_{aE}+\max(H_n/6,500,h_c)+2.3l_{lE}+$ 弯折 $(h_c/2-$ 保护层厚度 $+2.5d)$ (3-39)

墙上起框架柱短插筋长度 $=1.2l_{aE}+\max(H_n/6,500,h_c)+1.3l_{lE}+$ 弯折 $(h_c/2-$ 保护层厚度 $+2.5d)$ (3-40)

2) 机械连接

墙上起框架柱长插筋长度 $=1.2l_{aE}+\max(H_n/6,500,/h_c)+35d+$ 弯折 $(h_c/2-$ 保护层厚度 $+2.5d)$ (3-41)

$$\text{墙上起框架柱短插筋长度} = 1.2l_{aE} + \max(H_n/6, 500, h_c) + \text{弯折}(h_c/2 - \text{保护层厚度} + 2.5d) \tag{3-42}$$

3）焊接连接

$$\text{墙上起框架柱长插筋长度} = 1.2l_{aE} + \max(H_n/6, 500, h_c) + \max(35d, 500) + \text{弯折}(h_c/2 - \text{保护层厚度} + 2.5d) \tag{3-43}$$

$$\text{墙上起框架柱短插筋长度} = 1.2l_{aE} + \max(H_n/6, 500, h_c) + \text{弯折}(h_c/2 - \text{保护层厚度} + 2.5d) \tag{3-44}$$

3.5 柱施工图识图及钢筋算量实例

【学习提示】本节将通过工学结合案例 1 中对抗震框架中柱 KZ8 平法施工图的识读，学习绘制框架柱的纵向剖面配筋图的步骤和方法；通过对基础、柱顶、非连接区等关键部位钢筋长度的计算，来巩固、理解并最终能熟练灵活运用抗震框柱纵筋和箍筋构造；通过计算该柱各种钢筋的长度，进一步认识柱纵筋沿着高度方向的钢筋直径、根数、截面等的变化情况，达到能够正确识读柱平法施工图并能绘制钢筋材料明细表的目的。

工学结合案例 1 的柱平法施工图是采用列表注写方式绘制的，根据结构设计总说明第四条规定，柱子纵筋采用机械连接。根据设计总说明、图结施—01、图结施—02、图结施—03，得出柱的工程环境类别为一类，抗震等级为二级，柱混凝土 C30，基础为 JC-12 双柱独立基础，基础底板钢筋 X 向为Φ12@100，Y 向为Φ16@100；现浇屋面板厚 120mm。基础保护层 50mm，柱保护层 20mm，梁保护层 20mm。根据图结施—04 和图结施—05，将与 KZ8 相关的信息找出来，汇总成工程信息表 3-2。试识读 KZ8 平法施工图，计算柱子钢筋的预算长度并绘制钢筋材料明细表。

图结施—05 中，KZ8 在各层的角筋、B 边一侧中部和 H 边一侧中部的直径均不相同，为便于学习且不过分复杂，将 KZ8 的配筋在原结构图结施—05 的基础上适当简化，稍作调整，结果如表 3-2 所示。

表 3-2　KZ8 柱表

柱号	结构标高	$b \times h$	b_1	b_2	h_1	h_2	角筋	B 边一侧中部	H 边一侧中部	箍筋类型号	箍　筋
KZ8	基础～3.600	500×500	250	250	400	100	4Φ20	3Φ20	2Φ20	1(3×4)	Φ8@100/200
	3.600～7.200	500×500	250	250	400	100	4Φ18	3Φ18	2Φ18	1(3×4)	Φ8@100/200
	7.200～10.800	500×500	250	250	400	100	4Φ16	3Φ16	2Φ16	1(3×4)	Φ8@100/200

3.5.1 识读抗震框架中柱 KZ8 平法施工图

对图结施—04 和图结施—05 进行解读：中柱 KZ8 位于 B 轴和③轴相交处，总共 3 层。

嵌固部位位于基础顶面。柱子为等截面柱,尺寸为500mm×500mm。一层柱纵筋为14根直径20mm的HRB400级钢筋,二层柱纵筋为14根直径18mm的HRB400级钢筋,三层柱纵筋为14根直径16mm的HRB400级钢筋,箍筋为直径8mm的HRB400级的3×4肢箍,加密区间距为100mm,非加密区间距为200mm。

根据KZ8配筋信息绘制KZ8在一层、二层、三层的截面配筋图,如图3-28所示。

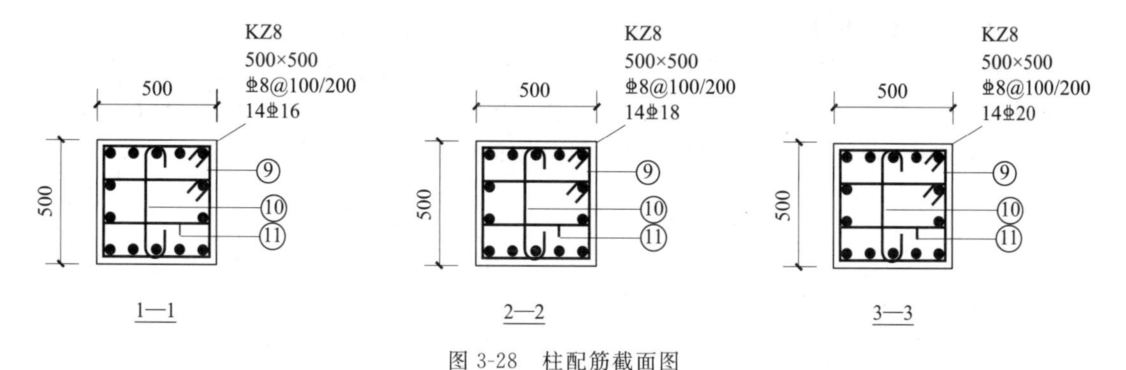

图3-28 柱配筋截面图

3.5.2 计算中柱KZ8的钢筋长度

计算钢筋长度并绘制钢筋材料明细表的过程通常可按几个步骤依次进行:首先绘制KZ8纵向剖面模板图,并计算柱净高的上、下端箍筋加密区高度;绘制KZ8的纵筋,并计算关键部位和关键数据;绘制KZ8在基础内的箍筋和上部结构的箍筋,并计算箍筋道数;最后绘制KZ8总筋排布示意图,并绘制KZ8钢筋材料明细表。

1. 计算各层柱净高

一层净高 $H_n=3600+1050-700=3950$(mm)

二层净高 $H_n=7200-3600-700=2900$(mm)

三层净高 $H_n=10800-7200-700=2900$(mm)

2. 计算各层柱上、下端箍筋加密区高度

一层柱下端:$H_n/3=3950/3=1317$(mm),取1350mm。

一层柱上端:$\max(H_n/6, H_c, 500)=\max(3950/6, 500, 500)=658$(mm),取700mm。

二层、三层柱上下端:$\max(H_n/6, H_c, 500)=\max(2900/6, 500, 500)=500$(mm)。

3. 计算钢筋接头的连接区长度

从设计总说明可以看出,本工程采用机械连接,钢筋机械连接接头的连接区长度为$35d$。一层只有直径为20mm一种钢筋进行连接,则连接区段长$=35d=35\times20=700$(mm)。

由于二层钢筋直径为18mm,与下层直径20mm的钢筋连接;3层钢筋直径为16mm,与下层直径18mm的钢筋连接,按要求不同直径的钢筋连接,计算连接区长度时d取较小值。

二层钢筋连接区段长$=35d=35\times18=630$(mm),取650mm。

三层钢筋连接区段长$=35d=35\times16=560$(mm),取600mm。

4. 绘制 KZ8 柱的纵向剖面体型图

根据本工程层数、层高、各层楼面的结构标高，基顶和基底标高、楼面梁高度、现浇板厚度等，初步绘制 KZ8 纵向剖面体型图。图中最外侧的尺寸线标注各层层高和基础高度；中间尺寸线标注各层柱的净高和各层楼面梁的高度；内侧尺寸线主要标注纵筋的连接区和非连接区高度。

按照 22G101-1 图集的构造要求，钢筋连接区长度范围内也是需要加密箍筋的地方，为了尽量节省钢筋，将每层短筋的截断位置定在连接区的最下端位置。因此，各层箍筋加密区为每层柱上、下端非连接区和每层柱下端钢筋机械连接区段长，其余部分为非加密区。

柱纵向剖面体型图、纵向剖面配筋图和纵筋排布图如图 3-29 所示。

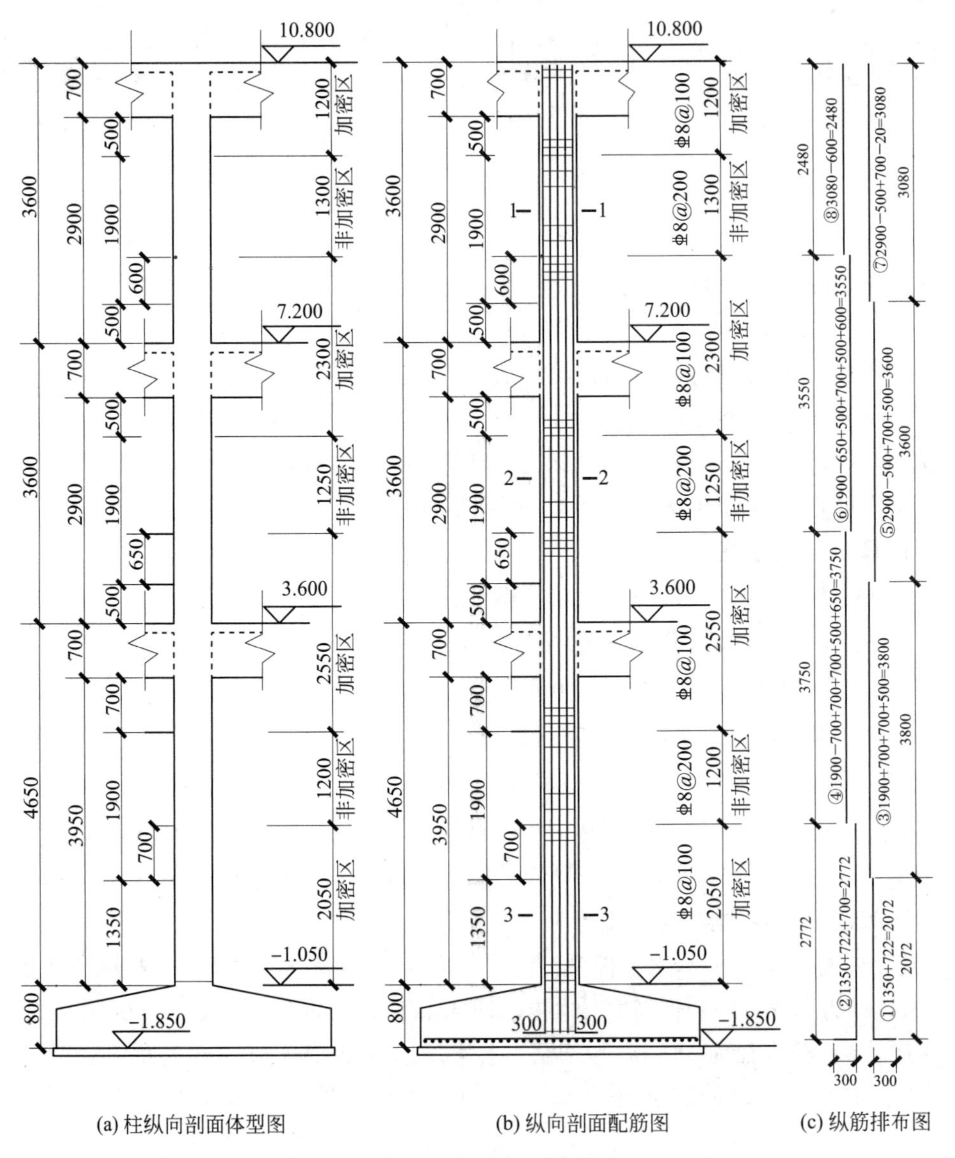

图 3-29 柱体型图及配筋图

5. 计算从基础到柱顶的柱箍筋道数

基础内非复合箍筋道数计算：基础内的非复合箍筋道数要求间距小于 500mm，且不少于 2 道箍筋。基础内最上 1 道箍筋距离基顶标高为 100mm。

基础厚度：800－100－78＝622(mm)，622/2＝311＜500(mm)，所以应设置 2 道非复合箍筋。

基础到柱顶的箍筋道数：

N ＝箍筋加密区长度/加密区间距＋箍筋非加密区长度/非加密区间距＋1

＝(2050－50)/100＋1200/200＋2550/100＋1250/200＋2300/100＋1300/200＋(1200－50)/100＋1

＝20＋6＋26(25.5 向上取整)＋7(6.25 向上取整)＋23＋7(6.5 向上取整)＋12(11.5 向上取整)＋1

＝102(道)

柱 KZ8 上部结构复合箍筋 102 道，基础内非复合箍筋 2 道。

6. 箍筋单根长度计算

(1) 外层箍筋(⑨号筋)＝500×4－20×8＋max(1.9d＋75，11.9d)

＝1840＋11.9×8×2＝2030(mm)

(2) 拉筋(⑩号筋)＝500－20×2＋11.9×8×2＝651(mm)

(3) 内层箍筋(11 号筋)

由于内层箍筋的短边长度计算与柱纵筋直径有关，而 KZ8 各层纵筋直径不同(⏀20、⏀18、⏀16)，因此内层小箍筋在各层的长度略有差别，为简化计算，此处柱纵筋直径全部按⏀20 计算。

内层箍筋＝(500－20×2)×2＋[(500－2×20－2×8－20)/3＋20＋2×8]×2＋11.9×8×2＝1465(mm)

7. 计算柱子插筋在基础中的长度

根据工程相关信息，查表得出柱插筋在基础中的锚固长度 l_{aE}＝40d＝40×20＝800(mm)＞h_j－基础保护层 50＝800－50＝750(mm)，所以柱插筋应伸至基础底面的钢筋网片上，并弯折 15d＝15×20＝300(mm)。

插筋在基础内的垂直长度＝h_j－基础保护层－基础底板两向钢筋直径＝800－50－12－16＝722(mm)。

8. 柱顶钢筋锚固

l_{aE}＝40×16＝640(mm)＜h_b－保护层＝700－20＝680(mm)，所以采用直锚构造，将钢筋伸至柱顶即可。

9. 绘制各层纵筋排布图并计算 KZ8 不同直径钢筋长度

纵筋直径不变化的楼层，机械连接接头的位置不影响钢筋长度的计算，而钢筋直径变化的楼层，机械连接接头的位置会影响钢筋长度的计算。另外，柱中长筋和短筋是人为确定的，但是长、短各半和长短相间是固定不变的。基础插筋的长和短表现在钢筋的上端，而顶筋的长和短表现在钢筋的下端。

1) 基础插筋长度

短筋(①号筋)＝1350＋722＝2072(mm)

长筋(②号筋)＝2072＋700(mm)

2) 一层纵筋长度

低端纵筋(③号筋)＝1900＋700＋700＋500＝3800(mm)

高端纵筋(④号筋)＝1900－700＋700＋700＋500＋650＝3750(mm)

3) 二层纵筋长度

低端纵筋(⑤号筋)＝2900－500＋700＋500＝3600(mm)

高端纵筋(⑥号筋)＝1900－650＋500＋700＋500＋600＝3550(mm)

4) 三层纵筋长度

低端纵筋(⑦号筋)＝2900－500＋700－20＝3080(mm)

高端纵筋(⑧号筋)＝3080－600＝2480(mm)

所有各层纵筋均为14根,长筋、短筋各7根。

3.5.3 绘制KZ8钢筋材料明细表

表3-3列出了KZ8钢筋材料明细

表3-3 KZ8钢筋材料明细表

编号	钢筋简图/mm	规格/mm	长度/mm	数量/根
1	300 2072	Φ20	12140	7
2	300 2772	Φ20	5683	7
3	3800	Φ20	3800	7
4	3750	Φ20	3750	7
5	3600	Φ18	3600	7
6	3550	Φ18	3550	7
7	3080	Φ16	3080	7
8	2480	Φ16	2480	7
9	460 460 460 460	Φ8	9340	104
10	651	Φ8	1731	102
11	177 460 177 460	Φ8	1465	102

第4章 剪力墙平法识图与钢筋算量

4.1 剪力墙基本知识

4.1.1 剪力墙的概念

剪力墙是房屋或构筑物中主要承受风荷载或地震作用引起的水平荷载和竖向荷载(重力)的墙体,用于防止结构剪切(受剪)破坏。

剪力墙结构分为很多种。现在城市中越来越多的高层住宅楼不设置框架柱、框架梁,而把所有的外墙和内墙都做成钢筋混凝土墙,直接支承混凝土楼板,这样的结构称为纯剪结构。有些框架结构中在框架梁柱之间的矩形空间设置一道现浇钢筋混凝土墙,用以加强框架的空间刚度和抗剪能力,或主体是框架结构,但是在几个轴线之间设置了一些剪力墙,这样的结构称为框剪结构。

4.1.2 剪力墙构件组成

为了表达清楚、简便,剪力墙可视为由剪力墙柱、剪力墙身和剪力墙梁三类构件组成,其组成及编号见表4-1。

表4-1 剪力墙的构件组成及编号

<table>
<tr><td rowspan="10">剪力墙构件的组成</td><td colspan="2">构件名称</td><td>构件编号</td></tr>
<tr><td colspan="2">墙身</td><td>Q</td></tr>
<tr><td rowspan="4">墙柱</td><td>约束边缘构件</td><td>YBZ</td></tr>
<tr><td>构造边缘构件</td><td>GBZ</td></tr>
<tr><td>非边缘暗柱</td><td>AZ</td></tr>
<tr><td>扶壁柱</td><td>FBZ</td></tr>
<tr><td rowspan="3">墙梁</td><td>连梁</td><td>LL</td></tr>
<tr><td>暗梁</td><td>AL</td></tr>
<tr><td>边框梁</td><td>BKL</td></tr>
</table>

剪力墙结构的构件组成三维示意图如图4-1所示。

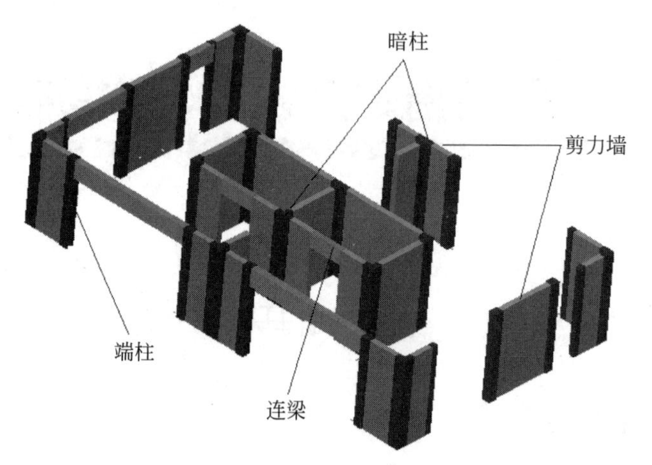

图 4-1 剪力墙结构三维示意图

1. 剪力墙柱

剪力墙柱包括暗柱、端柱、翼柱、转角柱和扶壁柱四种。

暗柱的横截面宽度与剪力墙厚度相同，从外观看与墙面平齐，一般位于墙肢平面的端部（即边缘），按照受力状况分为约束边缘暗柱（YAZ）和构造边缘暗柱（GAZ）。

端柱的横截面宽度比剪力墙厚度大，从外观看凸出剪力墙面，一般位于墙肢平面的端部（即边缘），按照受力状况分为约束边缘端柱（YDZ）和构造边缘端柱（GDZ）。

翼柱也称为翼墙，其横截面宽度与剪力墙厚度相同，从外观看与墙面平齐，一般设在纵、横墙相交处，按照受力状况分为约束边缘构件（YBZ）和构造边缘构件（GBZ）。

转角柱也称为转角墙，其横截面宽度与剪力墙厚度相同，从外观看与墙面平齐，一般设在纵、横墙转角处，按照受力状况分为约束边缘转角柱（YJZ）和构造边缘转角柱（GJZ）。

扶壁柱的横截面宽度比剪力墙厚度大，从外观看凸出剪力墙面，一般在墙体长度较长时，按设计要求每隔一定距离设置一个。

约束边缘构件包括约束边缘暗柱、约束边缘端柱、约束边缘翼墙、约束边缘转角墙四种，如图 4-2 所示。构造边缘构件包括构造边缘暗柱、构造边缘端柱、构造边缘翼墙、构造边缘转角墙四种，如图 4-3 所示。

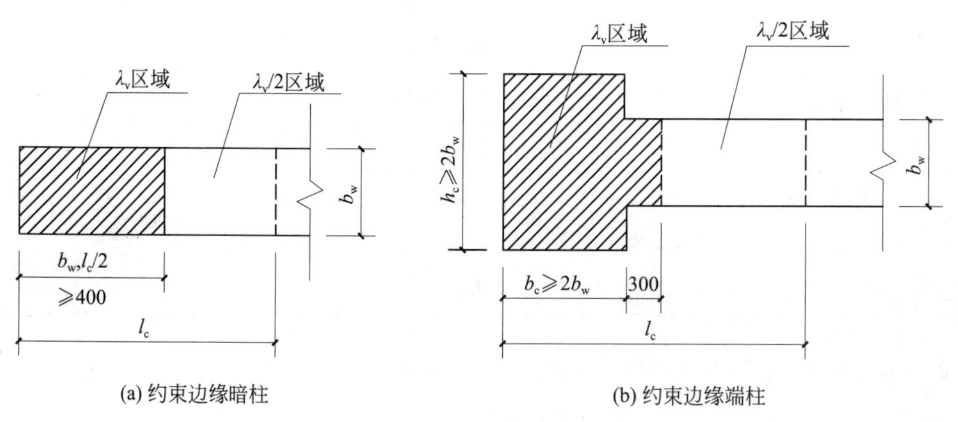

图 4-2 约束边缘构件

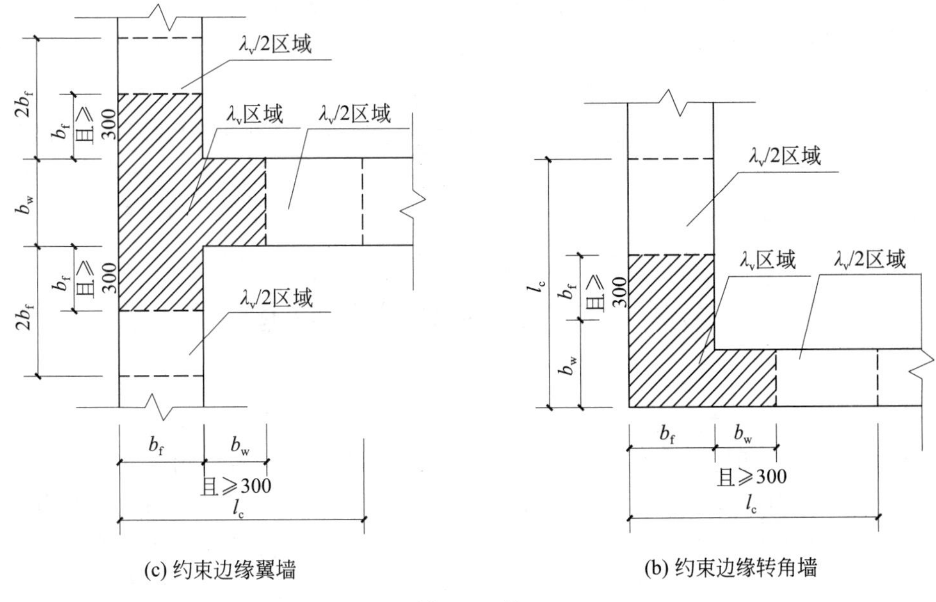

(c) 约束边缘翼墙　　(b) 约束边缘转角墙

图 4-2(续)

λ_v—配箍特征值；l_c—约束边缘构件沿墙肢的长度；b_w—剪力墙的墙肢截面宽度；b_c—端柱宽度；b_f—约束边缘翼墙截面宽度

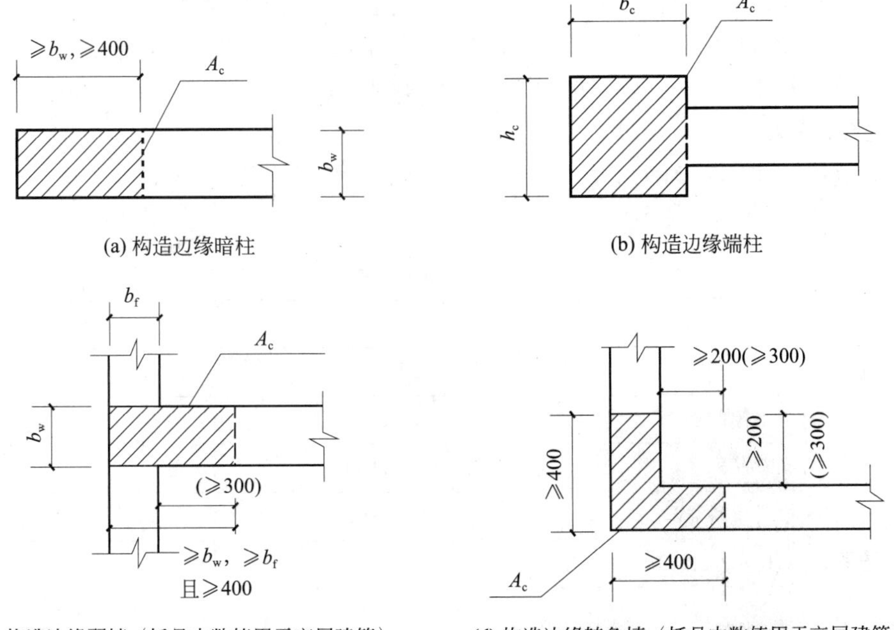

(a) 构造边缘暗柱　　(b) 构造边缘端柱

(c) 构造边缘翼墙（括号中数值用于高层建筑）　　(d) 构造边缘转角墙（括号中数值用于高层建筑）

图 4-3　构造边缘构件

b_w—暗柱宽度；b_c—端柱宽度；h_c—暗柱高度；b_f—剪力墙厚度；A_c—截面

2. 剪力墙梁

剪力墙梁包括连梁、暗梁和边框梁。

连梁位于洞口上方，其横截面宽度与剪力墙厚度相同，从外观看与墙面平齐，分为连梁(LL)、有对角暗撑配筋连梁[LL(JC)]、有交叉斜筋配筋连梁[LL(JX)]、集中对角斜筋配筋连梁[LL(DX)]和跨高比不小于5的连梁(LLK)。

暗梁位于剪力墙顶部(类似于砌体结构中的圈梁)，其横截面宽度与剪力墙厚度相同，从外观看与墙面平齐。

边框梁位于剪力墙顶部，其横截面宽度比剪力墙厚度大，从外观看凸出剪力墙面。

4.2 剪力墙构件平法识图

剪力墙平法施工图分为列表注写方式和截面注写方式。两种注写方式的共同点是剪力墙平面布置图既可采用适当比例单独绘制，也可与柱或梁的平面布置图合并绘制。当剪力墙较复杂或采用截面注写方式时，应按标准层分别绘制剪力墙平面布置图。在剪力墙平法施工图中，均应注明各结构层的楼面标高、结构层高及相应的结构层号，尚应注明上部结构嵌固部位位置。对于轴线未居中的剪力墙(包括端柱)，应标注其偏心定位尺寸。

4.2.1 剪力墙列表注写方式

列表注写方式系分别在剪力墙柱表、剪力墙身表和剪力墙梁表中，对应剪力墙平面布置图上的编号，用绘制截面配筋图并注写几何尺寸与配筋具体数值的方式来表达剪力墙平法施工图。剪力墙列表注写方式实例如图4-4所示。

1. 剪力墙梁表

剪力墙梁表(图4-4和图4-11)中表达的内容规定如下。

(1) 墙梁编号见表4-2。

表4-2 墙梁编号

墙梁类型	代号	序号
连梁	LL	××
连梁(对角暗撑配筋)	LL(JC)	××
连梁(交叉斜筋配筋)	LL(JX)	××
连梁(集中对角斜筋配筋)	LL(DX)	××
连梁(跨高比不小于5)	LLK	××
暗梁	AL	××
边框梁	BKL	××

墙梁种类有连梁(LL)、暗梁(AL)和边框梁(BKL)，如图4-5所示。连梁交叉斜筋配筋构造如图4-6所示，连梁集中对角斜筋配筋构造如图4-7所示，连梁对角暗撑配筋构造如图4-8所示。

层号	标高/m	层高/m
屋面2	65.670	
塔层2	62.370	3.30
屋面1（塔层1）	59.070	3.30
16	55.470	3.60
15	51.870	3.60
14	48.270	3.60
13	44.670	3.60
12	41.070	3.60
11	37.470	3.60
10	33.870	3.60
9	30.270	3.60
8	26.670	3.60
7	23.070	3.60
6	19.470	3.60
5	15.870	3.60
4	12.270	3.60
3	8.670	3.60
2	4.470	4.20
1	-0.030	4.50
-1	-4.530	4.50
-2	-9.030	4.50

底部加强部位

结构层楼面标高
结构层高

上部结构嵌固部位：
-0.030

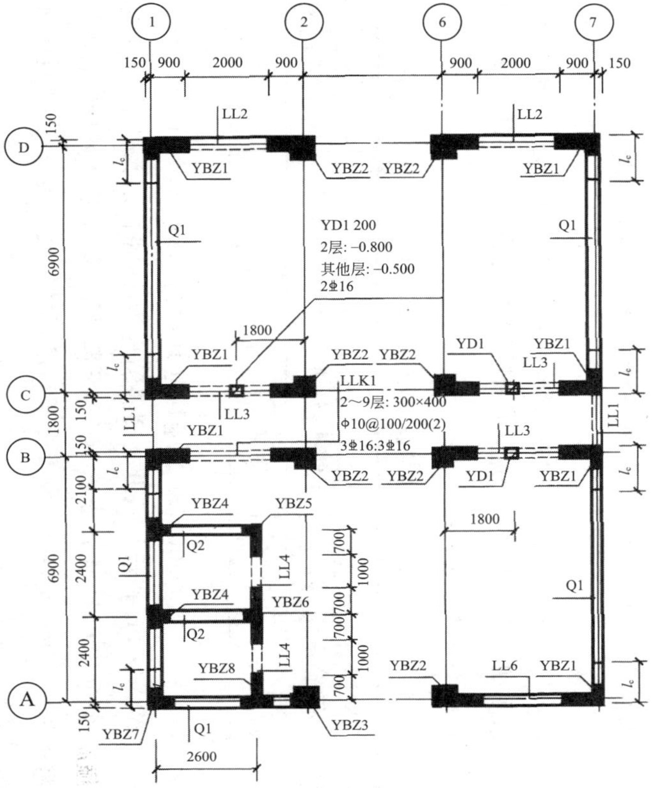

剪力墙梁表

编号	所在楼层号	梁顶相对标高高差	梁截面 $b \times h$	上部纵筋	下部纵筋	箍 筋
LL1	2～9	0.800	300×2000	4Φ25	4Φ25	φ10@100(2)
	10～16	0.800	250×2000	4Φ22	4Φ22	φ10@100(2)
	屋面1		250×1200	4Φ20	4Φ20	φ10@100(2)
LL2	3	-1.200	300×2520	4Φ25	4Φ25	φ10@150(2)
	4	-0.900	300×2070	4Φ25	4Φ25	φ10@150(2)
	5～9	-0.900	300×1770	4Φ25	4Φ25	φ10@150(2)
	10～屋面1	-0.900	250×1770	4Φ22	4Φ22	φ10@150(2)
LL3	2		300×2070	4Φ25	4Φ25	φ10@100(2)
	3		300×1770	4Φ25	4Φ25	φ10@100(2)
	4～9		300×1170	4Φ25	4Φ25	φ10@100(2)
	10～屋面1		250×1170	4Φ22	4Φ22	φ10@100(2)
LL4	2		250×2070	4Φ20	4Φ20	φ10@120(2)
	3		250×1770	4Φ20	4Φ20	φ10@120(2)
	4～屋面1		250×1170	4Φ20	4Φ20	φ10@120(2)
AL1	2～9		300×600	3Φ20	3Φ20	φ8@150(2)
	10～16		250×500	3Φ18	3Φ18	φ8@150(2)
BKL1	屋面1		500×750	4Φ22	4Φ22	φ10@150(2)

剪力墙身表

编号	标 高	墙厚	水平分布筋	垂直分布筋	拉筋（矩形）
Q1	-0.030～30.270	300	Φ12@200	Φ12@200	φ6@600@600
	30.270～59.070	250	Φ10@200	Φ10@200	φ6@600@600
Q2	-0.030～30.270	250	Φ10@200	Φ10@200	φ6@600@600
	30.270～59.070	200	Φ10@200	Φ10@200	φ6@600@600

图 4-4　剪力墙平法施工图 1(列表注写法)

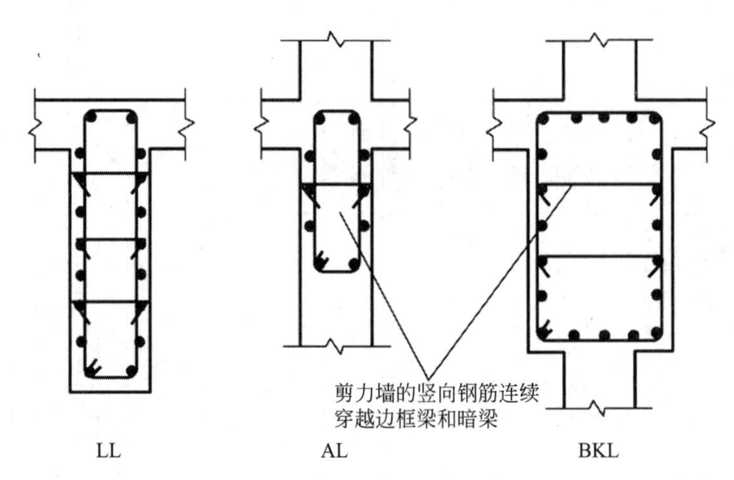

图 4-5　连梁、暗梁和边框梁截面图

(2) 表明墙梁所在楼层号。

(3) 墙梁顶面标高高差，系指相对于墙梁所在结构层楼面标高的高差值。高于结构层楼面标高为正值，低于结构层楼面标高为负值，无高差时不注。

(4) 墙梁截面尺寸 $b\times h$，上部纵筋、下部纵筋和箍筋的具体数值。

(5) 当连梁设有交叉斜筋时[代号为 LL(JX)××](图 4-6)，注写连梁一侧对角斜筋的配筋值，并标注"×2"表明对称设置；注写对角斜筋在连梁端部设置的拉筋根数、强度级别及直径，并标注"×4"表示四个角都设置；注写连梁一侧折线筋配筋值，并标注"×2"表明对称设置。连梁设有交叉斜筋时列表注写示例见表 4-3。

表 4-3　连梁设交叉斜筋配筋表示例

编号	所在楼层号	梁顶相对标高高差	梁截面 $b\times h$	上部纵筋	下部纵筋	侧面纵筋	墙梁箍筋	交叉斜筋		
								对角斜筋	拉筋	折线筋

例如，LL (JX) 2　6 层：300×800　ф10@100 (4) 4ф18；4ф18　N6ф14 (+0.100) JX2ф22(×2)，3ф10(×4)，表示 2 号设交叉斜筋连梁，所在楼层为 6 层；连梁宽 300mm，高 800mm：箍筋为ф10@100 (4)；上部纵筋 4ф18，下部纵筋 4ф18；连梁两侧配置纵筋 6ф14：梁顶高于 6 层楼面标高 0.100m；连梁对称设置交叉斜筋，每侧配筋 2ф22；交叉斜筋在连梁端部设置拉筋 3ф10，四个角都设置。

(6) 当连梁设有集中对角斜筋时[代号为 LL(DX)××](图 4-6)，注写一条对角线上的对角斜筋，并标注"×2"表明对称设置。连梁设有集中对角斜筋时列表注写示例见表 4-4。

表 4-4　连梁设集中对角斜筋配筋表示例

编号	所在楼层号	梁顶相对标高高差	梁截面 $b\times h$	上部纵筋	下部纵筋	侧面纵筋	墙梁箍筋	集中对角斜筋

例如，LL(DX)3　6 层：400×1000　ф10@100(4)　4ф20；4ф20　N8ф14　DX8ф20(×2)，表示 3 号设对角斜筋连梁，所在楼层为 6 层；连梁宽 400mm，高 1000mm；箍筋为ф10@100(4)；上部纵筋 4ф20，下部纵筋 4ф20；连梁两侧配置纵筋 8ф14；连梁对称设置对角斜筋，每侧斜筋配筋 8ф20，上下排各 4ф20。

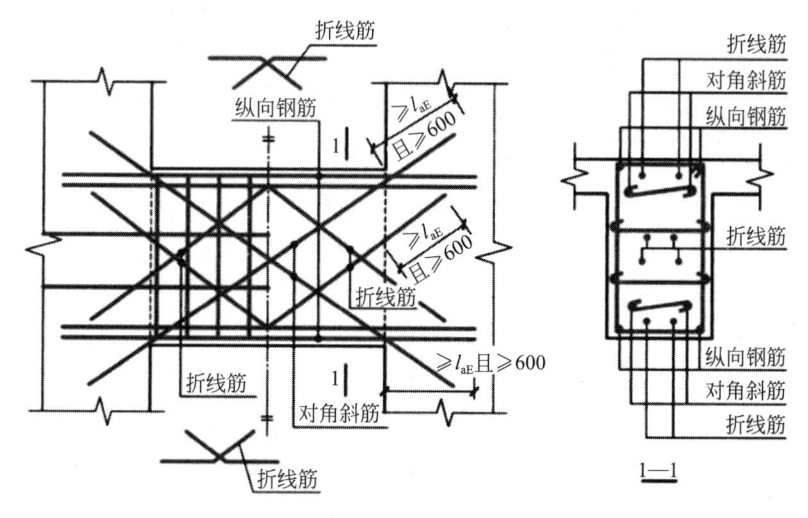

图 4-6　连梁交叉斜筋配筋构造

(7) 当连梁设有对角暗撑时[代号为 LL(JC)××](图 4-7)，注写暗撑的截面尺寸(箍筋外皮尺寸)，注写一根暗撑的全部纵筋；并标注"×2"表明两根暗撑相互交叉；注写暗撑箍筋的具体数值。连梁设有集中对角斜筋时列表注写示例见表 4-5。

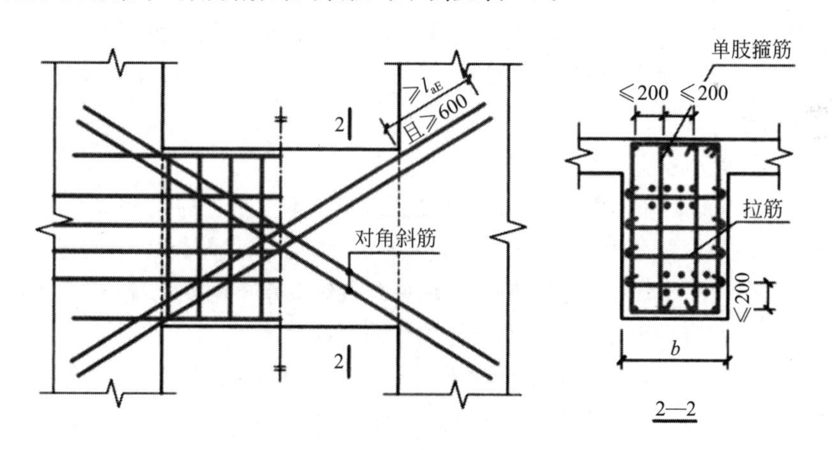

图 4-7　连梁集中对角斜筋配筋构造

表 4-5　连梁设对角暗撑配筋表示例

编号	所在楼层号	梁顶相对标高高差	梁截面 $b \times h$	上部纵筋	下部纵筋	侧面纵筋	墙梁箍筋	对角暗撑		
								截面尺寸	纵筋	箍筋

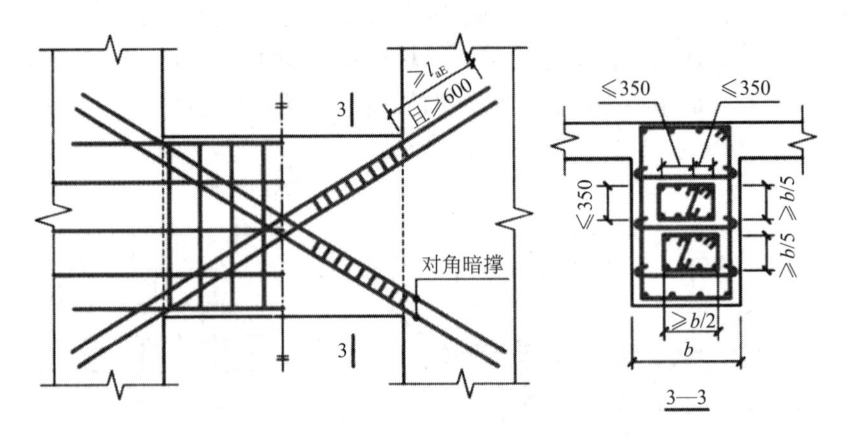

图 4-8 连梁对角暗撑配筋构造

例如，LL(JC)1　5层：500×1800　ф10@100(4)　4ф25；4ф25　N18ф14(+0.100)　JC300×300　6ф22(×2)，ф10@200(3)，表示 1 号设对角暗撑连梁，所在楼层为 5 层；连梁宽 500mm，高 1800mm；箍筋为ф10@100(4)；上部纵筋 4ф25，下部纵筋 4ф25；连梁两侧配置纵筋 8ф14；连梁设有两根相互交叉的暗撑，暗撑截面(箍筋外皮尺寸)宽 300mm，高 300mm；每根暗撑纵筋为 6ф22，上下排各 3 根；箍筋为ф10@200(3)。

(8) 对于跨高比不小于 5 的连梁，按框架梁设计时(代号为 LLK××)，采用平面注写方式，注写规则同框架梁，既可采用适当比例单独绘制，也可与剪力墙平法施工图合并绘制。

墙梁侧面纵筋的配置，当墙身水平分布钢筋满足连梁、暗梁及边框梁的侧面纵向构造钢筋的要求时，该筋配置同墙身水平分布钢筋，表中不标注。当墙身水平分布钢筋不满足连梁、暗梁及边框梁的侧面纵向构造钢筋的要求时，应在表中补充注明梁侧面纵筋的具体数值。当为 LLK 时，平面注写方式以大写字母“N”打头。

2. 剪力墙身表

剪力墙身表中表达的内容规定如下。

(1) 墙身编号，由墙身类型代号(Q)、序号以及墙身所配置的水平与竖向分布钢筋的排数组成。其中，排数注写在括号内，表达形式为 Q××(×排)。当排数为 2 时，可不标注。

如若干墙身的厚度尺寸和配筋均相同，仅墙厚与轴线关系不同或墙身长度不同时，也可将其编为同一墙身号，但应在平面图中注明其与轴线的关系。

对于分布钢筋网的排数，当剪力墙厚度不大于 400mm 时，应配置 2 排；当剪力墙厚度大于 400mm，但不大于 700mm 时，宜配置 3 排；当剪力墙厚度大于 700mm 时，宜配置 4 排(图 4-9)。

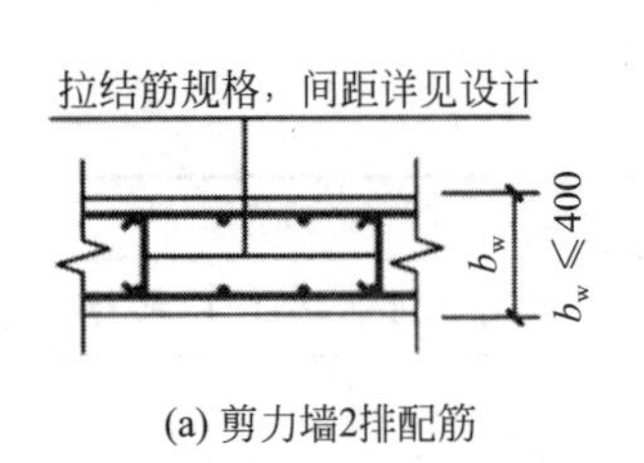

(a) 剪力墙2排配筋

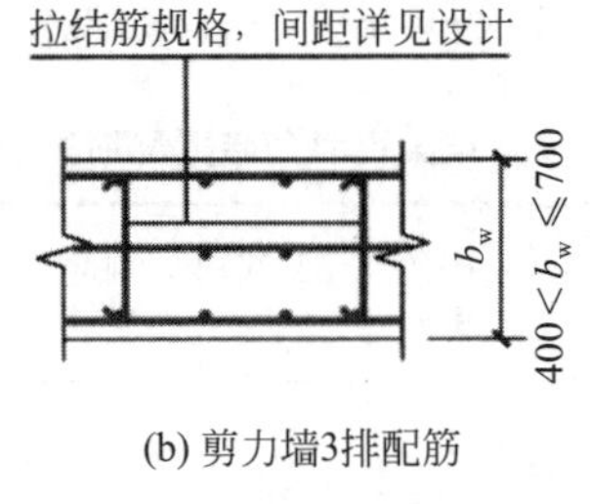

(b) 剪力墙3排配筋

拉结筋规格，间距详见设计

(c) 剪力墙4排配筋

图 4-9 剪力墙分布筋排数

当剪力墙配置的分布筋多于2排时，剪力墙拉结筋两端应同时勾住外排水平纵筋和竖向纵筋，还应与剪力墙内水平纵筋和竖向纵筋绑扎在一起。

(2) 各段墙身起止标高，自墙身根部往上以变截面位置或截面未变但配筋改变处为界分段注写。墙身根部标高一般是指基础顶面标高（部分框支剪力墙结构则为框支梁顶面标高）。

(3) 对于水平分布钢筋、竖向分布钢筋和拉结筋的具体数值，注写数值为一排水平分布钢筋和竖向分布钢筋的规格和间距。拉结筋应注明布置方式，"矩形"或"梅花"布置，如图4-10所示。

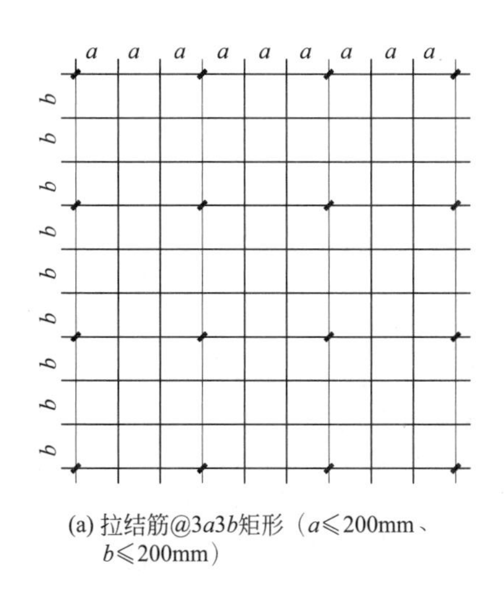

(a) 拉结筋@3a3b矩形（$a \leqslant 200$mm、$b \leqslant 200$mm）

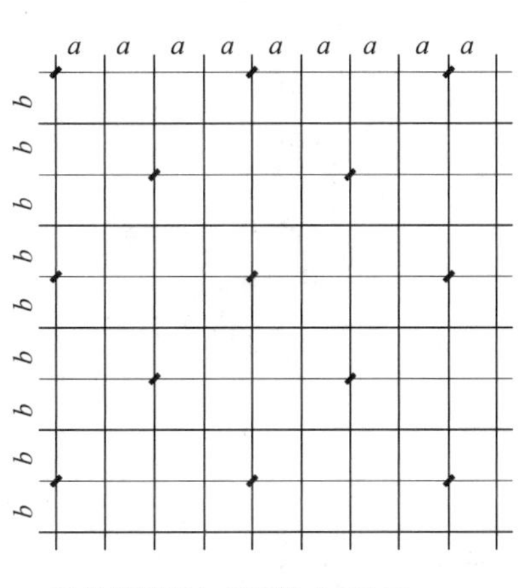

(b) 拉结筋@4a4b梅花（$a \leqslant 150$mm、$b \leqslant 150$mm）

图4-10 拉结筋配筋构造

3. 剪力墙柱表

如图4-11所示为剪力墙平法施工图列表注写法示例，剪力墙柱表中表达的内容规定如下。

(1) 墙柱编号（表4-1），绘制该墙柱的截面配筋图，标注墙柱几何尺寸。

如若干墙柱的截面尺寸与配筋相同，仅截面与轴线的关系不同时，可将其编为同一墙柱号，但应在图中注明其与轴线的几何关系。

约束边缘构件需注明阴影部分尺寸。另外，在剪力墙平面图中，应注明约束边缘构件沿墙肢长 l_c。

构造边缘构件需注明阴影部分尺寸。

扶壁柱及非边缘暗柱需标注几何尺寸。

(2) 注写各段墙柱起止标高，自墙柱根部往上以变截面位置或截面未变但配筋改变处为界分段注写。墙柱根部标高一般是指基础顶面标高（部分框支剪力墙结构则为框支梁顶面标高）。

(3) 对于各段墙柱的纵向钢筋和箍筋，注写值应与在表中绘制的截面配筋图对应一致。约束边缘构件非阴影区内布置的拉筋或箍筋直径应注写，与阴影区箍筋直径相同时，可不标注。

层号	标高/m	层高/m
屋面2	65.670	
塔层2	62.370	3.30
屋面1（塔层1）	59.070	3.30
16	55.470	3.60
15	51.870	3.60
14	48.270	3.60
13	44.670	3.60
12	41.070	3.60
11	37.470	3.60
10	33.870	3.60
9	30.270	3.60
8	26.670	3.60
7	23.070	3.60
6	19.470	3.60
5	15.870	3.60
4	12.270	3.60
3	8.670	3.60
2（底部加强部位）	4.470	4.20
1（底部加强部位）	-0.030	4.50
-1	-4.530	4.50
-2	-9.030	4.50

结构层楼面标高
结构层高

上部结构嵌固部位：-0.030

剪力墙柱表

截面	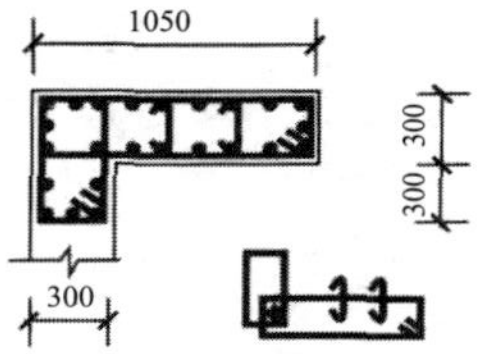	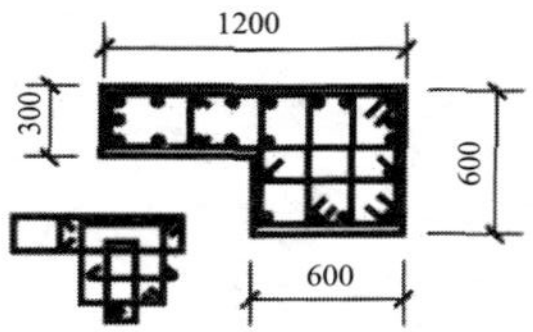	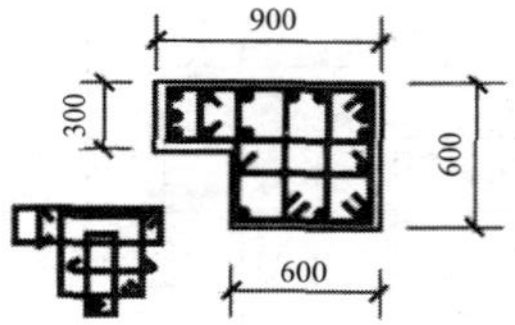	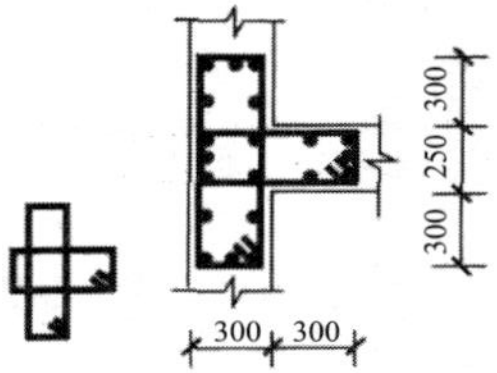
编号	YBZ1	YBZ2	YBZ3	YBZ4
标高	-0.030～12.270	-0.030～12.270	-0.030～12.270	-0.030～12.270
纵筋	24Φ20	22Φ20	18Φ22	20Φ20
箍筋	Φ10@100	Φ10@100	Φ10@100	Φ10@100

截面	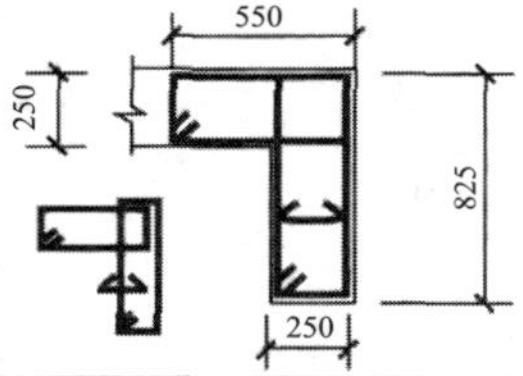	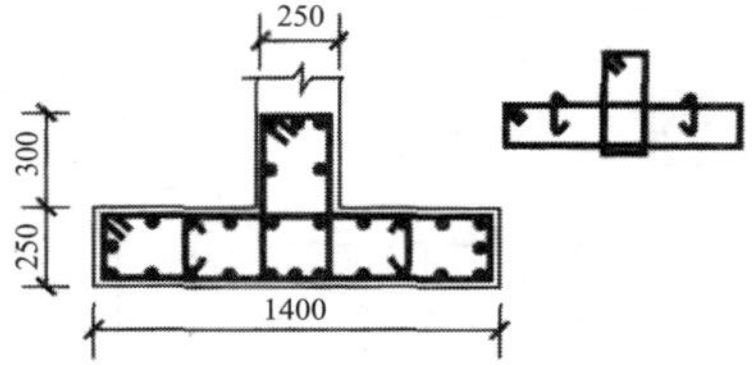	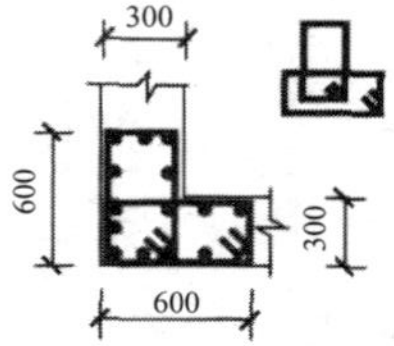
编号	YBZ5	YBZ6	YBZ7
标高	-0.030～12.270	-0.030～12.270	-0.030～12.270
纵筋	20Φ20	28Φ20	16Φ20
箍筋	Φ10@100	Φ10@100	Φ10@100

图 4-11　剪力墙平法施工图 2（列表注写法）

4.2.2 剪力墙截面注写方式

剪力墙截面注写方式，系在分标准层绘制的剪力墙平面布置图上，以直接在墙柱、墙身、墙梁上注写截面尺寸和配筋具体数值的方式来表达剪力墙平法施工图(图 4-12)。选用适当比例原位放大绘制剪力墙平面布置图，其中对墙柱绘制配筋截面图；对所有墙柱、墙身、墙梁进行编号，编号规则同列表注写方式，并分别在相同编号的墙柱、墙身、墙梁中选择一根墙柱、一道墙身、一根墙梁进行注写，其注写方式按以下规定进行。

1. 剪力墙梁注写

从相同编号的墙梁中选择一根墙梁，按顺序引注如下内容。

(1) 墙梁编号、墙梁截面尺寸 $b \times h$、墙梁箍筋、上部纵筋、下部纵筋和墙梁顶面标高高差的具体数值。其中，墙梁顶面标高高差的注写规定同列表注写方式。

(2) 当连梁设有对角暗撑配筋、交叉斜筋、集中对角斜筋时，注写规则同列表注写方式。

墙梁侧面纵筋的配置，当墙身水平分布钢筋满足连梁、暗梁及边框梁的侧面纵向构造钢筋的要求时，该筋配置同墙身水平分布钢筋，不标注。当墙身水平分布钢筋不满足连梁、暗梁及边框梁的侧面纵向构造钢筋的要求时，应补充注明梁侧面纵筋的具体数值，注写时，以大写字母“N”打头，接着注写直径与间距。

2. 剪力墙身注写

从相同编号的墙身中选择一道墙身，按顺序引注的内容为墙身编号(应包括注写在括号内墙身所配置的水平与竖向分布钢筋的排数)、墙厚尺寸、水平分布钢筋、竖向分布钢筋和拉筋的具体数值。

3. 剪力墙柱注写

从相同编号的墙柱中选择一个截面，原位绘制墙柱截面配筋图，注明几何尺寸，并在各配筋图上继其编号后标注全部纵筋及箍筋的具体数值，其箍筋的注写方式同柱箍筋。

约束边缘构件不仅要注明阴影部分具体尺寸，还要注明约束边缘构件的长度 l_c。配筋图中要注明约束边缘构件非阴影区内布置的拉筋或箍筋直径，与阴影区箍筋直径相同时，可不注。

4.2.3 剪力墙地下室外墙平法施工图识读

22G101-1 图集中地下室外墙仅适用于起挡土作用的地下室外围护墙。地下室外墙中墙柱、连梁及洞口等的表示方法同地上剪力墙。

地下室外墙平面注写方式，包括集中标注和原位标注。地下室外墙平法施工图平面注写示例如图 4-13 所示。

1. 地下室外墙集中标注

地下室外墙的集中标注规定如下。

(1) 地下室外墙编号，包括代号、序号、墙身长度(注为××轴～××轴)；表达为 DWQ××(××轴～××轴)。

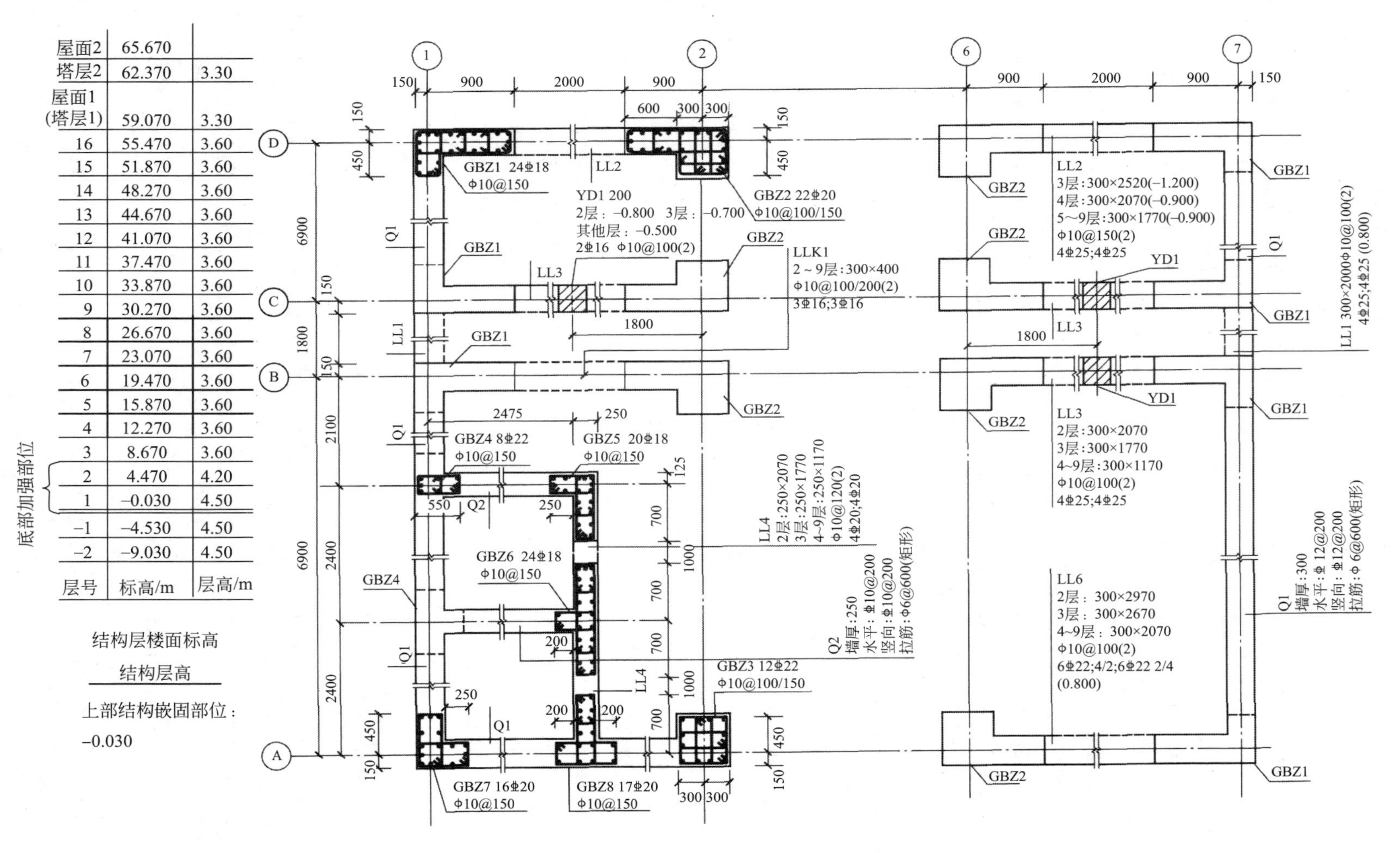

层号	标高/m	层高/m
屋面2	65.670	
塔层2	62.370	3.30
屋面1(塔层1)	59.070	3.30
16	55.470	3.60
15	51.870	3.60
14	48.270	3.60
13	44.670	3.60
12	41.070	3.60
11	37.470	3.60
10	33.870	3.60
9	30.270	3.60
8	26.670	3.60
7	23.070	3.60
6	19.470	3.60
5	15.870	3.60
4	12.270	3.60
3	8.670	3.60
2	4.470	4.20
1	-0.030	4.50
-1	-4.530	4.50
-2	-9.030	4.50

图 4-12　剪力墙平法施工图(截面注写法)

（2）地下室外墙厚度，表达为 b_w = ×××。

（3）注写地下室外墙的外侧、内侧贯通筋和拉筋。

以“OS”代表外墙外侧贯通筋。其中，外侧水平贯通筋以“H”打头，外侧竖向贯通筋以“V”打头注写。

以“IS”代表外墙内侧贯通筋。其中，内侧水平贯通筋以“H”打头，内侧竖向贯通筋以“V”打头注写。

以“tb”打头注写拉筋直径、强度等级及间距，并注明“矩形（双向）”或“梅花”。

如 DWQ2（①～⑥），b_w = 300；

OS：H⌀18@200，V⌀20@200；

IS：H⌀16@200，V⌀18@200；

tb：ϕ6@400@400 矩形（双向）。

上述内容表示 2 号地下室外墙，长度范围为①～⑥轴之间，墙厚 300mm；外侧水平贯通筋为⌀18@200，外侧竖向贯通筋为⌀20@200；内侧水平贯通筋为⌀16@200，内侧竖向贯通筋为⌀18@200；拉筋为ϕ6，矩形布置，水平间距 400mm，竖向间距 400mm（图 4-13）。

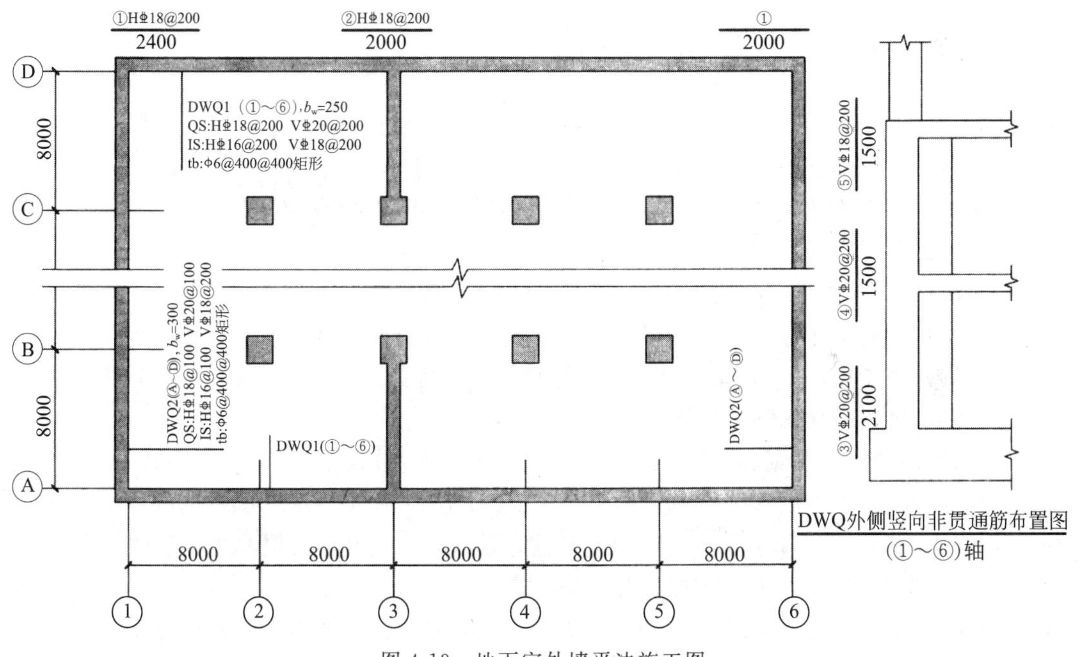

图 4-13　地下室外墙平法施工图

2. 地下室外墙原位标注

地下室外墙的原位标注，主要表示在外墙外侧配置的水平非贯通筋或竖向非贯通筋。

（1）当配置水平非贯通筋时，在地下室墙体平面图上原位标注。在地下室外墙外侧绘制粗实线段代表水平非贯通筋，在其上注写钢筋编号，并以“H”打头注写钢筋强度等级、直径、分布间距，以及自支座中线向两边跨内伸出长度值。当自支座中线向两侧对称伸出时，可仅在单侧标注跨内伸出长度值，另一侧不标注。边支座处非贯通钢筋的伸出长度值自支座外边缘算起。

(2) 地下室外墙外侧非贯通筋通常采用"隔一布一"的方式与集中标注的贯通筋间隔布置，其标注间距应与贯通筋相同，两者组合后的实际分布间距为各自标注间距的1/2。

(3) 当在地下室外墙外侧底部、顶部、中层楼板位置配置竖向非贯通筋时，应补充绘制地下室外墙竖向剖面图，并在其上原位标注。表示方法为在地下室外墙竖向剖面图外侧绘制粗实线段代表非贯通筋，在其上注写钢筋编号，并以"V"打头注写钢筋强度等级、直径、分布间距，以及向上(下)层的伸出长度值，并在外墙竖向剖面图名下注明分布范围(××轴～××轴)。竖向非贯通钢筋向层内的伸出长度值注写方式包括以下几点(图4-13)。

① 地下室外墙底部竖向非贯通钢筋向层内的伸出长度值自基础底板顶面算起。

② 地下室外墙顶部竖向非贯通钢筋向层内的伸出长度值自顶板底面算起。

③ 中间层楼板处非贯通钢筋向层内的伸出长度值自板中间算起，当上、下两侧伸出长度值一致时，可仅标注一侧。

(4) 地下室外墙外侧水平、竖向非贯通筋配置相同时，可仅选择一处注写，其他可仅注写编号。

(5) 当在地下室外墙顶部设置水平通长加强钢筋时，应注明。

4.2.4 剪力墙洞口平法施工图识读

无论采用列表注写方式还是截面注写方式，剪力墙上的洞口均可在剪力墙平面布置图上原位标注(图4-11、图4-12)。洞口的具体表示方法如下。

在剪力墙平面图上绘制洞口示意图，并标注洞口中心的平面定位尺寸。在洞口中心位置引注以下内容。

(1) 洞口编号：矩形洞口为JD××(××为序号)，圆形洞口为YD××(××为序号)。

(2) 洞口几何尺寸：矩形洞口为洞宽×洞高($b×h$)，圆形洞口为洞口直径D。

(3) 洞口中心相对标高，系相对于结构层楼(地)面标高的洞中心高度，应为正值。

(4) 洞口每边补强钢筋分以下几种情况。

① 当矩形洞口的洞宽、洞高均不大于800mm时，此项注写为洞口每边补强钢筋的具体数值。如JD2 400×300+3.100 3⌀14，表示2号矩形洞口，洞宽400mm，洞高300mm，洞口中心高出本结构层楼面3.100m，洞口每边补强钢筋3⌀14。当洞宽、洞高方向补强钢筋不一致时，分别注写洞宽方向、洞高方向补强钢筋，以"/"分隔。如JD4 800×300+3.100 3⌀18/3⌀14，表示4号矩形洞口，洞宽800mm，洞高300mm，洞口中心高出本结构层楼面3.100m，洞宽方向补强钢筋为3⌀18，洞高方向补强钢筋为3⌀14。

② 当矩形或圆形洞口的宽度或直径大于800mm时，在洞口的上、下需设置补强暗梁，此项注写为洞口上、下每边暗梁的纵筋和箍筋的具体数值(在22G101-1剪力墙标准构造详图中，补强暗梁梁高一律定为400mm，施工按标准构造详图取值，设计不标注。当设计者采用与构造详图不同做法时，应另行注明)。例如，JD5 1000×900 3层 +1.400 6⌀20 ϕ8@150，表示3层设置5号矩形洞口，洞宽1000mm，洞高900mm，洞口中心距离3层楼面1400mm；高出本结构层楼面1.4m，洞口上、下设补强暗梁，暗梁纵筋为6⌀20，上、下排对称布置，箍筋为ϕ8@150，双肢箍。

圆形洞口尚需注明环向加强钢筋的具体数值。例如，YD5 1000+1.800 6⌀20 ϕ8@150

2ϕ16，表示 5 号圆形洞口，直径 1000mm，洞口中心高出本结构层楼面 1.800m，洞口上、下设补强暗梁，每边暗梁纵筋为 6ϕ20，箍筋为ϕ8@150，环向加强钢筋 2ϕ16。

当这类洞口上、下边为剪力墙连梁时，此项免标注，即不再重复设置补强暗梁；当洞口竖向两侧设置边缘构件时，也不在此项表达。当洞口两侧不设置边缘构件时，设计者应给出具体做法。

③ 当圆形洞口设置在连梁中部 1/3 范围（且圆洞直径不应大于 1/3 梁高）时，需注写在洞口上、下水平设置的每边补强钢筋与箍筋的具体数值。

④ 当圆形洞口设置在墙身或暗梁、边框梁位置，且洞口直径不大于 300mm 时，此项注写为洞口上、下、左、右每边布置的补强钢筋的具体数值。

⑤ 当圆形洞口直径大于 300mm，但不大于 800mm 时，此项注写为洞口上、下、左、右每边布置的补强钢筋的具体数值，以及环向加强钢筋的具体数值。

4.3 剪力墙构件配筋构造解读与钢筋算量

4.3.1 剪力墙墙身配筋构造及钢筋算量

剪力墙墙身配筋示意如图 4-14 所示。

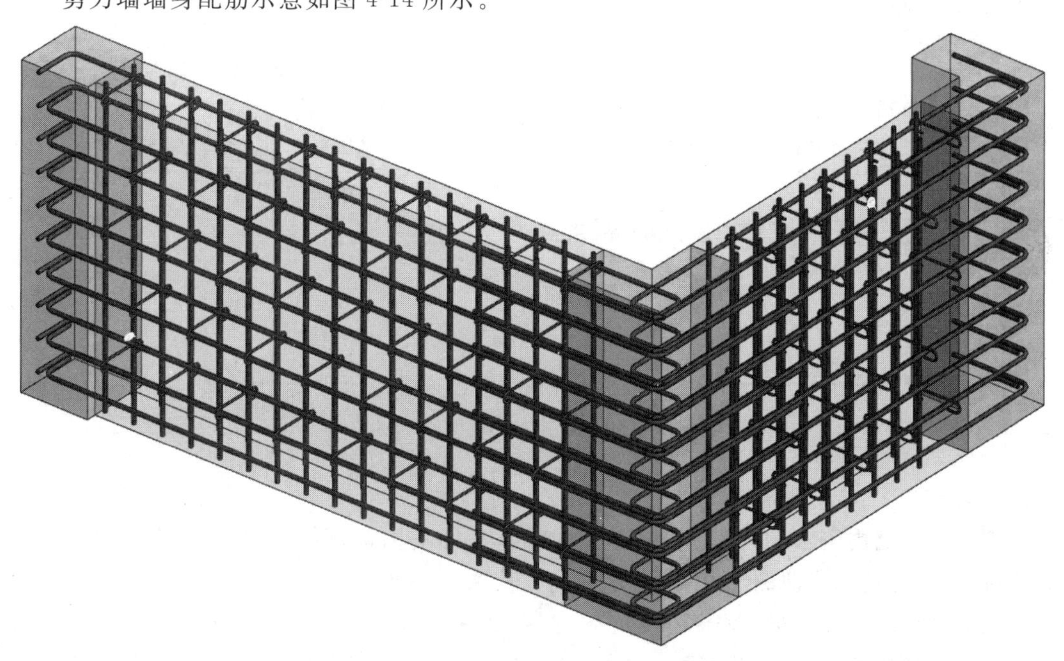

图 4-14　剪力墙墙身配筋示意图

1. 剪力墙水平分布钢筋构造

(1) 一字形剪力墙水平分布钢筋构造，如图 4-15 所示。

当端部有暗柱时，水平分布筋应伸入暗柱对折 10d，箍住暗柱端部竖向分布筋，如图 4-15(a)、(b)所示。

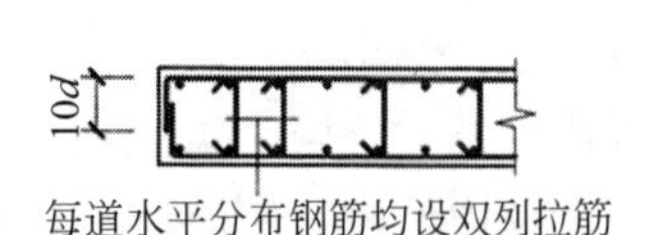

(a) 端部无暗柱时剪力墙水平分布钢筋端部做法

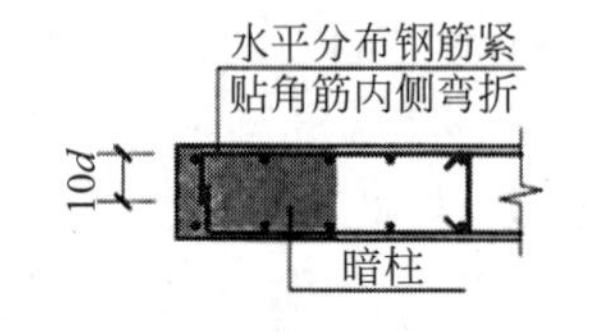

(b) 端部有暗柱时剪力墙水平分布钢筋端部做法

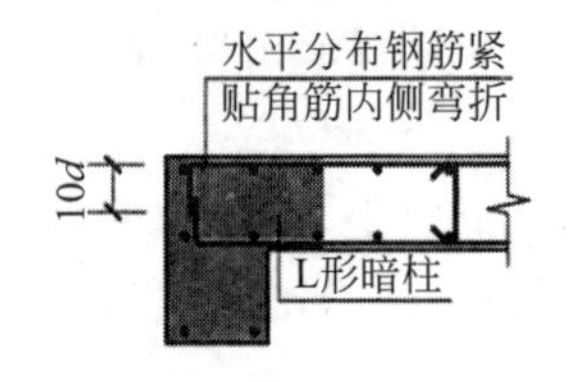

(c) 端部有L形暗柱时剪力墙水平分布钢筋端部做法

图 4-15 一字形剪力墙水平分布钢筋构造图

(2) 转角墙水平分布钢筋构造,如图 4-16 所示。

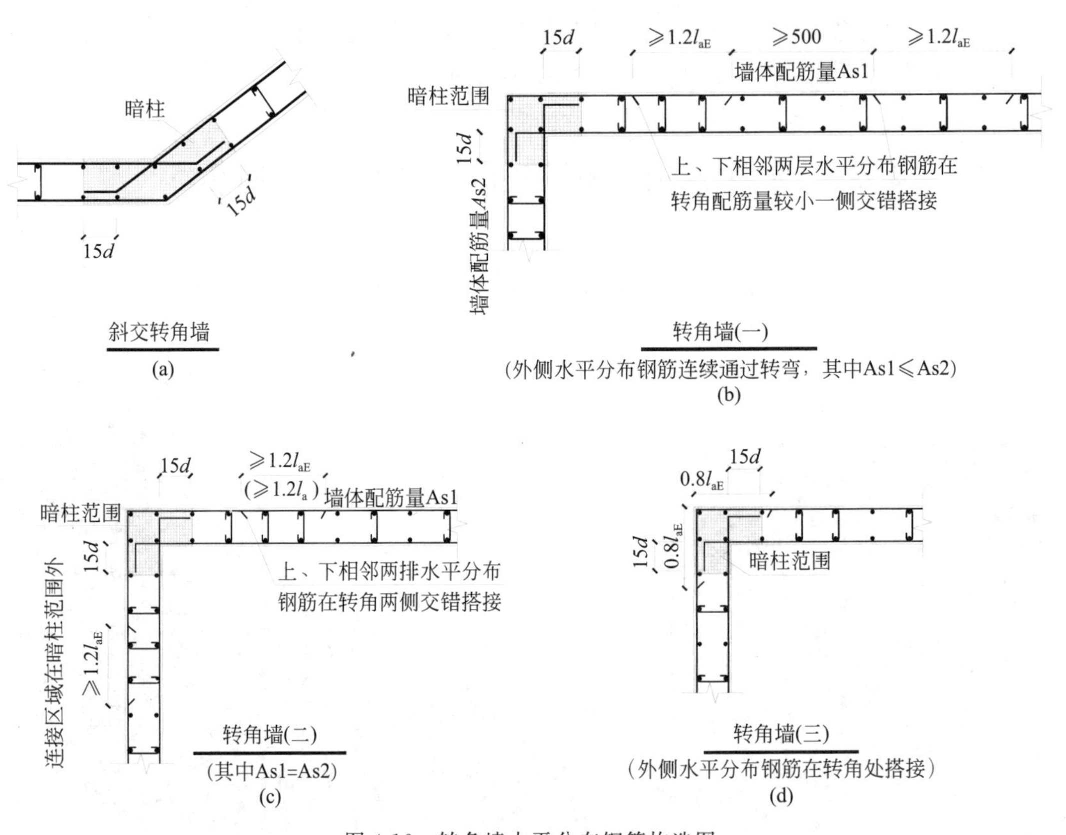

图 4-16 转角墙水平分布钢筋构造图

斜交转角墙内侧水平分布钢筋伸至对边竖向分布筋内侧弯折 15d,外侧水平分布筋可以连续通过,也可以参照图 4-16(a)所示在暗柱范围内搭接。

当剪力墙墙体配筋梁 As1≤As2 时,如图 4-16(b)所示,上、下相邻两排水平分布筋在转角一侧交错搭接连接,搭接长度不小于 1.2l_{aE},搭接范围错开间距 500mm;墙外侧水平分布筋连续通过转角,在转角墙核心部位以外与另一片剪力墙的外侧水平分布筋连接,墙内侧水平分布筋伸至转角墙核心部位的外侧钢筋内侧,水平弯折 15d。

当剪力墙墙体配筋梁 As1=As2 时,如图 4-16(c)所示,上、下相邻两排水平分布筋在转角两侧交错搭接连接,搭接长度不小于 1.2l_{aE},墙外侧水平分布筋连续通过转角,在转角墙核心部位以外与另一片剪力墙的外侧水平分布筋连接,墙内侧水平分布筋伸至转角墙核心部位的外侧钢筋内侧，水平弯折 $15d$。

如图 4-16(d)所示，墙外侧水平分布筋在转角处搭接，搭接长度为 $1.6l_{aE}$，墙内侧水平分布筋伸至转角墙核心部位的外侧钢筋内侧，水平弯折 $15d$。

(3) 带翼墙水平分布钢筋构造，如图 4-17 所示。

带翼墙的剪力墙水平分布筋应伸入翼墙暗柱对边纵筋内侧弯折 $15d$。剪力墙水平变截面处，较薄剪力墙水平分布筋伸入较厚剪力墙内锚固 $1.2l_{aE}(1.2l_a)$。较厚剪力墙水平分布筋伸至端部水平弯折 $15d$。

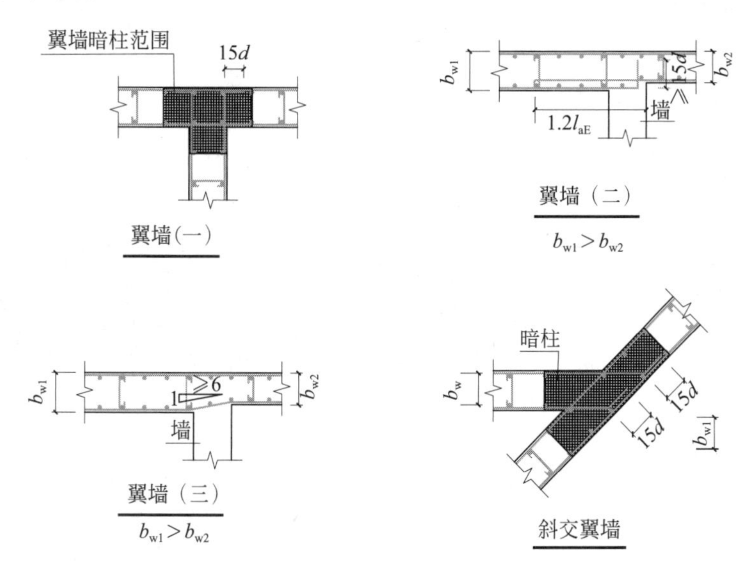

图 4-17　带翼墙水平分布钢筋构造图

(4) 带端柱剪力墙水平分布钢筋构造，如图 4-18 所示。

端柱位于转角部位时，位于端柱宽出墙身一侧的剪力墙水平分布筋伸入端柱水平长度不小于 $0.6l_{abE}$，弯折长度 $15d$；当位于端柱纵向钢筋内侧的墙水平分布钢筋(端柱节点中图示黑色墙体水平分布钢筋)伸入端柱的长度不小于 l_{aE} 时，可直锚。位于端柱与墙身相平齐一侧的剪力墙水平分布筋绕过端柱阳角，与另一片墙段水平分布筋连接；也可不绕过端柱阳角，而直接伸至端柱角筋内侧向内弯折 $15d$。

非转角部位端柱，剪力墙水平分布筋伸入端柱弯折长度 $15d$；当直锚深度不小于 l_{aE} 时，可不设弯钩。

(5) 剪力墙水平分布钢筋采用搭接连接时，沿高度每层错开搭接，如图 4-19 所示。

2. 剪力墙竖向分布钢筋构造

(1) 剪力墙墙身基础插筋锚固构造，如图 4-20 所示。

根据图集 22G101-3，剪力墙墙身竖向分布钢筋在基础内的锚固形式与基础的类型无关，与剪力墙墙身竖向分布钢筋在基础内的侧向混凝土保护层厚度和竖直段锚固长度有关。

当插筋在基础内的侧向保护层厚度大于 $5d$，竖直段锚固长度 $h_j>l_{aE}(l_a)$时，插筋应伸至基础底层钢筋网上侧，并水平弯折 $\max(6d,150)$，设置间距不大于 500mm，且不少于 2 道水平分布钢筋和拉筋，如图 4-20(a)和截面 1—1 所示。

当插筋在基础内的侧向保护层厚度大于 $5d$，竖直段锚固长度 $h_j\leqslant l_{aE}(l_a)$时，插筋应伸

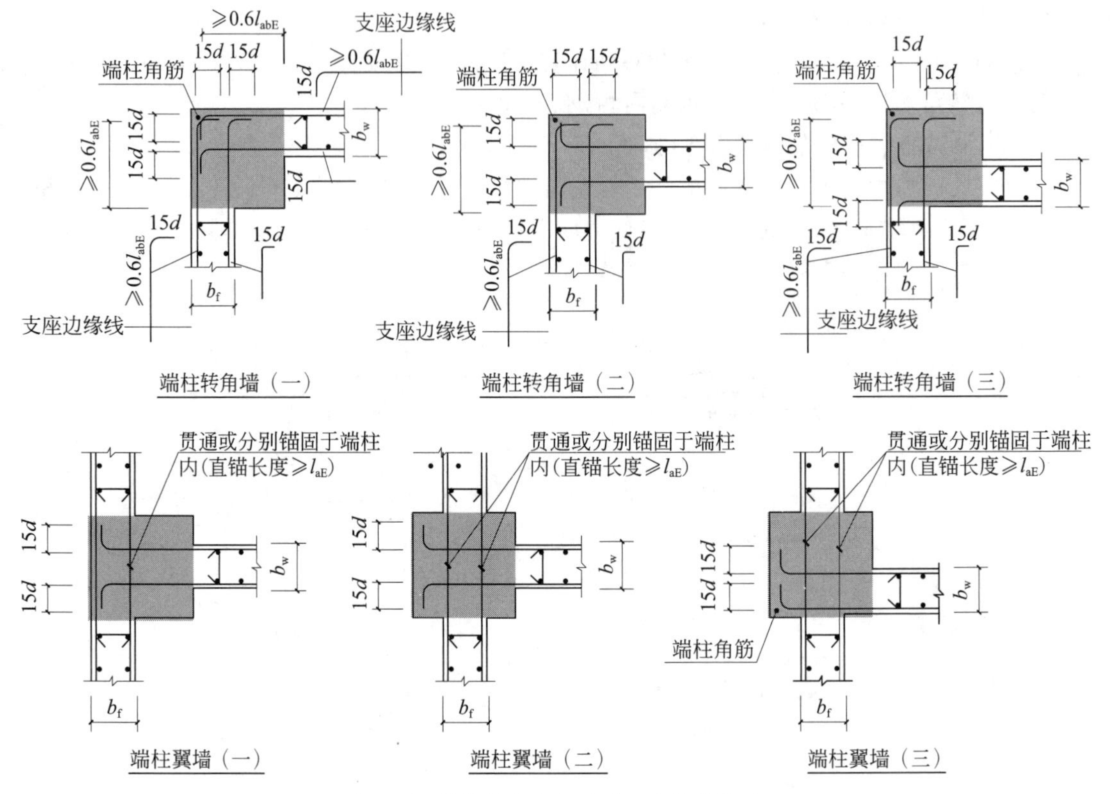

图 4-18　带端柱剪力墙水平分布钢筋构造

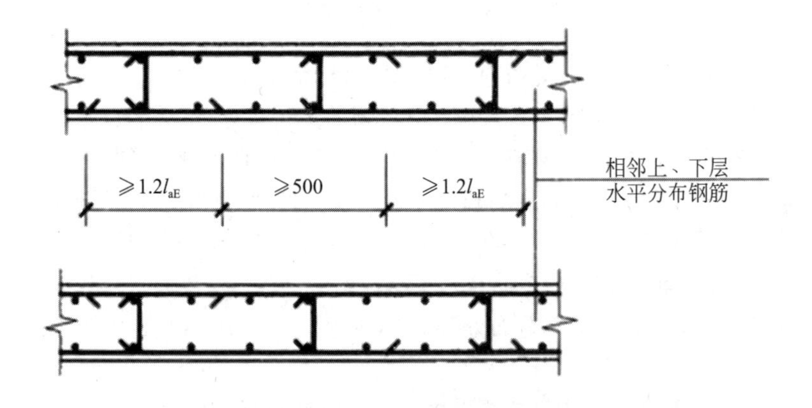

图 4-19　剪力墙水平分布钢筋交替搭接构造

至基础底层钢筋网上侧，并水平弯折 15d，设置间距不大于 500mm，且不少于 2 道水平分布钢筋和拉筋，如图 4-20(a)、大样图①和截面 1a—1a 所示。

当插筋在基础内的侧向保护层厚度小于 5d，竖直段锚固长度 $h_j>l_{aE}(l_a)$时，插筋应伸至基础底层钢筋网上侧，并水平弯折 max(6d，150)，设置直径不小于 d（d 为插筋最大直径），间距 $s\leqslant$min(10d，100mm)的锚固区横向钢筋，如图 4-20(b)和截面 1—1 所示。

当插筋在基础内的侧向保护层厚度小于 5d，竖直段锚固长度 $h_j\leqslant l_{aE}(l_a)$时，插筋应伸至基础底层钢筋网上侧，并水平弯折 15d，设置直径≥d（d 为插筋最大直径），间距 $s\leqslant$

min(10d,100mm)的锚固区横向钢筋,如图 4-20(b)、大样图①和截面 1a—1a 所示。

对于剪力墙外侧插筋,无论竖直段锚固长度 h_j 是否大于 $l_{aE}(l_a)$,插筋应伸至基础底层钢筋网后并应水平弯折 15d,如图 4-20(b)、截面 2—2 和截面 2a—2a 所示。

当墙身竖向分布钢筋在基础中搭接连接时,如图 4-20(c)所示,设计人员应在图纸中注明。

(2) 剪力墙墙身竖向分布筋连接构造,如图 4-21 所示。

剪力墙竖向分布钢筋连接形式有搭接连接、机械连接和焊接连接。

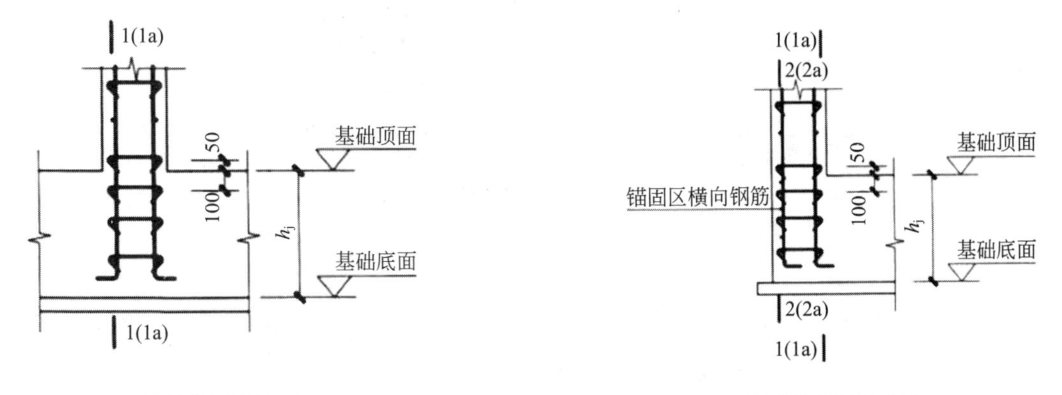

(a) 保护层厚度>5d (b) 保护层厚度≤5d

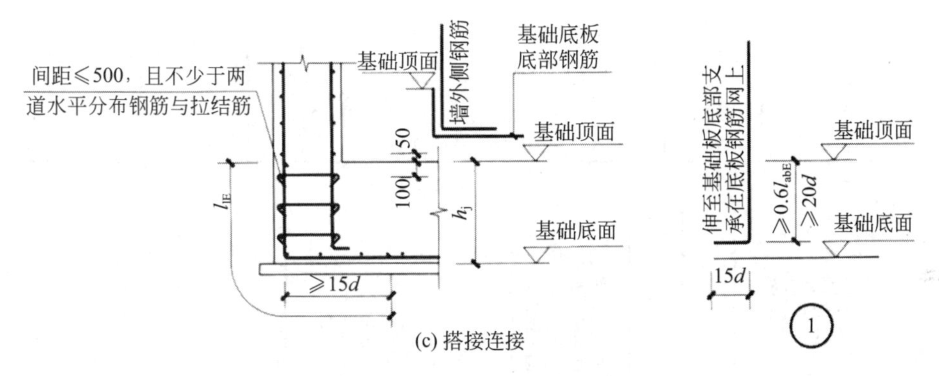

(c) 搭接连接

墙身竖向分布钢筋在基础中构造

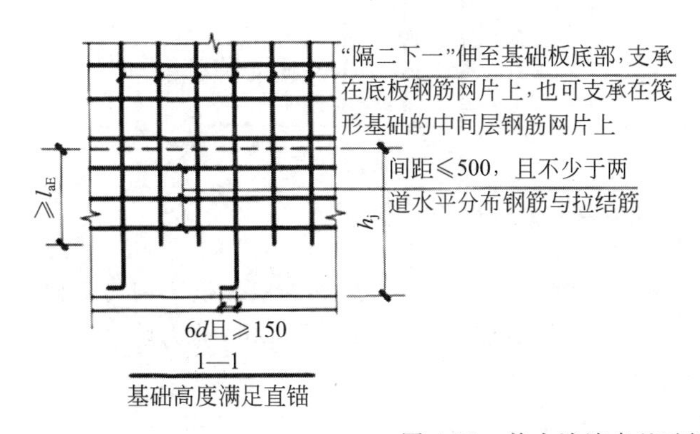

1—1
基础高度满足直锚

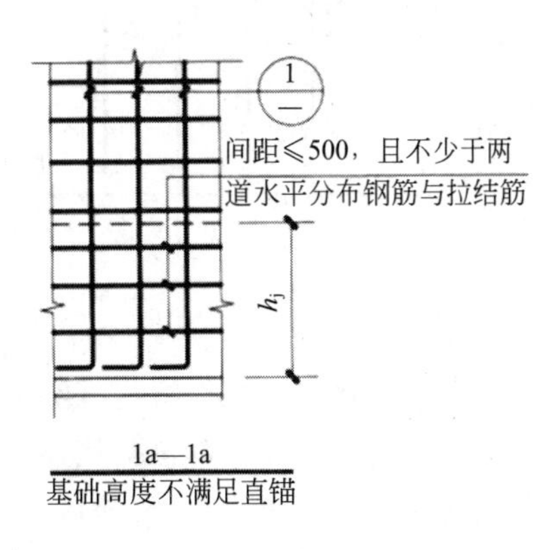

1a—1a
基础高度不满足直锚

图 4-20 剪力墙墙身基础插筋锚固构造

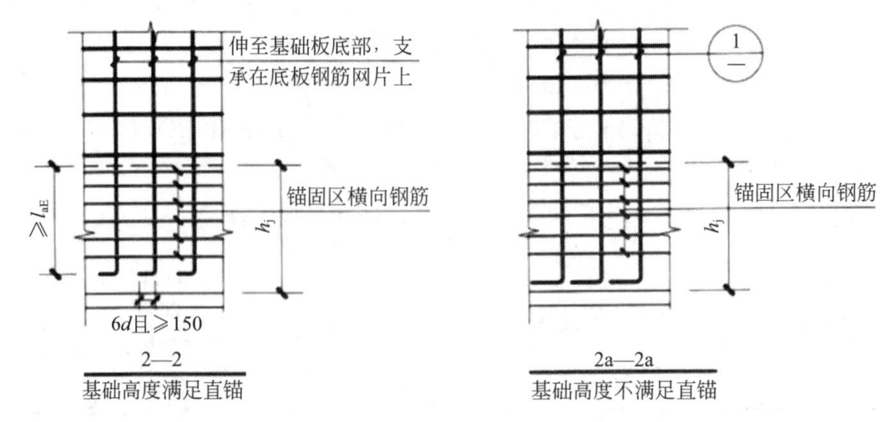

图 4-20(续)

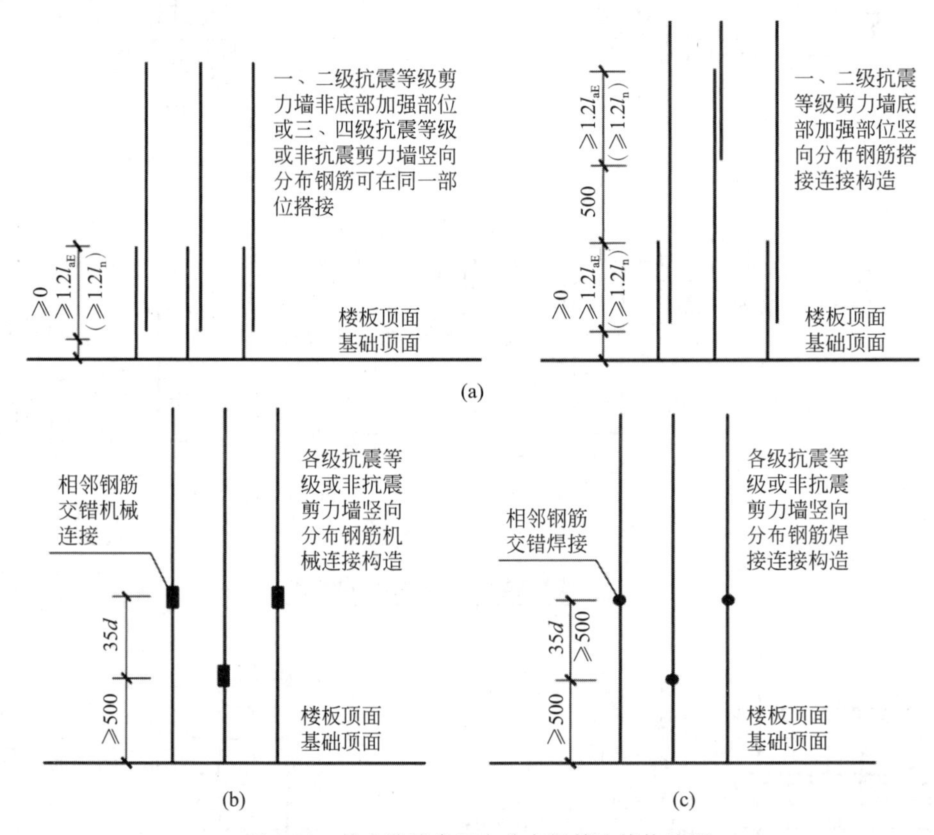

图 4-21 剪力墙墙身竖向分布钢筋连接构造图

搭接连接：一、二级抗震等级剪力墙非底部加强部位，三、四级抗震等级非抗震剪力墙竖向分布钢筋可在同一部位搭接连接。一、二级抗震等级剪力墙底部加强部位，剪力墙竖向分布钢筋应错开搭接连接，相邻钢筋错开距离不小于 500mm。

机械连接：各级抗震等级或非抗震等级剪力墙采用机械连接时，应相互错开连接，相邻钢筋错开距离不小于 35d，且低位钢筋连接点距楼板或基础顶面距离不小于 500mm。

焊接连接：各级抗震等级或非抗震等级剪力墙采用焊接连接时，应相互错开连接，相邻钢筋错开距离不小于 max(35d,500mm),且低位钢筋连接点距楼板或基础顶面距离不小于 500mm。

(3) 剪力墙竖向钢筋顶部构造,如图 4-22 所示。

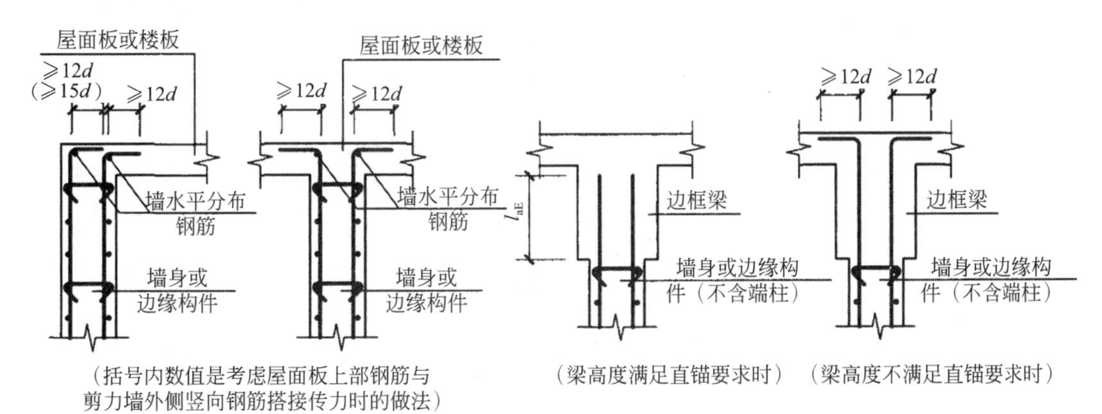

图 4-22 剪力墙竖向钢筋顶部构造图

图 4-22 中的节点构造既适用于剪力墙墙身竖向分布钢筋,也适用于剪力墙暗柱竖向钢筋。

剪力墙竖向钢筋顶部构造分墙顶有边框梁、无边框梁两种情况。无边框梁时,剪力墙竖向钢筋伸至板顶水平弯折 12d;有边框梁时,剪力墙竖向钢筋伸入边框梁内锚固 l_{aE}(l_a)。

(4) 剪力墙变截面处竖向钢筋构造,如图 4-23 所示。

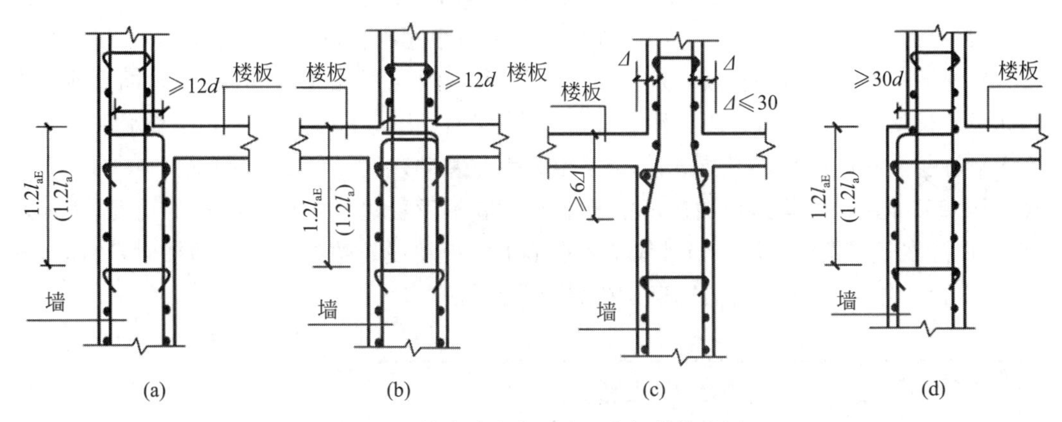

图 4-23 剪力墙变截面处竖向钢筋构造图

因为外力是层层往下传递的,一般情况下,下层剪力墙比上层剪力墙受到的外力要大一些,所以剪力墙截面尺寸往往向上逐层变小。剪力墙变截面位置纵筋构造要求如下。

在上、下层剪力墙截面尺寸变化一侧,竖向钢筋可截断后分别锚固,下层竖向钢筋伸到板顶(留保护层),然后水平弯折 12d,上层竖向钢筋伸入下层剪力墙内从板顶算起 $1.2l_{aE}$($1.2l_a$),如图 4-23(a)、(b)所示。

当上、下层剪力墙单侧变化值 $\Delta \leqslant 30$mm 且与楼板相连时,上、下层剪力墙竖向钢筋可连续通过变截面处,如图 4-23(c)所示。

当上、下层剪力墙截面尺寸变化一侧不与楼板相连时,竖向钢筋应截断后分别锚固,下层竖向钢筋伸到板顶(留保护层),然后水平弯折 12d,上层竖向钢筋伸入下层剪力墙内从板

顶算起 $1.2l_{aE}(1.2l_a)$，如图 4-23(d)所示。

(5) 剪力墙竖向钢筋锚入连梁构造，如图 4-24 所示。

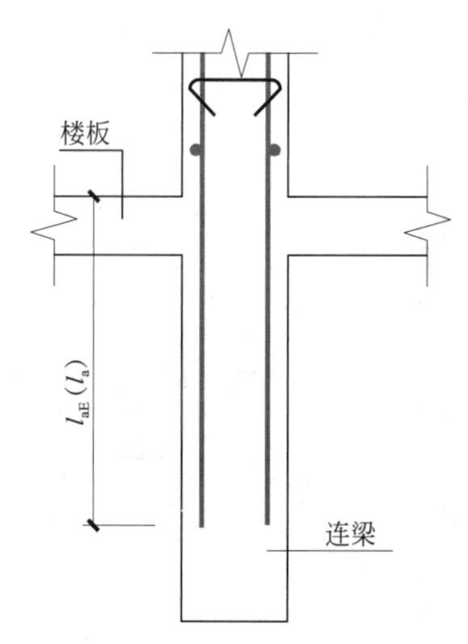

图 4-24 剪力墙竖向钢筋锚入连梁构造

3. 地下室外墙(DWQ)配筋构造

地下室外墙水平钢筋配筋构造如图 4-25 所示，地下室外墙竖向钢筋配筋构造如图 4-26 所示。

当具体钢筋排布与上述地下室外墙钢筋构造不同时，应按设计要求进行施工；扶壁柱、内墙是否作为地下室外墙水平外支承，应由设计人员根据工程具体情况确定，并在设计文件中明确；地下室外墙外侧是否设置水平非贯通筋，由设计人员根据计算确定，非贯通筋的直径、间距及长度由设计人员在设计图中标注；当扶壁柱、内墙不作为地下室外墙水平外支承时，水平贯通筋的连接区域不受限制；地下室外墙与基础连接详见 22G101-3。

图 4-25 和图 4-26 构造详图适用于地下室外墙不设置边缘构件和暗柱的情况，墙体水平钢筋设置在竖向钢筋内侧。当具体工程在地下室外墙设置边缘构件或暗柱时，墙体水平钢筋可设置在外侧，此时设计应明确，并给出相应做法。

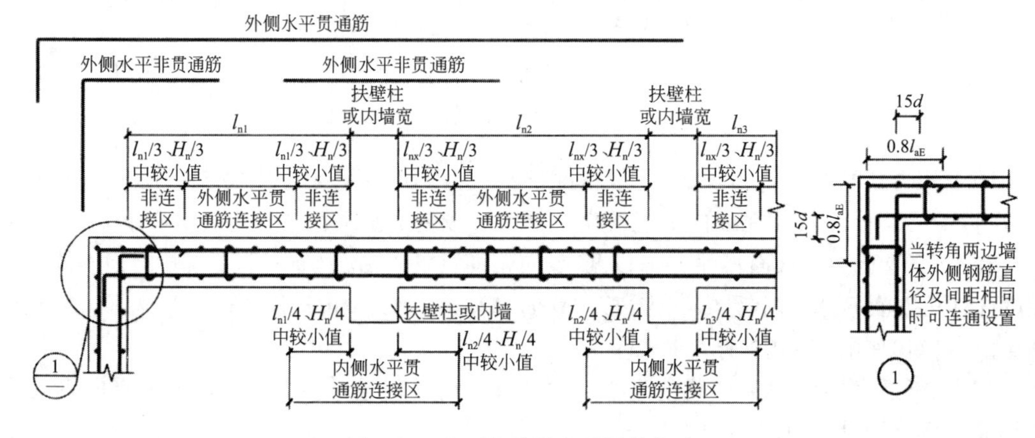

图 4-25 地下室外墙水平钢筋构造

注：① 图 4-25 中 l_{nx} 为相邻水平跨的较大净跨者，H_n 为本层净高。

② 外侧水平钢筋在转角处构造，当转角两边墙体外侧钢筋直径及间距相同时，可连通设置。

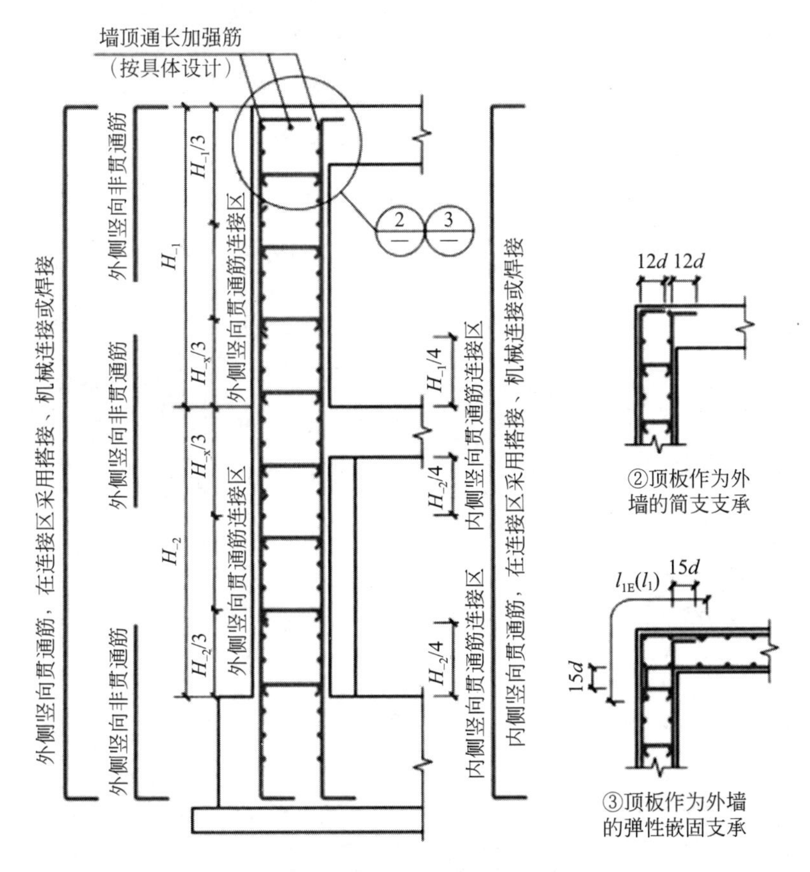

图 4-26 地下室外墙竖向钢筋构造

注：① 图 4-26 中 H_{-x} 为 H_{-1} 和 H_{-2} 的较大值，H_n 为本层净高。

② 外墙和顶板的连接节点做法②、③的选用由设计人员在图纸中注明。

4. 剪力墙墙身钢筋算量

1）剪力墙墙身水平钢筋计算

剪力墙墙身水平钢筋包括水平分布筋、拉筋两种形式。剪力墙水平分布筋有外侧钢筋和内侧钢筋两种形式，当剪力墙有两排以上钢筋网时，最外一层按外侧钢筋计算，其余则均按内侧钢筋计算。

（1）水平分布筋长度计算公式如下。

$$一字形剪力墙墙身水平分布钢筋长度=剪力墙长度-2c+10d\times 2 \tag{4-1}$$

$$转角墙外侧水平分布筋长度=剪力墙长度-2c+15d\times 2 \tag{4-2}$$

$$转角墙内侧水平分布筋长度=剪力墙长度-2c+l_{lE}/2\times 2 \tag{4-3}$$

上面各式仅适用于剪力墙水平分布筋在转角暗柱内搭接的情况，剪力墙水平分布筋是否连续通过，要看转角两侧剪力墙水平分布筋配置是否一致，如果一致，应连续通过；否则，应在转角暗柱内搭接。

带翼墙的剪力墙水平分布筋长度＝剪力墙长度－2c＋15d×2 （4-4）

带端柱的剪力墙水平分布筋长度＝剪力墙身长度＋端柱尺寸×2－2c＋15d×2 （4-5）

（2）水平分布筋根数计算公式如下。

当墙插筋在基础内侧面保护层厚度≥5d 时：

基础范围内剪力墙水平分布筋根数＝[(h_j－c－2d－100)/500＋1]×排数 （4-6）

当墙插筋在基础内侧面保护层厚度<5d 时：

基础范围内剪力墙水平分布筋根数＝[(h_j－c－2d－100)/min(5d,100)＋1]×排数 （4-7）

中间各层以及顶层剪力墙水平分布筋根数＝[(层高－50)/间距＋1]×排数 （4-8）

（3）拉筋计算公式如下。

拉筋根数＝[(墙净长－竖向插筋间距×2)/拉筋间距＋1]×基础水平分布筋排数 （4-9）

2）剪力墙墙身竖向钢筋计算

为了表述方便，可以根据竖向分布筋连接点的位置将剪力墙墙身竖向钢筋区分为低位筋和高位筋。

（1）基础插筋钢筋量计算公式如下。

低位插筋长度＝插筋锚固长度＋基础插筋非连接区长度(包含搭接长度 1.2l_{aE}) （4-10）

高位插筋长度＝插筋锚固长度＋基础插筋非连接区长度＋错开长度(包含搭接长度 1.2l_{aE}) （4-11）

锚固长度按如下情况取值。

当 $h_j>l_{aE}(l_a)$时：

插筋基础内锚固长度＝(h_j－c－2d)＋6d （4-12）

当 $h_j\leqslant l_{aE}(l_a)$时：

插筋基础内锚固长度＝(h_j－c－2d)＋15d （4-13）

式中：c——基础底层钢筋保护层厚度；

d——基础底层钢筋直径。

（2）首层及中间层竖向分布筋计算公式如下。

钢筋长度＝本层层高本层非连接区长度＋上层非连接区长度(包含搭接长度 1.2l_{aE}) （4-14）

非连接区长度：当采用绑扎搭接时，一、二级抗震等级剪力墙底部加强部位，低位筋可在基础顶面和楼板顶面进行搭接，搭接长度不应小于 $1.2l_{aE}$，高位筋与低位筋错开 500mm 进行搭接。一、二级抗震等级剪力墙非底部加强部位，三、四级抗震等级非抗震剪力墙，高、低位筋均可在基础顶面和楼板顶面进行搭接；当采用机械连接时，低位筋非连接区长度为 500mm，高位筋非连接区长度为（$35d+500$）；当采用焊接连接时，低位筋非连接区长度为 500mm，高位筋非连接区长度为[max(35d,500)+500]。

3）变截面处竖向分布筋计算

（1）当上、下层剪力墙竖向分布筋截断后分别锚固时，下层剪力墙竖向分布筋伸到板顶（留保护层），然后水平弯折 $12d$，如上层剪力墙竖向分布筋伸入下层剪力墙内，从板顶算起 $1.2l_{aE}$。

$$下层剪力墙竖向分布筋长度=下层层高+下层非连接区长度-c+12d（包含搭接长度 1.2l_{aE}） \tag{4-15}$$

$$上层剪力墙竖向分布筋长度=上层层高+上层非连接区长度+1.2l_{aE}（包含搭接长度 2\times1.2l_{aE}） \tag{4-16}$$

（2）当上、下层剪力墙竖向分布筋连续通过变截面处，即下层剪力墙竖向分布筋略向内侧倾斜通过节点，可忽略因变截面产生钢筋长度差值，钢筋长度计算方法同中间层钢筋长度。

4）顶层竖向分布筋计算

当顶层剪力墙无边框梁时：

$$顶层剪力墙竖向分布筋长度=层高-当前层非连接区段长度+12d+（梁高-保护层） \tag{4-17}$$

当顶层剪力墙有边框梁时：

$$顶层剪力墙竖向分布筋长度=层高-当前层非连接区段长度-边框梁高+l_{aE} \tag{4-18}$$

5）竖向分布筋根数计算

$$竖向分布筋根数=[（剪力墙净长-2\times竖向分布筋间距）/竖向分布筋间距+1]\times排数 \tag{4-19}$$

4.3.2 剪力墙边缘构件配筋构造及钢筋算量

1. 剪力墙约束边缘构件

剪力墙约束边缘构件（以“Y”开头）包括约束边缘暗柱、约束边缘端柱、约束边缘翼墙、约束边缘转角墙四种，如图 4-27 所示。

图 4-27(a)～(d)的左图——非阴影区设置拉筋：非阴影区的配筋特点为加密拉筋，普通墙身的拉筋是“隔一拉一”或“隔二拉一”，而这个非阴影区中每个竖向分布筋都设置拉筋。

图 4-27(a)～(d)的右图——非阴影区设置封闭箍筋：当非阴影区设置外围封闭箍筋时，该封闭箍筋伸入阴影区内一倍纵向钢筋间距，并箍住该纵向钢筋。封闭箍筋内设置拉筋，拉筋应同时钩住竖向钢筋和外封闭箍筋。

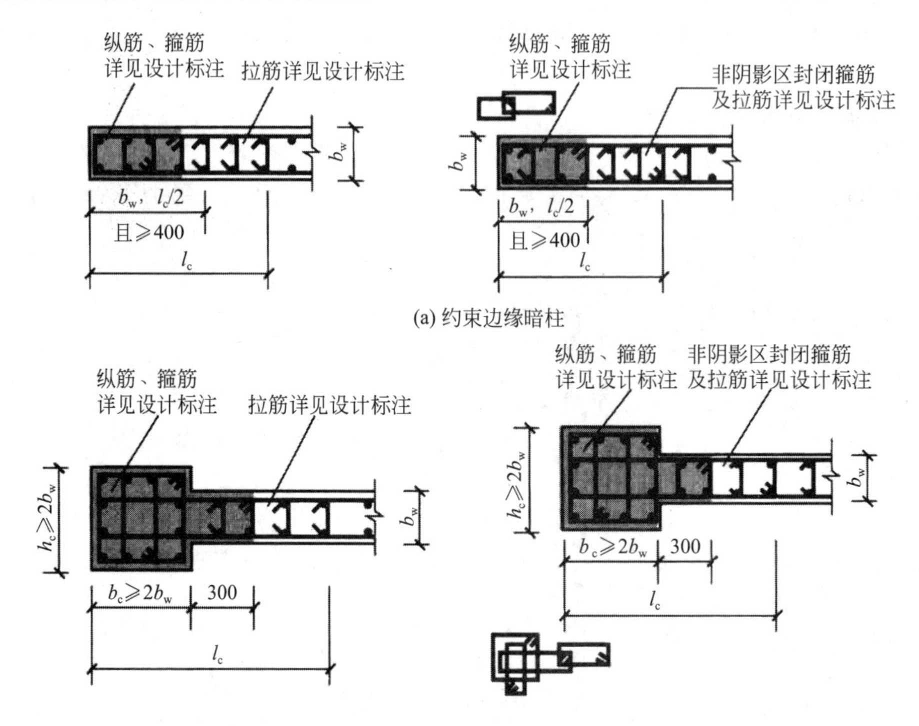

(b) 约束边缘端柱

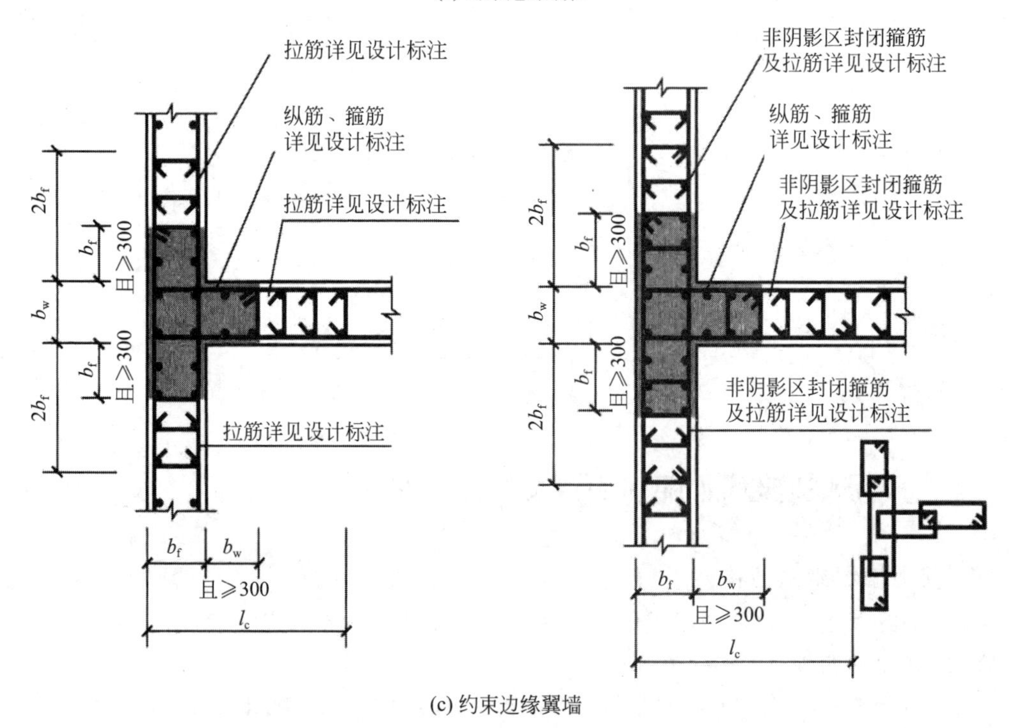

(c) 约束边缘翼墙

图 4-27 约束边缘构件

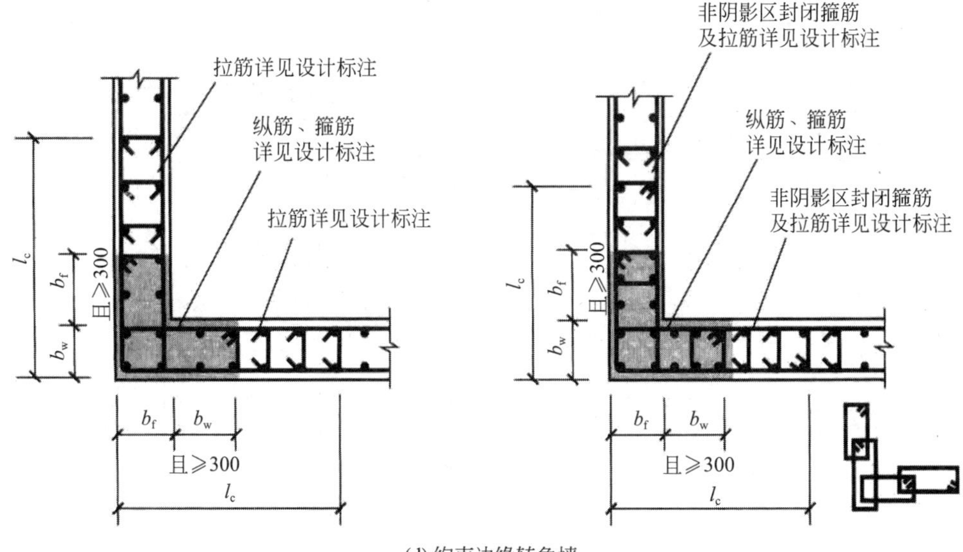

(d) 约束边缘转角墙

图　4-27(续)

b_w—墙肢截面宽度；l_c—约束边缘构件沿墙肢的长度；b_c—端柱宽度；
h_c—端柱高度；b_f—约束边缘翼墙截面宽度

非阴影区外围是设置封闭箍筋还是由剪力墙水平分布筋替代，具体方案由设计人员确定。其中，从约束边缘端柱的构造图中可以看出，阴影部分(即配箍区域)不但包括矩形柱的部分，而且伸出一段翼缘，当设计上没有定义约束边缘端柱的翼缘长度时，可以把端柱翼缘净长度定义为 300mm；而当设计上有明确的端柱翼缘长度标注时，就应按设计要求来处理。

2. 剪力墙水平分布钢筋计入约束边缘构件体积配箍率的构造

体积配箍率(ρ_v)是指箍筋体积与相应的混凝土构件体积的比率，体现了柱端加密区箍筋对混凝土的约束作用。计算体积配箍率时，墙身水平分布钢筋也应按其面积计入，因为约束边缘构件本身是有箍筋的，这里是要求按两种钢筋的总面积计算体积配箍率。

采用剪力墙水平分布筋计入约束边缘构件体积配箍率的构造做法，应由设计人员指定后使用。剪力墙水平分布钢筋计入约束边缘构件体积配箍率的构造做法如图 4-28 所示。

约束边缘阴影区的构造特点为水平分布筋和暗柱箍筋“分层间隔”布置，即铺一层水平分布筋、一层箍筋，再铺一层水平分布筋、一层箍筋……以此类推。计入的墙水平分布钢筋的体积配箍率不应大于总体积配箍率的 30%。

约束边缘非阴影区构造做法同上。

3. 剪力墙构造边缘构件

如图 4-29 所示，剪力墙构造边缘构件(以“G”开头)包括构造边缘暗柱、构造边缘端柱、构造边缘翼墙、构造边缘转角墙四种，图中括号内数字用于高层建筑。

图 4-29(a)：构造边缘暗柱的长度不小于墙厚，且不小于 400mm。暗柱的第二种和第三种构造做法用于非底部加强部位，当构造边缘构件内箍筋、拉筋位置(标高)与墙体水平分布筋相同时采用。此构造做法应由设计者指定后使用。计入的墙水平分布钢筋不应大于边缘构件箍筋总体积(含箍筋、拉筋以及符合构造要求的水平分布钢筋)的 50%。

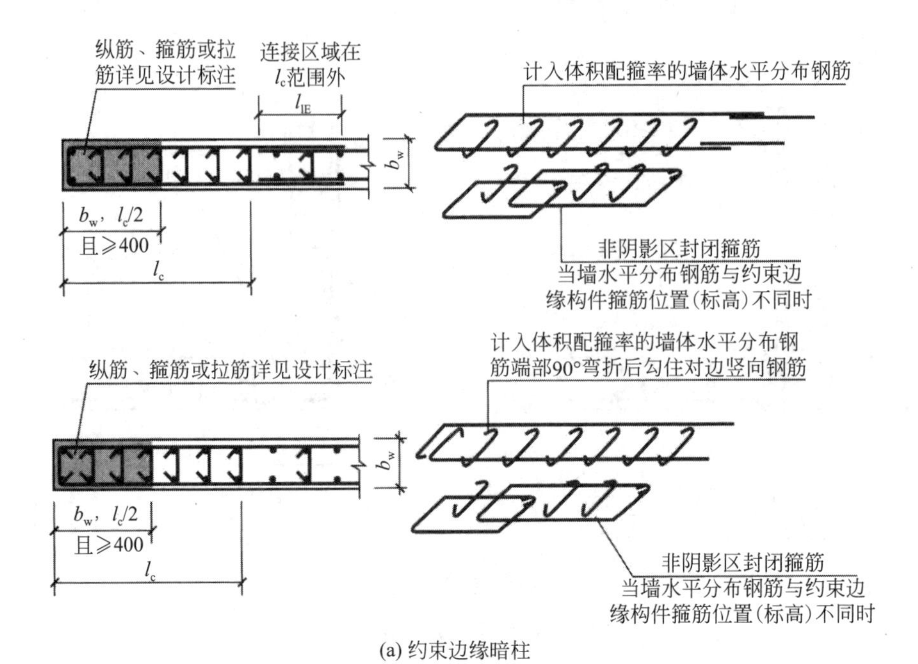

(a) 约束边缘暗柱

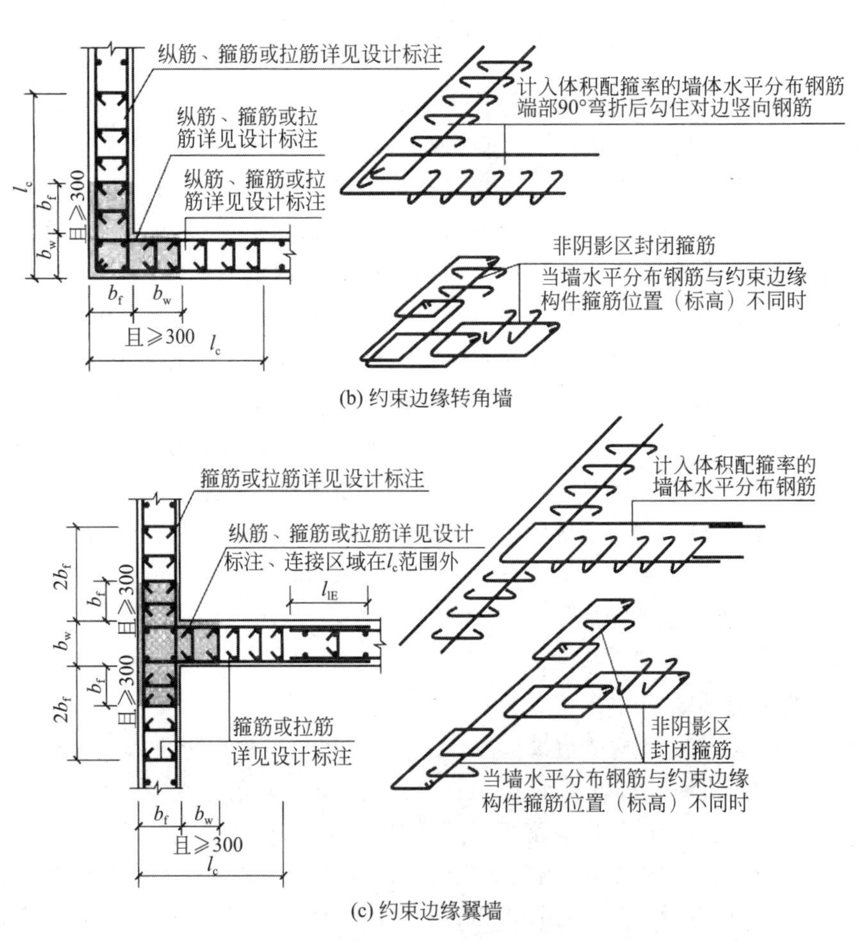

(b) 约束边缘转角墙

(c) 约束边缘翼墙

图 4-28　剪力墙水平分布钢筋计入约束边缘构件体积配箍率的构造做法

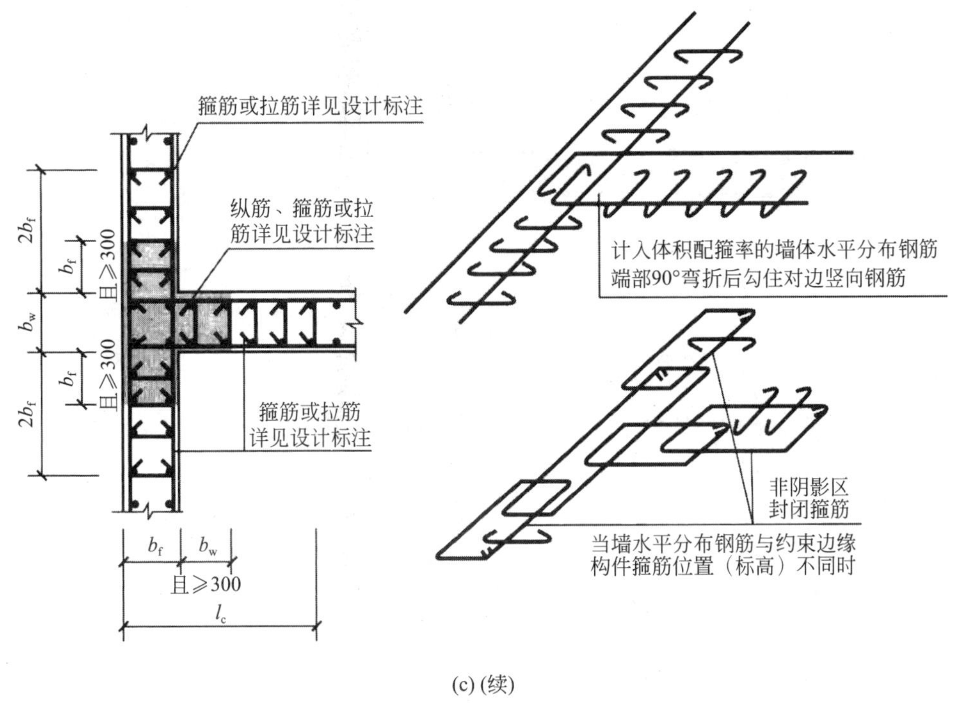

(c)(续)

图 4-28(续)

b_w—墙肢截面宽度；l_c—约束边缘构件沿墙胀的长度；l_{lE}—纵向受拉钢筋抗震搭接长度；
b_f—约束边缘翼墙截面宽度

图 4-29(b)：构造边缘端柱仅在矩形柱范围内布置纵筋和箍筋，其箍筋布置为复合箍筋。需要注意的是，端柱断面图中未规定端柱伸出的翼缘长度，也没有在伸出的翼缘上布置箍筋，但不能因此断定构造边缘端柱就一定没有翼缘。

图 4-29(c)：构造边缘翼墙的长度≥墙厚≥邻边墙厚，且不小于 400mm。

图 4-29(d)：构造边缘转角墙每边长度为邻边墙厚与 200(或 300)之和，并不小于 400mm。

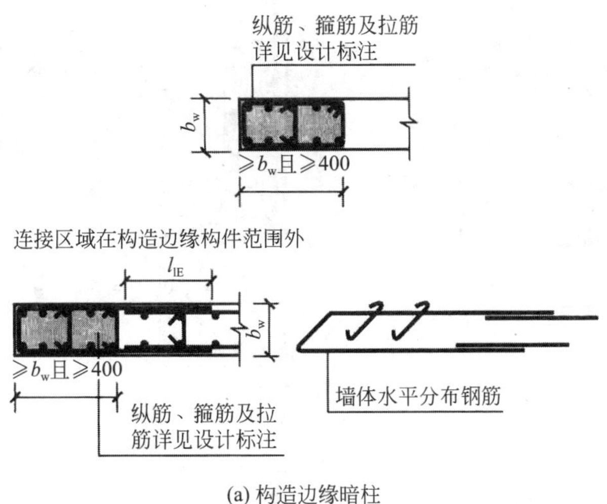

(a) 构造边缘暗柱

图 4-29 剪力墙构造边缘构件

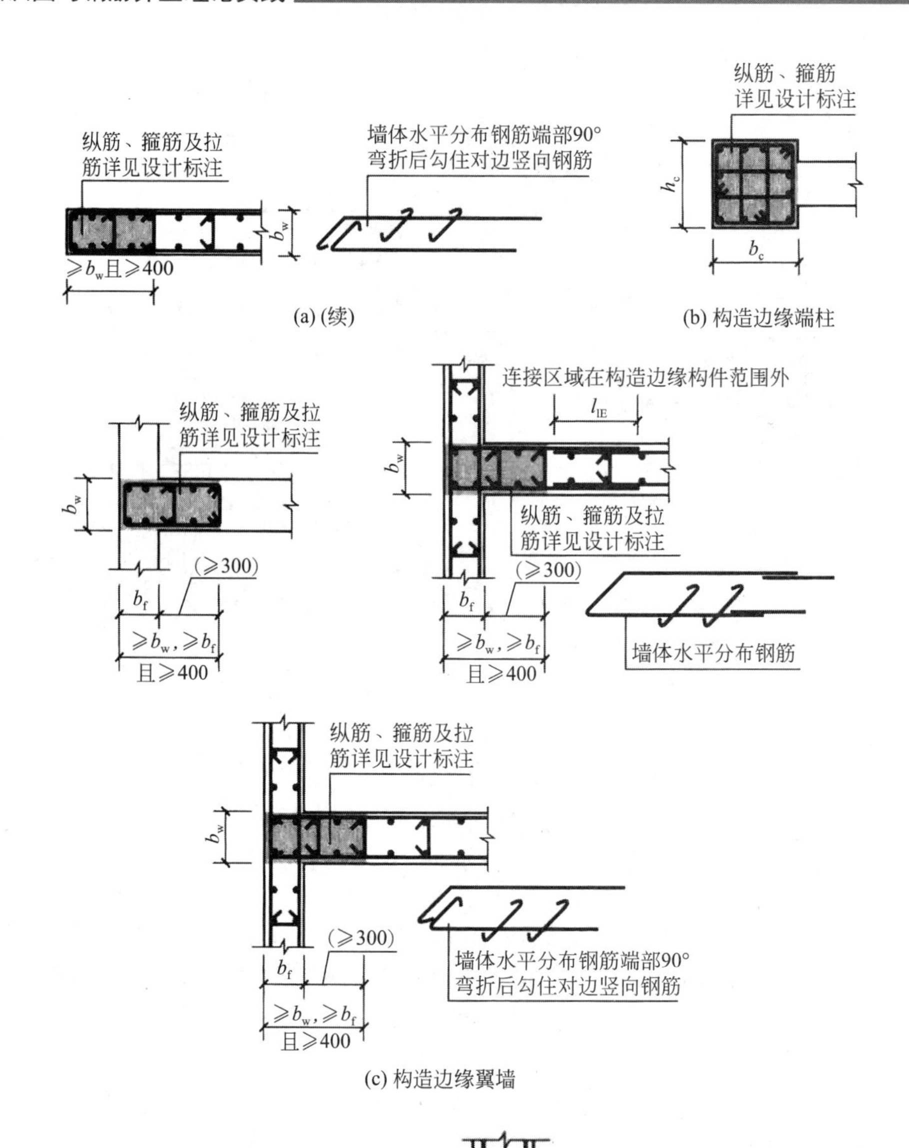

(a) (续)

(b) 构造边缘端柱

(c) 构造边缘翼墙

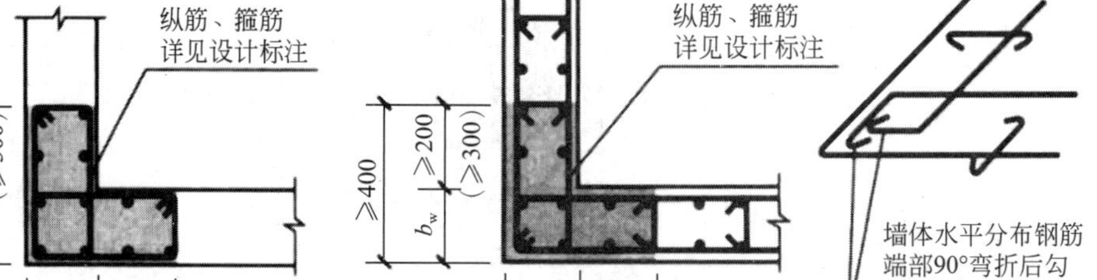

(d) 构造边缘转角墙

图 4-29(续)

b_w—暗柱翼板墙厚度；l_{lE}—纵向受拉钢筋抗震搭接长度；b_c—端柱宽度；h_c—端柱高度；b_f—剪力墙厚度

4. 剪力墙边缘构件纵向钢筋连接构造

剪力墙边缘构件纵向钢筋连接构造如图 4-30 所示。

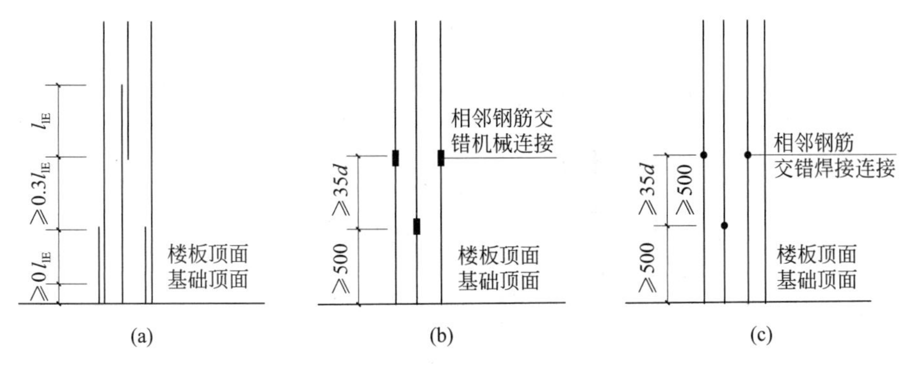

图 4-30　剪力墙边缘构件纵向钢筋连接构造

图 4-30(a)：当采用绑扎搭接时，相邻钢筋交错搭接，搭接的长度不小于 l_{lE}，错开距离不小于 $0.3l_{lE}$。钢筋与楼板(基础)顶面的距离≥0。

图 4-30(b)：当采用机械连接时，纵向钢筋机械连接接头错开 $35d$；机械连接的连接点距离结构层顶面(基础顶面)或底面不小于 500mm。

图 4-30(c)：当采用焊接连接时，纵向钢筋焊接连接接头错开 $35d$，且不小于 500mm；焊接连接的连接点距离结构层顶面(基础顶面)或底面不小于 500mm。

5. 边缘构件纵向钢筋在基础中的构造

边缘构件纵向钢筋在基础中的构造，根据纵向钢筋在基础侧面的保护层厚度和基础厚度是否大于 l_{aE}，分为以下四种情况。

(1) 当保护层厚度大于 $5d$，且基础高度满足直锚要求 $h_j \geqslant l_{aE}$ 时，边缘构件角部纵筋伸至基础板底部，支承在底板钢筋网片上，也可支承在筏形基础的中间层钢筋网片上，并弯折 max$(6d, 150)$。基础设置箍筋间距不大于 500mm，且不少于 2 道矩形封闭箍。如图 4-31(a)所示。

图 4-31(a)中角部纵筋含义，是指图 4-31(b)中的边缘构件阴影区角部纵筋，图 4-31(1)～(4)中所示的箍筋为在基础高度范围内采用的箍筋形式。伸至钢筋网上边缘构件角部纵筋之间的间距不应大于 500mm，不满足该条件时，应将边缘构件其他纵筋伸至钢筋网上。

(2) 当保护层厚度大于 $5d$，且基础高度 $h_j < l_{aE}$ 时，边缘构件所有纵筋伸至基础板底部，支承在底板钢筋网片上，并弯折 $15d$，纵筋在基础内的平直段长度应满足不小于 $0.6l_{abE}$ 且不小于 $20d$ 的要求。基础设置箍筋间距不大于 500，且不少于 2 道矩形封闭箍，如图 4-31(c)所示。

(3) 当保护层厚度 $\leqslant 5d$，且基础高度满足直锚要求 $h_j \geqslant l_{aE}$ 时，边缘构件所有纵筋伸至基础板底部，支承在底板钢筋网片上，并弯折 max$(6d, 150)$。锚固区横向箍筋直径不小于 $d/4$(d 为纵筋最大直径)，间距为 min$(5d, 100\text{mm})$，d 为纵筋最小直径。如图 4-31(d)所示。

(4) 当保护层厚度 $\leqslant 5d$，且基础高度 $h_j < l_{aE}$ 时，边缘构件所有纵筋伸至基础板底部，支承在底板钢筋网片上，并弯折 $15d$。纵筋在基础内的平直段长度应满足不小于 $0.6l_{abE}$ 且不小于 $20d$ 的要求。锚固区横向箍筋直径不小于 $d/4$(d 为纵筋最大直径)，间距为 min$(5d, 100\text{mm})$，d 为纵筋最小直径。如图 4-31(e)所示。

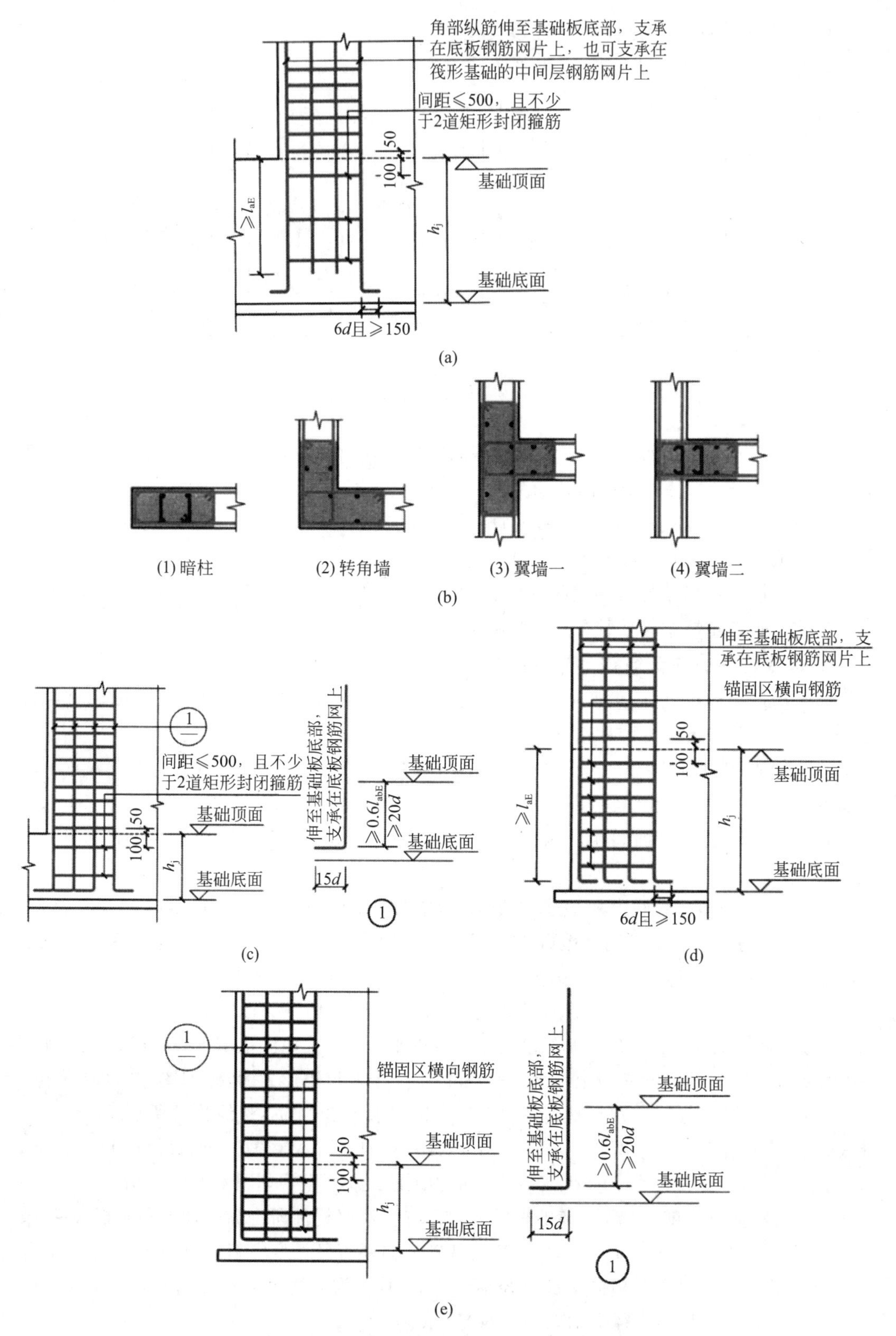

图 4-31 边缘构件纵向钢筋在基础中的构造

6. 剪力墙柱钢筋算量

在剪力墙边缘构件中，剪力墙端柱纵筋计算与框架柱相同。剪力墙暗柱纵筋采用机械连接或焊接连接时，纵筋计算与剪力墙竖向分布钢筋计算完全相同，采用搭接连接时，非连接区长度和搭接长度与剪力墙竖向分布钢筋不同。

1）基础层插筋计算

墙柱基础插筋如图 4-32 和图 4-33 所示，计算方法如下。

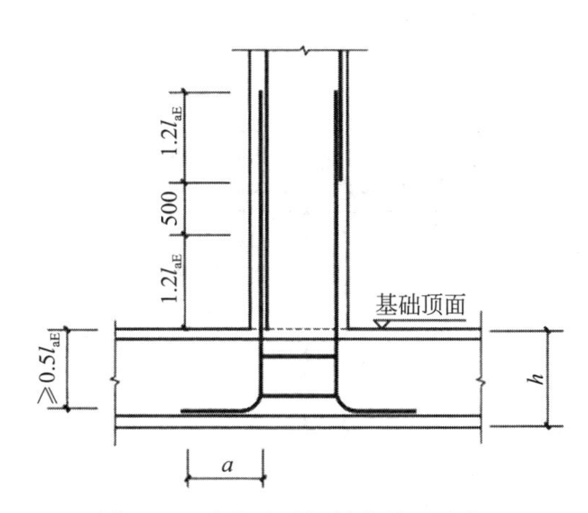

图 4-32 暗柱基础插筋绑扎连接构造

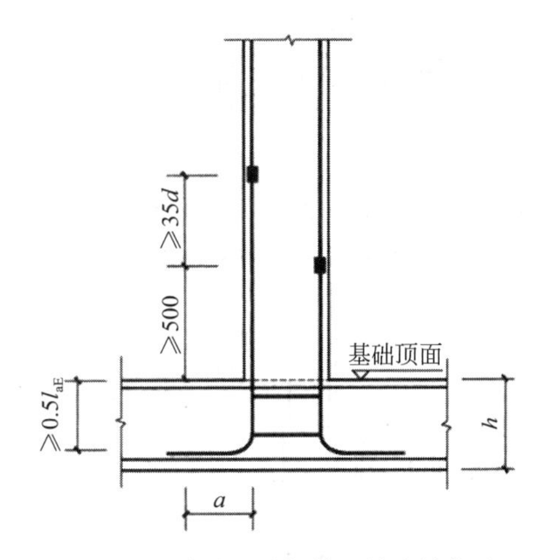

图 4-33 暗柱基础插筋机械连接构造

$$\text{插筋长度}=\text{插筋锚固长度}+\text{基础外露长度} \tag{4-20}$$

2）中间层纵筋计算

中间层纵筋如图 4-34 和图 4-35 所示，计算方法如下。

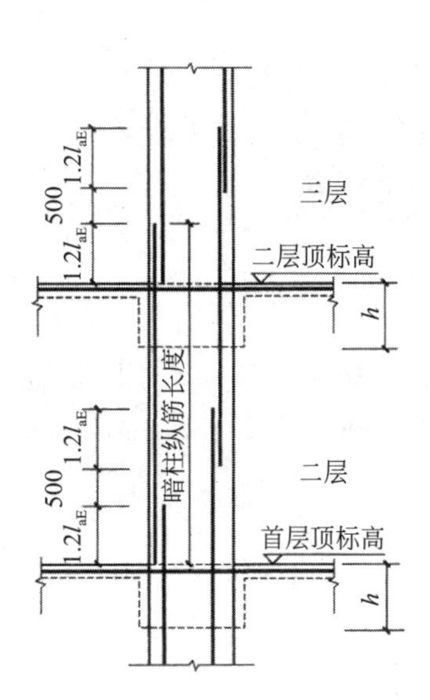

图 4-34 暗柱中间层纵筋绑扎连接构造

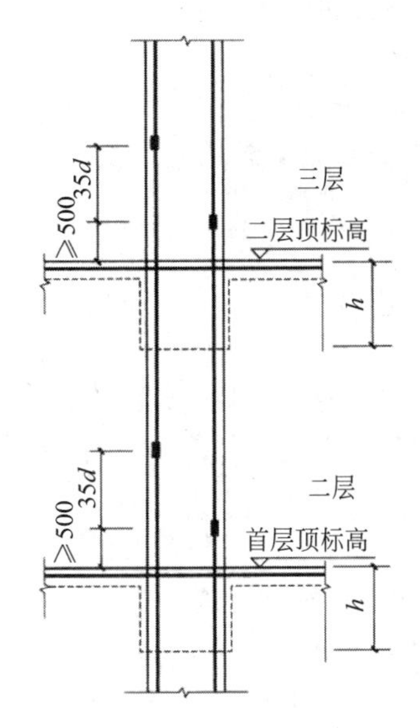

图 4-35 暗柱中间层纵筋机械连接构造

绑扎连接时：

$$纵筋长度=中间层层高+1.2l_{aE} \tag{4-21}$$

机械连接时：

$$纵筋长度=中间层层高 \tag{4-22}$$

3）顶层纵筋计算

顶层纵筋如图4-36和图4-37所示，计算方法如下。

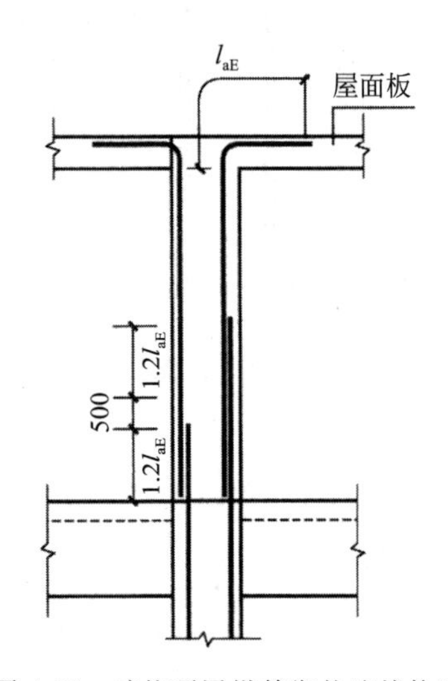

图4-36　暗柱顶层纵筋绑扎连接构造

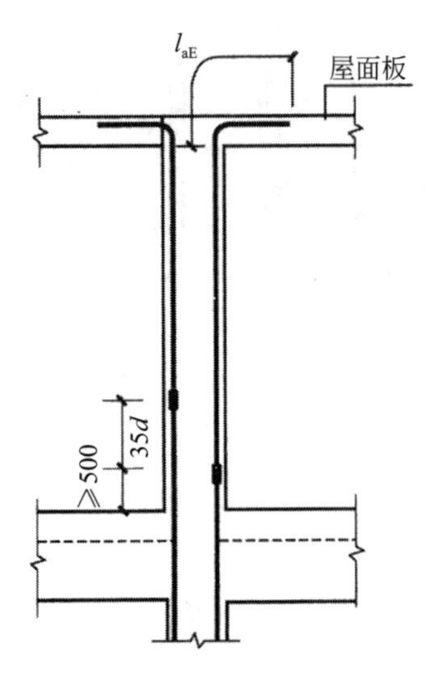

图4-37　柱顶层纵筋机械连接构造

绑扎连接时：

$$与短筋连接的钢筋长度=顶层层高-顶层板厚+顶层锚固总长度\ l_{aE} \tag{4-23}$$

$$与长筋连接的钢筋长度=顶层层高-顶层板厚-(1.2l_{aE}+500)+顶层锚固总长度\ l_{aE} \tag{4-24}$$

机械连接时：

$$与短筋连接的钢筋长度=顶层层高-顶层板厚-500+顶层锚固总长度\ l_{aE} \tag{4-25}$$

$$与长筋连接的钢筋长度=顶层层高-顶层板厚-500-35d+顶层锚固总长度\ l_{aE} \tag{4-26}$$

4）变截面纵筋计算

当墙柱采用绑扎连接接头时，其锚固形式如图4-38所示。

(1) 一边截断的计算公式如下。

$$长纵筋长度=层高-保护层厚度+弯折(墙厚-2\times保护层厚度) \tag{4-27}$$

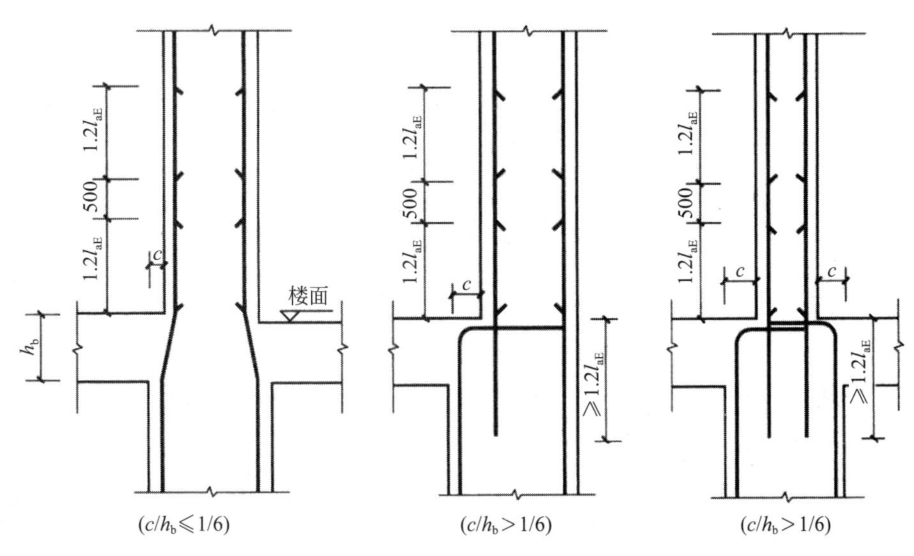

图 4-38　变截面纵筋绑扎连接构造

$$短纵筋长度=层高-保护层厚度-1.2l_{aE}-500+弯折(墙厚-2\times保护层厚度) \tag{4-28}$$

仅墙柱的一侧插筋，数量为墙柱钢筋数量的一半。

$$长插筋长度=1.2l_{aE}+2.4l_{aE}+500 \tag{4-29}$$

$$短插筋长度=1.2l_{aE}+1.2l_{aE} \tag{4-30}$$

（2）两边截断的计算公式如下。

$$长纵筋长度=层高-保护层厚度+弯折(墙厚-c-2\times保护层厚度) \tag{4-31}$$

$$短纵筋长度=层高-保护层厚度-1.2l_{aE}-500+弯折(墙厚-c-2\times保护层厚度) \tag{4-32}$$

上层墙柱全部插筋：

$$长插筋长度=1.2l_{aE}+2.4l_{aE}+500 \tag{4-33}$$

$$短插筋长度=1.2l_{aE}+1.2l_{aE} \tag{4-34}$$

$$变截面层箍筋根数=(2.4l_{aE}+500)/\min(5d,100)+1+(层高-2.4l_{aE}-500)/箍筋间距 \tag{4-35}$$

$$变截面层拉筋数量=变截面层箍筋数量\times拉筋水平排数 \tag{4-36}$$

5）剪力墙柱箍筋计算

（1）基础插筋箍筋根数的计算公式如下。

$$根数=(基础高度-基础保护层厚度)/500+1 \tag{4-37}$$

（2）底层、中间层、顶层箍筋根数的计算公式如下。

绑扎连接时：

$$根数=(2.4l_{aE}+500-50)/加密间距+(层高-搭接范围)/间距+1 \quad (4\text{-}38)$$

机械连接时：

$$根数=(层高-50)/箍筋间距+1 \quad (4\text{-}39)$$

6）拉筋计算

（1）基础拉筋根数的计算公式如下。

$$根数=[(基础高度-基础保护层厚)/500+1)]\times 每排拉筋根数 \quad (4\text{-}40)$$

（2）底层、中间层、顶层拉筋根数的计算公式如下。

$$根数=[(层高-50)/间距+1]\times 每排拉筋根数 \quad (4\text{-}41)$$

4.3.3 剪力墙墙梁配筋构造及钢筋算量

1. 剪力墙连梁配筋构造

连梁 LL 配筋构造分为三种情况，如图 4-39 所示。

（1）小墙垛处洞口连梁（端部墙肢较短）。当洞口两侧水平段长度不能满足连梁纵筋直锚长度≥max(l_{aE},600mm)的要求时，可采用弯锚形式，连梁纵筋伸至墙外侧纵筋内侧弯锚，竖向弯折长度为 15d（d 为连梁纵筋直径）。

（2）单洞口连梁（单跨）。连梁纵筋在洞口两端支座的直锚长度为 l_{aE} 且≥600mm。

（3）双洞口连梁（双跨）。当两洞口的洞间墙长度不能满足两侧连梁纵筋直锚长度 min(l_{aE},1200mm)的要求时，可采用双洞口连梁。其构造要求为：连梁上部、下部、侧面纵筋连续通过洞间墙，上、下部纵筋锚入剪力墙内的长度要求为 max(l_{aE}，600m)。

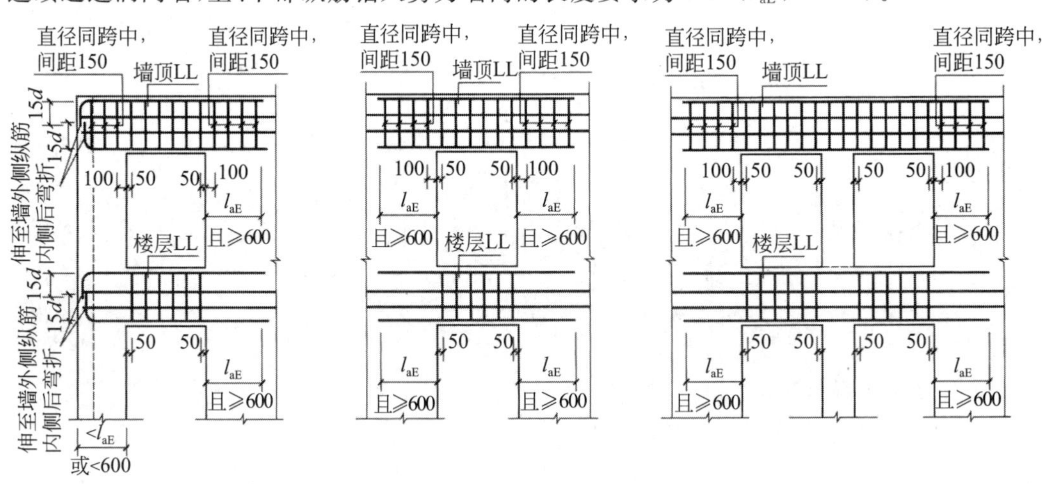

图 4-39 连梁 LL 配筋构造

D—钢筋直径；l_{aE}—受拉钢筋抗震锚固长度

2. 剪力墙连梁、暗梁、边框梁侧面纵筋和拉筋构造

剪力墙连梁 LL、暗梁 AL、边框梁 BKL 侧面纵筋和拉筋构造如图 4-40 所示。

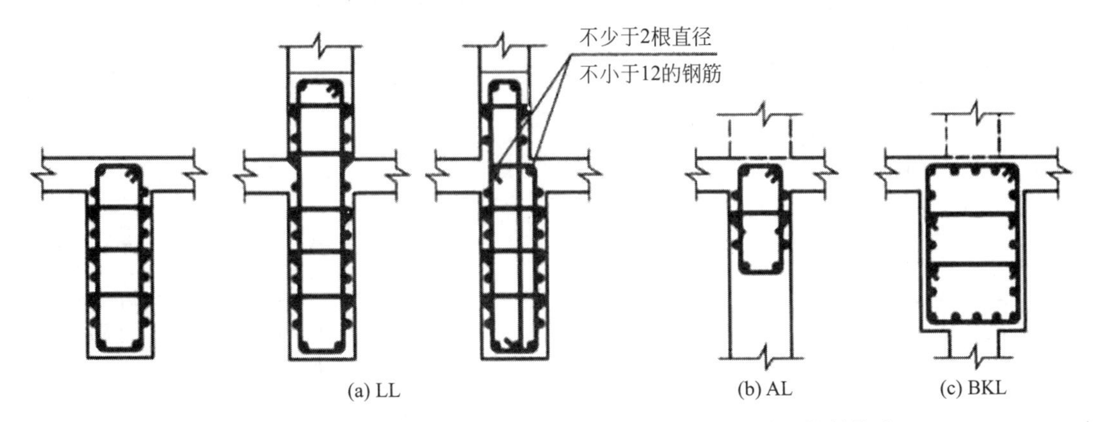

图 4-40　剪力墙连梁 LL、暗梁 AL、边框梁 BKL 侧面纵筋和拉筋构造

(1) 剪力墙的竖向钢筋应连续穿越边框梁和暗梁。

(2) 若墙梁纵筋不标注，则表示墙身水平分布筋可伸入墙梁侧面作为其侧面纵筋使用。当连梁的侧面纵向钢筋单独设置时，侧面纵向钢筋沿连梁高度方向均匀布置。

(3) 当设计未注明连梁、暗梁和边框梁的拉筋时，应按下列规定取值：当梁宽不大于350mm 时，拉筋直径为 6mm，梁宽大于 350mm 时，拉筋直径为 8mm；拉筋间距为两倍箍筋间距，竖向沿侧面水平筋“隔一拉一”。

3. 剪力墙边框梁或暗梁与连梁重叠钢筋构造

暗梁或边框梁和连梁重叠的特点一般是两个梁顶标高相同，而暗梁的截面高度小于连梁，所以连梁的下部纵筋在连梁内部穿过。因此，搭接时，主要应关注暗梁或边框梁与连梁上部纵筋的处理方式。

顶层边框梁或暗梁与连梁重叠时配筋构造如图 4-41 所示，楼层边框梁或暗梁与连梁重叠时配筋构造如图 4-42 所示。

从 1—1 断面图可以看出重叠部分的梁上部纵筋的布置情况。

(1) 第一排上部纵筋为 BKL 或 AL 的上部纵筋。

(2) 第二排上部纵筋为“连梁上部附加纵筋，当连梁上部纵筋计算面积大于边框梁或暗梁时需设置”。

(3) 连梁上部附加纵筋、连梁下部纵筋的直锚长度为 l_{aE}，且不小于 600mm。

以上是 BKL 或 AL 的纵筋与 LL 纵筋的构造。由于 LL 的截面宽度与 AL 相同(LL 的截面高度大于 AL)，所以重叠部分的 LL 箍筋兼作 AL 箍筋。但是 BKL 的截面宽度大于 LL，所以 BKL 与 LL 的箍筋是各布各的，互不相干。

4. 剪墙连梁 LLK 纵向钢筋、箍筋加密区构造

剪力墙连梁 LLK 纵向配筋构造如图 4-43 所示，箍筋加密区构造如图 4-44 所示。

(1) 箍筋加密范围。一级抗震等级时，加密区长度为 max($2h_b$,500mm)。二至四级抗震等级时，加密区长度为 max($2h_b$,500mm)。其中，h_b 为梁截面高度。

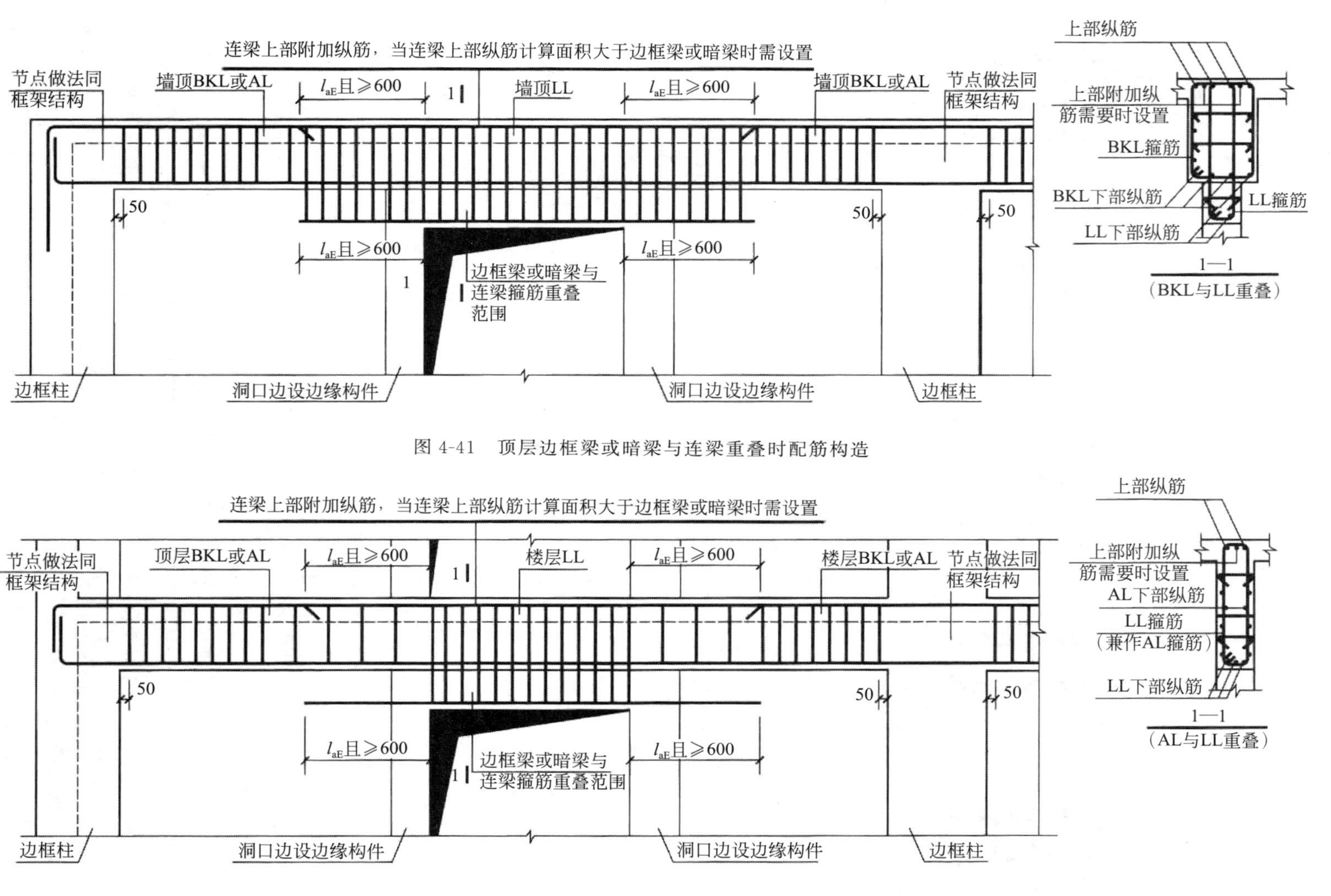

图 4-41 顶层边框梁或暗梁与连梁重叠时配筋构造

图 4-42 楼层边框梁或暗梁与连梁重叠时配筋构造

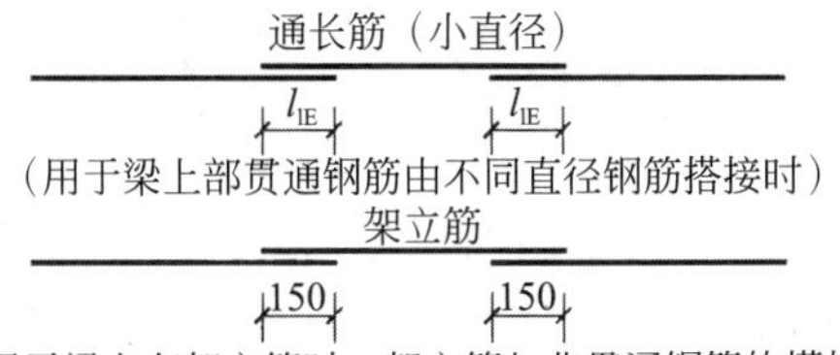

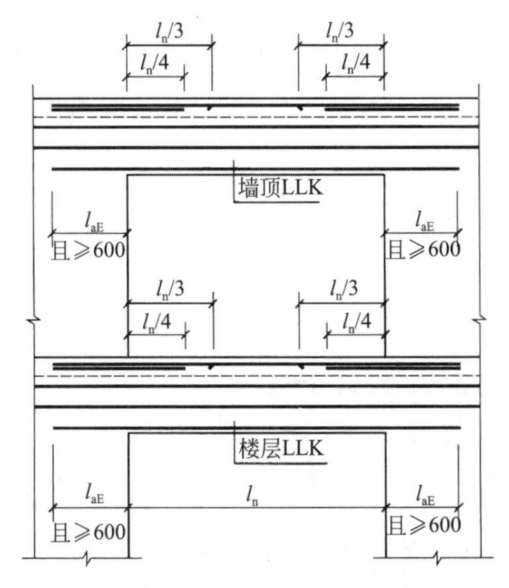

图 4-43　剪力墙连梁 LLK 纵向配筋构造

l_{lE}—纵向受拉钢筋抗震搭接长度；l_{aE}—受拉钢筋抗震锚固长度；l_n—净跨长度

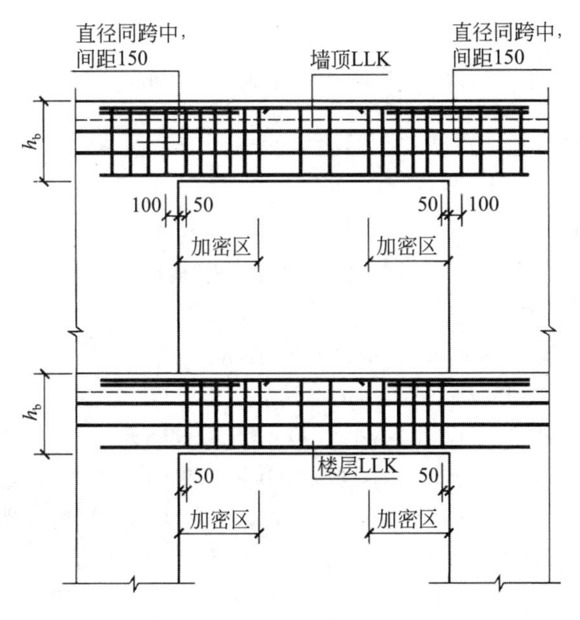

图 4-44　剪力墙连梁 LLK 箍筋加密区构造

h_b—梁截面高度

（2）梁上部通长钢筋与非贯通钢筋直径相同时，连接位置宜位于跨中 $l_n/3$ 范围内；梁下部钢筋连接位置宜位于支座 $l_n/3$ 范围内；且在同一连接区段内钢筋接头面积百分率不宜大于 50%。

（3）当梁纵筋（不包括架立筋）采用绑扎搭接接长时，搭接区内箍筋直径不小于 $d/4$（d 为搭接钢筋最大直径），间距不应大于 100mm 及 $5d$（d 为搭接钢筋最小直径）。

5. 连梁交叉斜筋配筋构造

当洞口连梁截面宽度不小于 250mm 时，连梁中应根据具体条件设置斜向交叉斜筋配筋，如图 4-45 所示。斜向交叉钢筋锚入连梁支座内的锚固长度不应小于 max（l_{aE}，600mm）；交叉斜筋配筋连梁的对角斜筋在梁端部应设置拉筋，具体值见设计标注。

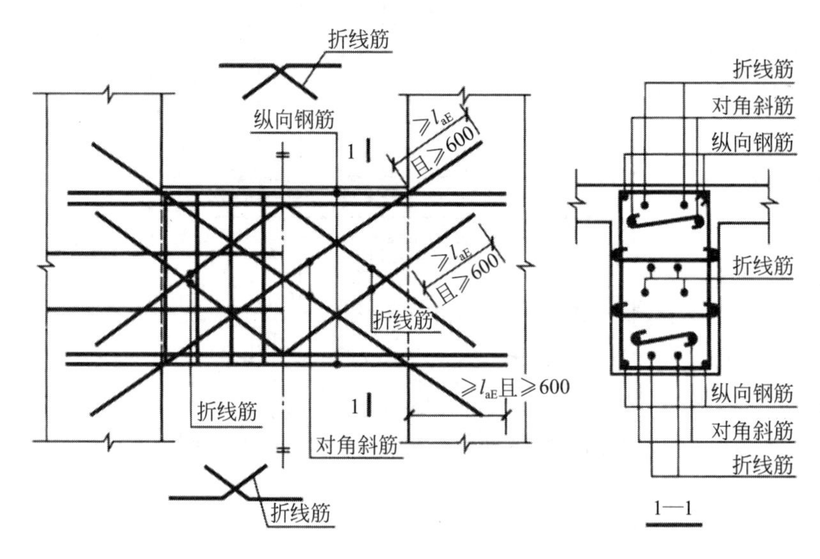

图 4-45 连梁交叉斜筋配筋构造

交叉斜筋配筋连梁的水平钢筋及箍筋形成的钢筋网之间应采用拉筋拉结，拉筋直径不宜小于 6mm，间距不宜大于 400mm。

6. 连梁对角配筋构造

当连梁截面宽度不小于 400mm 时，连梁中应根据具体条件设置集中对角斜筋配筋或对角暗撑配筋，如图 4-46 所示。

集中对角斜筋配筋连梁构造如图 4-46(a)所示，应在梁截面内沿水平方向及竖直方向设置双向拉筋，拉筋应勾住外侧纵向钢筋，间距不应大于 200mm，直径不应小于 8mm。集中对角斜筋锚入连梁支座内的锚固长度不小于 max(l_{aE}，600mm)。

对角暗撑配筋连梁构造如图 4-46(b)所示，其箍筋的外边缘沿梁截面宽度方向不宜小于连梁截面宽度的 1/2，另一方向不宜小于 1/5；对角暗撑约束箍筋肢距不应大于 350mm。当为抗震设计时，暗撑箍筋在连梁支座位置 600mm 范围内进行箍筋加密；对角交叉暗撑纵筋锚入连梁支座内的锚固长度不小于 max(l_{aE}，600mm)。其水平钢筋及箍筋形成的钢筋网之间应采用拉筋拉结，拉筋直径不宜小于 6mm，间距不宜大于 400mm。

7. 剪力墙梁钢筋计算

剪力墙梁包括连梁、暗梁和边框梁，剪力墙梁中的钢筋类型有纵筋、箍筋、侧面钢筋、拉

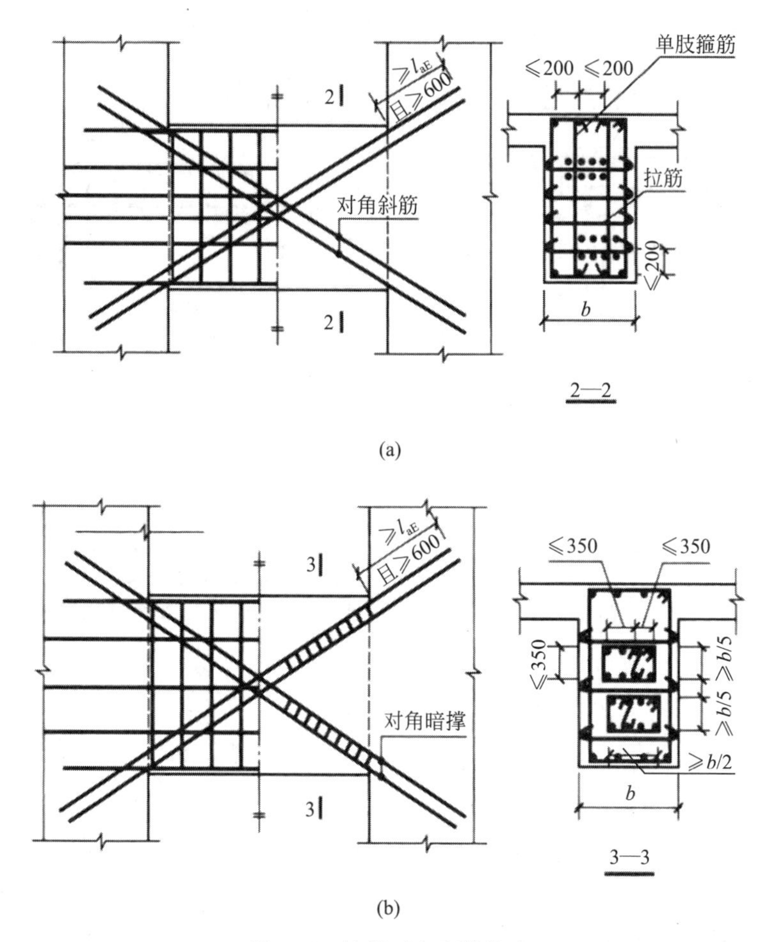

图 4-46 连梁对角配筋构造

筋等。连梁纵筋长度需要考虑洞口宽度、纵筋的锚固长度等因素；箍筋需考虑连梁的截面尺寸、布置范围等因素。暗梁和边框梁纵筋长度需考虑其设置范围和锚固长度等因素。箍筋需考虑截面尺寸、布置范围等因素。暗梁和边框梁纵筋长度计算方法与剪力墙身水平分布钢筋基本相同，箍筋的计算方法和普通框架梁相同。因此，本小节以连梁为例介绍其纵筋、箍筋的相关计算方法。

根据洞口的位置和洞间墙尺寸以及锚固要求，剪力墙连梁有单洞口和双洞口连梁，根据连梁的楼层与顶层的构造措施和锚固要求不同，连梁有中间层连梁与顶层连梁。根据以上分类，剪力墙连梁钢筋计算分以下几部分。

1）剪力墙端部单洞口连梁钢筋计算

剪力墙端部单洞口连梁如图 4-47 和图 4-48 所示。

（1）中间层钢筋计算

连梁纵筋长度＝左锚固长度＋洞口长度＋右锚固长度

＝(支座宽－保护层厚度＋$15d$)＋洞口长度＋$\max(l_{aE},600)$　(4-42)

箍筋根数＝(洞口宽度－2×50)/间距＋1　(4-43)

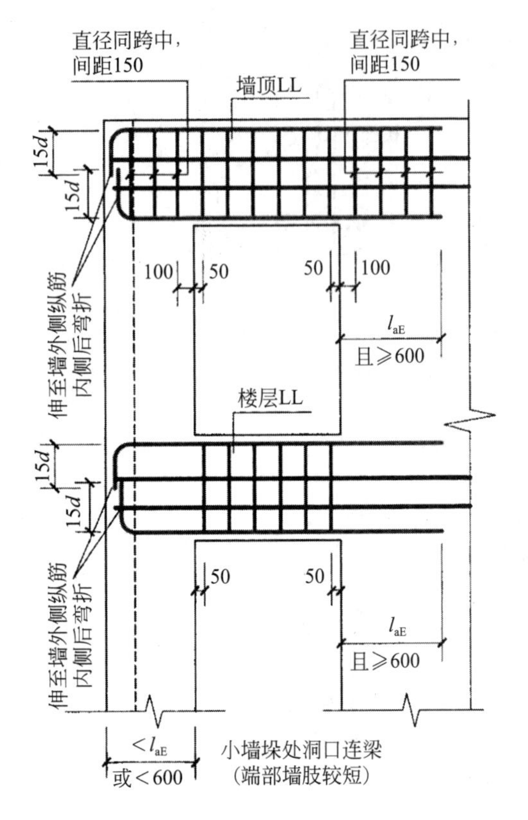

图 4-47 剪力墙端部单洞口连梁

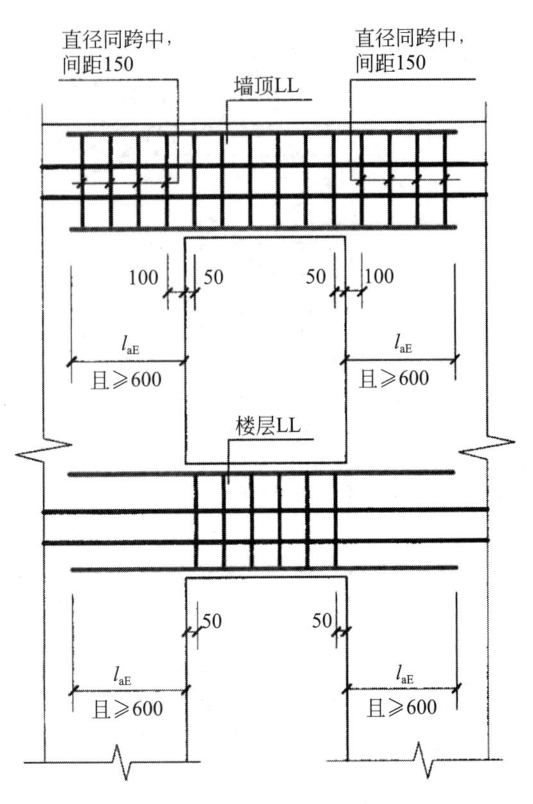

图 4-48 剪力墙中部单洞口连梁

（2）顶层钢筋计算方法

连梁纵筋长度＝左锚固长度＋洞口长度＋右锚固长度

＝max(l_{aE},600)＋洞口长度＋max(l_{aE},600) (4-44)

箍筋根数＝左墙肢内箍筋根数＋洞口上箍筋根数＋右墙肢内箍筋根数

＝(左侧锚固长度水平段－100)/150＋1＋(洞口宽度－2×50)/间距＋1＋(右侧锚固长度水平段－100)/150＋1

＝(支座宽度－100)/150＋1＋(洞口宽度－2×50)/间距＋1＋[max(l_{aE},600)－100]/150＋1 (4-45)

2）剪力墙中部单洞口连梁钢筋计算

（1）中间层钢筋计算

连梁纵筋长度＝左锚固长度＋洞口长度＋右锚固长度

＝max(l_{aE},600)＋洞口长度＋max(l_{aE},600) (4-46)

箍筋根数＝(洞口宽度－2×50)/间距＋1 (4-47)

（2）顶层钢筋计算方法

连梁纵筋长度＝左锚固长度＋洞口长度＋右锚固长度

$=\max(l_{aE},600)$＋洞口长度＋$\max(l_{aE},600)$ (4-48)

箍筋根数＝左墙肢内箍筋根数＋洞口上箍筋根数＋右墙肢内箍筋根数

＝(左侧锚固长度水平段－100)/150＋1＋(洞口宽度－2×50)/间距＋1

＋(右侧锚固长度水平段－100)/150＋1

$=[\max(l_{aE},600)-100]/150+1$＋(洞口宽度－2×50)/间距＋1

$+[\max(l_{aE},600)-100]/150+1$ (4-49)

3）剪力墙双洞口连梁钢筋计算

剪力墙双洞口连梁如图 4-49 所示。

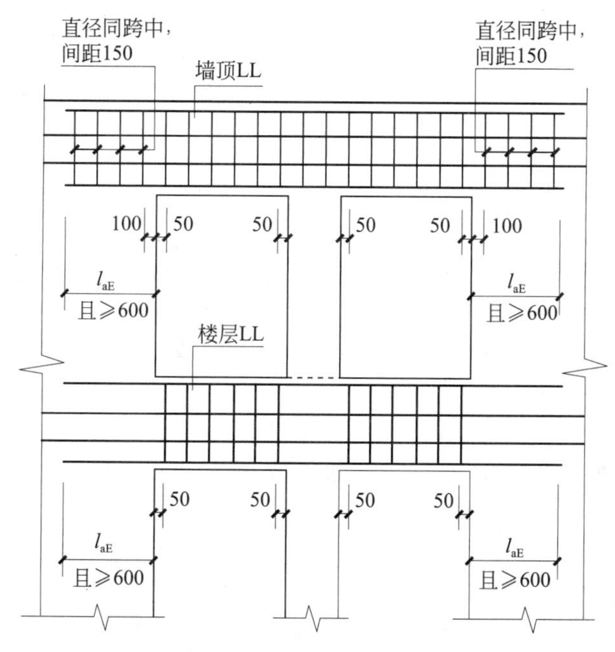

图 4-49 剪力墙双洞口连梁

（1）中间层钢筋的计算公式如下。

连梁纵筋长度＝左锚固长度＋两洞口宽度＋洞口墙宽度＋右锚固长度

$=\max(l_{aE},600)$＋两洞口宽度＋洞口墙宽度＋$\max(l_{aE},600)$ (4-50)

箍筋根数＝(洞口 1 宽度－2×50)/间距＋1＋(洞口 2 宽度－2×50)/间距＋1 (4-51)

（2）顶层钢筋的计算公式如下。

连梁纵筋长度＝左锚固长度＋两洞口宽度＋洞口墙宽度＋右锚固长度

$=\max(l_{aE},600)$＋两洞口宽度＋洞口墙宽度＋$\max(l_{aE},600)$ (4-52)

$$箍筋根数=(左侧锚固长度-100)/150+1+(两洞口宽度+洞间墙-2\times50)/间距+1+(右侧锚固长-100)/150+1$$
$$=[\max(l_{aE},600)-100]/150+1+(两洞口宽度+洞间墙-2\times50)/间距+1+[\max(l_{aE},600)-100]/150+1 \quad (4\text{-}53)$$

4）剪力墙连梁拉筋根数计算

剪力墙连梁拉筋根数计算方法为每排根数×排数，即

$$拉筋根数=[(连梁净宽-2\times50)/(箍筋间距\times2)+1]\times[(连梁高度-2\times保护层厚度)/(水平筋间距\times2)+1] \quad (4\text{-}54)$$

（1）剪力墙连梁拉筋的分布。竖向：连梁高度范围内，纵向拉筋排数按墙梁水平分布筋排数的一半布置，纵向拉筋与墙梁水平分布筋隔一布一；横向：横向拉筋间距为连梁箍筋间距的 2 倍。

（2）剪力墙连梁拉筋直径的确定。梁宽不大于 350mm，拉筋直径为 6mm；梁宽大于 350mm，拉筋直径为 8mm。

4.3.4 剪力墙洞口补强钢筋构造

1. 剪力墙矩形洞口补强钢筋构造

剪力墙由于开矩形洞口，需补强钢筋，当设计注写补强纵筋具体数值时，按设计要求，但当设计未注明时，依据洞口宽度和高度尺寸，按以下构造要求进行标注。

（1）剪力墙矩形洞口宽度和高度均不大于 800mm 时，洞口需补强钢筋，如图 4-50 所示。洞口每侧补强钢筋按设计注写值。补强钢筋两端锚入墙内的长度为 l_{aE}，洞口被切断的钢筋设置弯钩，弯钩长度为过墙中线加 $5d$（即墙体两面的弯钩相互交错 $10d$），补强纵筋固定在弯钩内侧。

（2）剪力墙矩形洞口宽度和高度均大于 800mm 时，洞口需补强暗梁，如图 4-51 所示，配筋具体数值按设计要求。

当洞口上边或下边为连梁时，不再重复补强暗梁，洞口竖向两侧设置剪力墙边缘构件。洞口被切断的剪力墙竖向分布钢筋设置弯钩，弯钩长度为 $15d$，在暗梁纵筋内侧锚入梁中。

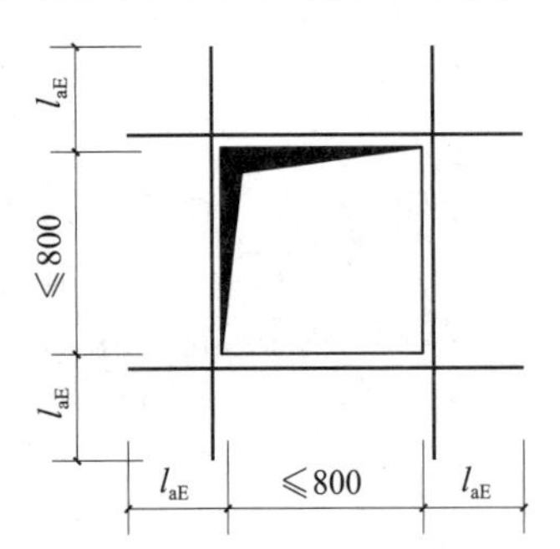

图 4-50 矩形洞宽和洞高均不大于 800mm 时，洞口补强钢筋构造

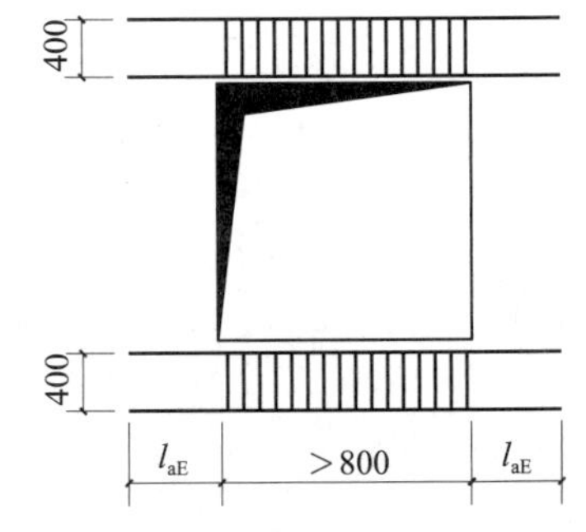

图 4-51 矩形洞宽和洞高均大于 800mm 时，洞口补强暗梁构造

2. 剪力墙圆形洞口补强钢筋构造

(1) 剪力墙圆形洞口直径不大于 300mm 时,洞口需补强钢筋。剪力墙水平分布筋与竖向分布筋遇洞口不截断,均绕洞口边缘通过;或按设计标注在洞口每侧补强纵筋,锚固长度为两边均不小于 l_{aE},如图 4-52 所示。

(2) 剪力墙圆形洞口直径大于 300mm 且小于或等于 800mm 时,洞口需补强钢筋。洞口每侧补强钢筋设计标注内容,锚固长度为均不应小于 l_{aE},如图 4-53 所示。

(3) 剪力墙圆形洞口直径大于 800mm 时,洞口需补强钢筋。当洞口上边或下边为剪力墙连梁时,不再重复设置补强暗梁。洞口每侧补强钢筋设计标注内容,锚固长度为均不应小于 max(l_{aE},300mm),如图 4-54 所示。

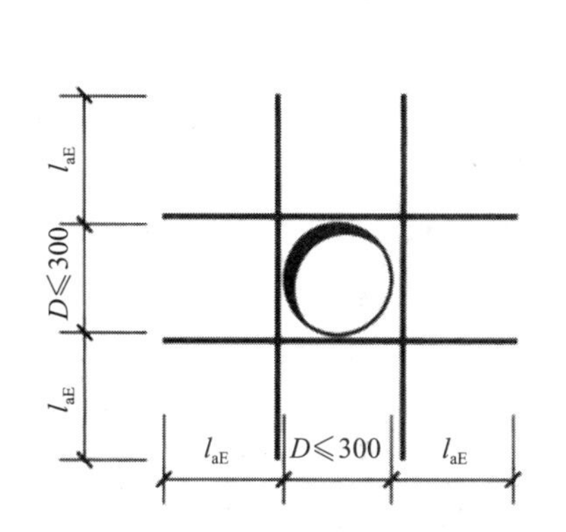

图 4-52 剪力墙圆形洞口补强钢筋构造(圆形洞口直径不大于 300mm)

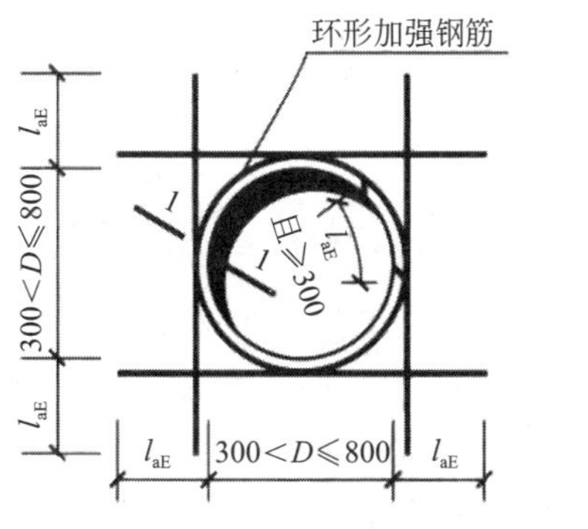

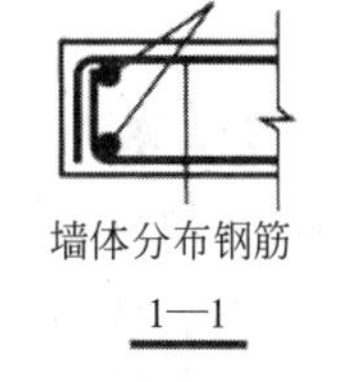

图 4-53 剪力墙圆形洞口补强钢筋构造(圆形洞口直径大于 300mm 且小于或等于 800mm)

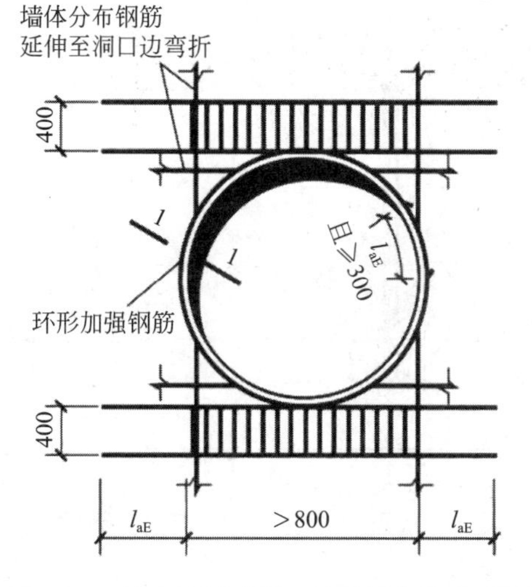

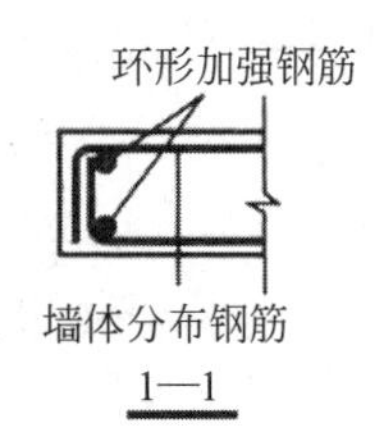

图 4-54 剪力墙圆形洞口补强钢筋构造(圆形洞口直径大于 800mm)

3. 连梁中部洞口

连梁中部有洞口时,洞口边缘距离连梁边缘不小于 max(h/3,200mm)。洞口每侧补强纵筋与补强箍筋按设计标注,补强钢筋的锚固长度为不小于 l_{aE},如图 4-55 所示。

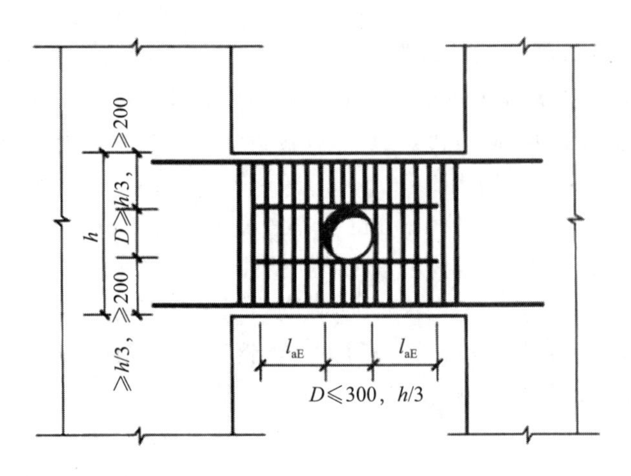

图 4-55 剪力墙连梁洞口补强钢筋构造

4.4 剪力墙钢筋算量实例

【学习提示】 本节通过第 10 章结施—07 和结施—08 中的剪力墙 Q1 平法施工图的识读，学习绘制剪力墙的纵向剖面配筋图的步骤和方法，以更好地理解和掌握剪力墙平法施工图的识图规则。通过计算墙身的钢筋长度，对剪力墙墙身的标准配筋构造能有更深的理解，最终达到识读剪力墙平法施工图的目的。

图 4-56 是第 10 章中图结施—07 和结施—08 的剪力墙平法施工图，要求识读图中④轴上 A 轴～B 轴之间的剪力墙 Q1 并计算其钢筋长度，最后绘制其钢筋材料明细表。

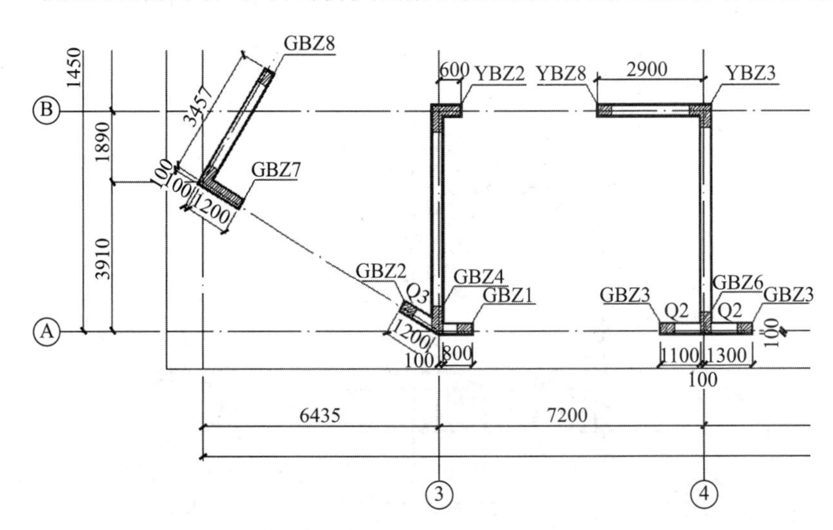

图 4-56 剪力墙 Q1 平法施工图

4.4.1 识读剪力墙 Q1 平法图

根据案例中的设计总说明及相关结施图得出，该剪力墙结构为地下 1 层，地上 13 层，要求计算的剪力墙 Q1 墙段位于 4 号轴线上。

为了简化计算，并且能包括剪力墙涉及的几个典型节点构造，将第 10 章中的剪力墙资料进行简化，简化后的结构为地上 3 层，其余信息见表 4-6。

表 4-6　剪力墙 Q1 配筋表

楼层	标高/m	层高/m	墙厚	钢筋排数	水平分布筋	竖向分布筋	拉　筋	备注
屋面	13.500							拉筋为梅花形布置
3	10.200	3.3	300	2	Φ8@150	Φ8@150	Φ6@600X600	
2	5.400	4.8	250	2	Φ8@150	Φ8@150	Φ6@600X600	
1	±0.000	5.4	250	2	Φ10@200	Φ10@200	Φ6@600X600	
基顶	−1.000	1.0						
基底	−1.500	0.5						

1 号剪力墙墙身一端为转角墙柱 YBZ3，另一端为暗柱 GBZ6，墙身有两排钢筋网，钢筋信息见表 4-7。

表 4-7　剪力墙柱表

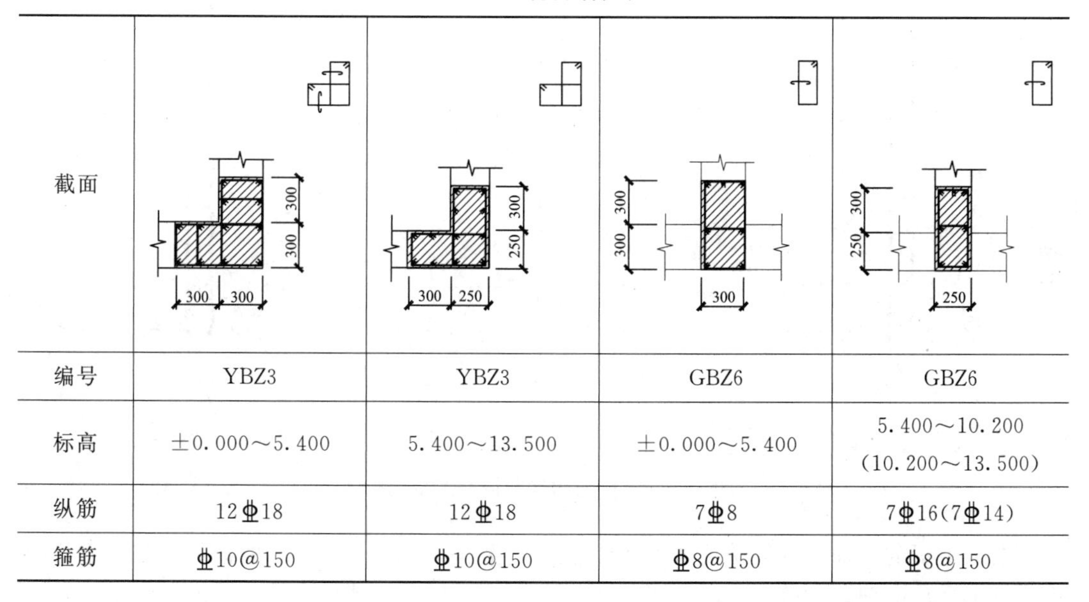

截面				
编号	YBZ3	YBZ3	GBZ6	GBZ6
标高	±0.000～5.400	5.400～13.500	±0.000～5.400	5.400～10.200 (10.200～13.500)
纵筋	12Φ18	12Φ18	7Φ8	7Φ16(7Φ14)
箍筋	Φ10@150	Φ10@150	Φ8@150	Φ8@150

根据第 10 章中的设计总说明和结施图，上部结构嵌固部位为基础顶面。剪力墙混凝土强度等级为 C35，抗震等级为二级。基础筏板厚 500mm，顶板厚为 120mm。基础底板底面保护层厚度为 50mm，墙体保护层厚度为 15mm。

4.4.2　计算剪力墙身 Q1 钢筋的长度和根数

图中剪力墙身 Q1 两端分别为暗柱 GBZ6 和转角墙柱 YBZ3，通过分析得到，墙身水平钢筋伸入暗柱 GBZ6，按照图集 22G101-1 第 2-19 页的端部有暗柱时剪力墙水平分布钢筋构造做法，水平分布筋伸至暗柱紧贴暗柱角筋内侧弯折 $10d$。另一端水平钢筋伸至转角墙柱 YBZ3，由于与转角柱 YBZ3 相连的另一侧剪力墙 Q2 的水平分布筋为Φ10@180，竖向分布筋为Φ10@200，与 Q1 相比，墙体配筋梁 As2＞As1，应按照图集 22G101-1 第 2-19 页的转角墙(一)的构造做法，墙体水平内侧筋伸至转角墙柱对边钢筋的内侧弯折 $15d$，墙外侧水平分布筋在暗柱范围外进行连接，上、下两层水平筋交错搭接，搭接长度为 $1.2l_{aE}$，与下层筋错开长度为 500mm。

根据上述信息和相关结施图，绘制 Q1 墙身在一层、二层、三层和顶层的平面配筋大样图，并对钢筋进行编号，如图 4-57 所示。

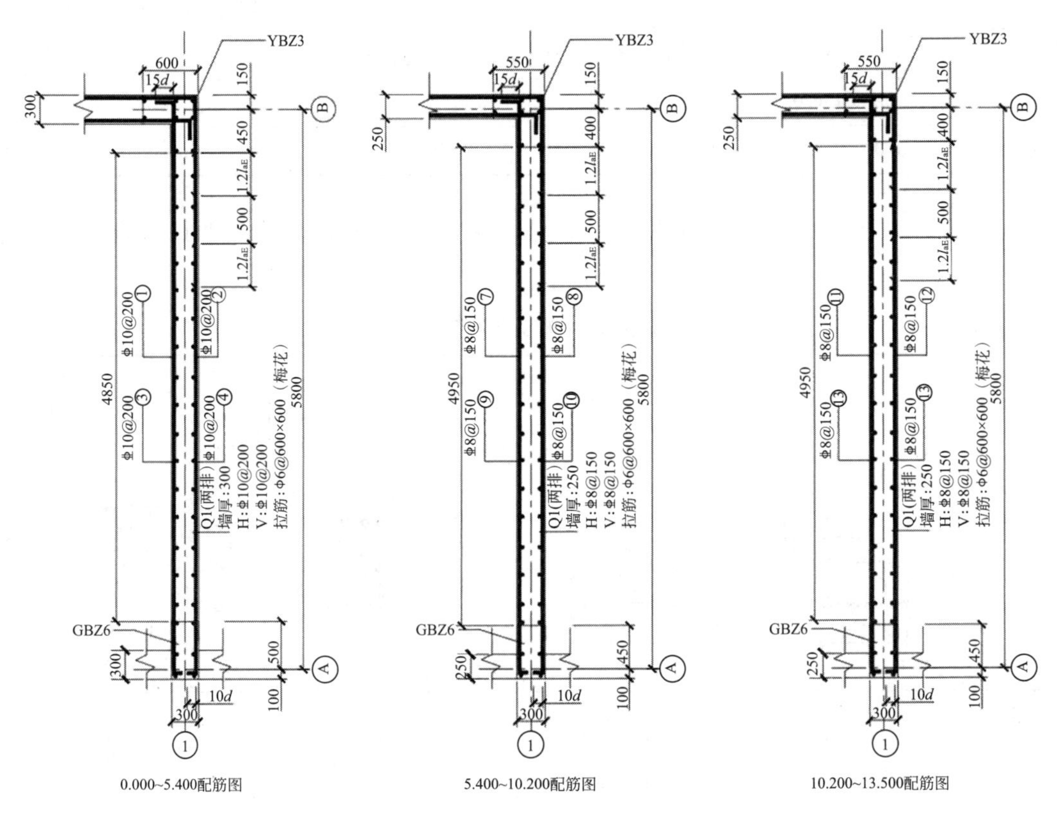

图 4-57　Q1 剪力墙各层配筋平面图

根据上面的平面图计算墙身水平筋的长度和竖向分布筋的根数，根据纵剖面配筋图计算墙身水平筋的根数和竖向分布筋的长度。

1. Q1 墙水平筋长度计算

1) 根据图计算 1 层水平内侧筋(①号筋)

L_1＝墙身总长－$2c$－GBZ6 纵筋直径－Q2 墙水平筋直径－YBZ3 纵筋直径＋$15d$＋$10d$

＝5800＋100＋150－2×15－18－10－18＋25×10

＝6224(mm)

2) 计算 2 层水平内侧筋(⑦号筋)

因 2 层、3 层 Q1、Q2 墙的水平分布筋和 YBZ3、GBZ6 的纵筋直径与 1 层不同，故应单独计算2层、3层水平分布筋的长度。

$L_2=5800+100+150-2\times15-16-12-18+25\times8$

$=6174(mm)$

3）计算3层水平内侧筋(⑪号筋)

$L_3=5800+100+150-2\times15-14-8-18+25\times8$

$=6180(mm)$

4）计算1层水平外侧筋(②号筋)

上层筋长度 L_4=墙身总长－YBZ3截面长度－c－GBZ6纵筋直径＋$10d$

$=5800+100+150-600-15-18+10\times10$

$=5517(mm)$

剪力墙混凝土强度等级为C35,抗震等级为二级,钢筋种类HRB400,查表得

$1.2l_{aE}=1.2\times37d=37\times10=1.2\times370=444(mm)$

下层水平筋与上层水平筋错开500mm进行搭接。

下层筋长度 $L_5=L_4-1.2\,l_{aE}-500=5517-444-500=4573(mm)$

5）计算2层水平外侧筋(⑧号筋)

上层筋长度 L_5=墙身总长－YBZ3截面长度－c－GBZ6纵筋直径＋$10d$

$=5800+100+150-550-15-25+10\times8$

$=5540(mm)$

$1.2l_{aE}=1.2\times37d=37\times8=1.2\times296=355(mm)$

下层水平筋与上层水平筋错开500mm进行搭接。

下层筋长度 $L_6=L_5-1.2\,l_{aE}-500=5540-355-500=4685(mm)$

6）计算3层水平外侧筋(12号筋)

上层筋长度 L_7=墙身总长－YBZ3截面长度－c－GBZ6纵筋直径＋$10d$

$=5800+100+150-550-15-22+10\times8$

$=5543(mm)$

$1.2l_{aE}=1.2\times37d=37\times10=1.2\times296=355(mm)$

下层水平筋与上层水平筋错开500mm进行搭接。

下层筋长度 $L_8=L_7-1.2\,l_{aE}-500=5543-355-500=4688(mm)$

2. 水平筋单排根数的计算

剪力墙水平分布筋在沿竖向分布在距该层楼面50mm处起至上一层楼板面下。为方便计算水平筋的根数,需要将Q1竖向钢筋在基础内、各楼层及墙顶的构造画出来,即Q1墙纵剖面配筋图如图4-58所示。

1）基础内水平筋的根数

基础内水平筋根数的计算,按照图集22G101-3第2-8页的构造要求。首先计算图中墙身竖向插筋底部到基底的距离,再计算基础内水平筋根数。

m=基础保护层＋基底双向钢筋的直径＝40＋16＋12＝68(mm)

n_1=(基础厚度－100－m)/500＋1＝(500－100－68)/500＋1＝2(根)

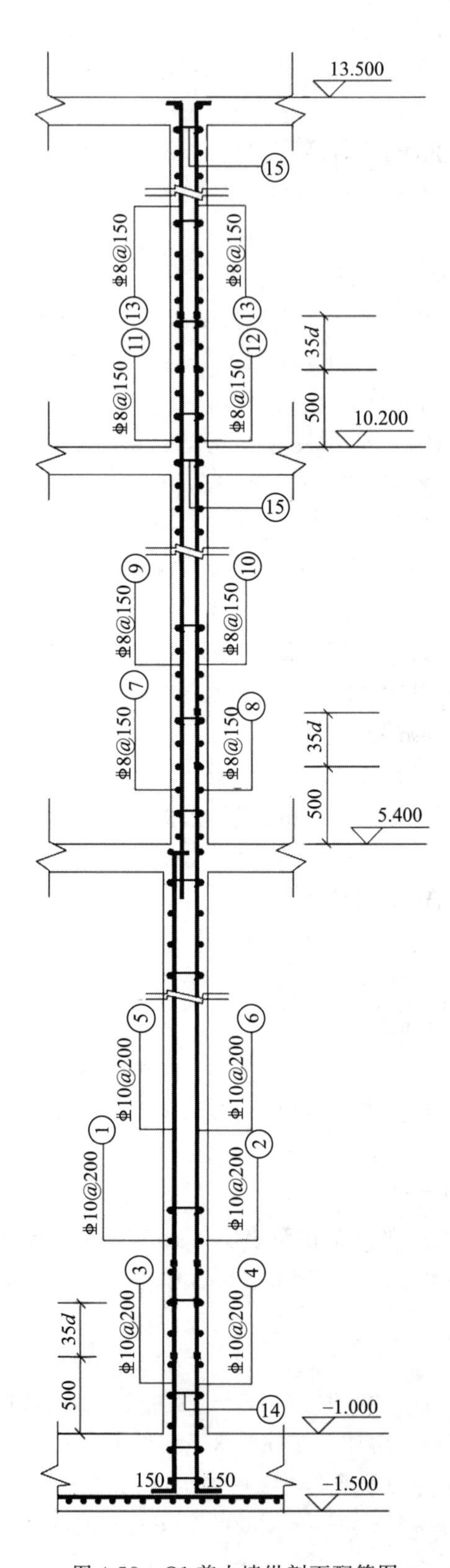

图 4-58　Q1 剪力墙纵剖面配筋图

2) 1 层水平筋(内层①号筋、外层②号筋)根数计算

n_2=(1 层层高−50)/水平筋间距+1=(5400+1000−50)/200+1=32+1=33(根)

3) 2 层水平筋(内层⑦号筋、外层⑧号筋)根数的计算

n_3=(2 层层高−50)/水平筋间距+1=(4800−50)/150+1=32+1=33(根)

4) 3 层水平筋(内层⑪号筋、外层⑫号筋)根数的计算

n_4=(3 层层高−50)/水平筋间距+1=(3300−100)/150+1=22+1=23(根)

3. 计算剪力墙身 Q1 竖向钢筋的长度

本工程抗震等级为二级,钢筋采用机械连接,按照图集 22G101-1 第 2-21 页剪力墙竖向钢筋连接构造要求,本层竖向钢筋在上一层楼面以上 500mm 处开始连接,相邻钢筋错开 $35d$ 进行连接。竖向钢筋在基础内的插筋构造按 22G101-3 第 2-8 页构造要求。

由于基础厚度 500mm>$l_{aE}=37d=37\times10=370$(mm),基础厚度满足直锚要求,故墙体竖向插筋在基础内的锚固构造应该按"隔二下一"伸至基础板底部,支承在钢筋网片上,水平弯折段为 $6d$ 且大于 150mm 的做法。因此,插筋下端水平弯折长度为 150mm。

1) 计算 Q1 剪力墙竖向插筋的单根长度

剪力墙竖向插筋长度(低端③号筋)=基础内插筋竖向长度+500
=筏板厚−基础保护层厚度
−基础底板双向钢筋直径+150+500
=500−50−12−16+150+500=1072(mm)

剪力墙竖向插筋长度(高端④号筋)=1072+$35d$=1072+35×10=1422(mm)

2) 计算 1 层竖向钢筋(内层⑤号筋)的长度

1 层竖向内层钢筋长度(低端)=1 层层高+基础顶以上埋深−500−保护层
−水平筋直径+$12d$
=5400+1000−500−15−10+12×10=6095(mm)

1 层竖向钢筋长度(高端)=低端长度−$35d$=6095−35×10=5745(mm)

3) 计算 1 层竖向钢筋(外层⑥号筋)的长度

1 层竖向外层钢筋长度(低端)=1 层层高+基础顶以上埋深−500+500
=5400+1000−500+500=6400(mm)

1 层竖向外层钢筋长度(高端)=低端长度−$35d$=6400−35×10=6050(mm)

4) 计算 2 层竖向钢筋(内层⑨号筋)的长度

2 层竖向内层钢筋长度(低端)=2 层层高+$1.2l_{aE}$+500
=4800+1.2×37×8+500=5655(mm)

2 层竖向内层钢筋长度(高端)=低端长度+$35d$=5655+35×8=5745(mm)

5) 计算 2 层竖向钢筋(外层⑩号筋)的长度

2 层竖向外层钢筋长度(低端)=2 层层高−500+500
=4800−500+500=4800(mm)

2 层竖向外层钢筋长度(高端)=低端长度=4800mm

6) 计算 3 层竖向内层钢筋(内层⑬号筋)的长度

3 层竖向内层钢筋长度(低端)=3 层层高−保护层厚度−500+$12d$
=3300−15−500+12×8=2881(mm)

3 层竖向内层钢筋长度(高端)=低端长度$-35d$=2881−35×8=5745(mm)

3 层竖向钢筋(外层筋)的长度与内层筋相同,机械连接位置为与内层钢筋错开 $35d$。

4. 计算 Q1 剪力墙竖向钢筋根数

剪力墙暗柱和转角柱内均不需要摆放墙身的竖向分布钢筋。

剪力墙身的第一道竖向分布筋的起步距离如图 4-59 所示。图中,s 为剪力墙竖向分布钢筋的间距,c 为边缘构件箍筋混凝土保护层厚度。

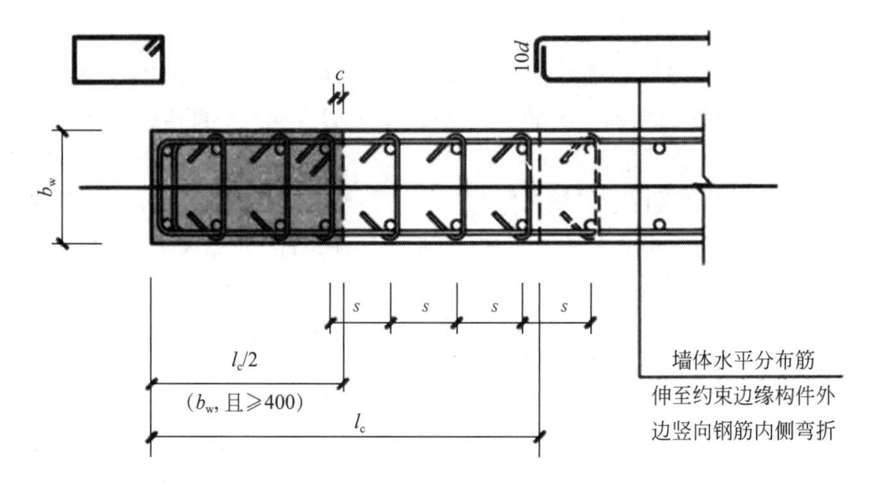

图 4-59 边缘暗柱钢筋排布构造

墙身的第一道竖向分布筋的起步距离 s 在所有暗柱和端柱处都适用。

1) 计算基础插筋(③、④号筋)和 1 层竖向分布筋(⑤、⑥号筋)根数

首先计算图中暗柱虚线边缘(假定)到暗柱最近角筋中心线的距离 Δ。

$$\Delta=\text{暗柱箍筋保护层厚度}+\text{暗柱箍筋直径}+\text{暗柱纵筋直径的一半} \tag{4-55}$$

$GBZ6_{-边}$=20+8+18/2=37(mm)

$YBZ3_{-边}$=20+10+18/2=39(mm)

竖筋单排根数=(4850+37+39)/200+1−2=24(根)

2) 计算 2 层竖向筋分布筋(⑨、⑩号筋)根数

$$\Delta=\text{暗柱箍筋保护层厚度}+\text{暗柱箍筋直径}+\text{暗柱纵筋直径的一半}$$

$GBZ6_{-边}$=20+8+16/2=36(mm)

$YBZ3_{-边}$=20+10+18/2=39(mm)

竖筋单排根数=(4950+36+39)/150+1−2=33(根)

3) 计算 3 层竖向筋分布筋(⑬号筋)根数

$$\Delta=\text{暗柱箍筋保护层厚度}+\text{暗柱箍筋直径}+\text{暗柱纵筋直径的一半}$$

$GBZ6_{-边}$=20+8+14/2=35(mm)

$YBZ3_{一边}$=20+10+18/2=39(mm)

竖筋单排根数=(4950+35+39)/150+1−2=33(根)

3 层竖向钢筋内、外层长度一样，编号为⑬号筋，因此总根数为 33×2=66(根)

5. 计算剪力墙身拉筋长度

墙拉筋水平段的投影长度=墙厚$-2c+2\times11.9d$

1 层拉筋(⑭号筋)长度=300−2×15+2×11.9×6=341(mm)

2、3 层拉筋(⑮号筋)长度=250−2×15+2×11.9×6=291(mm)

6. 计算拉筋的根数

根据图集 22G101-1 第 2-22 页注，剪力墙层高范围内最下一排拉结筋位于底部板顶以上第二排水平分布筋位置处，最上一排拉结筋位于该层顶部板底以下第一排水平分布筋位置处。墙身宽度范围内由距边缘构件边第一排墙身竖向分布筋处开始设置。

1) 基础内拉筋根数计算

由前面计算可知，1 层单排的竖向分布筋根数为 24 根，则有

沿墙长方向的拉筋道数=(24−1)×200/600+1=9(道)

由前面计算可知，基础内水平筋为 2 排，因此拉筋设 2 道。则有

基础层拉筋道数=9×2=18(根)

2) 1 层拉筋根数计算

对于梅花形布置的拉筋，各层拉筋根数按式(4-55)计算。

$$根数=\left(\frac{x}{a}+1\right)\times\left(\frac{y}{a}+1\right)+\left[\left(\frac{x-a}{a}+1\right)\times\left(\frac{y-1.5a}{a}+1\right)\right] \tag{4-56}$$

式中：x——拉筋在水平方向的布置范围；

y——拉筋在竖直方向的布置范围；

a——拉筋间距。

$$1层拉筋根数=\left(\frac{4850}{600}+1\right)\times\left(\frac{5400+1000}{600}+1\right)+\left[\left(\frac{4850-600}{600}+1\right)\times\left(\frac{6400-1.5\times600}{600}+1\right)\right]$$
$$=9\times12+8\times10=188(根)$$

3) 2 层拉筋根数计算

$$2层拉筋根数=\left(\frac{4950}{600}+1\right)\times\left(\frac{4800}{600}+1\right)+\left[\left(\frac{4950-600}{600}+1\right)\times\left(\frac{4800-1.5\times600}{600}+1\right)\right]$$
$$=9\times9+8\times8=145(根)$$

4) 3 层拉筋根数计算

$$3层拉筋根数=\left(\frac{4950}{600}+1\right)\times\left(\frac{3300}{600}+1\right)+\left[\left(\frac{4950-600}{600}+1\right)\times\left(\frac{3300-1.5\times600}{600}+1\right)\right]$$
$$=9\times7+8\times5=103(根)$$

故 1 层拉筋总根数=18+188=206(根)

2 层、3 层拉筋总根数=145+103=248(根)

4.4.3 绘制剪力墙墙身钢筋材料明细表

表 4-8 为剪力墙墙身钢筋明细表。

表 4-8 剪力墙墙身钢筋明细表

编号	钢筋简图/mm	规格/mm	长度/mm	数量/根
1	100 5974 150	⌀10	6224	35
2	100 上层5417 下层4473	⌀10	5517 4573	35
3	150 922	⌀10	1072	24
4	150 1272	⌀10	1422	24
5	低端5975 高端5625 120	⌀10	6095 5745	24
6	低端6400 高端6050	⌀10	6400 6050	24
7	80 5974 120	⌀8	6174	33
8	80 上层5460 下层4605	⌀8	5540 4685	33
9	低端5655 高端5935	⌀8	5655 5935	33
10	4800	⌀8	4800	33
11	80 5980 120	⌀8	6180	23
12	80 上层5463 下层4608	⌀8	5543 4688	23
13	低端2785 高端2505 96	⌀8	2881 2601	66
14	270	⌀6	341	206
15	220	⌀6	291	248

第5章　板平法识图与钢筋算量

板是指主要用来承受垂直于板面的荷载，厚度远小于平面尺度的平面构件。板通常是水平设置，但也有斜向设置的，如楼梯板和坡度较大的屋面板等。板主要承受垂直于板面的各种荷载，属于以受弯为主的构件。板在房屋建筑中是不可缺少的，其用量很大，如屋面板、楼面板、基础板、楼梯板、雨篷板、阳台板等。有梁楼板的三维模型如图5-1所示。

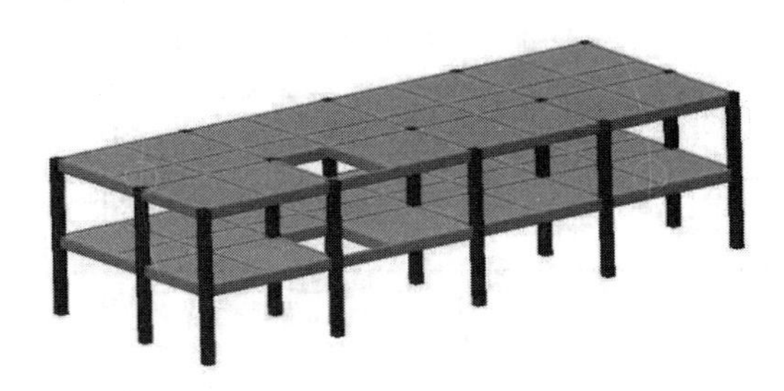

图5-1　有梁楼板的三维模型

5.1　板的种类及钢筋配置

5.1.1　板的种类

从力学特征来划分，板有悬臂板和楼板。悬臂板是一面支承的板，挑檐板、阳台板、雨篷板等都是悬臂板。通常讨论的"楼板"是两面支承或四面支承的板，它有铰接，也有刚接；有单跨的，也有连续的。

从配筋特点来划分，楼板有单向板和双向板两种。《混凝土结构设计规范》(GB 50010—2010)规定，当板的长边长度/短边长度大于3.0时，按单向板计算，钢筋在一个方向上布置主筋，而在另一个方向上布置分布筋。当板的长边长度/短边长度小于2.0时，按双向板计算；当长边长度/短边长度介于2.0和3.0之间时，宜按双向板计算。在实际工程中，楼板一般都采用双向布筋。双向板在两个互相垂直的方向上都布置主筋(使用较广泛)。

此外，配筋的方式有单层布筋和双层布筋两种。楼板的单层布筋就是在板的下部布置贯通纵筋，在板周边布置扣筋(即非贯通纵筋)。楼板的双层布筋就是板的上部和下部都布置贯通纵筋。悬挑板都是单向板，布筋方向与悬挑方向一致。

5.1.2　不同种类板的钢筋配置

1. 楼板的下部钢筋

双向板是在两个受力方向上都布置贯通纵筋。单向板仅在受力方向上布置贯通纵筋，在另一个方向上布置分布筋。

2. 楼板的上部钢筋

对于双层布筋的情况，上层双向均设置上部贯通纵筋。对于单层布筋的情况，上层仅设置上部非贯通纵筋(即负筋)，不设置上部贯通纵筋。对于上部非贯通纵筋(即负筋)来说，需要布置分布筋。

悬挑板顺着悬挑方向设置上部纵筋。对于延伸型悬挑板，悬挑板的上部纵筋与相邻跨内的上部纵筋贯通布置。对于纯悬挑板，悬挑板的上部纵筋单独布置。

5.2 有梁楼盖平法施工图识图

有梁楼盖板平法施工图是在楼面板和屋面板布置图上采用平面注写的表达方式，如图 5-2 所示。板平面注写主要包括板块集中标注和板支座原位标注。

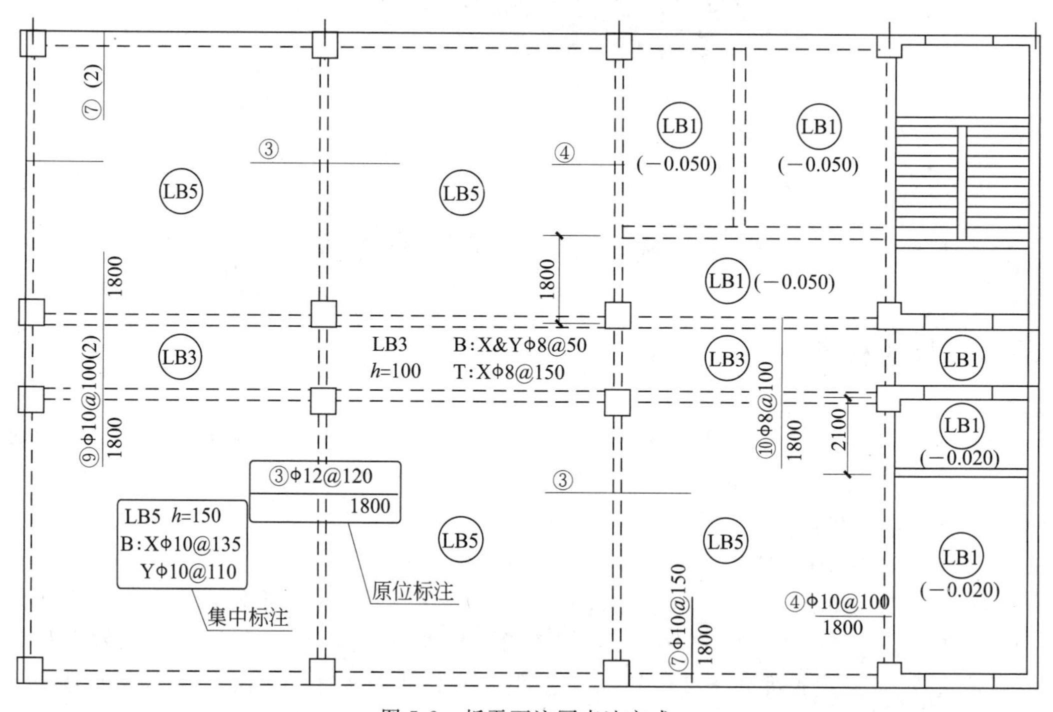

图 5-2 板平面注写表达方式

为便于设计表达和施工识图，规定结构平面的坐标方向如下。

当两向轴网正交布置时，图面从左至右为 X 向，从下至上为 Y 向。

当轴网转折时，局部坐标方向顺轴网转折角度作相应转折。

当轴网向心布置时，切向为 X 向，径向为 Y 向。

此外，对于平面布置比较复杂的区域，例如轴网转折交界区域、向心布置的核心区域等，其平面坐标方向应由设计者另行规定，并且明确表示在图上。

5.2.1 板块集中标注

有梁楼盖板的集中标注，按“板块”进行划分。“板块”的概念如下：对于普通楼盖，两向(X和Y两个方向)均以一跨为一板块；对于密肋楼盖，两向主梁(框架梁)均以一跨为一板块。

板块集中标注的内容包括板块编号、板厚、上部贯通纵筋、下部贯通纵筋及当板面标高不同时的标高高差，如图5-3所示。

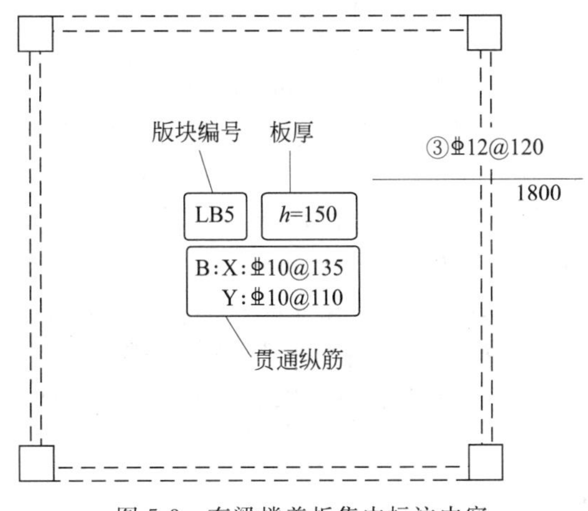

图5-3　有梁楼盖板集中标注内容

1. 板块编号及板厚

对于普通楼面，两向均以一跨为一板块；对于密肋楼盖，两向主梁(框架梁)均以一跨为一板块(非主梁密肋不计)。所有板块应逐一编号，相同编号的板块可择其一作集中标注，其他仅注写置于圆圈内的板编号，以及当板面标高不同时的标高高差。

板块编号应符合表5-1的规定。

表5-1　板块编号

板类型	楼面板	屋面板	悬挑板
代号	LB	WB	XB

板厚注写为 h=×××(h 为垂直于板面的厚度)；当悬挑板的端部改变截面厚度时，用斜线“/”分隔根部与端部的高度值，注写为 h=×××/×××；当设计已在图注中统一注明板厚时，此项可不标注。

2. 板纵筋及板面标高高差

纵筋按板块的下部纵筋和上部贯通纵筋分别注写(当板块上部不设贯通纵筋时则不标注)，并以“B”代表下部纵筋，“T”代表上部贯通纵筋，“B&T”代表下部与上部；X向纵筋以“X”打头，Y向纵筋以“Y”打头，两向纵筋配置相同时则以“X&Y”打头。

当为单向板时，分布筋可不必注写，而在图中统一注明。

当在某些板内(如在悬挑板XB的下部)配置有构造钢筋时，则X向以“Xc”打头注写，Y向以“Yc”打头注写。

当 Y 向采用放射配筋时(切向为 X 向,径向为 Y 向),设计者应注明配筋间距的定位尺寸。

当纵筋采用两种规格钢筋"隔一布一"方式时,表达为 Axx/yy@×××,表示直径为 xx 的钢筋和直径为 yy 的钢筋二者之间间距为×××,直径为 xx 的钢筋的间距为×××的 2 倍,直径为 yy 的钢筋的间距为×××的 2 倍。

板面标高高差是指相对于结构层楼面标高的高差,应将其注写在括号内,并且有高差则注写,无高差时不标注。

同一编号板块的类型、板厚和纵筋均应相同,但是板面标高、跨度、平面形状以及板支座上部非贯通纵筋可以不同,同一编号板块的平面形状可为矩形、多边形及其他形状等。做施工预算时,应根据其实际平面形状分别计算各块板的混凝土与钢材用量。

设计与施工时,应注意单向或双向连续板的中间支座上部同向贯通纵筋,不应在支座位置连接或分别锚固。当相邻两跨的板上部贯通纵筋配置相同,且跨中部位有足够空间连接时,可在两跨任意一跨的跨中连接部位连接;当相邻两跨的上部贯通纵筋配置不同时,应将配置较大者越过其标注的跨数终点或起点,伸至相邻跨的跨中连接区域连接。

设计时,应注意板中间支座两侧上部纵筋的协调配置,施工及预算应按具体设计和相应标准构造要求实施。等跨与不等跨板上部纵筋的连接有特殊要求时,其连接部位及方式应由设计者注明。对于梁板式转换层楼板,板下部纵筋在支座内的锚固长度不应小于 l_a。

当悬挑板需要考虑竖向地震作用时,下部纵筋伸入支座内长度不应小于 l_{aE}。

5.2.2 板支座原位标注

板支座原位标注的内容包括板支座上部非贯通纵筋和悬挑板上部受力钢筋。

板支座原位标注的钢筋,应在配置相同跨的第一跨表达。当在梁悬挑部位单独配置时则在原位表达。在配置相同跨的第一跨(或梁悬挑部位)垂直于板支座(梁或墙)绘制一段适宜长度的中粗实线(当该通长筋设置在悬挑板或短跨板上部时,实线段应画至对边或贯通短跨),以该线段代表支座上部非贯通纵筋,并在线段上方注写钢筋编号(如①、②等)、配筋值、横向连续布置的跨数(注写在括号内,并且当为一跨时可不注),以及是否横向布置到梁的悬挑端。

板支座上部非贯通筋自支座中线向跨内的伸出长度,注写在线段的下方位置。当中间支座上部非贯通纵筋向支座两侧对称伸出时,可仅在支座一侧线段下方注写伸出长度,另一侧不标注,如图 5-4 所示。当向支座两侧非对称伸出时,应分别在支座两侧线段下方注写伸出长度,如图 5-5 所示。

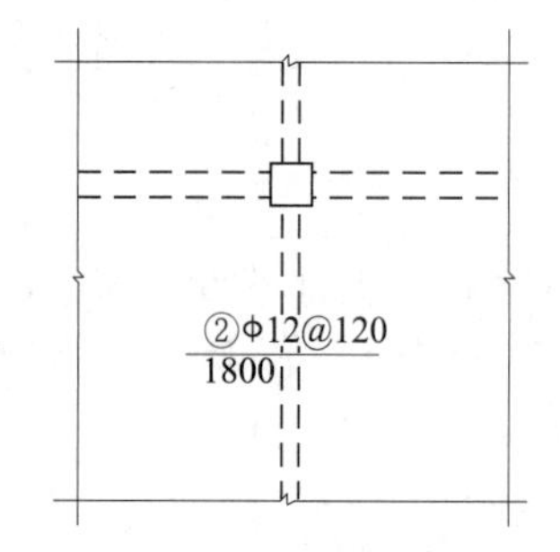

图 5-4 板支座上部非贯通筋对称伸出

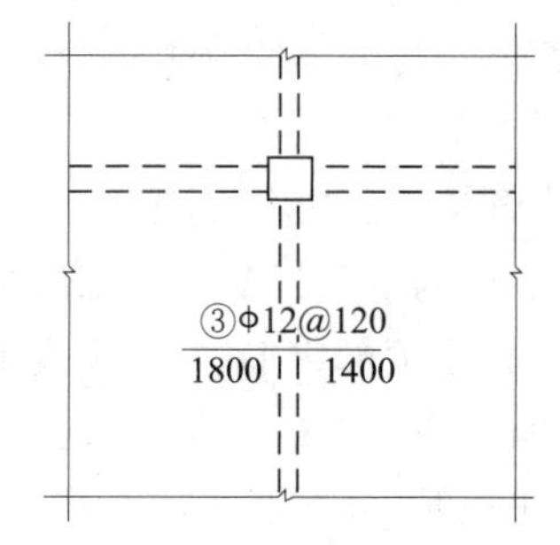

图 5-5 板支座上部非贯通筋非对称伸出

对于线段画至对边贯通全跨或贯通全悬挑长度的上部通长纵筋，贯通全跨或伸出至全悬挑一侧的长度值不标注，只注明非贯通筋另一侧的伸出长度值，如图 5-6 所示。

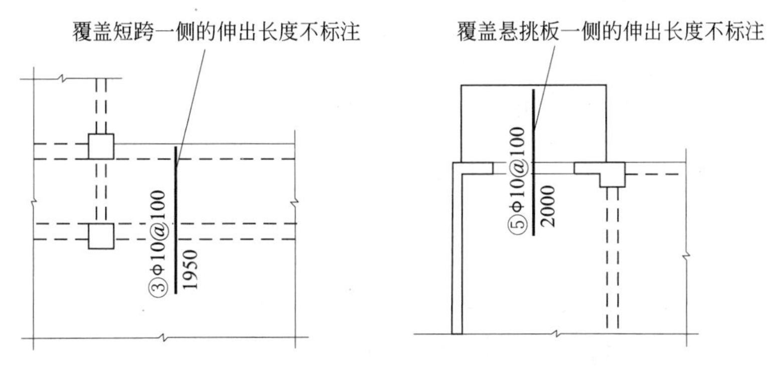

图 5-6　板支座上部非贯通筋贯通全跨或伸至悬挑端

当板支座为弧形，支座上部非贯通纵筋呈放射状分布时，设计者应注明配筋间距的度量位置，并加注“放射分布”四字，必要时应补绘平面配筋图，如图 5-7 所示。

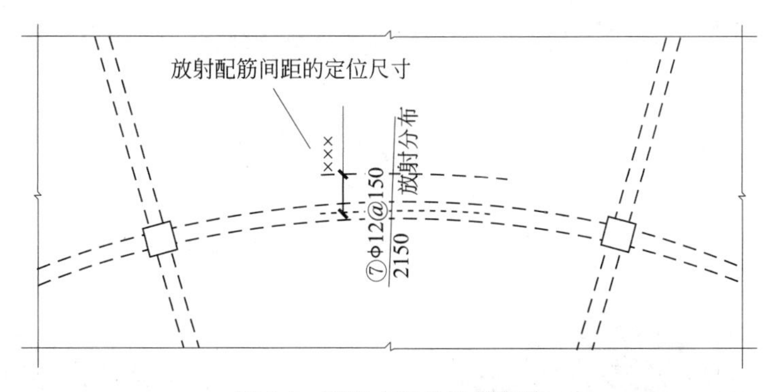

图 5-7　弧形支座处放射配筋

悬挑板的注写方式如图 5-8 所示。当悬挑板端部厚度不小于 150mm 时，设计者应指定板端部封边构造方式；当采用 U 形钢筋封边时，应指定 U 形钢筋的规格、直径。

在板平面布置图中，不同部位板支座上部非贯通纵筋及悬挑板上部受力钢筋可仅在一个部位注写，对其他相同者，则仅需在代表钢筋的线段上注写编号及按本条规则注写横向连续布置的跨数即可。此外，与板支座上部非贯通纵筋垂直且绑扎在一起的构造钢筋或分布钢筋应由设计者在图中注明。

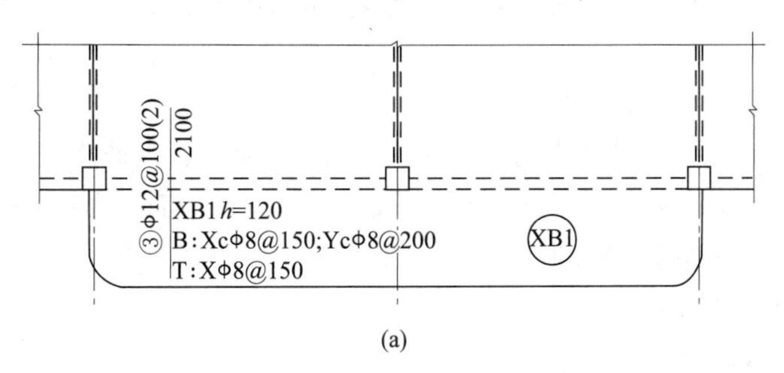

图 5-8　悬挑板支座非贯通筋

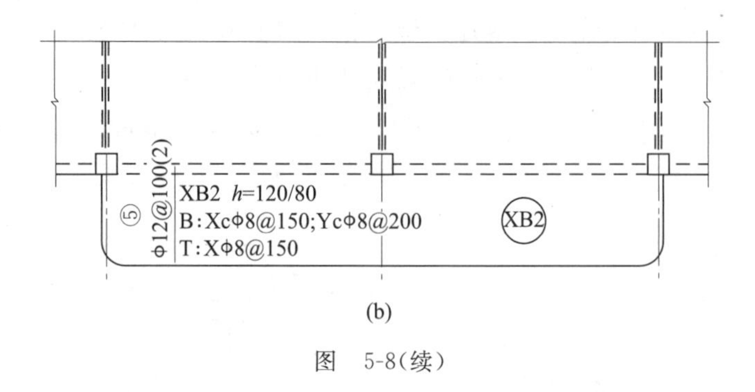

(b)

图　5-8(续)

当板的上部已配置有贯通纵筋，但需增配板支座上部非贯通纵筋时，应结合已配置的同向贯通纵筋的直径与间距采取“隔一布一”方式配置。

“隔一布一”方式为非贯通纵筋的标注间距与贯通纵筋的标注间距相同，两者组合后的实际间距为各自标注间距的 1/2。

5.3　有梁楼盖配筋构造解读及钢筋计算

5.3.1　有梁楼盖楼面板 LB 和屋面板钢筋构造

有梁楼板上部纵筋和下部纵筋三维示意图如图 5-9 和图 5-10 所示。

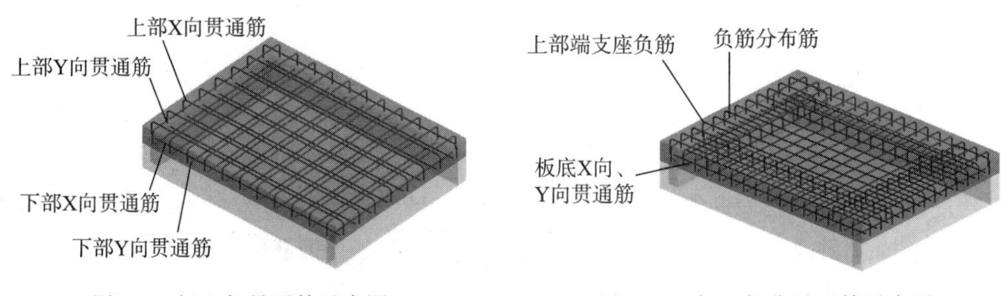

图 5-9　板上部贯通筋示意图　　　图 5-10　板上部非贯通筋示意图

1. 有梁楼盖楼面板 LB 和屋面板在中间支座的配筋构造

有梁楼盖楼面板 LB 和屋面板 WB 在中间支座的配筋构造如图 5-11 所示。

1）上部纵筋

（1）上部非贯通纵筋向跨内伸出长度详见设计标注。

（2）与支座垂直的贯通纵筋贯通跨越中间支座，上部贯通纵筋连接区在跨中 1/2 跨度范围之内；相邻等跨或不等跨的上部贯通纵筋配置不同时，应将配置较大者越过其标注的跨数终点或起点延伸至相邻跨的跨中连接区域连接。与支座同向的贯通纵筋的第一根钢筋在距梁角筋为 1/2 板筋间距处开始设置。

2）下部纵筋

（1）与支座垂直的贯通纵筋伸入支座 $5d$，且至少到梁中线。

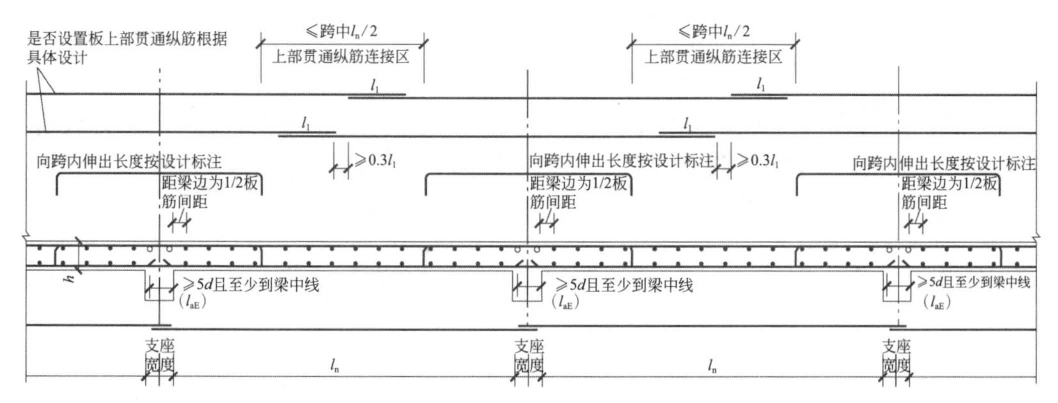

图 5-11　有梁楼盖楼面板 LB 和屋面板 WB 钢筋构造

(2) 与支座同向的贯通纵筋第一根钢筋在距梁角筋 1/2 板筋间距处开始设置。图 5-11 中括号内的锚固长 l_{aE} 用于梁板式转换层的板。除图中所示搭接连接外，板纵筋可采用机械连接或焊接连接。接头位置规定如下：上部钢筋如图 5-11 所示连接区，下部钢筋宜在距支座 1/4 净跨内。板贯通纵筋的连接在同一连接区段内钢筋接头百分率不宜大于 50%。板位于同一层面的两向交叉纵筋的方向，应按具体设计说明来操作。图中板的中间支座均按梁绘制，当支座为混凝土剪力墙时，其构造相同。

2. 板在端部支座的钢筋构造

板在端部支座的锚固构造如图 5-12 所示。

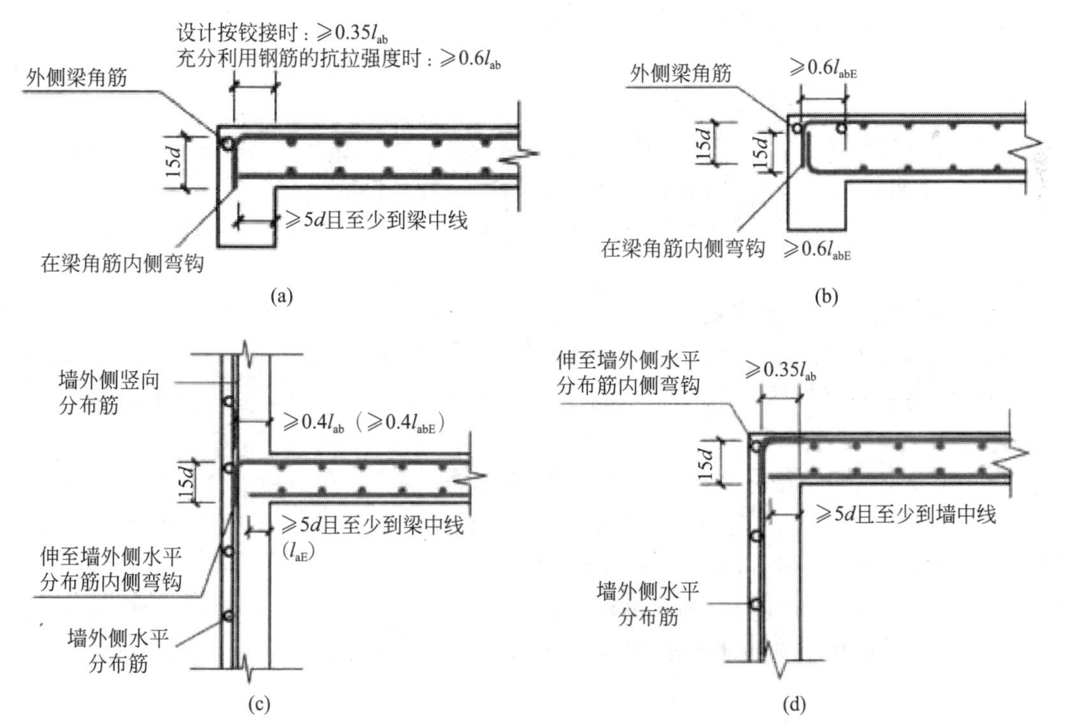

图 5-12　板在端部支座的锚固构造图

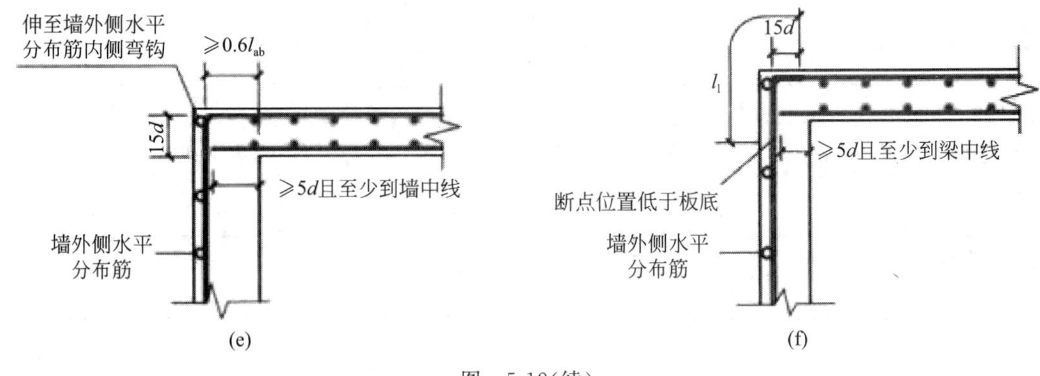

图 5-12(续)

1）端部支座为梁

(1) 普通楼屋面板端部构造如图 5-12(a)所示。

板上部贯通纵筋伸至梁外侧角筋的内侧弯钩，弯折长度为 15d。当设计按铰接时，弯折水平段长度为 0.35l_{ab}；当充分利用钢筋的抗拉强度时，弯折水平段长度为 0.6l_{ab}。

板下部贯通纵筋在端部制作的直锚长度不小于 5d，且至少到梁中线。

(2) 用于梁板式转换层的楼面板端部构造如图 5-12(b)所示。

板上部贯通纵筋伸至梁外侧角筋的内侧弯折，弯折长度为 15d，弯折水平段长度不小于 0.6l_{abE}。

梁板式转换层的板，下部贯通纵筋在端部支座的直锚长度不小于 0.6l_{abE}。

2）端部支座为剪力墙中间层(图 5-12(c))

(1) 板上部贯通纵筋伸至墙身外侧水平分布筋的内侧弯钩，弯折长度为 15d。弯折水平段长度不小于 0.4l_{ab}(≥0.4l_{abE})。

(2) 板下部贯通纵筋在端部支座的直锚长度不小于 5d，且至少到墙中线；梁板式转换层的板，下部贯通纵筋在端部支座的直锚长度为 l_{aE}。

(3) 图 5-12(c)中括号内的数值用于梁板式转换层的板，当板下部纵筋直锚长度不足时，可弯锚。

3）端部支座为剪力墙顶构造(图 5-12(d)、(e)、(f))

(1) 板端按铰接设计时，板上部贯通纵筋伸至墙身外侧水平分布筋的内侧弯钩，弯折长度为 15d。弯折水平段长度不小于 0.35l_{ab}；板下部贯通纵筋在端部支座的直锚长度不小于 5d，且至少到墙中线。

(2) 板端上部纵筋按充分利用钢筋的抗拉强度时，板上部贯通纵筋伸至墙身外侧水平分布筋的内侧弯钩，弯折长度为 15d。弯折水平段长度不小于 0.6l_{ab}；板下部贯通纵筋在端部支座的直锚长度不小于 5d，且至少到墙中线。

(3) 搭接连接时，板上部贯通纵筋伸至墙身外侧水平分布筋的内侧弯钩，在断点位置低于板底，搭接长度为 l_l，弯折水平段长度为 15d；板下部贯通纵筋在端部支座的直锚长度不小于 5d，且至少到墙中线。

3. 单(双)向板配筋构造

单(双)向板配筋构造如图 5-13 所示。

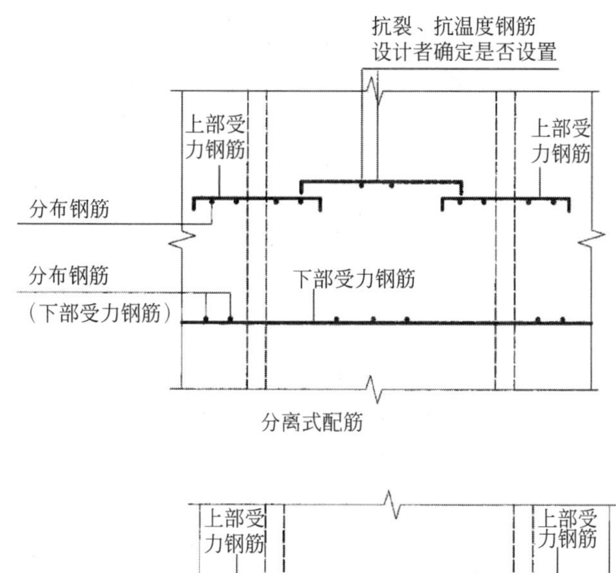

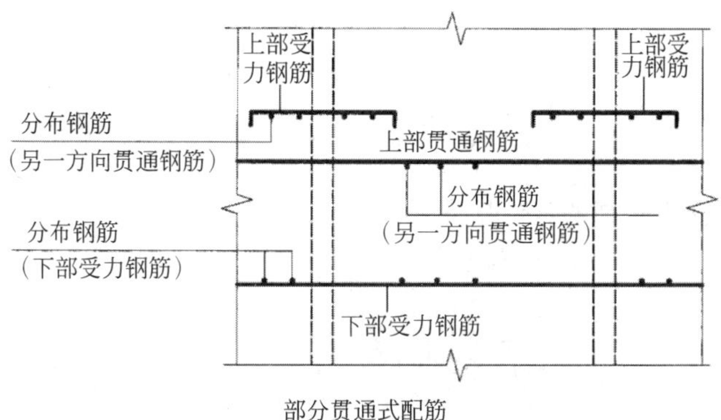

图 5-13 单(双)向板配筋构造示意

(1) 在搭接范围内,相互搭接的纵筋与横向钢筋的每个交叉点均应进行绑扎。

(2) 抗裂构造钢筋自身及其与受力主筋搭接长度为 150mm,抗温度筋自身及其与受力主筋搭接长度为 l_1。

(3) 板上、下贯通筋可兼作抗裂构造筋和抗温度筋。当下部贯通筋兼作抗温度筋时,其在支座的锚固由设计者确定。

(4) 分布钢筋自身及其与受力主筋、构造钢筋的搭接长度为 150mm;当分布钢筋兼作抗温度筋时,其自身及与受力主筋、构造钢筋的搭接长度为 l_1,其在支座的锚固按受拉要求考虑。

4. 悬挑板的钢筋构造

1) 跨内、外板面同高的延伸悬挑板构造

跨内、外板面同高的延伸悬挑板构造如图 5-14 所示。

由于悬臂支座处的负弯矩会在内跨跨中出现负弯矩,因此,可得出以下结论。

(1) 上部钢筋可与内跨板负筋贯通设置或伸入支座内锚固 l_a。

(2) 悬挑较大时,下部配置构造钢筋,铺入支座内不小于 $12d$,并至少伸至支座中心线处。

(3) 括号内数值用于需考虑竖向地震作用时,由设计明确。

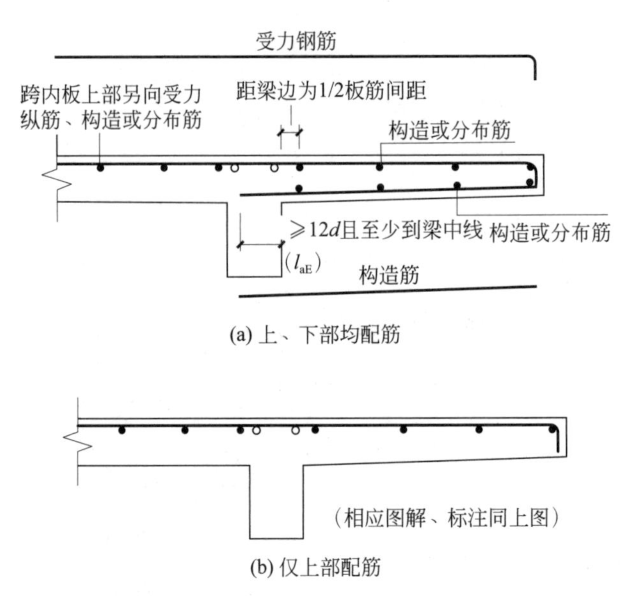

图 5-14 跨内、外板面同高的延伸悬挑板配筋示意

2）跨内、外板面不同高的延伸悬挑板构造

跨内、外板面不同高的延伸悬挑板如图 5-15 所示。

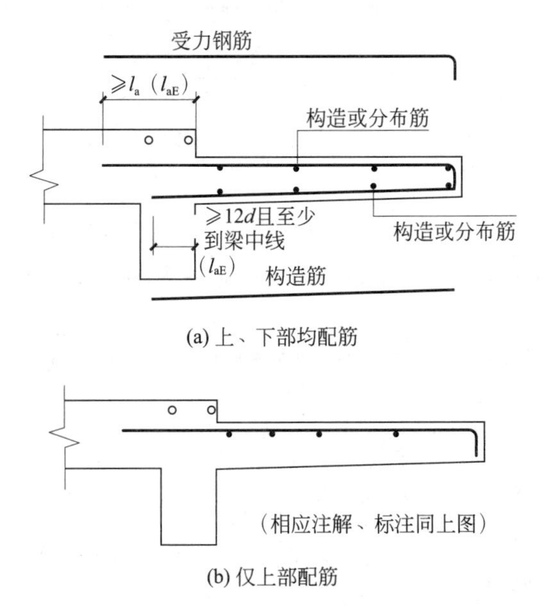

图 5-15 跨内、外板面不同高的延伸悬挑板配筋示意

（1）悬挑板上部钢筋锚入内跨板内直锚 l_a，与内跨板负筋分离配置。

（2）不得弯折连续配置上部受力钢筋。

（3）悬挑较大时，下部配置构造钢筋，锚入支座内不小于 $12d$，并至少伸至支座中心线处。

（4）内跨板的上部受力钢筋的长度，根据板上的均布活荷载设计值与均布恒荷载设计值的比值确定。

(5) 括号内数值用于需考虑竖向地震作用时，由设计明确。

3) 纯悬挑板构造

纯悬挑板如图 5-16 所示。

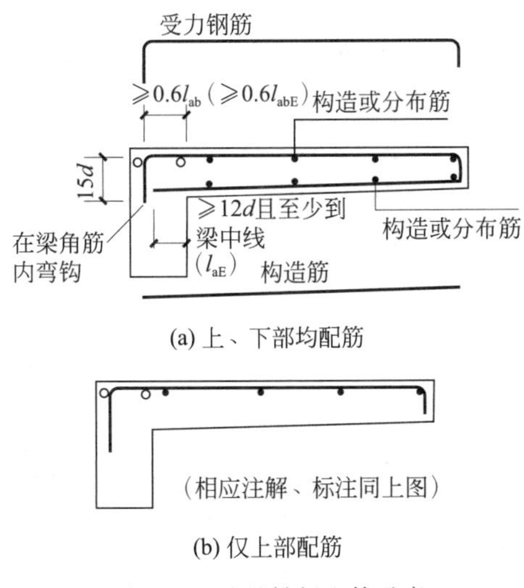

(a) 上、下部均配筋

(b) 仅上部配筋

图 5-16　纯悬挑板配筋示意

(1) 悬挑板上部是受力钢筋，受力钢筋在支座的锚固宜采用 90°弯折锚固，伸至梁远端纵筋内侧下弯。

(2) 悬挑较大时，下部配置构造钢筋，锚入支座内不小于 12d，并至少伸至支座中心线处。

(3) 应注意支座梁抗扭钢筋的配置：支撑悬挑板的梁，钢筋受到扭矩作用，扭力在最外侧两端最大，梁中纵向钢筋在支座内的锚固长度按受力钢筋进行锚固。

(4) 括号内数值用于需考虑竖向地震作用时，由设计明确。

4) 现浇挑檐、现浇雨篷构造

现浇挑檐、现浇雨篷等伸缩缝间距不宜大于 12m，当现浇挑檐、现浇雨篷、现浇女儿墙长度大于 12m 时，考虑其耐久性的要求，要设 2cm 左右的温度间隙，钢筋不能切断，混凝土构件可断。考虑竖向地震作用时，上、下受力钢筋应满足抗震锚固长度要求。

对于复杂高层建筑物中的长悬挑板，由于考虑到负风压产生的吸力，在北方地区高层、超高层建筑物中采用的是封闭阳台，在南方地区很多采用的是非封闭阳台。

悬挑板端部封边构造如图 5-17 所示。

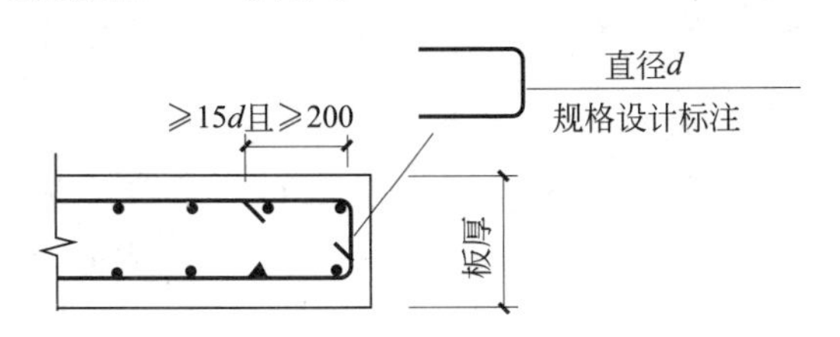

图 5-17　悬挑板端部封边构造示意

当悬挑板板端部厚度不小于 150mm 时，设计者应指定板端部封边构造方式，当采用 U 形钢筋封边时，应指定 U 形钢筋的规格、直径。

5.3.2 有梁楼盖钢筋计算

图 5-18 为有梁楼盖钢筋计算示意图。

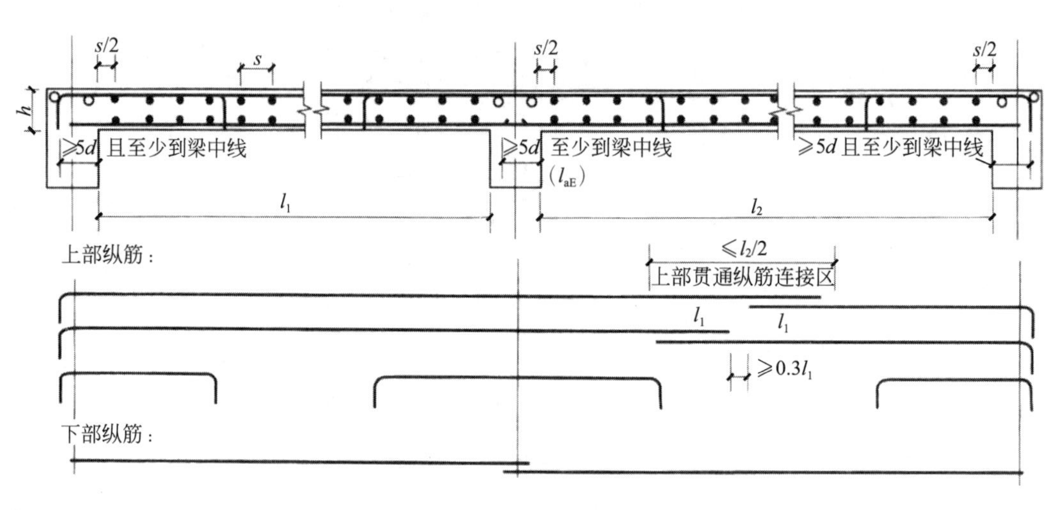

图 5-18 有梁楼盖钢筋计算示意图

1. 板上部贯通筋的计算

1）端支座为梁时板上部贯通筋的计算

（1）计算板上部贯通筋的长度。

按构造要求，板上部贯通纵筋两端伸至梁外侧角筋的内侧，再弯折 15d；当平直段长度分别不小于 0.35l_a 和 l_{aE} 时可不弯折。

板上部贯通筋的长度＝通跨净长（单跨板则为净跨长）＋左、右端支座的锚固长 (5-1)

当平直段长度分别不小于 l_a 和 l_{aE} 时：

左、右端支座的锚固长＝梁截面宽度－保护层厚度－梁角筋直径 (5-2)

当平直段长度分别小于 l_a 和 l_{aE} 时：

左、右端支座的锚固长＝梁截面宽度－保护层厚度－梁角筋直径＋15d (5-3)

（2）计算板上部贯通筋的根数。

按照 22G101-1 图集的规定，第一根贯通纵筋在距梁边为 1/2 板筋间距处开始设置。这样，板上部贯通纵筋的布筋范围就是净跨长度。在这个范围内除以钢筋的间距，所得到的“间隔个数”就是钢筋的根数。

板上部贯通筋根数＝(净跨长度－板筋间距)/板筋间距＋1 (5-4)

2）端支座为剪力墙时板上部贯通筋的计算

（1）计算板上部贯通筋的长度。

按构造要求，板上部贯通纵筋两端应伸至剪力墙外侧水平分布筋内侧，弯折 $15d$。当平直段长度分别不小于 l_a 和 l_{aE} 时，可不弯折。

板上部贯通筋的长度＝通跨净长（单跨板则为净跨长）＋左、右端支座的锚固长 (5-5)

当平直段长度分别不小于 l_a 和 l_{aE} 时：

左、右端支座的锚固长＝梁截面宽度－保护层厚度－剪力墙外侧水平分布筋直径 (5-6)

当平直段长度分别小于 l_a 和 l_{aE} 时：

左、右端支座的锚固长＝剪力墙厚度－保护层厚度－剪力墙外侧水平分布筋直径＋$15d$ (5-7)

（2）计算板上部贯通筋的根数。

按照 22G101-1 图集的规定，第一根贯通纵筋在距墙边为 1/2 板筋间距处开始设置。这样，板上部贯通纵筋的布筋范围就是净跨长度。在这个范围内除以钢筋的间距，所得到的“间隔个数”就是钢筋的根数。

板上部贯通筋根数＝（净跨长度－板筋间距）/板筋间距＋1 (5-8)

2. 板下部贯通筋的计算

1）端支座为梁时板下部贯通纵筋的计算

（1）计算板下部贯通筋的长度。

板下部贯通纵筋长度＝净跨长度＋左、右端支座的锚固长 (5-9)

端支座的锚固长＝$\max(b/2,5d)$ (5-10)

式中：b——梁宽。

（2）计算板下部贯通筋的根数。

计算方法和板上部贯通筋根数算法一致，即

板上部贯通筋根数＝（净跨长度－板筋间距）/板筋间距＋1 (5-11)

2）端支座为剪力墙时板下部贯通筋的计算

端支座为剪力墙时，板下部贯通筋长度计算方法与端支座为梁时的方法相同，注意将公式中梁宽 b 换成剪力墙墙厚即可。端支座为剪力墙时，板下部贯通筋根数计算公式与式(5-11)相同。

3. 板上部非贯通筋计算（扣筋计算）

板支座上部非贯通筋又称为扣筋，是在板中应用得比较多的一种钢筋，在一个楼层当中，扣筋的种类是最多的。扣筋的形状为类似“Π”形，其中有两条腿和一个水平段，即

扣筋长度＝两条腿长＋水平段长　(5-12)

1）端支座处扣筋长度的计算

如图 5-19 中①号筋，一段伸入端支座(梁或剪力墙)内，一端伸入板内，按 22G101 图集制图规则和构造要求：

①号扣筋长度＝左端支座锚固长＋水平段净长＋右边腿长　(5-13)

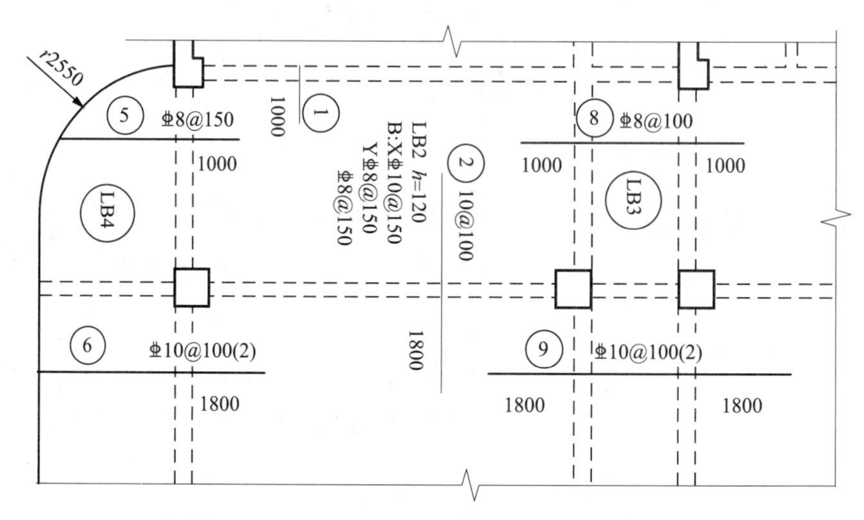

图 5-19　板上部非贯通筋示意图

左端支座锚固长度由板上部筋在端支座的构造决定。

左端支座锚固长度＝梁宽(或剪力墙厚度)－保护层厚度
　　　　－梁角筋直径(剪力墙外侧水平分布筋直径)＋15d　(5-14)

水平段净长＝平面图示标注水平段长－梁宽(或剪力墙厚度)/2　(5-15)

右边腿长＝板厚－2×保护层厚度　(5-16)

2）中间支座扣筋长度的计算

如图 5-19 中②号筋，仅在梁的一侧标注了延伸值，表明该钢筋向支座两侧对称延伸。

②号扣筋长度＝标注的延伸值×2＋(板厚－2×保护层厚度)×2　(5-17)

若支座两边板厚不同，则

②号扣筋长度＝标注的延伸值×2＋支座左侧板厚＋支座右侧板厚－2×保护层厚度　(5-18)

若支座两侧延伸值不同，则

②号扣筋长度＝标注的左延伸值＋右延伸值＋支座左侧板厚＋支座右侧板厚
　　　　－2×保护层厚度　(5-19)

3）横跨两道梁的扣筋长度

如图 5-19 中⑧号筋，横跨两道梁，此时扣筋横跨短跨全跨，在两道梁之外都有延伸，则

⑧号扣筋长度＝标注的左侧延伸长度＋两梁的中心间距＋右侧延伸长度
＋板厚－2×保护层厚度　　(5-20)

4）贯通全悬挑长度的扣筋长度

如图 5-19 中⑥号筋，贯通悬挑板全长，按 22G101 制图规则，仅标注向板内延伸的延伸值，覆盖延伸悬挑板一侧的延伸长度不做标注。此时，

⑥号扣筋长度＝(板厚－保护层厚度×2)×2＋悬挑板挑出长度(净长度)
－保护层厚度＋梁宽/2＋标注的延伸长度　　(5-21)

扣筋的根数与板上部贯通筋根数的计算方法相同，如果扣筋的分布范围为多跨，则按跨计算根数，相邻两跨之间的梁(墙)上不布置扣筋。

5）扣筋的分布筋

扣筋分布筋的长度没必要按全长计算。因为在楼板角部矩形区域，横、竖两个方向的扣筋相互交叉，互为分布筋，所以这个角部矩形区域不需再设置扣筋的分布筋。分布钢筋的功能与梁上部架立筋类似，与板角部区域的扣筋搭接长度为 150mm。故

扣筋分布筋的长度＝分布筋平行方向的板净跨－同方向两边支座的扣筋净延伸值
＋2×150　　(5-22)

同方向两边支座的扣筋净延伸值＝平面图标注的延伸值－支座宽/2　　(5-23)

扣筋分布筋的根数按以下原则计算：扣筋拐角处必须布置一根分布筋；在扣筋的直段范围内，按分布筋间距进行布筋。板分布筋的直径和间距在结构施工图的说明中应该有明确的规定；当扣筋横跨梁(墙)支座时，在梁(墙)的宽度范围内不布置分布筋。也就是说，这时要分别对扣筋的两个延伸净长度计算分布筋的根数。

扣筋分布筋的根数＝扣筋的直段范围/分布筋间距＋1　　(5-24)

5.4　无梁楼盖平法施工图识图

5.4.1　无梁楼盖平法施工图的表示方法

无梁楼盖平法施工图是在楼面板和屋面板布置图上，采用平面注写的表达方式。板平面注写主要有板带集中标注、板带支座原位标注两部分内容，如图 5-20 所示。

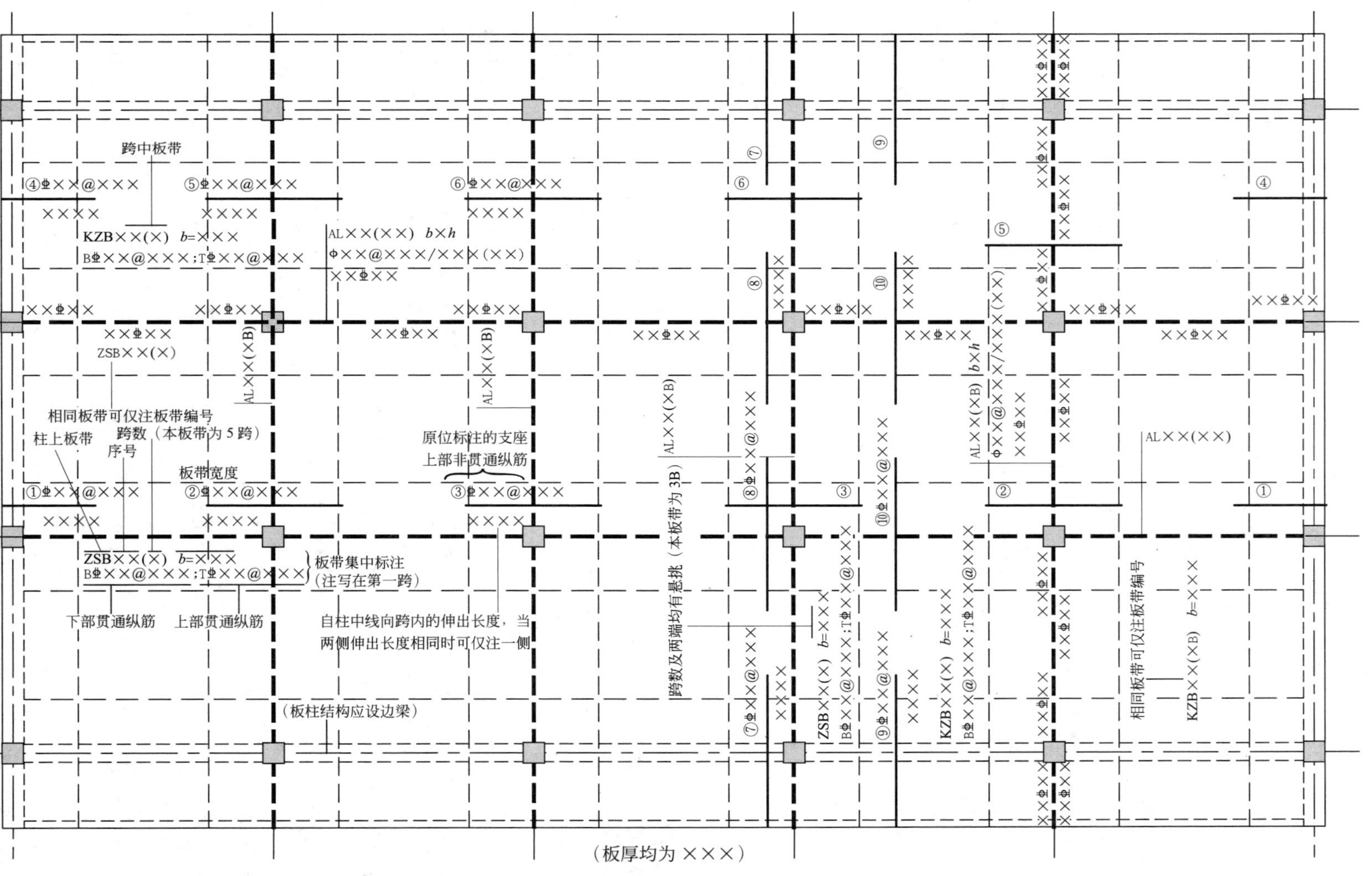

图 5-20　无梁楼盖板注写方式

5.4.2 板带集中标注

集中标注应在板带贯通纵筋配置相同跨的第一跨(X向为左端跨,Y向为下端跨)注写。对于相同编号的板带,可择其一作集中标注,其他仅注写板带编号(注在圆圈内)。

板带集中标注的具体内容为板带编号、板带厚及板带宽和贯通纵筋。

板带编号应符合表5-2的规定。

表5-2 板带编号

板带类型	代号	序号	跨数及有无悬挑
柱上板带	ZSB	××	(××).(××A)或(××B)
跨中板带	KZB	××	(××)、(××A)或(××B)

注:① 跨数按柱网轴线计算(两相邻柱轴线之间为一跨)。

② (××A)为一端有悬挑,(××B)为两端有悬挑,悬挑不计入跨数。

板带厚注写为 $h=×××$,板带宽注写为 $b=×××$。当无梁楼盖整体厚度和板带宽度已在图中注明时,此项可不标注。

贯通纵筋按板带下部和板带上部分别注写,并以"B"代表下部,"T"代表上部,"B&T"代表下部和上部。当采用放射配筋时,设计者应注明配筋间距的度量位置,必要时补绘配筋平面图。

设计与施工时,应注意相邻等跨板带上部贯通纵筋应在跨中1/3净跨长范围内连接;当同向连续板带的上部贯通纵筋配置不同时,应将配置较大者越过其标注的跨数终点或起点伸至相邻跨的跨中连接区域连接。

设计时,应注意板带中间支座两侧上部贯通纵筋的协调配置,施工及预算应按具体设计和相应标准构造要求实施。等跨与不等跨板上部贯通纵筋的连接构造要求见相关标准构造详图;当具体工程对板带上部纵向钢筋的连接有特殊要求时,其连接部位及方式应由设计者注明。

当局部区域的板面标高与整体不同时,应在无梁楼盖的板平法施工图上注明板面标高高差及分布范围。

5.4.3 板带原位标注

板带支座原位标注的具体内容为板带支座上部非贯通纵筋。

以一段与板带同向的中粗实线段代表板带支座上部非贯通纵筋;对柱上板带,用实线段贯穿柱上区域绘制;对跨中板带,用实线段横贯柱网轴线绘制。在线段上方注写钢筋编号(如①、②等)、配筋值,在线段下方注写自支座中线向两侧跨内的伸出长度。

当板带支座非贯通纵筋自支座中线向两侧对称伸出时,其伸出长度可仅在一侧注写;当配置在有悬挑端的边柱上时,该筋伸出到悬挑尽端,设计不标注。当支座上部非贯通纵筋呈放射状分布时，设计者应注明配筋间距的定位位置。

不同部位的板带支座上部非贯通纵筋相同时，可在一个部位注写，其余则在代表非贯通纵筋的线段上注写编号。

当板带上部已经配有贯通纵筋，但需增加配置板带支座上部非贯通纵筋时，应结合已配同向贯通纵筋的直径与间距，采取“隔一布一”的方式配置。

5.4.4 暗梁的表示方法

暗梁平面注写包括暗梁集中标注、暗梁支座原位标注两部分内容。施工图中在柱轴线处画中粗虚线表示暗梁。

暗梁集中标注包括暗梁编号、暗梁截面尺寸（箍筋外皮宽度×板厚）、暗梁箍筋、暗梁上部通长筋或架立筋四部分内容。暗梁编号应符合表 5-3 的规定。

表 5-3 暗梁编号

构件类型	代号	序号	跨数及有无悬挑
暗梁	AL	××	(××).(××A)或(××B)

注：① 跨数按柱网轴线计算（两相邻柱轴线之间为一跨）。

② (××A)为一端有悬挑，(××B)为两端有悬挑，悬挑不计入跨数。

暗梁支座原位标注包括梁支座上部纵筋、梁下部纵筋。当在暗梁上集中标注的内容不适用于某跨或某悬挑端时，则将其不同数值标注在该跨或该悬挑端，施工时按原位注写取值。

当设置暗梁时，柱上板带及跨中板带标注方式与板带集中标注和板支座原位标注的内容一致。柱上板带标注的配筋仅设置在暗梁之外的柱上板带范围内。

暗梁中纵向钢筋连接、锚固及支座上部纵筋伸出长度等要求与轴线处柱上板带中纵向钢筋相同。

5.5 无梁楼盖配筋构造解读

5.5.1 板带纵向钢筋构造

板带纵向钢筋构造如图 5-21 和图 5-22 所示。

当相邻等跨或不等跨的上部贯通纵筋配置不同时，应将配置较大者越过其标注的跨数终点或起点，伸出至相邻跨的跨中连接区域连接。

柱上板带上部贯通纵筋的连接区在跨中区域；上部非贯通纵筋向跨内延伸长度按设计标注；非贯通纵筋的端点是上部贯通纵筋连接区的起点。

跨中板带上部贯通纵筋连接区在跨中区域；下部贯通纵筋连接区的位置在正交方向柱上板带的下方。

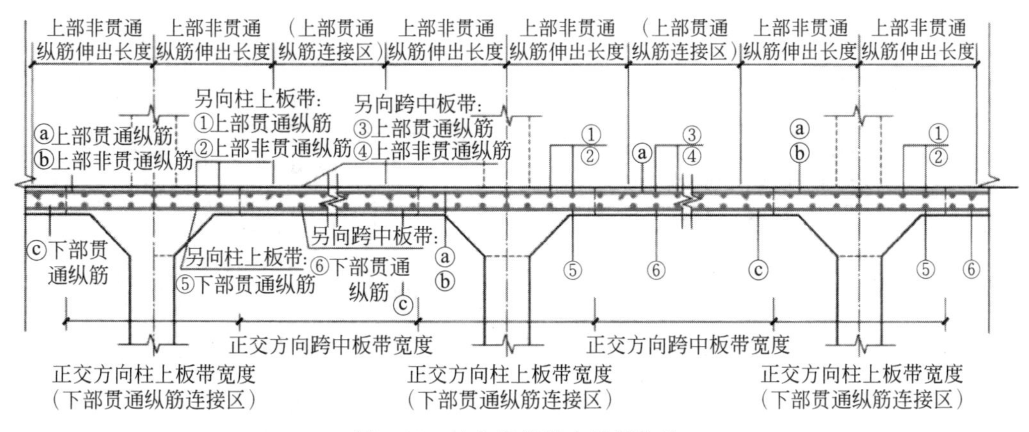

图 5-21　柱上板带纵向钢筋构造

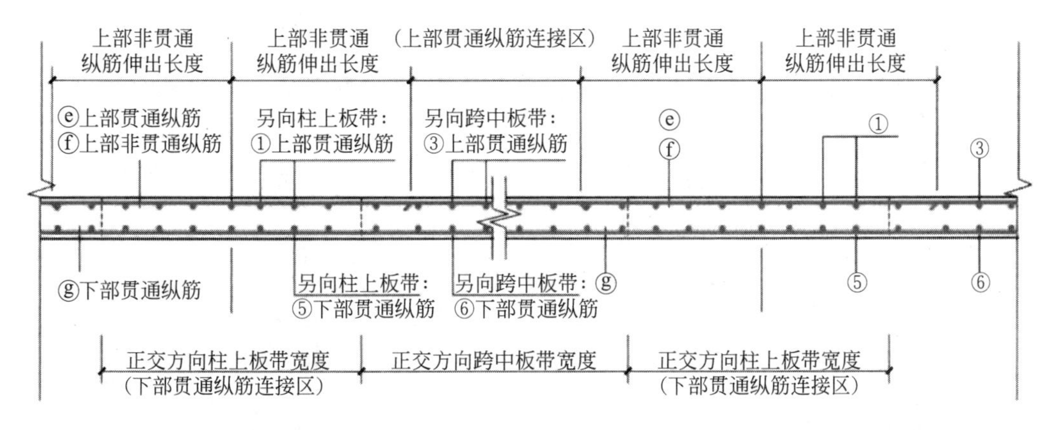

图 5-22　跨中板带纵向钢筋构造

在连接区域内，板贯通纵筋也可采用机械连接或焊接连接。

板各部位同一层面的两向交叉纵筋的方向应按具体设计说明。

无梁楼盖柱上板带内贯通纵筋搭接长度应为 l_{lE}。无柱帽柱上板带的下部贯通纵筋宜在距柱面 2 倍板厚以外连接，采用搭接时，钢筋端部宜设置垂直于板面的弯钩。

5.5.2　板带端支座纵向钢筋构造

板带端支座纵向钢筋构造如图 5-23 所示。

(1) 图 5-23 中，柱上板带上部贯通纵筋与非贯通纵筋伸至柱内侧弯折 $15d$，水平段锚固长度不小于 $0.6l_{abE}$。跨中板带上部贯通纵筋与非贯通纵筋伸至柱内侧弯折 $15d$，当设计按铰接时，水平段锚固长度不小于 $0.35l_{ab}$；当设计充分利用钢筋的抗拉强度时，水平段锚固长度不小于 $0.6l_{ab}$。

(2) 跨中板带与剪力墙墙顶连接时，图 5-23(d)的做法由设计指定。

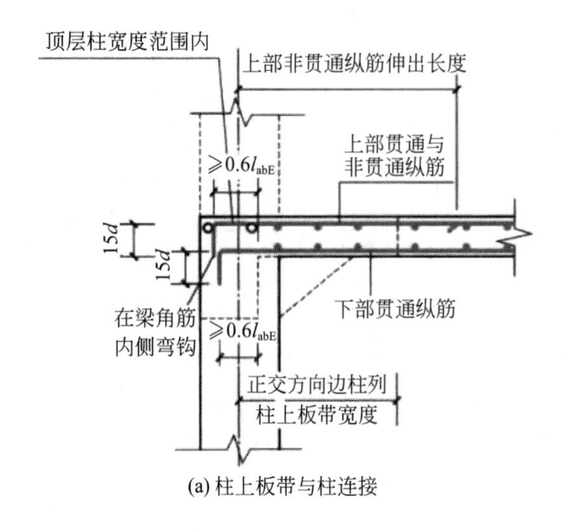

(a) 柱上板带与柱连接

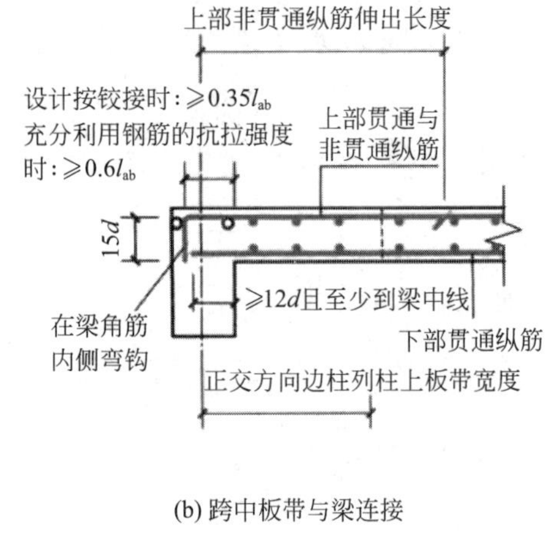

(b) 跨中板带与梁连接

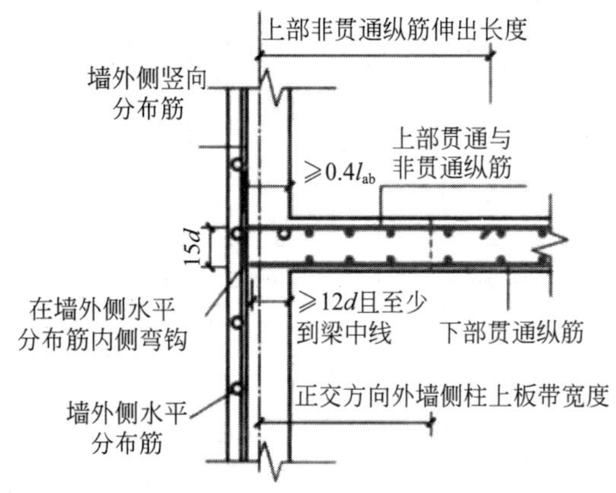

(c) 跨中板带与剪力墙中间层连接

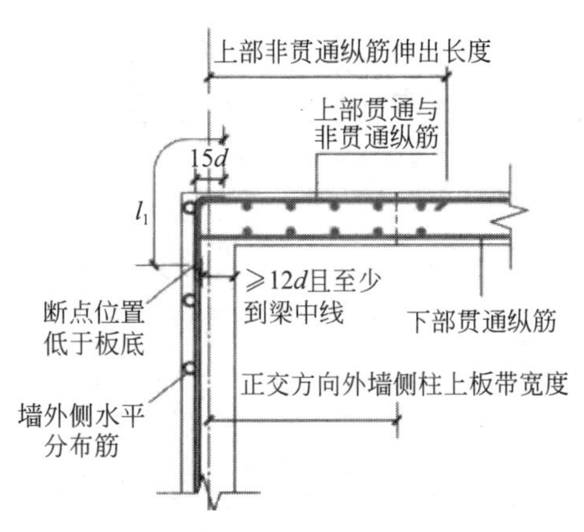

(d) 跨中板带与剪力墙墙顶连接（搭接）

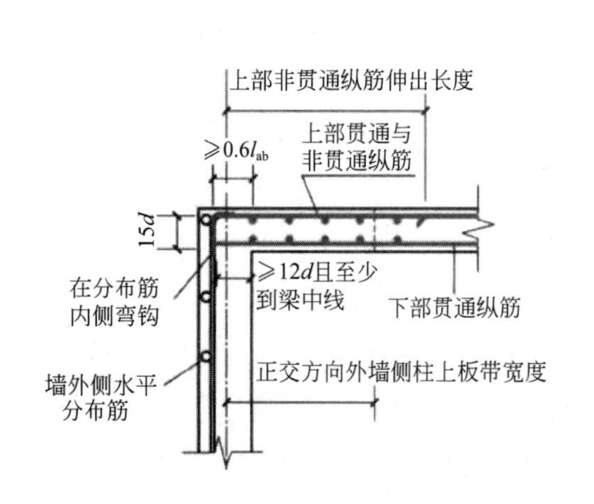

(e) 柱上板带与剪力墙顶层连接
（板端上部纵筋按充分利用钢筋抗拉强度时）

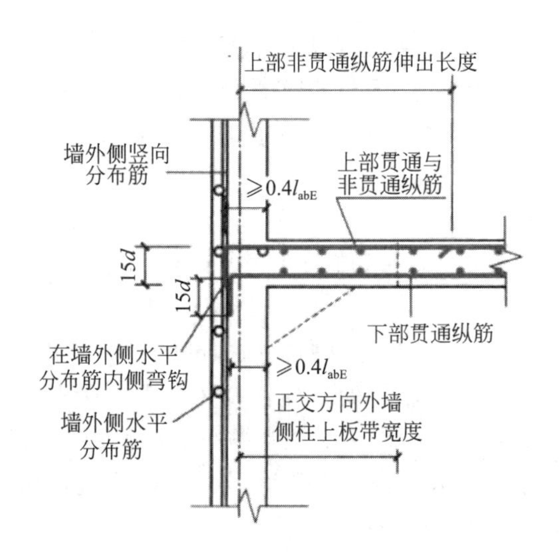

(f) 柱上板带与剪力墙中间层连接

图 5-23　板带端支座纵向钢筋构造

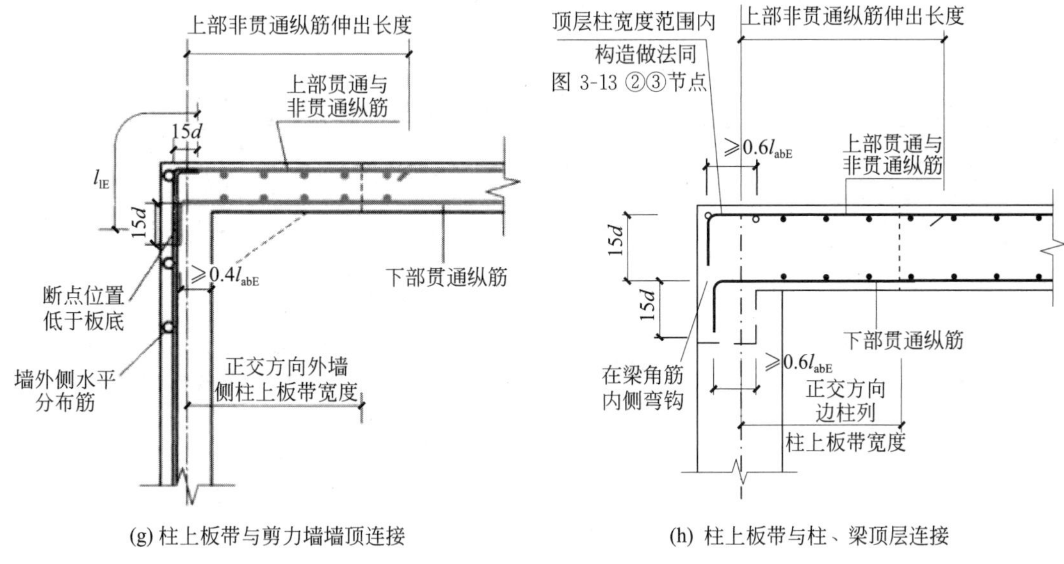

(g) 柱上板带与剪力墙墙顶连接　　(h) 柱上板带与柱、梁顶层连接

图　5-23(续)

5.5.3　板带悬挑端纵向钢筋构造

板带悬挑端纵向钢筋构造如图 5-24 所示。

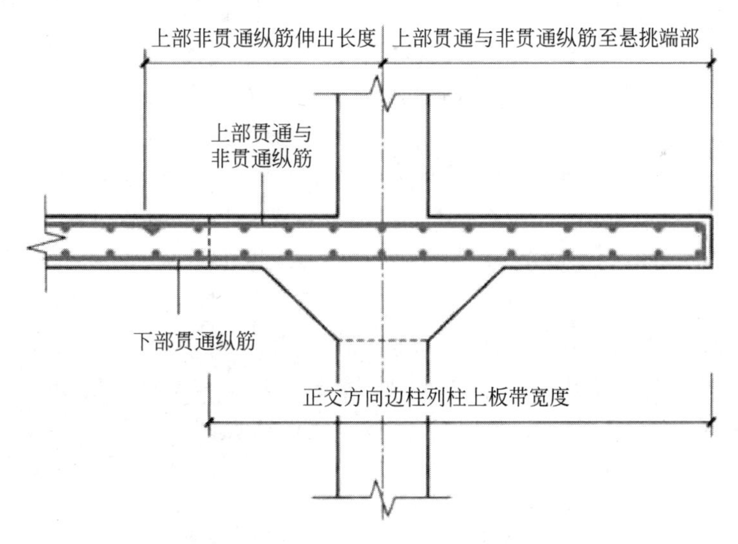

图 5-24　板带悬挑端纵向钢筋构造示意

5.5.4　柱上板带暗梁钢筋构造

柱上板带暗梁钢筋构造分为无柱帽和有柱帽两种情况，无柱帽板带暗梁钢筋构造如图 5-25(a)所示，有柱帽板带暗梁钢筋构造如图 5-25(b)所示。

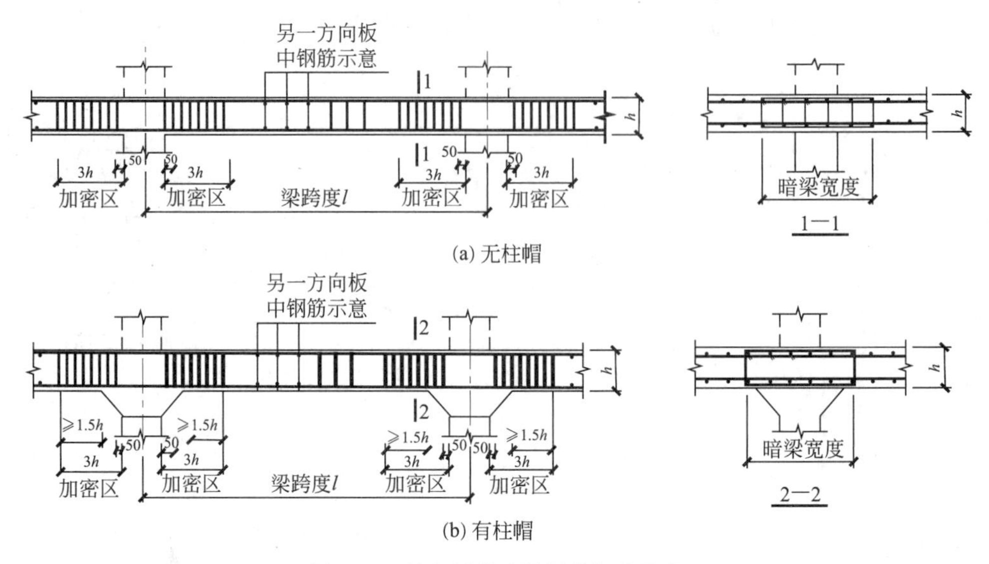

图 5-25　柱上板带暗梁钢筋构造示意

5.6　有梁楼盖施工图识图及钢筋算量实例

本节将通过对平法楼板配筋施工图的识读，学习绘制板的纵向剖面配筋图的步骤和方法。通过对板的端支座、中间支座等关键部位钢筋锚固长度等的计算，巩固、理解并最终能熟练掌握有梁楼盖板的钢筋排布构造，通过计算板内各种钢筋的长度，进一步了解各类钢筋在板内的配置和排布情况，达到正确识读板平法配筋图以及计算钢筋长度的目的。

工学结合案例 1 中楼板平法施工图采用了平面注写方式进行绘制，图 5-26 是 9.3 节中 7.200m 标高板配筋图(结施—10)的 5～6 轴和 A～D 轴围成的楼板(LB1)。从设计总说明和结施—10 中可以得出以下信息：板厚为 120mm，混凝土强度为 C30；周边梁的断面尺寸为 250mm×500mm；梁的保护层厚度 c_1 为 20mm，板的保护层厚度 c_2 为 15mm。图中未注明的支座负筋为Φ8@200，图中未画出的板底筋双向拉通配Φ8@200，板的上部分布筋为Φ6@200。从结施—9 中可以找出板周边各梁的尺寸及钢筋信息。试识读 LB1 平法施工图，计算板内各种钢筋的长度及根数，并汇总成钢筋材料明细表。

5.6.1　识读板平法施工图

图 5-26 中未标注板底双向钢筋和上层筋的分布筋，但设计说明和 9.3 节中结施—10 已经给出相关信息，并在上面的条件中已经说明，从图中可以看出，板阴影部分标高比非阴影部分标高低 50mm。板的配筋在板底为双向Φ8@200，板顶没有上部贯通筋，仅在支座位置配有支座负筋，支座负筋大部分为Φ8@200，仅在 KL6 长跨的位置配置Φ10@200 的支座负筋。

为方便计算和表述，先对板筋进行编号。板配筋编号如图 5-27 所示。

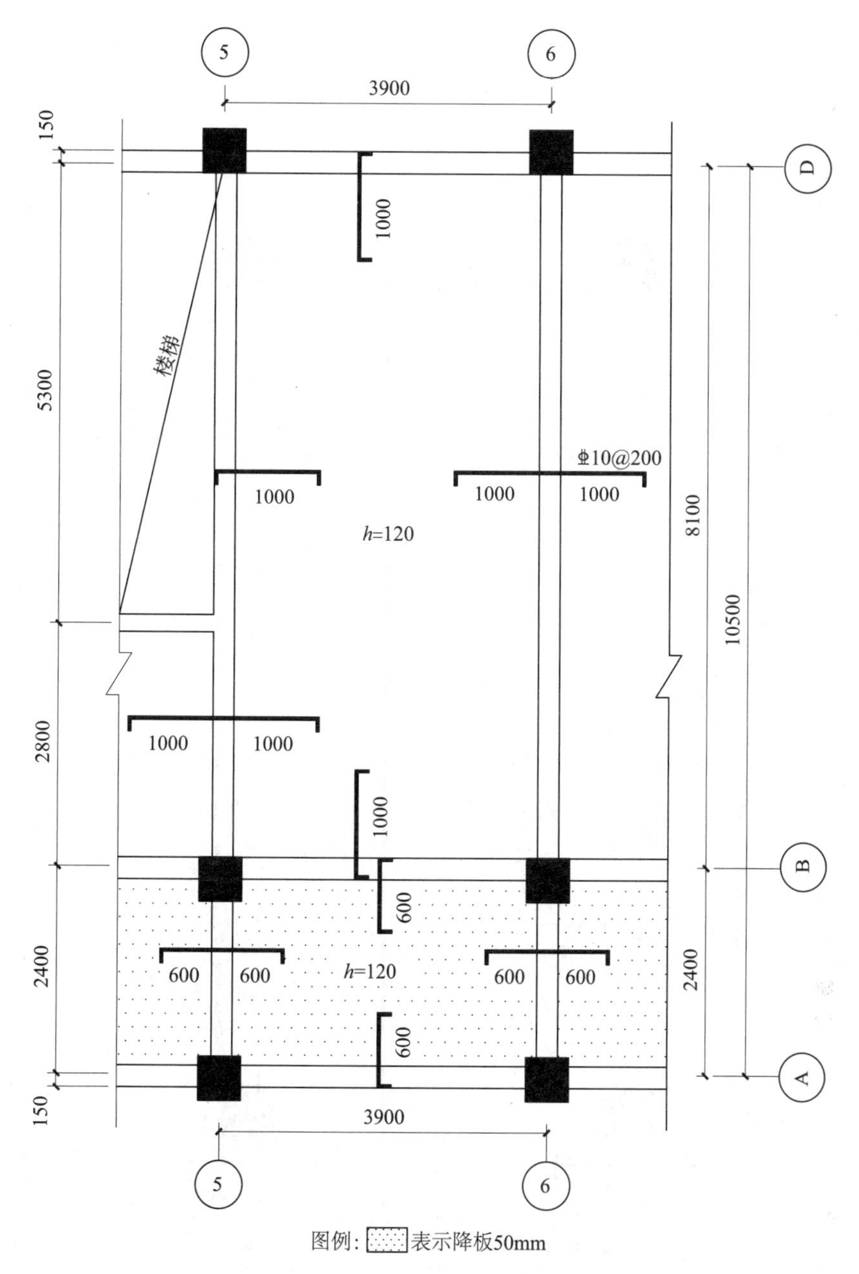

图 5-26　LB1 板平法配筋图

5.6.2　计算板筋长度

沿板的 X 向、Y 向切纵剖面和横剖面配筋图，将平面图中的钢筋对应到剖面图中，如图 5-28 所示，结合平面图和剖面图，根据有梁板配筋构造计算各钢筋长度和根数。

板底钢筋构造为伸至支座长度为 $\max(b/2,5d)$，因 KL5 中线与⑤轴线相距 25mm，而 KL6 中线与⑥轴线位置重合，第一根钢筋起步距离距梁边为板筋间距的一半。

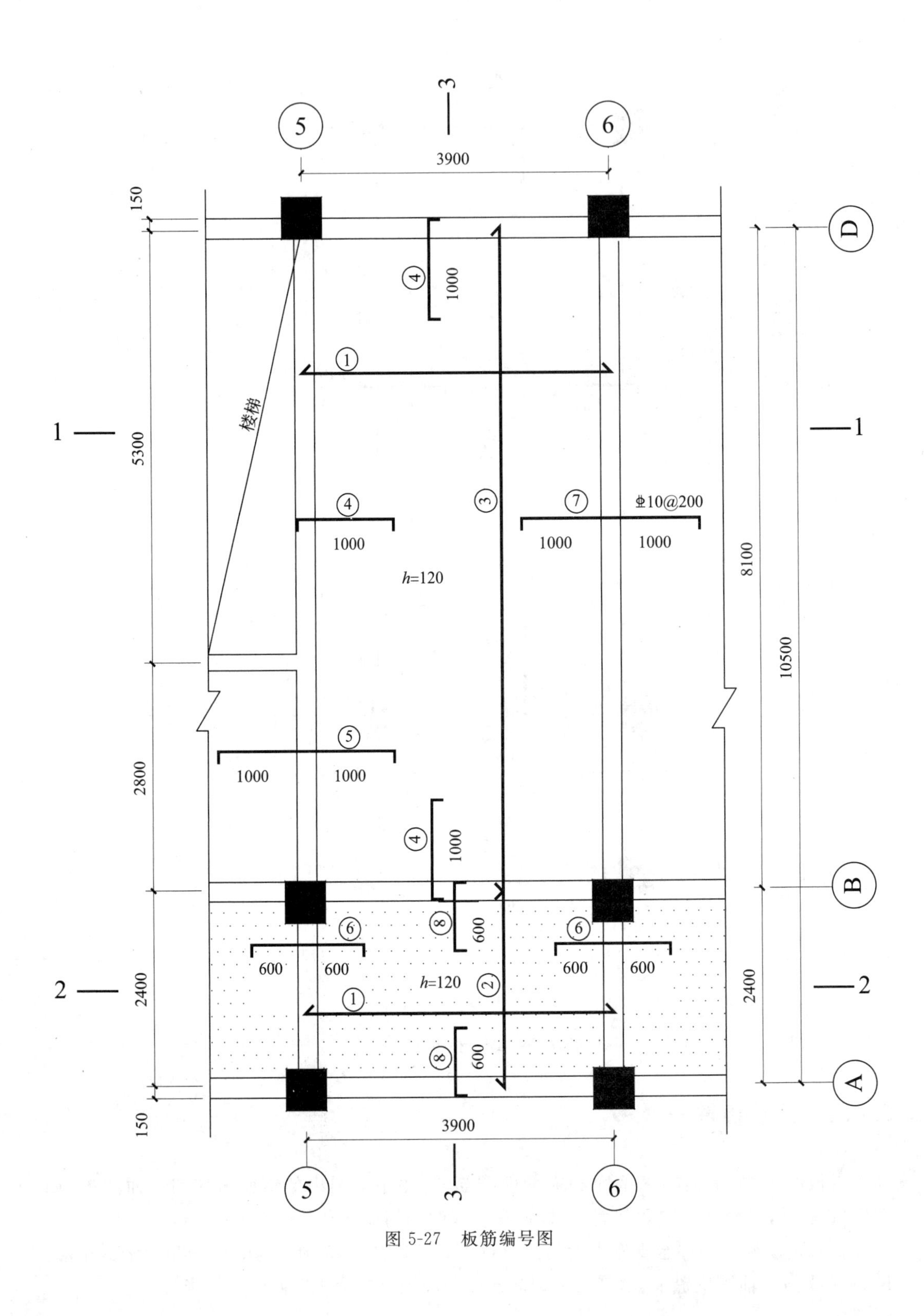

5
6
3
3900
150
5300
2800
2400
150
8100
10500
2400
D
B
A
1
1
2
2
楼梯
①
②
③
④
⑤
⑥
⑦
⑧
1000
600
Φ10@200
h=120

图 5-27　板筋编号图

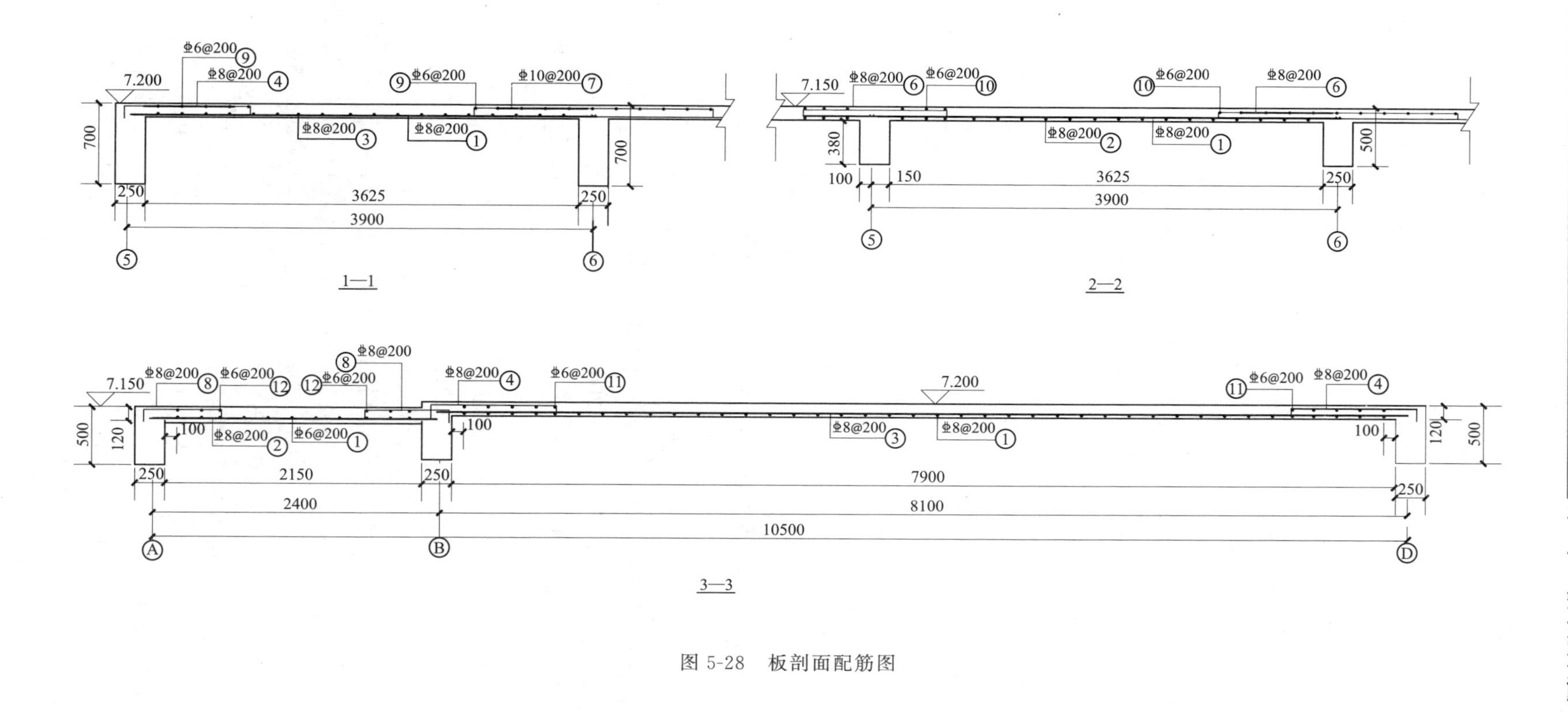

图 5-28 板剖面配筋图

(1) 板底①号筋长度=3900−25=3875(mm)

根数=(2150−100×2)/200+1+(7900−100×2)/200+1=11+1+40+1=53(根)

(2) 板底②号筋长度=2400(mm)

根数=(3625−100)×2)/200+1=19(根)

(3) 板底③号筋长度=7900+250×2=8400(mm)

根数=(3625−100)×2)/200+1=19(根)

(4) 板顶负筋④号筋长度=端支座弯折 $15d$+直段长+弯折=15×8+(1000+支座半宽−梁保护层厚度−梁纵筋直径)+(板厚−板保护层厚×2)

=15×8+(1000+125−20−20)+(120−15×2)

=1295(mm)

根数 n_1=[净跨−(板筋间距/2)×2]/200+1

=[(5300−100×2)−(200/2)×2]/200+1=26(根)

根数 n_2=[3625−(板筋间距/2)×2]/200+1

={[3625−(200/2)×2]/200+1}×2=19×2=38(根)

合计一共 26+38=64(根)

(5) 板顶负筋⑤号筋长度=直段长+弯折=(1000+1000)+(板厚−板保护层厚×2)×2

=2000+(120−15×2)×2

=2180(mm)

根数=[净跨−(板筋间距/2)×2]/200+1

=[(2800−100×2)−(200/2)×2]/200+1=13(根)

(6) 板顶负筋⑥号筋长度=直段长+弯折=(600+600)+(板厚−板保护层厚×2)×2

=1200+(120−15×2)×2

=1380(mm)

根数={[净跨−(板筋间距/2)×2]/200+1}×2

={[(2400−100−125)−(200/2)×2]/200+1}×2=22(根)

(7) 板顶负筋⑦号筋长度=直段长+弯折=(1000+1000)+(板厚−板保护层厚×2)×2

=2000+(120−15×2)×2

=2180(mm)

根数=[净跨−(板筋间距/2)×2]/200+1

=[(8100−100×2)−(200/2)×2]/200+1=40(根)

(8) 板顶负筋⑧号筋长度=端支座弯折 $15d$+直段长+弯折=15×8+(600+支座半宽−梁保护层厚度−梁纵筋直径)+(板厚−板保护层厚×2)

=15×8+(600+125−20−20)+(120−15×2)

=895(mm)

根数={[净跨−(板筋间距/2)×2]/200+1}×2

={[3625−(200/2)×2]/200+1}×2=19×2=38(根)

(9) ⑤轴板顶负筋④号筋、⑤号筋和⑦号筋的分布筋(⑨号筋)长度计算:

⑨号筋长度=(8100+25+25−1000×2)+150×2=6450(mm)

根数=[(1000−125)/200+1]×2=6×2=12(根)

(10) ⑥号筋的分布筋(⑩号筋)长度计算:

⑩号筋长度=(2400－25＋25－600×2)＋150×2＝1500(mm)

根数＝[(600－125)/200＋1]×2＝4×2＝8(根)

(11) B轴、D轴板顶负筋④号筋的分布筋(11号筋)长度计算:

⑪号筋长度＝(3900－25－1000×2)＋150×2＝2175(mm)

根数＝[(1000－125)/200＋1]×2＝6×2＝12(根)

(12) A轴、B轴板顶负筋⑧号筋的分布筋(12号筋)长度计算:

⑫号筋长度＝(3900－25－600×2)＋150×2＝2975(mm)

根数＝[(600－125)/200＋1]×2＝4×2＝8(根)

5.6.3 绘制板钢筋材料明细表

LB1板钢筋材料明细表见表5-4。

表5-4　LB1板钢筋材料明细表

编号	钢筋简图/mm	规格/mm	长度/mm	数量/根
1	3875	ф8	3875	53
2	2400	ф8	2400	19
3	8400	ф8	8400	19
4	120 ┌ 1085 ┐ 90	ф8	1295	64
5	90 ┌ 2000 ┐ 90	ф8	2180	13
6	90 ┌ 1200 ┐ 90	ф8	1380	22
7	90 ┌ 2180 ┐ 90	ф10	3080	40
8	120 ┌ 685 ┐ 90	ф8	895	38
9	6450	ф6	6450	12
10	1500	ф6	1500	8
11	2175	ф6	2175	12
12	2975	ф6	2975	8

第6章 板式楼梯施工图识图与钢筋算量

6.1 楼梯分类及构造组成

6.1.1 楼梯分类

从结构上划分，现浇混凝土楼梯可以分为板式楼梯、梁式楼梯、悬挑楼梯和旋转楼梯等。

1. 板式楼梯

板式楼梯的踏步段是一块斜板，这块踏步段斜板支承在高端梯梁和低端梯梁上，或者直接与高端平板和低端平板连成一体。

2. 梁式楼梯

梁式楼梯踏步段的左、右两侧是两根楼梯斜梁，把踏步板支承在楼梯斜梁上，这两根楼梯斜梁支承在高端梯梁和低端梯梁上，而高端梯梁和低端梯梁一般都是两端支承在墙或者柱上。

3. 悬挑楼梯

悬挑楼梯的梯梁一端支承在墙或者柱上，形成悬挑梁的结构，踏步板支承在梯梁上；也有的悬挑楼梯直接把楼梯踏步做成悬挑板（一端支承在墙或者柱上）。

4. 旋转楼梯

旋转楼梯一改普通楼梯两个踏步段曲折上升的形式，而采用围绕一个轴心螺旋上升的做法。旋转楼梯往往与悬挑楼梯相结合，作为旋转中心的柱就是悬挑踏步板的支座，楼梯踏步围绕中心柱形成一个螺旋向上的踏步形式。

22G101-2 标准图集只适用于现浇混凝土板式楼梯。

6.1.2 楼梯构造组成

板式楼梯所包含的构件一般有踏步段、层间平板、层间梯梁、楼层梯梁和楼层平板等（图 6-1）。

1. 踏步段

任何楼梯都包含踏步段。每个踏步的高度和宽度应该相等。根据“以人为本”的设计原则，每个踏步的楼层平板宽度和高度一般以上、下楼梯舒适为准，例如，踏步高度为 150mm，踏步宽度为 280mm。而每个踏步的高度和宽度之比，决定了整个踏步段斜板的斜率。

2. 层间平板

楼梯的层间平板就是人们常说的休息平台。在 22G101-2 图集中，两跑楼梯包含层间

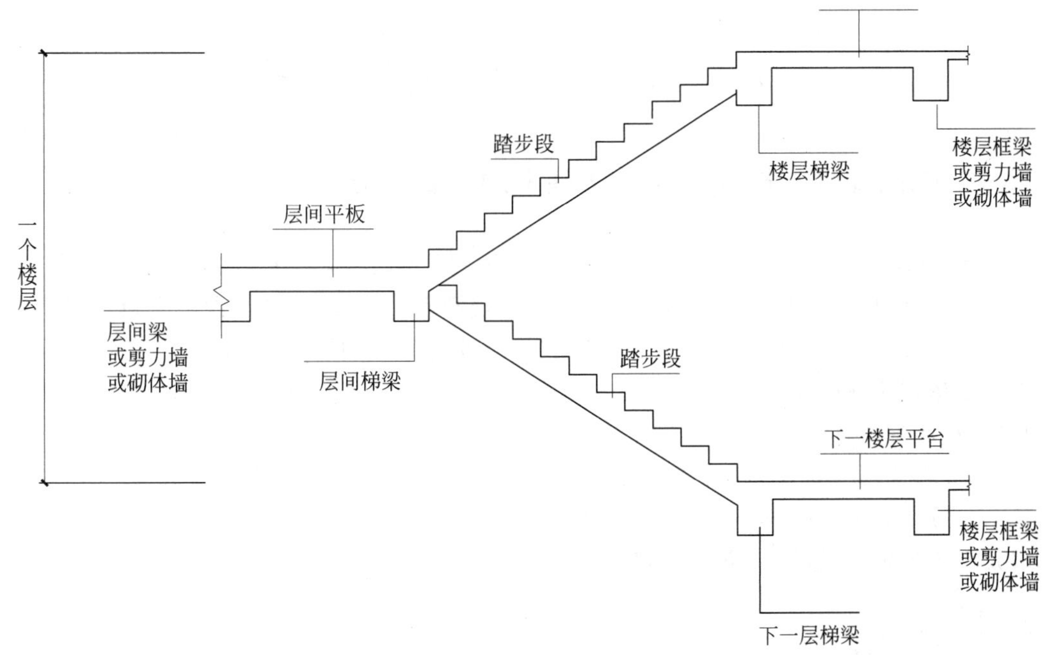

图 6-1　板式楼梯构造组成

平板，而一跑楼梯不包含层间平板，在这种情况下，楼梯间内部的层间平板就应该另行按平板进行计算。

3. 层间梯梁

楼梯的层间梯梁起支承层间平板和踏步段的作用。22G101-2 图集的一跑楼梯需要有层间梯梁的支承，但是一跑楼梯本身不包含层间梯梁，所以在计算钢筋时，需要另行计算层间梯梁的钢筋。22G101-2 图集的两跑楼梯没有层间梯梁，其高端踏步段斜板和低端踏步段斜板直接支承在层间平板上。

4. 楼层梯梁

楼梯的楼层梯梁起支承楼层平板和踏步段的作用。22G101-2 图集的一跑楼梯需要有楼层梯梁的支承，但是一跑楼梯本身不包含楼层梯梁，所以在计算钢筋时，需要另行计算楼层梯梁的钢筋。22G101-2 图集的两跑楼梯分为两类：FT、GT 型楼梯没有楼层梯梁，其高端踏步段斜板和低端踏步段斜板直接支承在楼层平板上。这两种楼梯本身不包含楼层梯梁，所以在计算钢筋时，需要另行计算楼层梯梁的钢筋。

221G101-2 图集第 1-5 页第 2.2.10 条规定了梯梁的构造做法："梯梁支承在梯柱上时，其构造做法按 22G101-1 中框架梁(KL)的构造做法，箍筋宜全长加密。"

5. 楼层平板

楼层平板就是每个楼层中连接楼层梯梁或踏步段的平板，但并不是所有楼梯间都包含楼层平板。22G101-2 图集的两跑楼梯中的 FT、GT 型楼梯包含楼层平板，而一跑楼梯不包含楼层平板，在计算钢筋时，需要另行计算楼层平板的钢筋。

6.2 板式楼梯平法施工图识图

6.2.1 现浇混凝土板式楼梯平法施工图的表示方法

（1）现浇混凝土板式楼梯平法施工图，包括平面注写、剖面注写和列表注写三种表达方式。《混凝土结构施工图平面整体表示方法制图规则和构造详图（现浇混凝土板式楼梯）》(22G101-2)制图规则主要表述梯板的表达方式，与楼梯相关的平台板、梯梁、梯柱的注写方式参见国家建筑标准设计图集《混凝土结构施工图平面整体表示方法制图规则和构造详图（现浇混凝土框架、剪力墙、梁、板）》(22G101-1)。

（2）楼梯平面布置图，应采用适当比例集中绘制，需要时，应绘制其剖面图。

（3）为方便施工，在集中绘制的板式楼梯平法施工图中，应当用表格或其他方式注明各结构层的楼面标高、结构层高及相应的结构层号。

6.2.2 板式楼梯类型

现浇混凝土板式楼梯包含 14 种类型，见表 6-1。

表 6-1 板式楼梯类型

梯板代号	适用范围		是否参与结构整体抗震计算
	抗震构造措施	适用结构	
AT	无	剪力墙、砌体结构	不参与
BT			
CT	无	剪力墙、砌体结构	不参与
DT			
ET	无	剪力墙、砌体结构	不参与
FT			
GT	无	剪力墙、砌体结构	不参与
ATa	有	框架结构、框剪结构中框架部分	不参与
ATb			不参与
ATc			参与
BTb	有	框架结构、框剪结构中框架部分	不参与
CTa	有	框架结构、框剪结构中框架部分	不参与
CTb			不参与
DTb	有	框架结构、框剪结构中框架部分	不参与

注：ATa、CTa 低端设滑动支座支承在梯梁上，ATb、BTb、CTb、DTb 低端设滑动支座支承在挑板上。

6.2.3　平面注写方式

1. 平面楼梯注写方式汇总

(1) 平面注写方式，是在楼梯平面布置图上注写截面尺寸和配筋具体数值的方式来表达楼梯施工图，包括集中标注和外围标注。

(2) 楼梯集中标注的内容有五项，具体规定如下。

① 梯板类型代号与序号，如 AT××。

② 梯板厚度。注写方式为 h=×××。当为带平板的梯板且梯段板厚度和平板厚度不同时，可在梯段板厚度后面括号内以字母"P"打头注写平板厚度。

③ 踏步段总高度和踏步级数之间以"/"分隔。

④ 梯板支座上部纵筋、下部纵筋之间以"；"分隔。

⑤ 梯板分布筋，以"F"打头注写分布钢筋具体值，该项也可在图中统一说明。

⑥ 对于 ATc 型楼梯，尚应注明梯板两侧边缘构件纵向钢筋及箍筋。

(3) 楼梯外围标注的内容，包括楼梯间的平面尺寸、楼层结构标高、层间结构标高、楼梯的上下方向、梯板的平面几何尺寸、平台板配筋、梯梁及梯柱配筋等。

2. 不同楼梯的平面注写方式

1) AT 型楼梯

AT 型楼梯平面注写方式如图 6-2 所示。其中，集中注写的内容有 5 项：第 1 项为梯板类型代号与序号 AT××；第 2 项为梯板厚度 h，第 3 项为踏步段总高度/踏步级数(m+1)；第 4 项为上部纵筋及下部纵筋；第 5 项为梯板分布筋。设计示例如图 6-3 所示。

AT 型楼梯的适用条件如下：两梯梁之间的矩形梯板全部由踏步段构成，即踏步段两端均以梯梁为支座。凡是满足该条件的楼梯均可为 AT 型楼梯，如双跑楼梯、双分平行楼梯和剪刀楼梯。

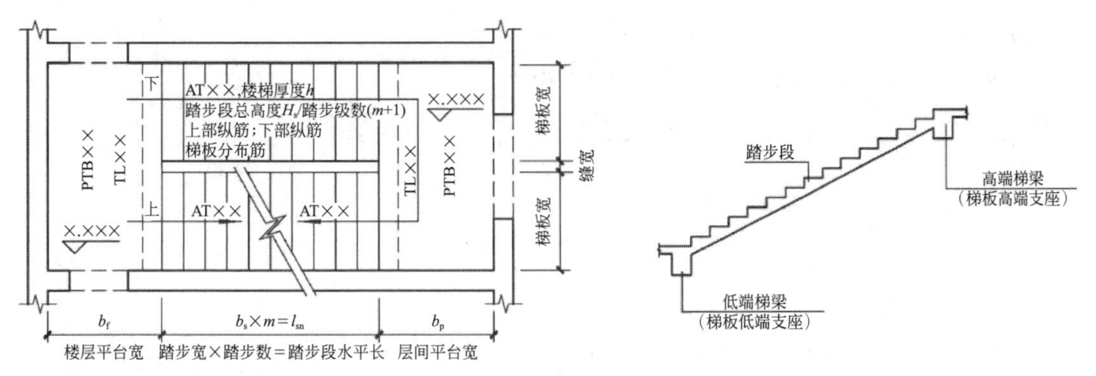

图 6-2　AT 型楼梯平面注写方式

2) BT 型楼梯

BT 型楼梯平面注写方式如图 6-4 所示，设计示例如图 6-5 所示。

BT 型楼梯的适用条件如下：两梯梁之间的矩形梯板由低端平板和踏步段构成，两部分

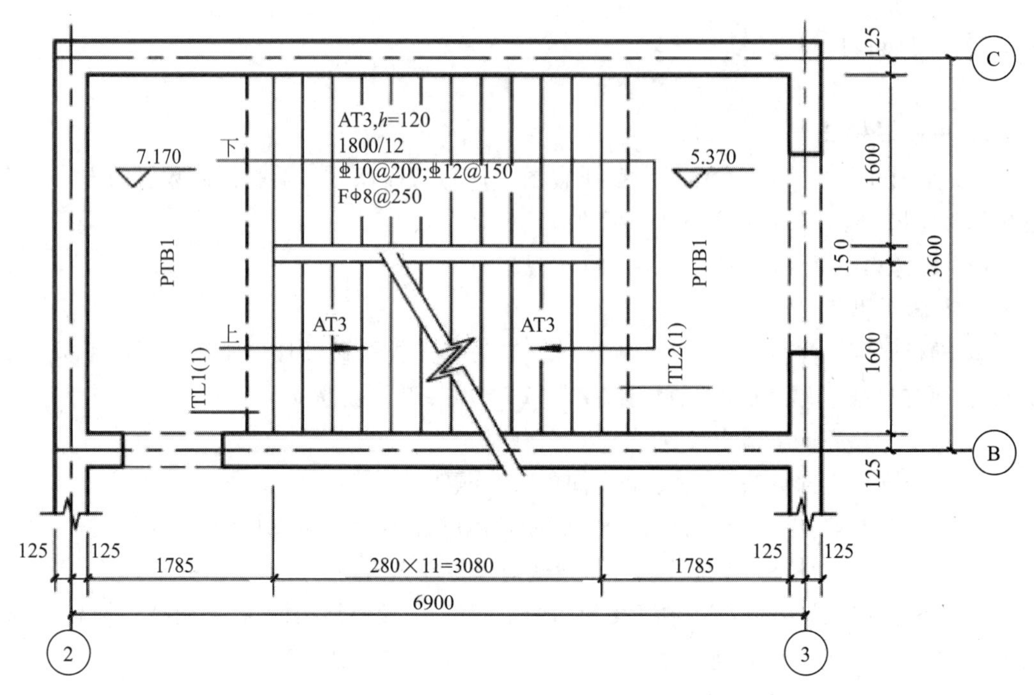

图 6-3 AT 型楼梯平面设计示例

的一端各自以梯梁为支座。凡是满足该条件的楼梯均可为 BT 型楼梯，如双跑楼梯、双分平行楼梯和剪刀楼梯。

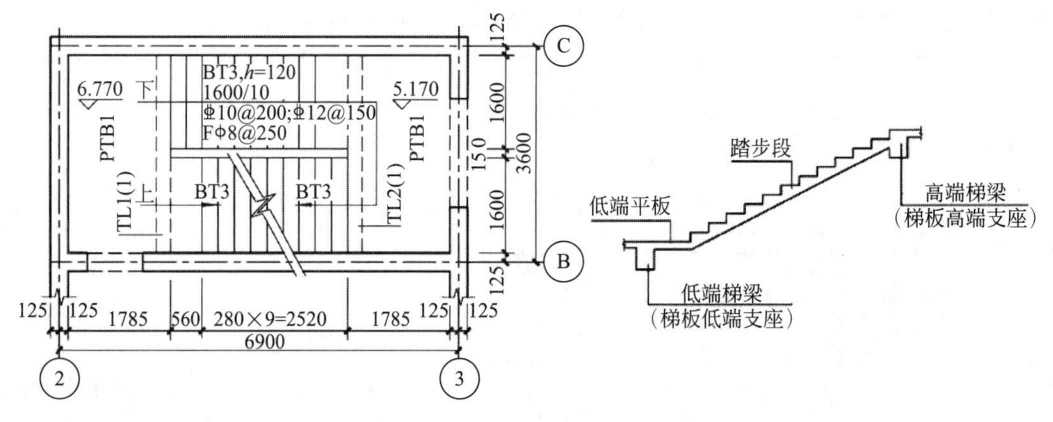

图 6-4 BT 型楼梯平面注写方式

3）CT 型楼梯

CT 型楼梯平面注写方式如图 6-6 所示，设计示例如图 6-7 所示。

CT 型楼梯的适用条件如下：两梯梁之间的矩形梯板由踏步段和高端平板构成，两部分的一端各自以梯梁为支座。凡是满足该条件的楼梯均可为 CT 型楼梯，如双跑楼梯、双分平行楼梯和剪刀楼梯。

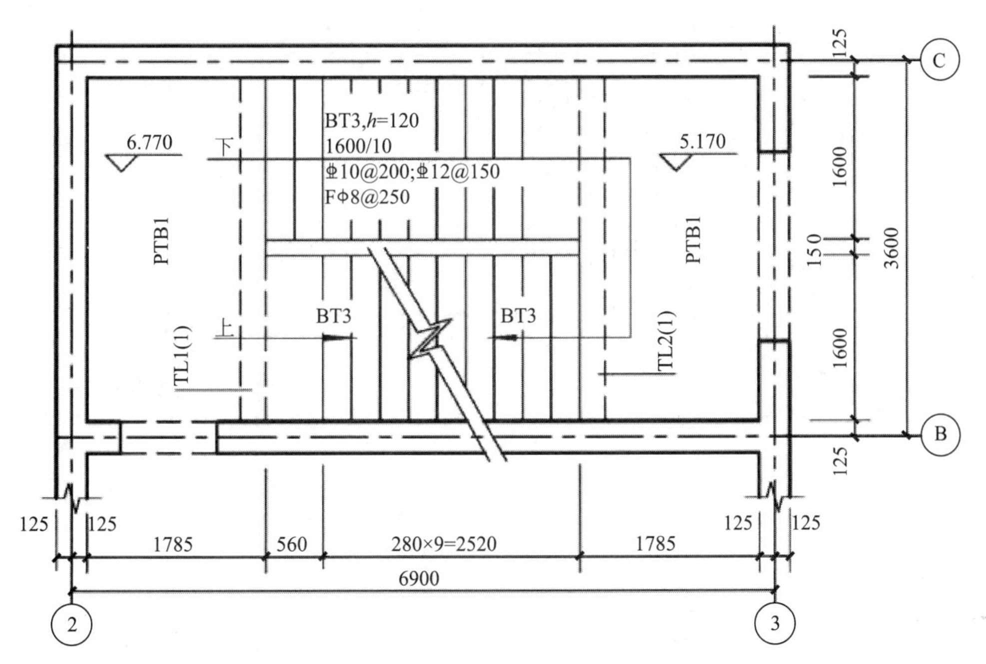

图 6-5　BT 型楼梯平面设计示例

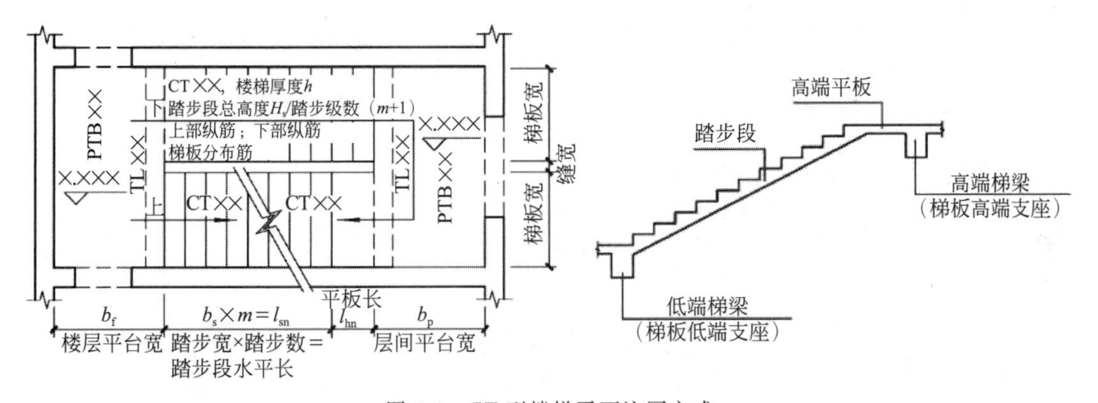

图 6-6　CT 型楼梯平面注写方式

4）DT 型楼梯

DT 型楼梯平面注写方式如图 6-8 所示，设计示例如图 6-9 所示。

DT 型楼梯的适用条件如下：两梯梁之间的矩形梯板由低端平板、踏步段和高端平板构成。高、低端平板的一端各自以梯梁为支座。凡是满足该条件的楼梯均可为 DT 型楼梯，如双跑楼梯、双分平行楼梯和剪刀楼梯。

5）ET 型楼梯

ET 型楼梯平面注写方式如图 6-10 所示，设计示例如图 6-11 所示。

ET 型楼梯的适用条件如下：两梯梁之间的矩形梯板由低端踏步段、中位平板和高端踏步段构成。高、低端踏步段的一端各自以梯梁为支座。凡是满足该条件的楼梯均可为 ET 型楼梯。

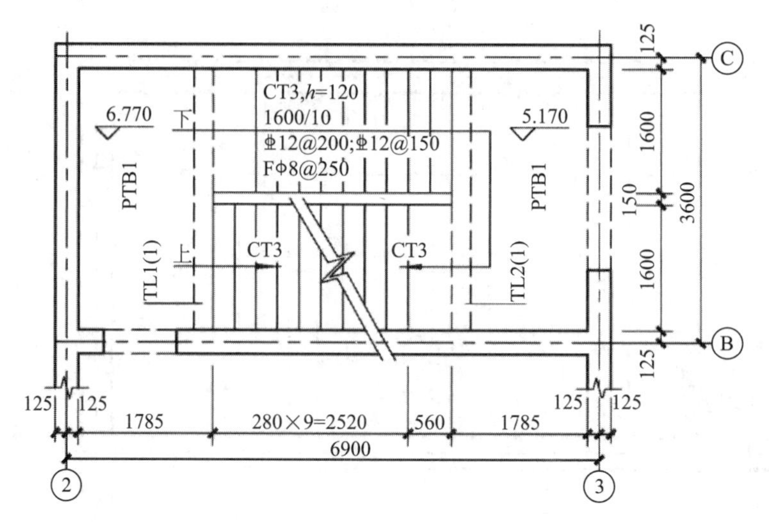

图 6-7 CT 型楼梯平面设计示例

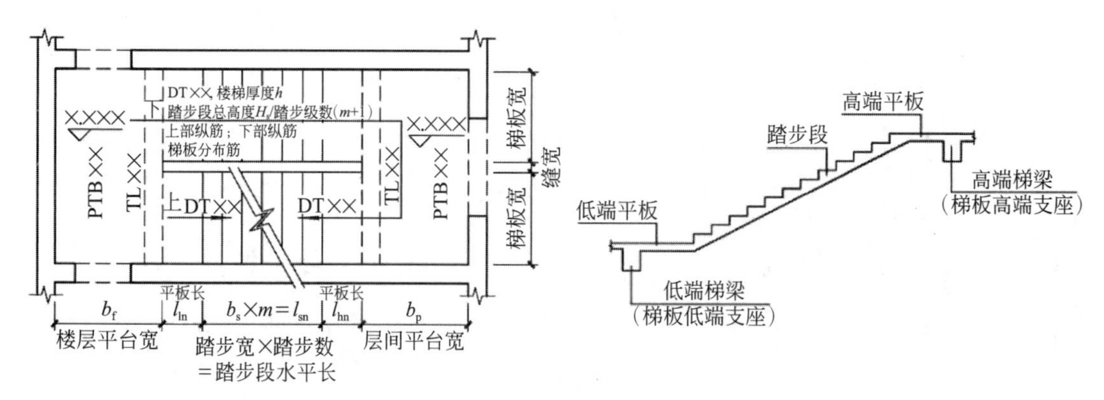

图 6-8 DT 型楼梯平面注写方式

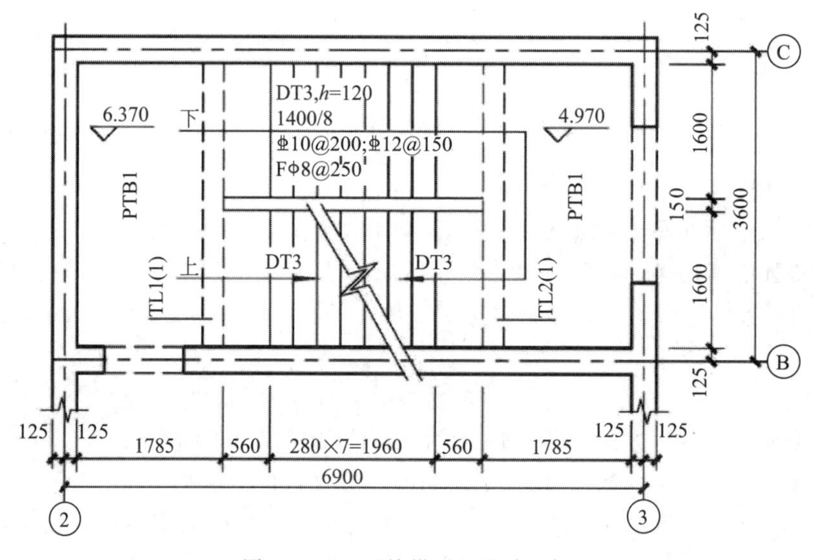

图 6-9 DT 型楼梯平面设计示例

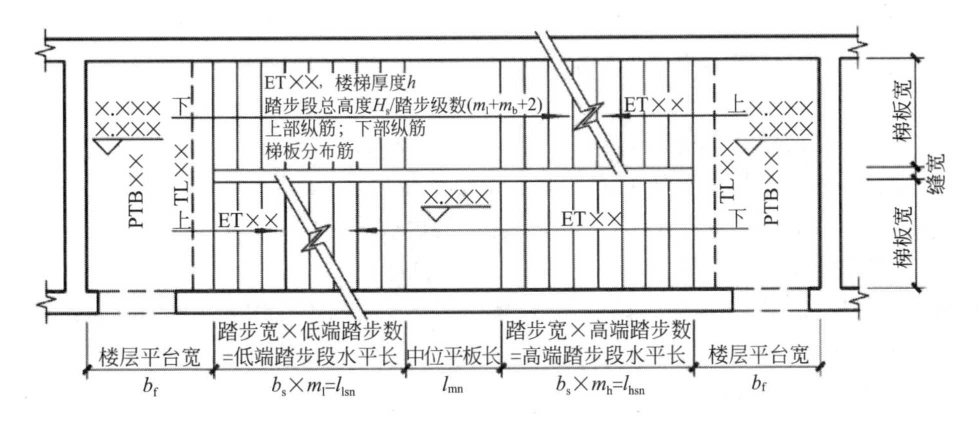

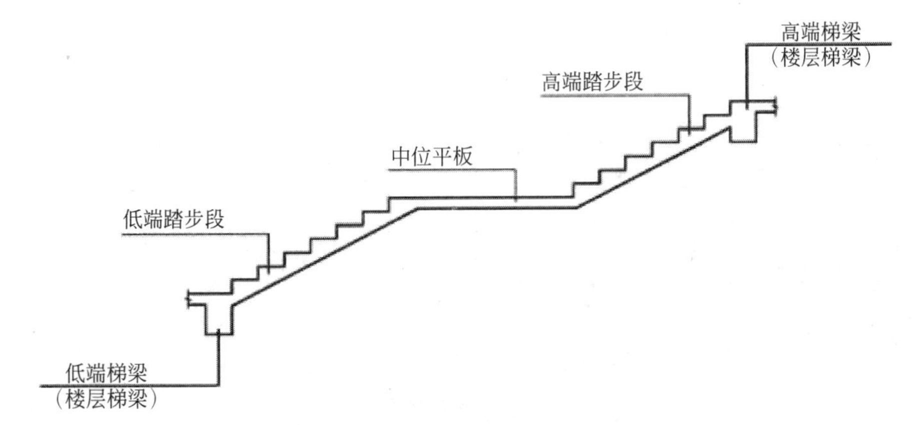

图 6-10　ET 型楼梯平面注写方式

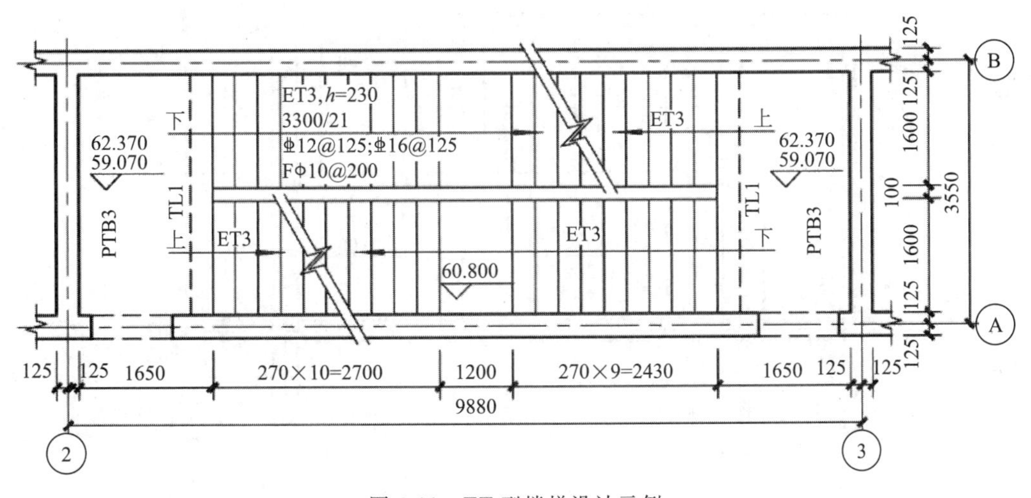

图 6-11　ET 型楼梯设计示例

AT～ET 型板式楼梯具备以下特征：AT～ET 型板式楼梯代号代表一段带上、下支座的梯板。梯板的主体为踏步段，除踏步段之外，梯板可包括低端平板、高端平板以及中位平板。

AT～ET 的各型梯板的截面形状如下：AT 型梯板全部由踏步段构成；BT 型梯板由低

端平板和踏步段构成；CT 型梯板由踏步段和高端平板构成，DT 型梯板由低端平板、踏步段和高端平板构成。ET 型梯板由低端踏步段、中位平板和高端踏步段构成。

6）FT 型楼梯

FT 型楼梯平面注写方式如图 6-12 所示，设计示例如图 6-13 所示。

FT 型楼梯平面注写内容基本与其他类型楼梯相同，第 2 项梯板厚度如当平板厚度与梯板厚度不同时，板厚标注方式应符合相关规定的内容。原位注写的内容为楼层与层间平板上、下部横向配筋。FT 型楼梯的适用条件如下：矩形梯板由楼层平板、两跑踏步段与层间平板三部分构成。楼梯间内不设置梯梁，楼层平板及层间平板均采用三边支承，另一边与踏步段相连，同一楼层内各踏步段的水平长相等，高度相等（即等分楼层高度）。凡是满足以上条件的可为 FT 型楼梯，如双跑楼梯。

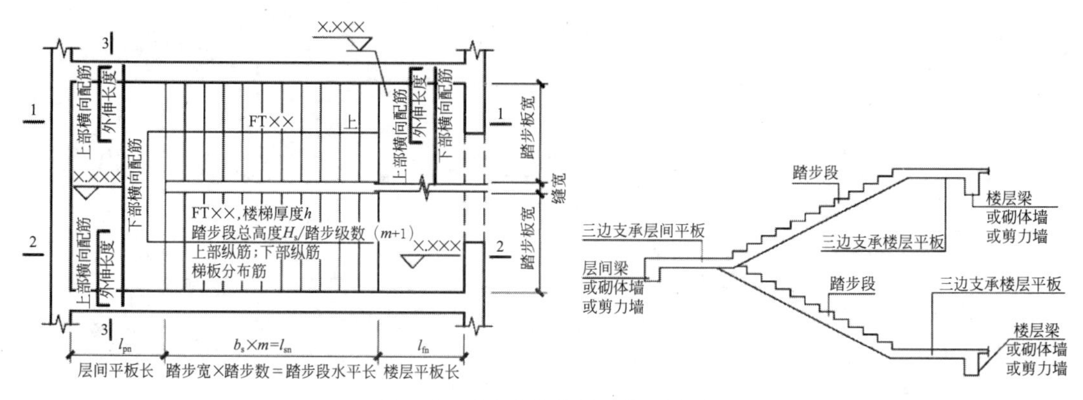

图 6-12　FT 型楼梯平面注写方式

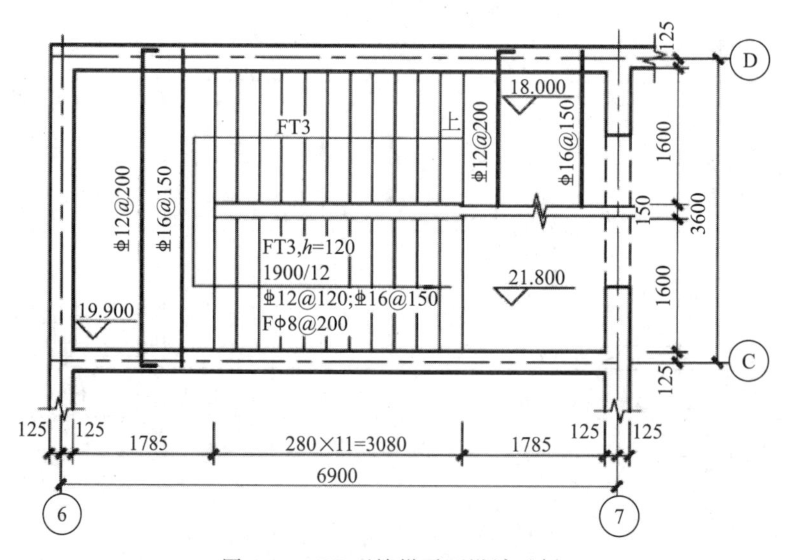

图 6-13　FT 型楼梯平面设计示例

7）GT 型楼梯

GT 型楼梯平面注写方式如图 6-14 所示，设计示例如图 6-15 所示。

GT 型楼梯平面注写内容与 FT 型楼梯相同。GT 型楼梯的适用条件如下：楼梯间设置楼层梯梁，但不设置层间梯梁；矩形梯板由两跑踏步段与层间平台板两部分构成。层间平台板采用三边支承，另一边与踏步段的一端相连，踏步段的另一端以楼层梯梁为支座。同一楼层内各踏步段的水平长度相等、高度相等（即等分楼层高度）。凡是满足以上要求的可为GT型楼梯，如双跑楼梯、双分平行楼梯等。

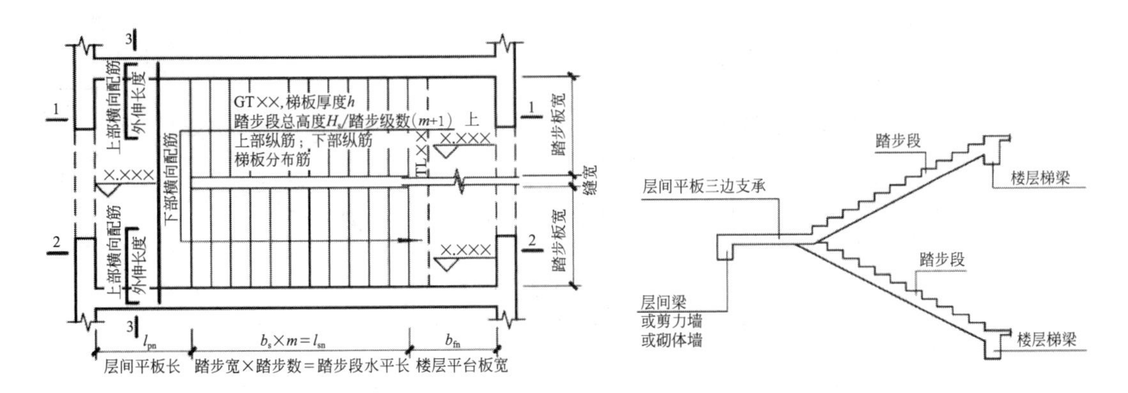

图 6-14 GT型楼梯平面注写方式

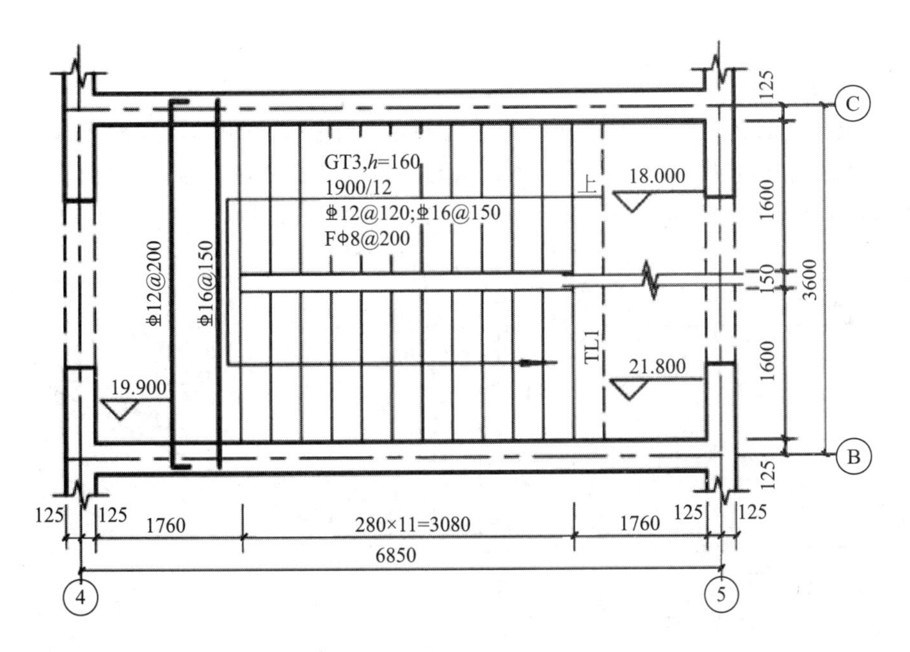

图 6-15 GT型楼梯平面设计示例

FT、GT型板式楼梯具备以下特征：FT、GT每个代号代表两跑踏步段和连接它们的楼层平板与层间平板。FT型板式楼梯由层间平板、踏步段和楼层平板构成，GT型板式楼梯由层间平板和踏步段构成。FT型梯板一端的层间平板采用三边支撑，另一端的楼层平板也采用三边支撑。GT型梯板一端的层间平板采用三边支撑，另一端的梯板段采用单边支撑（在梯梁上）。

8）ATa型楼梯

ATa型楼梯平面的注写方式如图6-16所示。

ATa 型楼梯的适用条件如下：两梯梁之间的矩形梯板由踏步段构成，即踏步段两端均以梯梁为支座。且梯板低端支承处做成滑动支座，滑动支座直接落在梯梁上。框架结构中，楼梯中间平台通常设梯柱、梁，中间平台可与框架柱连接。

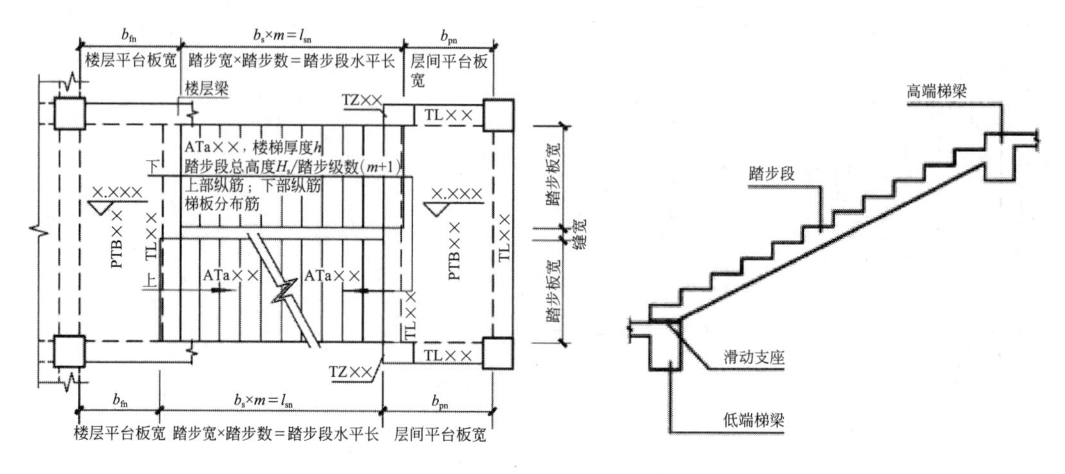

图 6-16　ATa 型楼梯平面注写方式

9）ATb 型楼梯

ATb 型楼梯的平面注写方式如图 6-17 所示。

ATb 型楼梯的适用条件如下：两梯梁之间的矩形梯板全部由踏步段构成，即踏步段两端均以梯梁为支座，且梯板低端支承处做成滑动支座。滑动支座直接落在挑板上。在框架结构中，楼梯中间平台通常设梯柱、梁，中间平台可与框架柱连接。

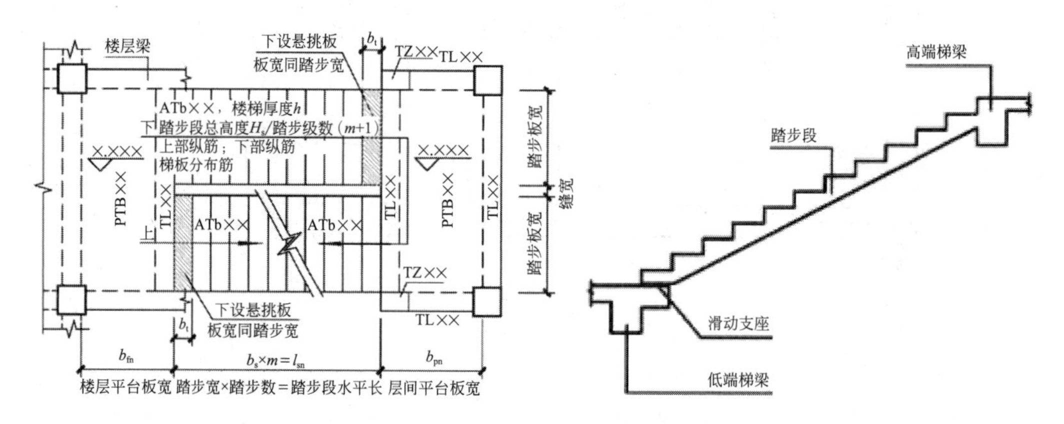

图 6-17　ATb 型楼梯平面注写方式

ATa 型、ATb 型板式楼梯具备以下特征：ATa 型、ATb 型为带滑动支座的板式楼梯，梯板全部由踏步段构成，其支承方式为梯板高端均支承在梯梁上，ATa 型梯板低端带滑动支座支承在梯梁上，ATb 型梯板低端带滑动支座支承在挑板上。滑动支座垫板可选用聚四氟乙烯板、钢板和厚度大于 0.5 的塑料片，也可选用其他能保证有效滑动的材料。ATa 型、ATb 型梯板采用双层双向配筋。

10）ATc 型楼梯

ATc 型楼梯注写方式如图 6-18 和图 6-19 所示。

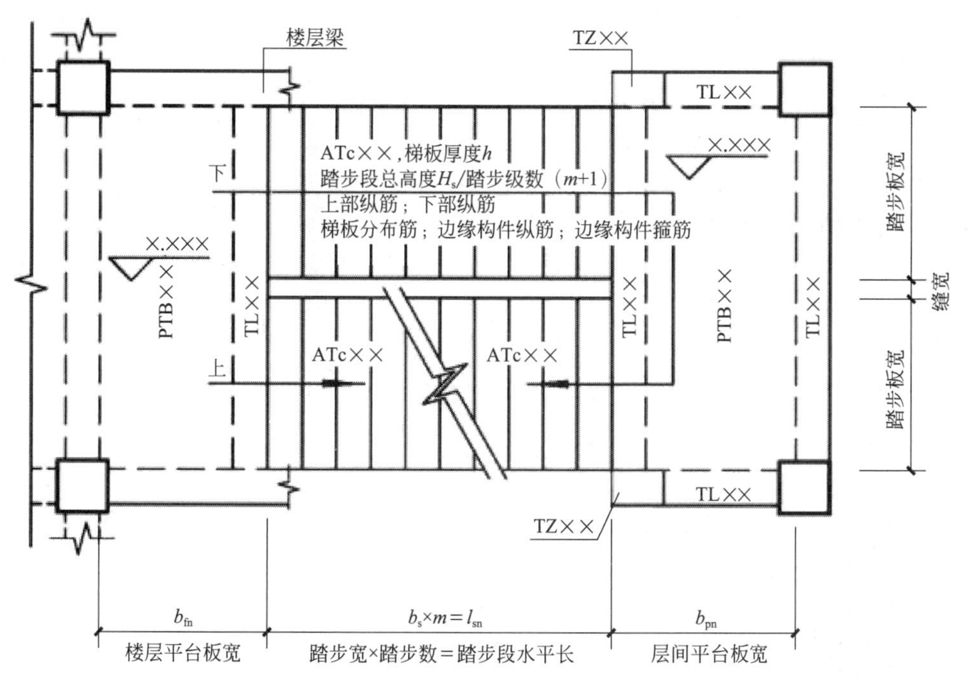

图 6-18　ATc 型楼梯平面注写方式(楼梯休息平台与主体结构整体连接)

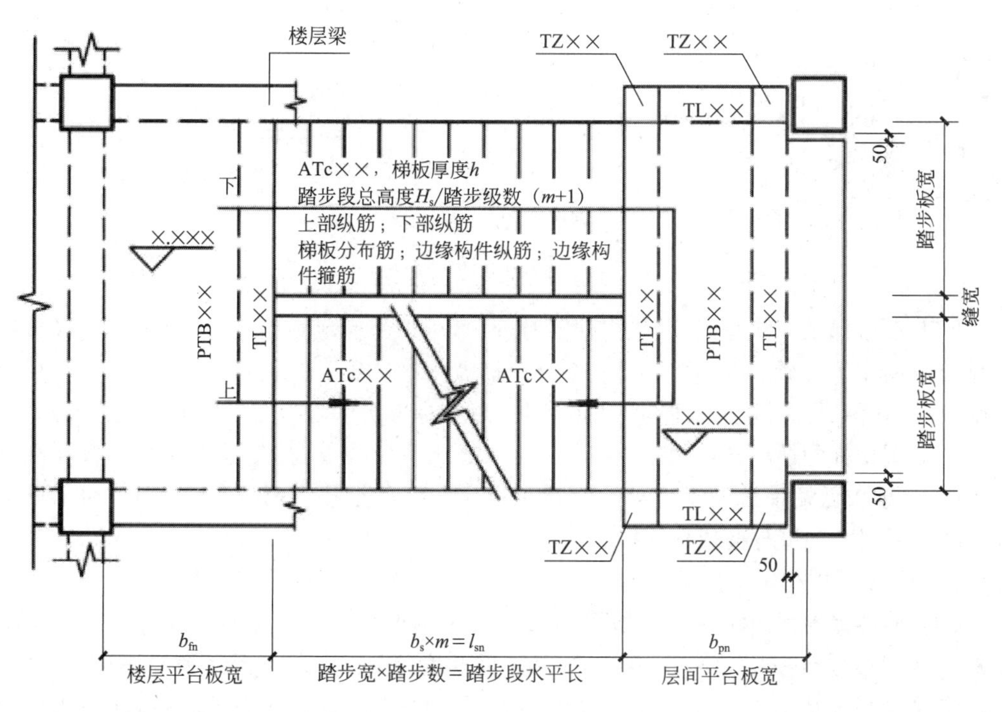

图 6-19　ATc 型楼梯平面注写方式(楼梯休息平台与主体结构脱开连接)

ATc 型楼梯平面注写内容比其他类型楼梯多一项，即第 6 项为边缘构件纵筋及箍筋。ATc 型楼梯适用条件如下：两梯梁之间的矩形梯板全部由踏步段构成，即踏步段两端均以梯梁为支座。框架结构中，楼梯中间平台通常设梯柱、梯梁。中间平台可与框架柱连接(2 个梯柱形式)或脱开(4 个梯柱形式)。

ATc 型板式楼梯具备以下特征：梯板全部由踏步段构成，其支承方式为梯板两端均支承在梯梁上。楼梯休息平台与主体结构可连接，也可脱开。梯板厚度应按计算确定，梯板采用双层双向配筋。梯板两侧设置边缘构件(暗梁)，边缘构件的宽度取 1.5 倍板厚。边缘构件纵筋数量，当抗震等级为一级、二级时不少于 6 根，当抗震等级为三级、四级时不少于 4 根。纵筋直径不小于 A12，且不小于梯板纵向受力钢筋的直径。箍筋直径不少于 A6，间距不大于 200。平台板按双层双向配筋。

11) BTb 型楼梯

BTb 型楼梯平面注写方式如图 6-20 所示。

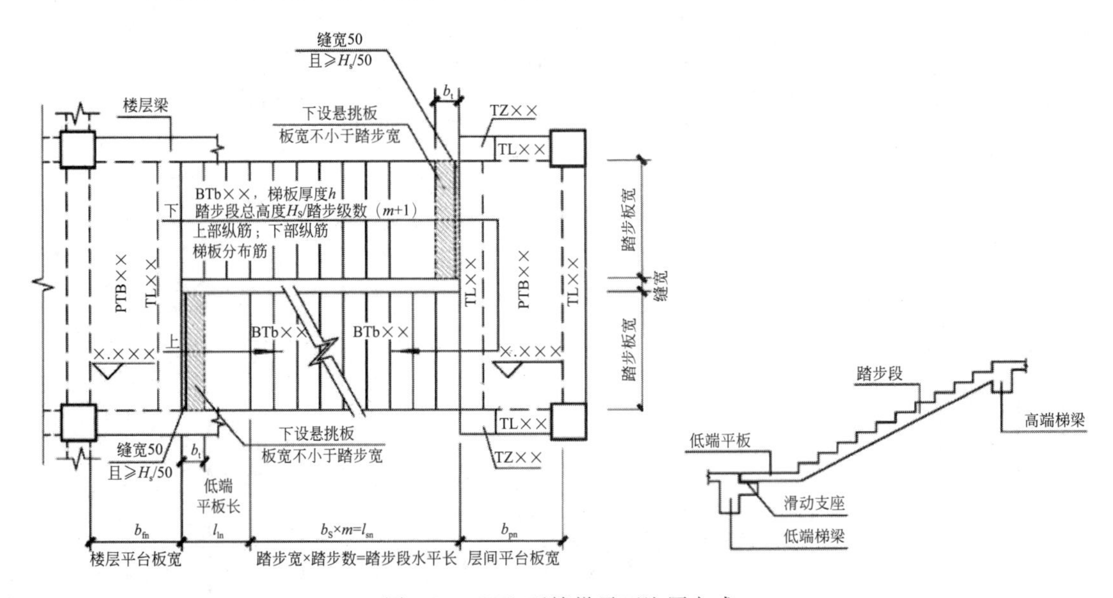

图 6-20 BTb 型楼梯平面注写方式

BTb 型楼梯平面注写内容，集中注写有 5 项，分别为梯板类型代号 BTb××、梯板厚度 h、踏步总高度 H_s/踏步级数$(m+1)$、上部纵筋及下部纵筋、梯板分布筋。当低端平板厚度和踏步段厚度不同时，在梯板厚度后面括号内以字母 P 开头注写低端平板厚度 ht。

BTb 型楼梯的适用条件：梯板由踏步端和低端平板构成，其支承方式为梯板高端支承在梯梁上，梯板低端带滑动支座支承在挑板上。在框架结构中，楼梯中间平台通常设置梯柱、梯梁，层间平台可与框架柱连接。

12) CTa 型楼梯

CTa 型楼梯的平面注写方式如图 6-21 所示。其中，集中注写的内容有 6 项。第 1 项为梯板类型代号与序号 CTa×；第 2 项为梯板厚度；第 3 项为梯板水平段厚度 h；第 4 项为踏步段总高度 H/踏步级数$(m+1)$；第 5 项为上部纵筋及下部纵筋；第 6 项为梯板分布筋。

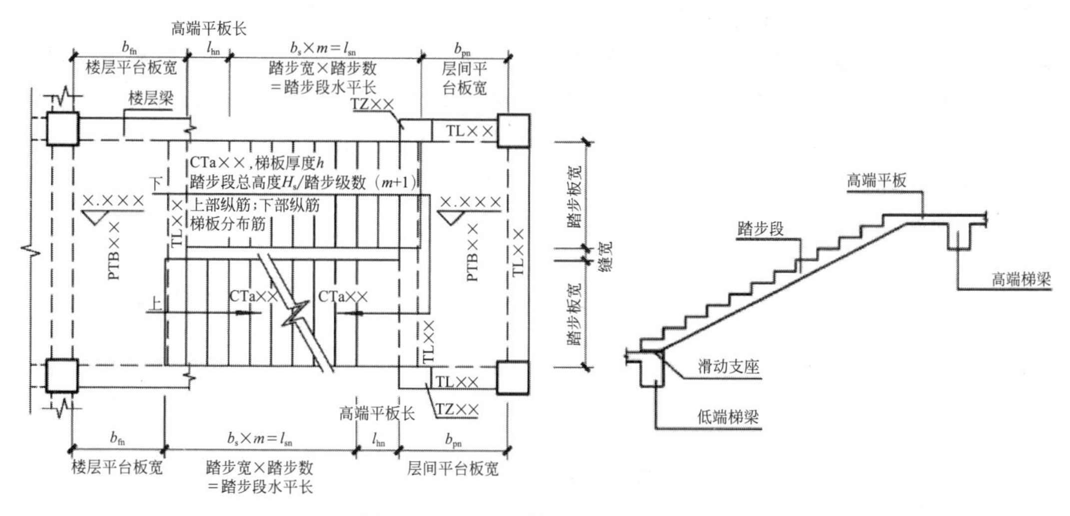

图 6-21　CTa 型楼梯平面注写方式

CTa 型楼梯的适用条件如下：两梯梁之间的矩形梯板由踏步段和高端平板构成，高端平板宽应不大于 3 个踏步宽。两部分的一端各自以梯梁为支座，且梯板低端支承处做成滑动支座，滑动支座直接落在梯梁上。框架结构中，楼梯中间平台通常设梯柱、梁，中间平台可与框架柱连接。

13）CTb 型楼梯

CTb 型楼梯平面注写方式如图 6-22 所示。

CTb 型楼梯的适用条件如下：两梯梁之间的矩形梯板由踏步段和高端平板构成，高端平板宽应不大于 3 个踏步宽，两部分的一端各自以梯梁为支座，且梯板低端支承处做成滑动支座。滑动支座直接落在挑板上。在框架结构中，楼梯中间平台通常设梯柱、梁，中间平台可与框架柱连接。

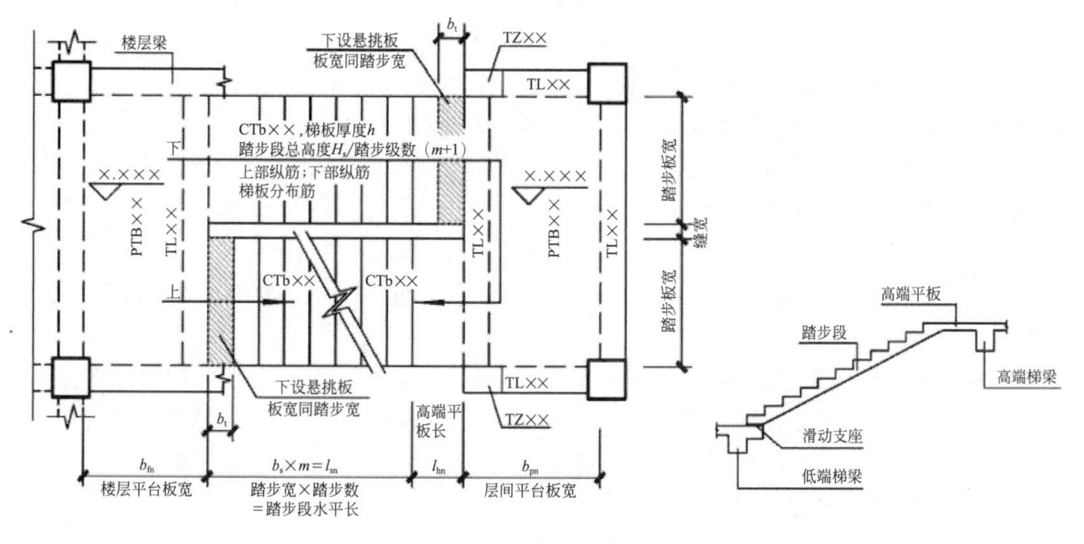

图 6-22　CTb 型楼梯注写方式

CTa、CTb 型板式楼梯具备以下特征：CTa、CTb 型为带滑动支座的板式楼梯，梯板由踏步段和高端平板构成，其支承方式为梯板高端均支承在梯梁上，CTa 型梯板低端带滑动支座支承在梯梁上，CTb 型梯板低端带滑动支座支承在挑板上。滑动支座垫板可选用聚四氟乙烯板、钢板和厚度不小于 0.5mm 的塑料片，也可选用其他能保证有效滑动的材料，其连接方式有设计者另行处理，CTa、CTb 型梯板采用双层双向配筋。

梯梁支撑在梯柱上时，它的构造应符合图集 22G101-1 中框架梁 KL 的构造做法，箍筋应全长加密。

14) DTB 型楼梯

DTb 型楼梯平面注写方式如图 6-23 所示。

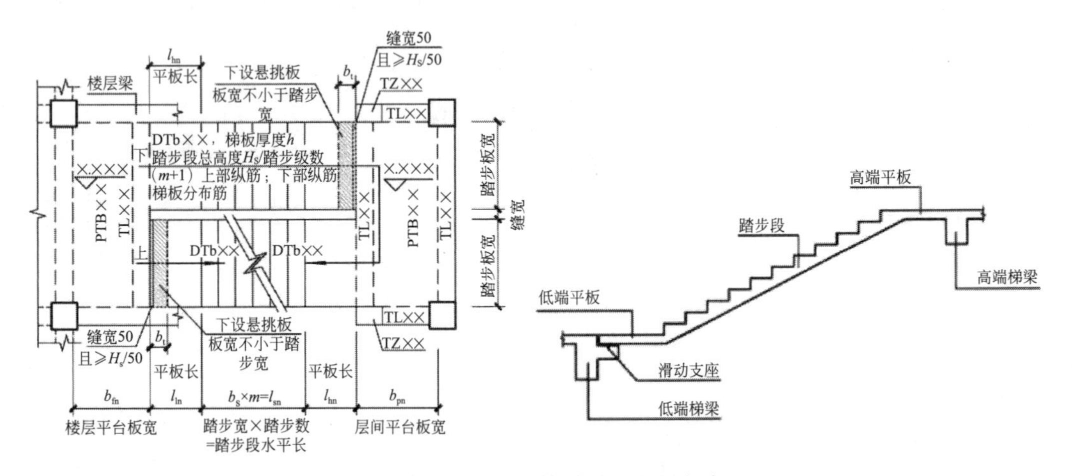

图 6-23　DTb 型楼梯平面注写方式

DTb 型楼梯平面注写内容，集中注写有 5 项，分别为梯板类型代号 DTb××、梯板厚度 h、踏步总高度 H_s/踏步级数($m+1$)、上部纵筋及下部纵筋、梯板分布筋。当低端平板厚度和踏步段厚度不同时，在梯板厚度后面括号内以字母 P 打头注写低端平板厚度 h_t。

DTb 型楼梯的适用条件如下：两梯梁之间的梯板由低端平板、踏步段和高端平板构成，其支承方式为梯板高端平板支承在梯梁上，梯板低端带滑动支座支承在挑板上。在框架结构中，楼梯中间平台通常设置梯柱、梯梁，层间平台可与框架柱连接。

6.2.4　剖面注写方式

剖面注写方式需在楼梯平法施工图中绘制楼梯平面布置图和楼梯剖面图，注写方式分为平面注写和剖面注写两部分。

楼梯平面布置图注写内容，包括楼梯间的平面尺寸、楼层结构标高、层间结构标高、楼梯的上下方向、梯板的平面几何尺寸、梯板类型及编号、平台板配筋、梯梁及梯柱配筋等。

楼梯剖面图注写内容，包括梯板集中标注、梯梁梯柱编号、梯板水平及竖向尺寸、楼层结构标高、层间结构标高等。

梯板集中标注的内容有四项，具体规定如下。

(1) 梯板类型及编号，如 AT××。

(2) 梯板厚度。注写方式为 h=×××。当梯板由踏步段和平板构成，且踏步段梯板厚度和平板厚度不同时，可在梯板厚度后面括号内以字母“P”打头注写平板厚度。

(3) 梯板配筋。注明梯板上部纵筋和梯板下部纵筋，用“;”将上部与下部纵筋的配筋值分隔开。

(4) 梯板分布筋。以“F”打头注写分布钢筋具体值，该项也可在图中统一说明。

(5) 对于 ATc 型楼梯，尚应注明梯板两侧边缘构件纵向钢筋及箍筋。

6.2.5 列表注写方式

(1) 列表注写方式，是用列表方式注写梯板截面尺寸和配筋具体数值的方式来表达楼梯施工图。

(2) 列表注写方式的具体要求同剖面注写方式，仅将剖面注写方式中的梯板集中标注的梯板配筋注写项改为列表注写项即可。

梯板列表格式见表 6-2。

表 6-2 梯板几何尺寸和配筋

梯板编号	踏步段总高度/踏步级数	板厚 h	上部纵向钢筋	下部纵向钢筋	分布筋

注：对于 ATc 型楼梯，尚应注明梯板两侧边缘构件纵向钢筋及箍筋。

6.3 板式楼梯配筋构造解读及钢筋计算

板式楼梯的配筋构造按照是否设置抗震构造措施分为两大类：AT～GT 型楼梯未设置抗震构造措施，ATa～ATc 型、BTb 型、CTa 型、CTb 型以及 DTb 型设置抗震构造措施。

AT～GT 型的板式楼梯配筋构造存在很多共同点，本书重点讲解 AT 型楼梯配筋构造，BT～GT 型楼梯配筋构造是在 AT 型的基础上，本书仅讲解其不同于 AT 型配筋构造的地方。

AT～GT 型梯板配筋构造如图 6-24～图 6-32 所示，它们的共同点如下：上部纵筋锚固长度 $0.35l_{ab}$ 用于设计按铰接的情况，括号内数据 $0.6l_{ab}$ 用于设计考虑充分发挥钢筋抗拉强度的情况，具体工程中设计应指明采用何种情况；上部纵筋需伸至支座对边再向下弯折 $15d$；当有条件时，可直接伸入平台板内锚固，从支座内边算起总锚固长度不小于 l_a，如各型梯板配筋构造图中的虚线。以下各上部纵筋计算公式中，仅按伸至支座对边弯折 $15d$ 列出。

图中各字母所代表含义如下：h_s——踏步高；m——踏步数；H_s——踏步段总高度；l_a——受拉钢筋锚固长度；l_{ab}——受拉钢筋基本锚固长度；d——钢筋直径；l_n——梯板跨度；b——平台宽；b_s——踏步宽；h——梯板厚度；l_{sn}——踏步段水平总长度；l_{hn}——高端平板长；l_{ln}——低端平板长；l_{lsn}——低端踏步段水平长；l_{hsn}——高端踏步段水平长；m_l——低端踏步数；m_h——高端踏步数。

6.3.1 非抗震板式楼梯配筋构造

1. AT 型楼梯板配筋构造及钢筋计算

1）AT 型楼梯板配筋构造

AT 型楼梯板配筋构造如图 6-24 所示。

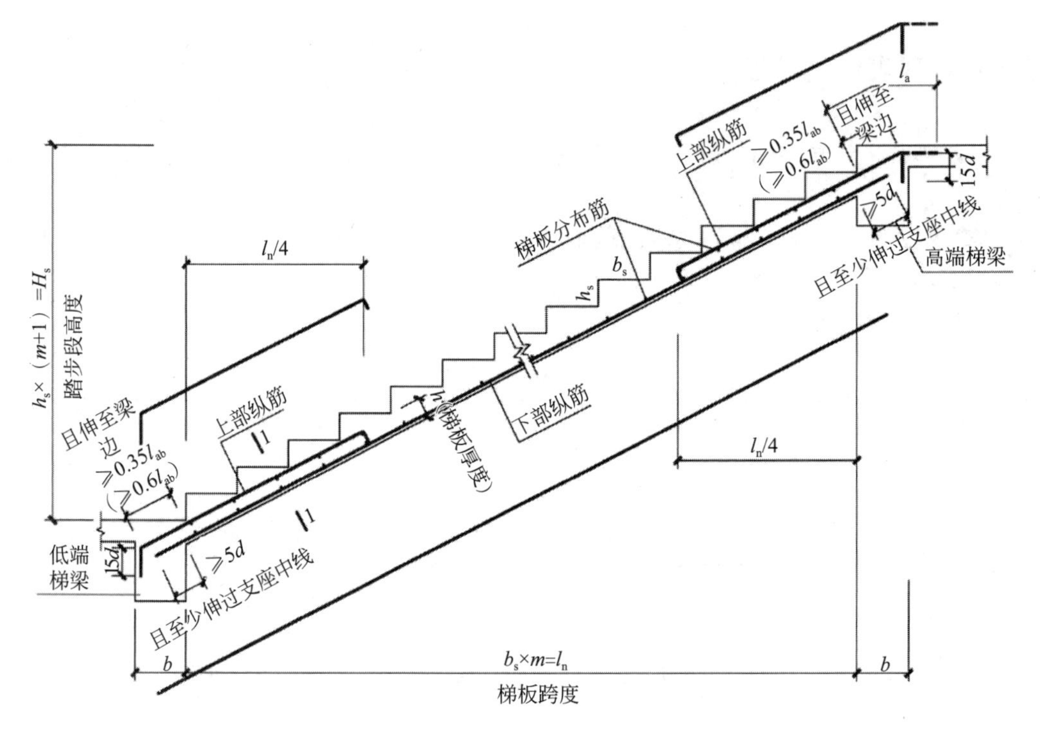

图 6-24 AT 型楼梯板配筋构造

AT 型楼梯板钢筋配置有板下部纵筋、上部纵筋和分布筋。

梯板部纵筋在低端梯梁、高端梯梁伸入支座不小于 5d，且至少伸过支座中线。

梯板低端上部纵筋(扣筋)伸入低端梯梁对边弯折 15d，高端上部纵筋(扣筋)伸入高端梯梁对边弯折 15d，向跨内伸出的长度为梯板净跨度的 1/4，即 $l_n/4$ 对应的斜长。

梯板分布筋起步位置为距离梁边 1/2 板筋间距。

2）AT 型楼梯板钢筋计算

(1) AT 楼梯板的基本尺寸数据

AT 楼梯板的基本尺寸数据有梯板净跨度 l_n、梯板净宽度 b_n、梯板厚度 h、踏步宽度 b_s、踏步高度 h_s。

(2) 斜坡系数 k

在钢筋计算中，经常需要通过水平投影长度计算斜长：斜长＝水平投影长度×斜坡系数 k。其中，k 可以通过踏步宽度和踏步高度进行计算(图 6-22 右图)，即

$$k=\frac{\sqrt{h_s^2+b_s^2}}{b_s} \tag{6-1}$$

（3）AT 楼梯板的纵向受力钢筋

① 梯板下部纵筋：梯板下部纵筋位于 AT 踏步段斜板下部，其计算依据为梯板净跨度 l_n。

梯板下部纵筋的长度 $l=l_n\times k+2\times a$，其中 $a=\max(5d,k\times b/2)$　（6-2）

梯板下部纵筋的根数=(b_n－2×保护层)/间距+1　（6-3）

下部纵筋的分布筋长度=b_n－2×保护层厚度　（6-4）

分布筋的根数=($l_n\times k$－50×2)/间距+1　（6-5）

② 梯板低端扣筋：扣筋的一端扣在踏步段斜板上，直钩长度为 h_1。扣筋的另一端伸至低端梯梁对边再向下弯折 $15d$，弯锚水平段长度为≥$0.35l_{ab}$（≥$0.6l_{ab}$）。扣筋的延伸长度水平投影长度为 $l_n/4$。

低端扣筋长度=[l_n/4+(b－保护层)]×k+15d+梯板厚－2×保护层厚度　（6-6）

梯板低端扣筋的根数=(b_n－2×保护层)/间距+1　（6-7）

低端扣筋分布筋长度=b_n－2×保护层厚度　（6-8）

分布筋的根数=(l_n/4×k)/间距+1　（6-9）

③ 梯板高端扣筋：梯板高端扣筋位于踏步段斜板的高端，扣筋的一端扣在踏步段斜板上，扣筋的另一端锚入高端梯梁内，弯折 $15d$。扣筋的延伸长度水平投影长度为 $l_n/4$。

高端扣筋长度=[l_n/4+(b－保护层)]×k+15d+梯板厚－2×保护层厚度　（6-10）

梯板高端扣筋的根数=(b_n－2×保护层)/间距+1　（6-11）

高端扣筋分布筋长度=b_n－2×保护层厚度　（6-12）

分布筋的根数=(l_n/4×k)/间距+1　（6-13）

2. BT 型楼梯板配筋构造及钢筋计算

BT 型楼梯板配筋构造如图 6-25 所示。

与 AT 型楼梯板相比，BT 型楼梯板在低端支承于低端平板上，低端平板支承于梯梁上。

梯板下部纵筋长度 $l=\max(5d,b/2)+l_{ln}+l_n\times k+\max(5d,k\times b/2)$　（6-14）

下部纵筋的分布筋根数=($l_{ln}+l_n\times k$－50×2)/间距+1　（6-15）

梯板低端扣筋分为两根钢筋互锚：

低端扣筋在低端平板内长度=15d+(b－保护层)+(l_n/4－l_{sn}/5)+l_a　（6-16）

低端扣筋在低端斜段长度=l_a+l_{sn}/5×k+梯板厚－2×保护层厚度　（6-17）

分布筋的根数=[(l_n/4－l_{sn}/5)+l_{sn}/5×k]/间距+1　（6-18）

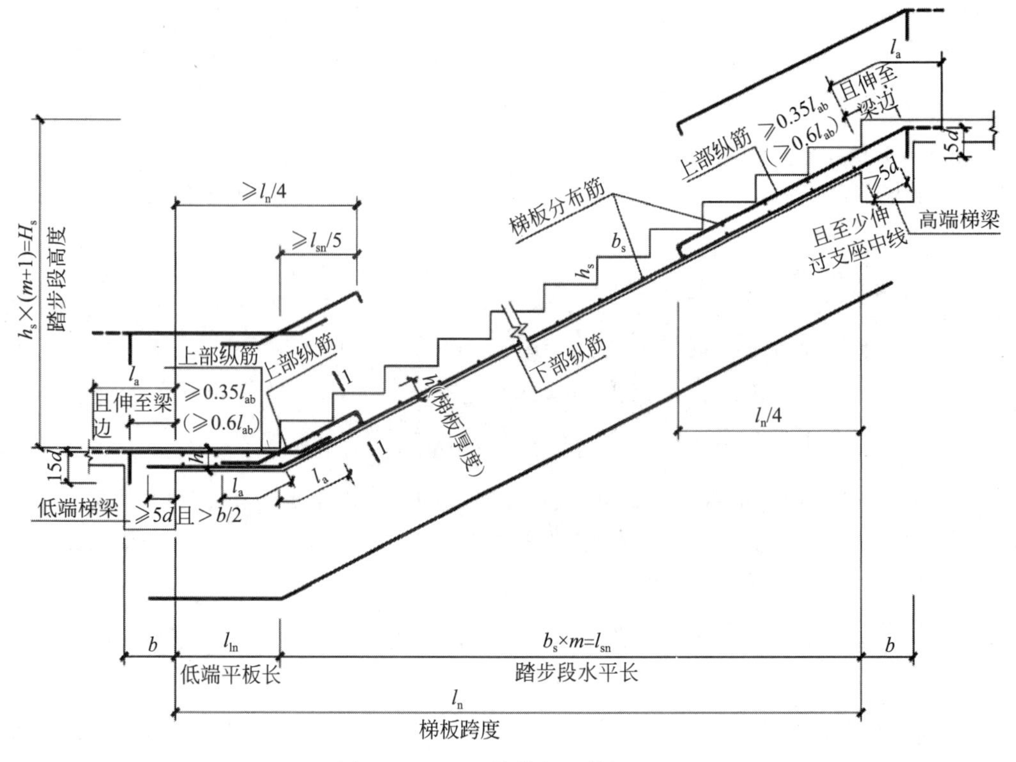

图 6-25 BT 型楼梯板配筋构造

其余钢筋均与 AT 型梯板计算方法相同。

3. CT 型楼梯板配筋构造及钢筋计算

CT 型楼梯板配筋构造如图 6-26 所示。

与 AT 型楼梯板相比，CT 型楼梯板在高端支承于高端平板上，高端平板支承于梯梁上。

梯板下部纵筋分为两根钢筋互锚，计算如下：

梯板下部纵筋斜段长度 $l=\max(5d,b/2\times k)+(l_{sn}+b_s)\times k+l_a$ (6-19)

梯板下部纵筋水平段长度 $l=l_a+(l_{hn}-b_s)+\max(5d,b/2)$ (6-20)

下部纵筋的分布筋根数=[$(l_{sn}+b_s)\times k+(l_{hn}-b_s)$]−50×2)/间距+1 (6-21)

梯板高端扣筋长度=(梯板厚−2×保护层厚度)+$(l_{sn}/5+b_s)\times k+(l_{hn}-b_s)$ +(b−保护层厚度)+15d (6-22)

梯板高端扣筋的分布筋根数=[$(l_{sn}/5+b_s)\times k+(l_{hn}-b_s)-50$]/间距+1 (6-23)

其余钢筋均与 AT 型梯板计算方法相同。

4. DT 型楼梯配筋构造及钢筋计算

DT 型楼梯板配筋构造如图 6-27 所示。

与 AT 型楼梯板相比，DT 型楼梯板下部与 BT 型相同，上部与 CT 型相同，配筋计算参考 BT 型和 CT 型楼梯板钢筋计算。

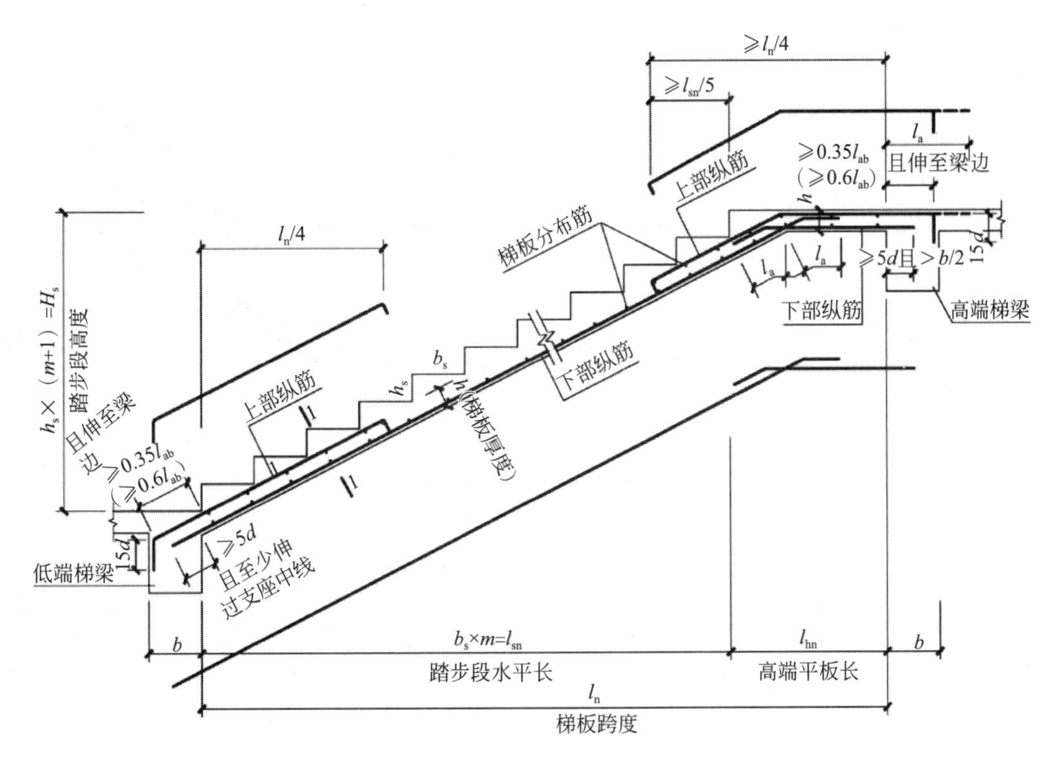

图 6-26　CT 型楼梯板配筋构造

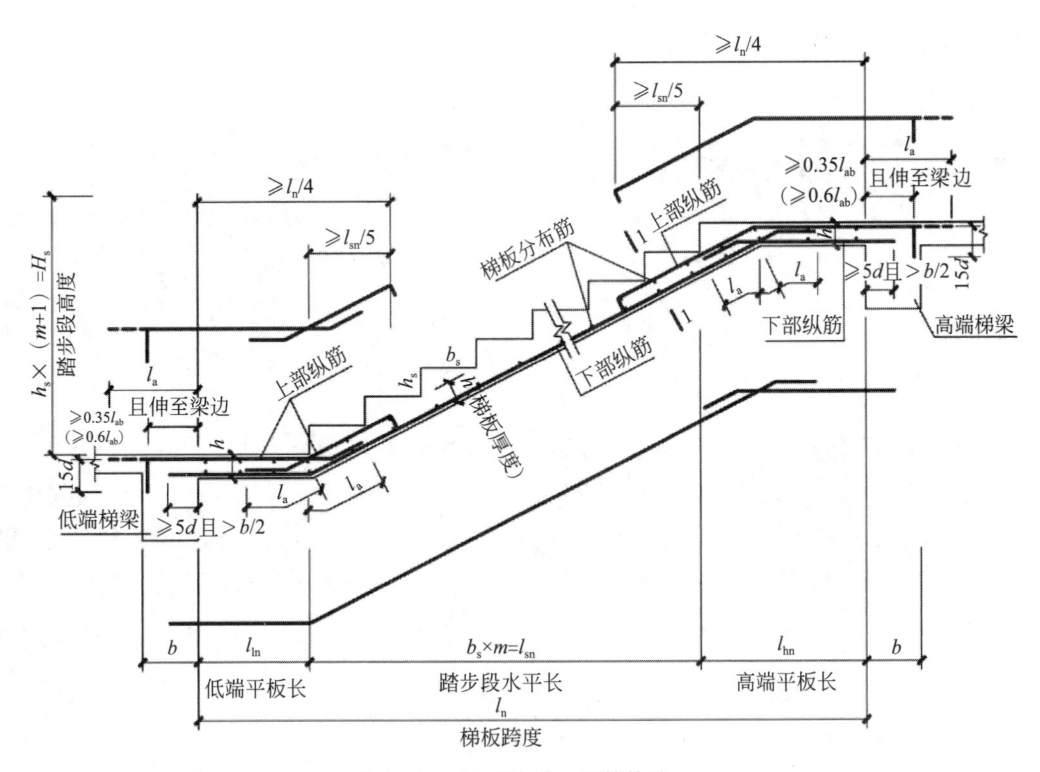

图 6-27　DT 型楼梯板配筋构造

5. ET 型楼梯板配筋构造及钢筋计算

ET 型楼梯板配筋构造如图 6-28 所示。

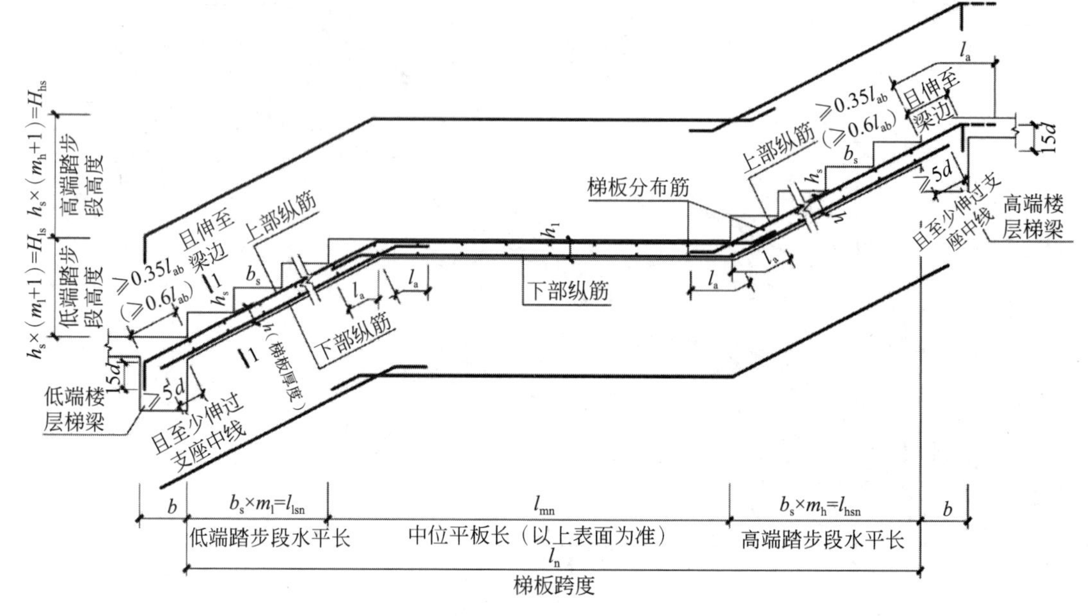

图 6-28 ET 型楼梯板配筋构造

ET 型楼梯在低端、高端均支承在梯梁上，与 AT 型楼梯相同，但在中位设有一平板。ET 型楼梯为楼层间的单跑楼梯，跨度较大，一般均为双层配筋。

ET 型楼梯板的钢筋计算如下。

(1) 梯板下部纵筋：

低端梯板下部纵筋长度 $=\max(5d, k\times b/2)+(l_{lsn}+b_s)\times k+l_a$ (6-24)

中位板及高端梯板下部纵筋长度 $=l_a+(l_{mn}-b_s)+l_{hsn}\times k+\max(5d, k\times b/2)$ (6-25)

下部纵筋的分布筋的根数 $=\{[(l_{lsn}+b_s)\times k+(l_{mn}-b_s)+l_{hsn}\times k]-50\times 2\}/$间距$+1$ (6-26)

(2) 梯板扣筋：

低端及中位板梯板部扣筋长度 $=15d+(b-$保护层厚度$)\times k+(l_{lsn}+b_s)\times k+(l_{mn}-b_s)+l_a$ (6-27)

高端扣筋长度 $=l_a+l_{hsn}\times k+(b-$保护层厚度$)\times k+15d$ (6-28)

扣筋的分布筋的根数 $=\{[(l_{lsn}+b_s)\times k+(l_{mn}-b_s)+l_{hsn}\times k]-2\times 50\}/$间距$+1$ (6-29)

其余钢筋及根数均与 AT 型梯板计算方法相同。

6. FT 型、GT 型楼梯板配筋构造及钢筋计算

FT 型楼梯层间板和楼层板均为三边支撑，梯段板的钢筋配置与 AT 型楼梯相似，而层间板和楼层板的受力类似于三边支座是梁或墙的楼板，配筋构造也类似于楼板。GT 型楼梯仅层间板为三边支撑，楼层端为梯板支承在梯梁上，因此层间板的配筋与 FT 型层间板一样，而楼层段梯段纵筋在支座梯梁的构造与 AT 型楼梯相同。FT 型、GT 型楼梯配筋构造如图 6-29～图 6-34 所示。

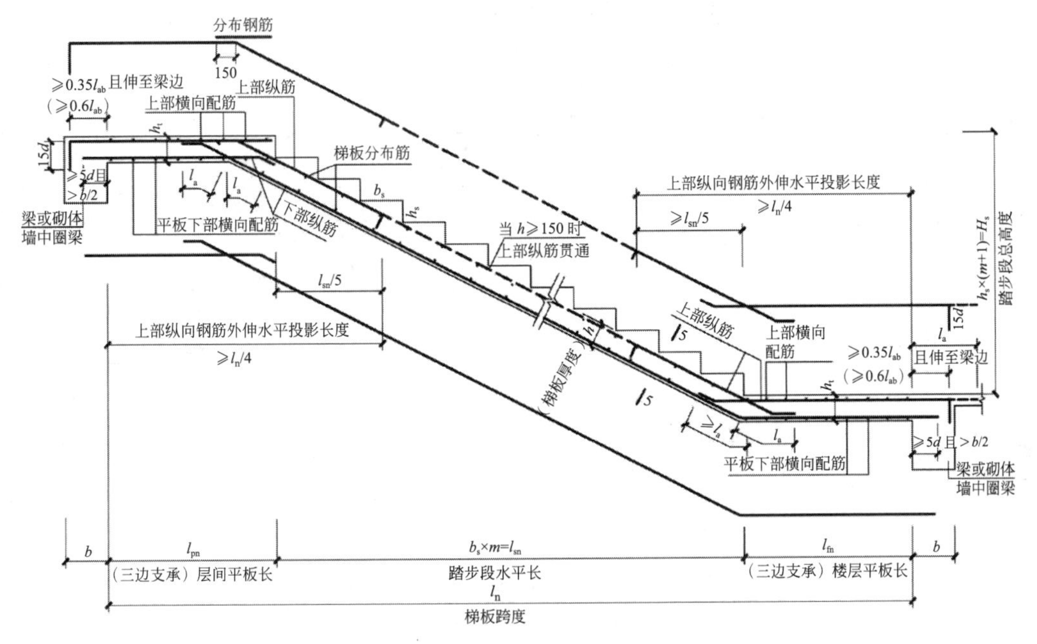

图 6-29　FT 型楼梯板配筋构造(1—1 剖面)

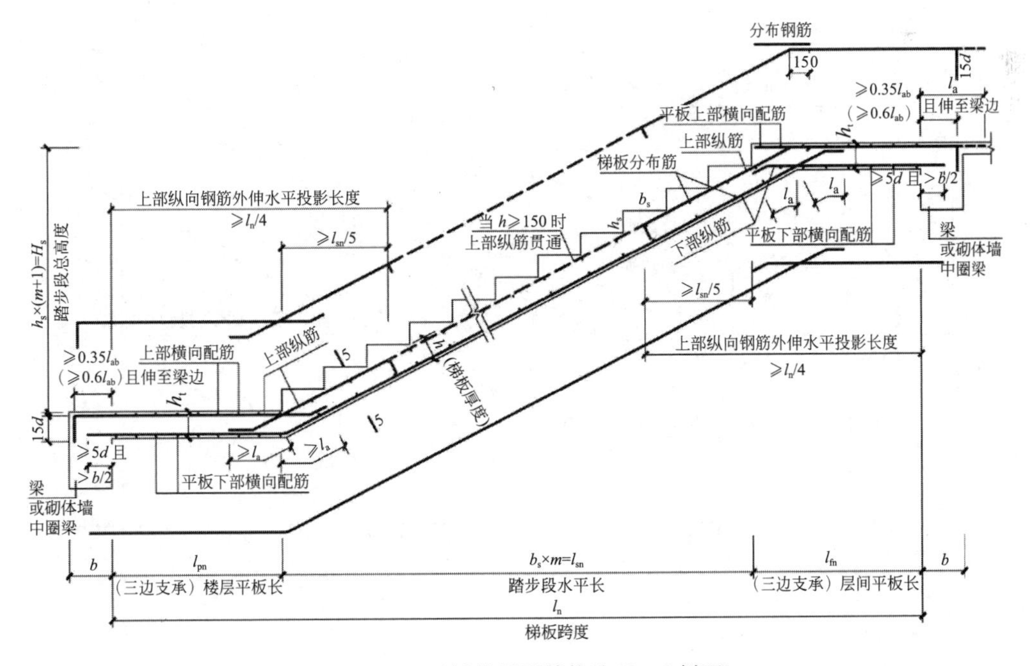

图 6-30　FT 型楼梯板配筋构造(2—2 剖面)

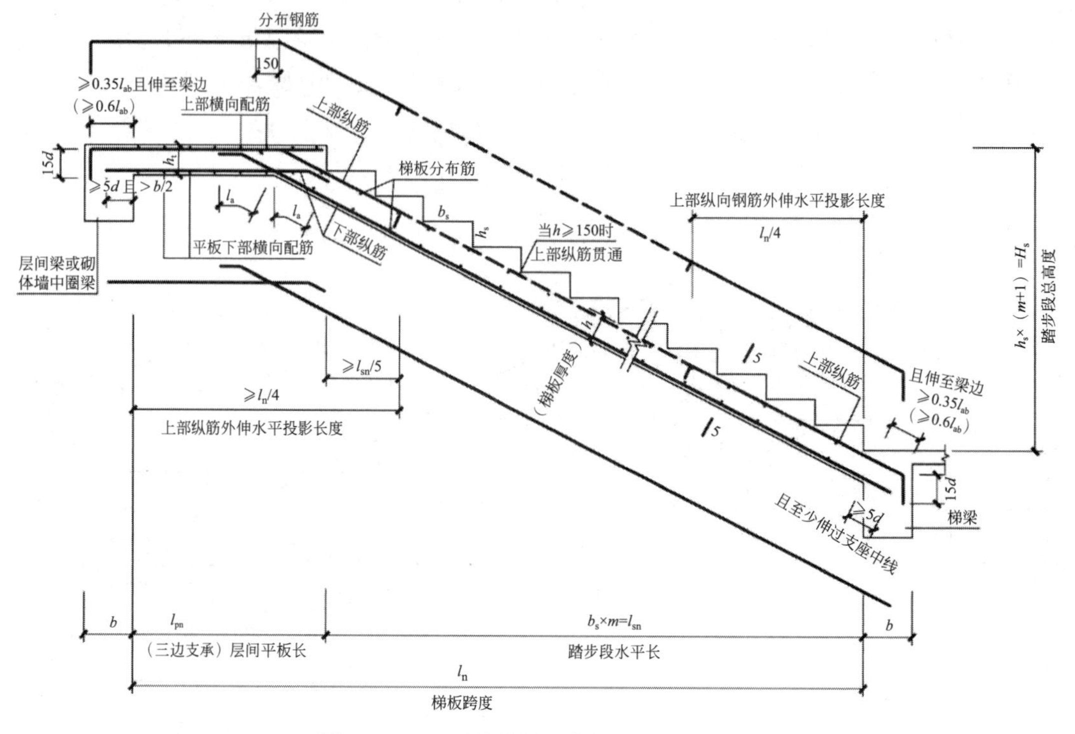

图 6-31　GT 型楼梯板配筋构造(1—1 剖面)

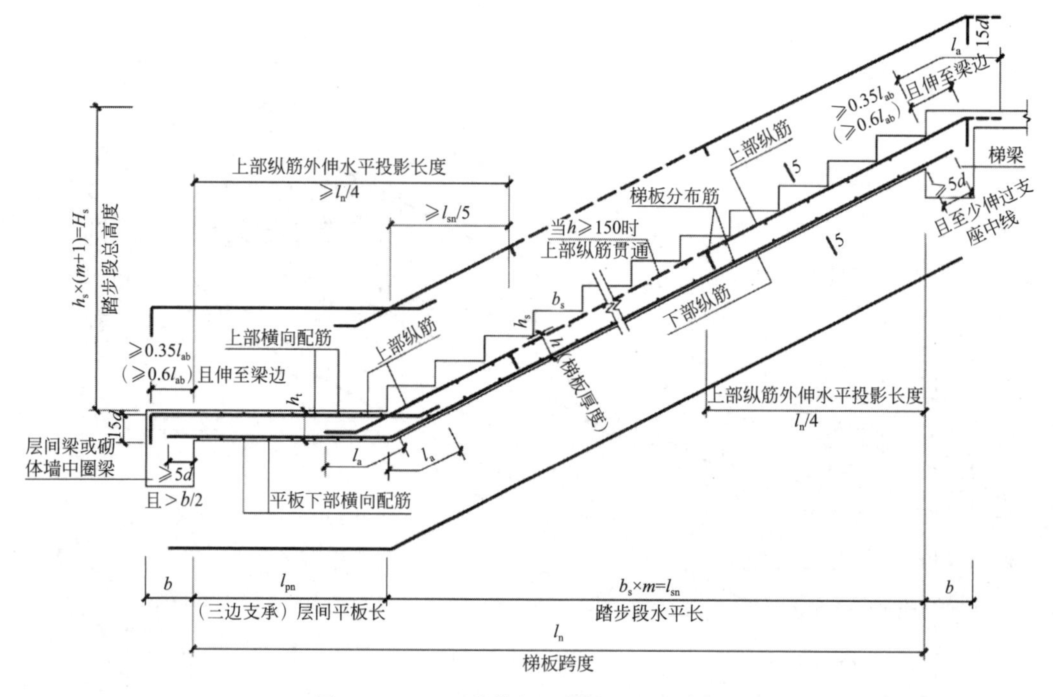

图 6-32　GT 型楼梯板配筋构造(2—2 剖面)

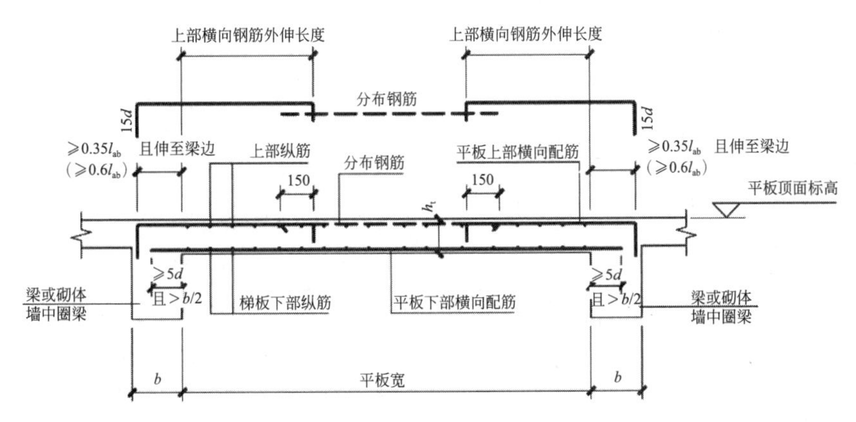

图 6-33 FT 型、GT 型楼梯平板配筋构造(3—3 剖面)(上部横向钢筋分离式配筋)

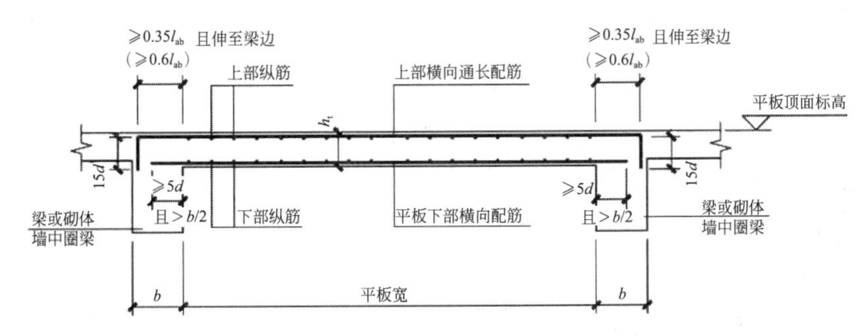

图 6-34 FT 型、GT 型楼梯平板配筋构造(4—4 剖面)(上部横向钢筋贯通式配筋)

6.3.2 抗震板式楼梯配筋构造

ATa、ATb、ATc、BTb、CTa、CTb、DTb 型楼梯均为抗震楼梯,其中,除了 ATc 型楼梯在设计时参与结构整体抗震计算,其余六种类型均不参与结构整体抗震计算,但在梯段低端设置滑动支座,并增加了抗震构造措施,如图 6-35～图 6-40 所示。

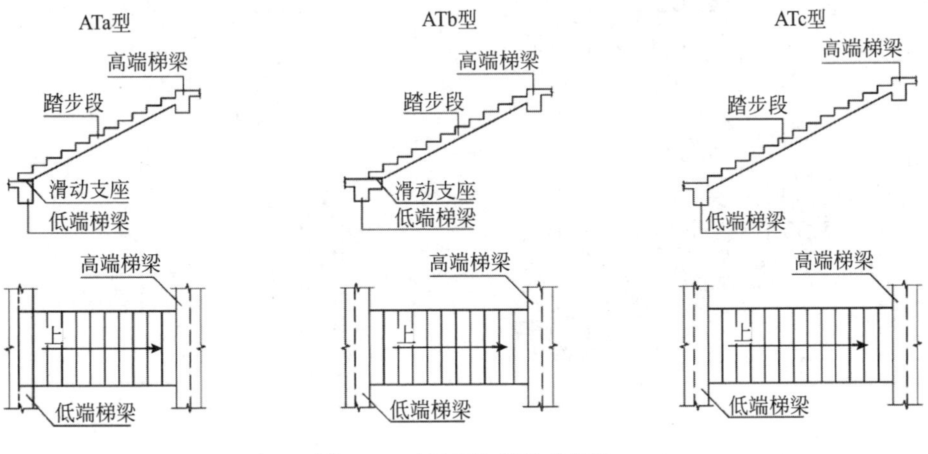

图 6-35 AT 型抗震板式楼梯

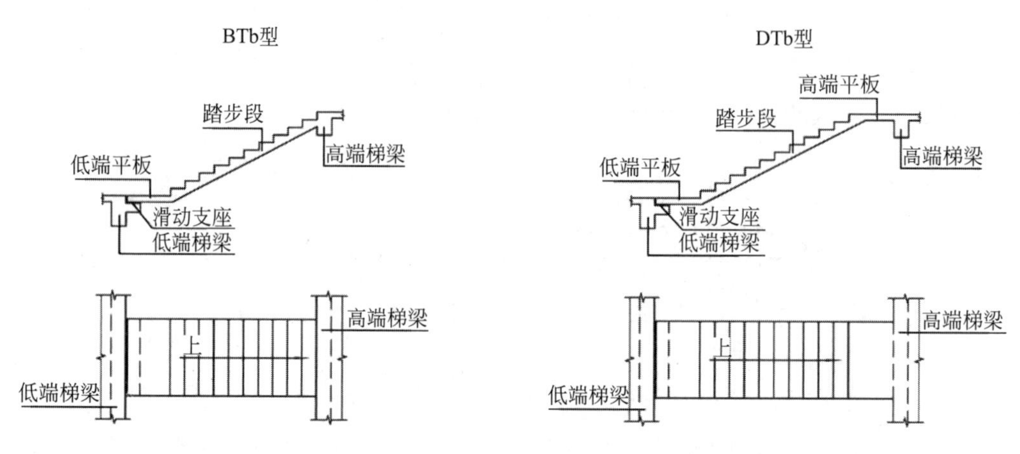

图 6-36　BTb、DTb 型抗震板式楼梯

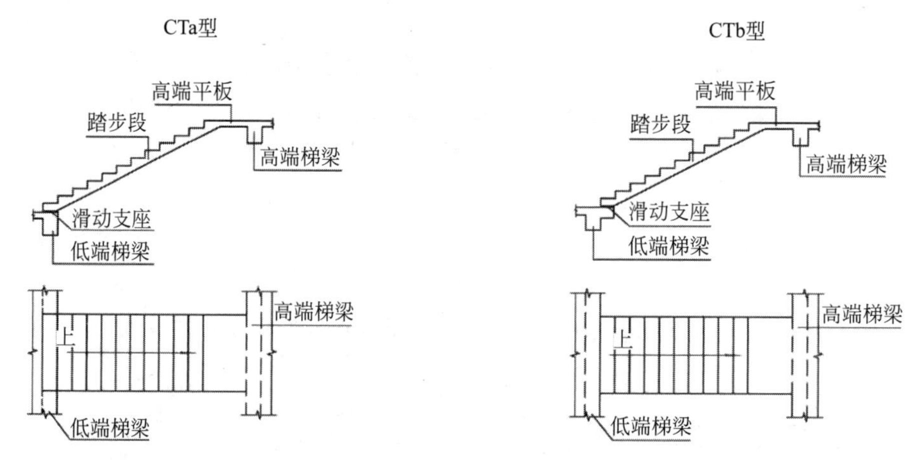

图 6-37　CT 型抗震板式楼梯

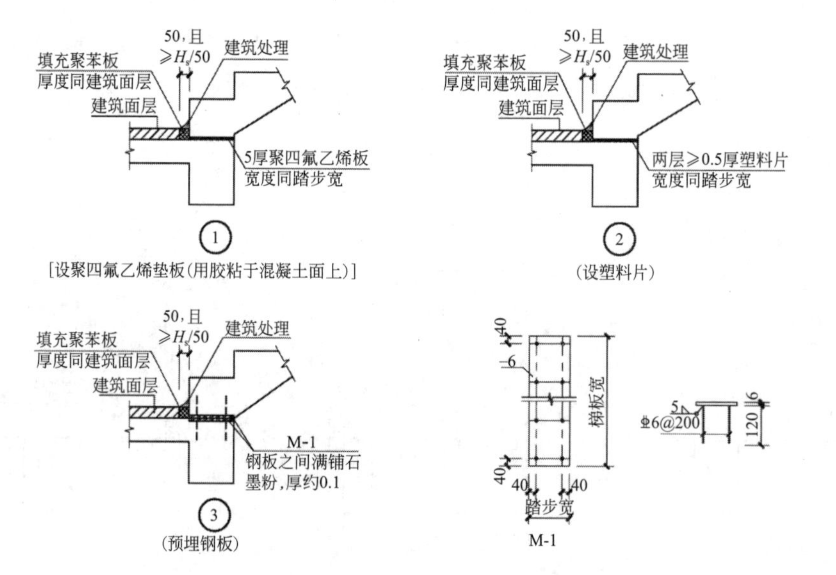

图 6-38　ATa 型、CTa 型滑动支座构造详图

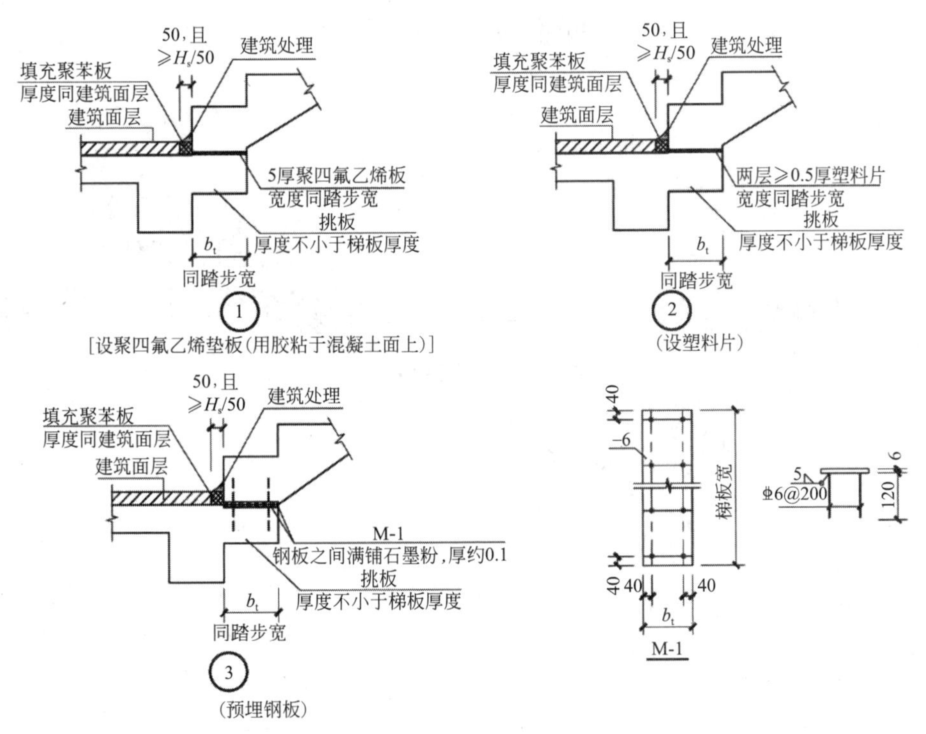

图 6-39　ATb 型、CTb 型滑动支座构造详图

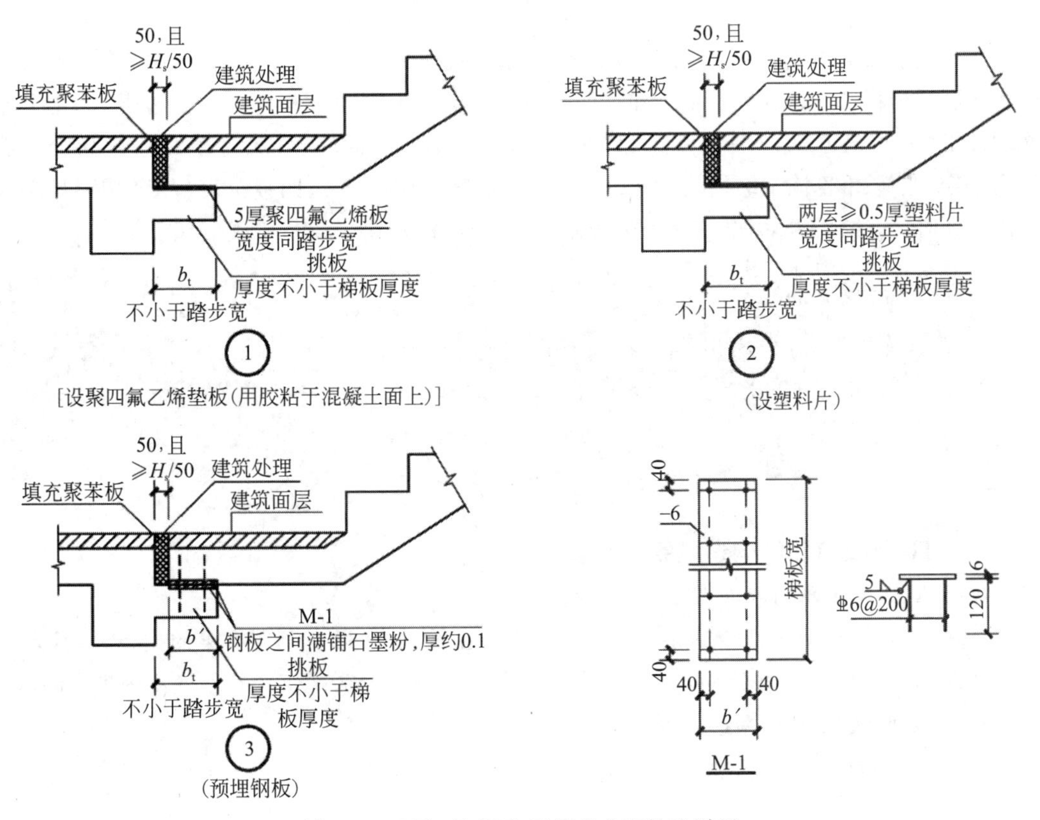

图 6-40　BTb 型、DTb 型滑动支座构造详图

1. ATa 型楼梯板配筋构造及钢筋计算

ATa 型楼梯板配筋构造如图 6-41 所示。

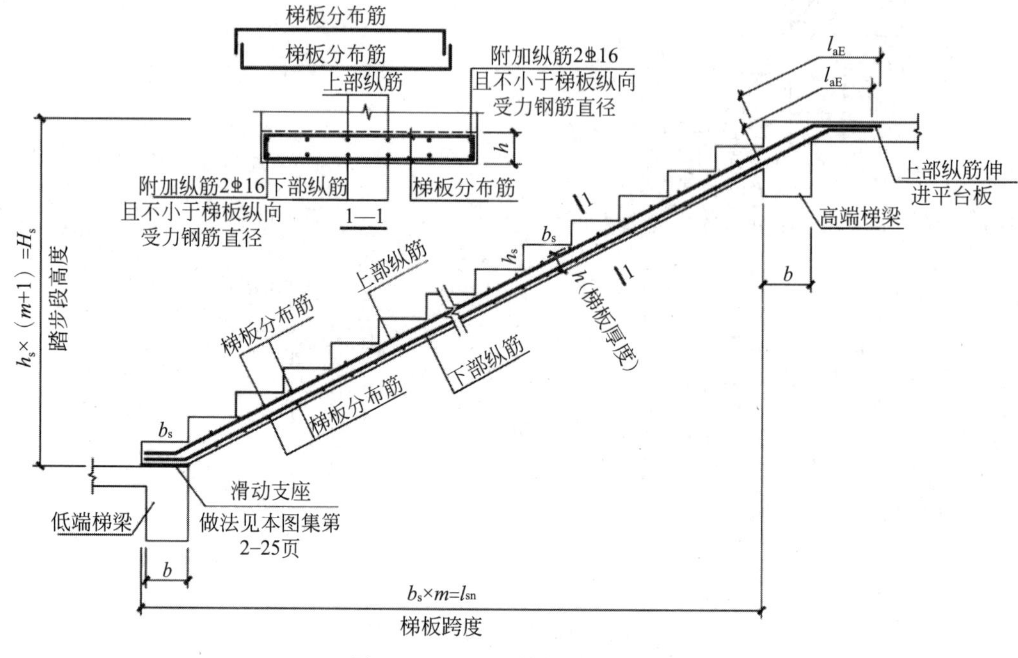

图 6-41　ATa 型楼梯板配筋构造

ATa 型抗震楼梯为双层配筋，低端平伸至踏步段下端的尽头；高端的下部纵筋及上部纵筋均伸进平台板，锚入梁（板）l_{aE}；分布筋两端均弯直钩，直钩长度＝板厚－2×保护层；下层分布筋设置在下部纵筋下面，上层分布筋设置在上部纵筋上面；附加纵筋分别设置在上、下层分布筋的拐角处，上部、下部附加纵筋均为Φ20（一、二级抗震）和Φ16（三、四级抗震）；当采用 HPB300 光面钢筋时，除楼梯上部纵筋的跨内端头做 90°直角弯钩外，所有末端应做 180°的弯钩。

下部纵筋（图 6-41 中①、②号筋）长度＝（b－保护层厚度）＋$l_{sn}\times k+l_{aE}$　(6-30)

下部纵筋根数＝（梯板宽－2×保护层厚度）/间距＋1　(6-31)

分布筋（图中③号筋）长度＝（梯板宽－2×保护层厚度）＋（板厚－2×保护层）×2　(6-32)

分布筋根数＝（$l_{sn}\times k-50\times2$）/间距＋1　(6-33)

2. ATb 型楼梯配筋构造及钢筋计算

ATb 型梯板配筋构造如图 6-42 所示。

ATa 型楼梯与 ATb 型楼梯除了滑动支座一个在梯梁上，另一个在梯梁的挑板上，其余配筋构造都是相同的，因此钢筋量的计算方法与 ATa 型类似，只需把支座宽 b 换成挑板宽即可。

3. ATc 型楼梯配筋构造及钢筋计算

ATc 型梯板配筋构造如图 6-43 所示。

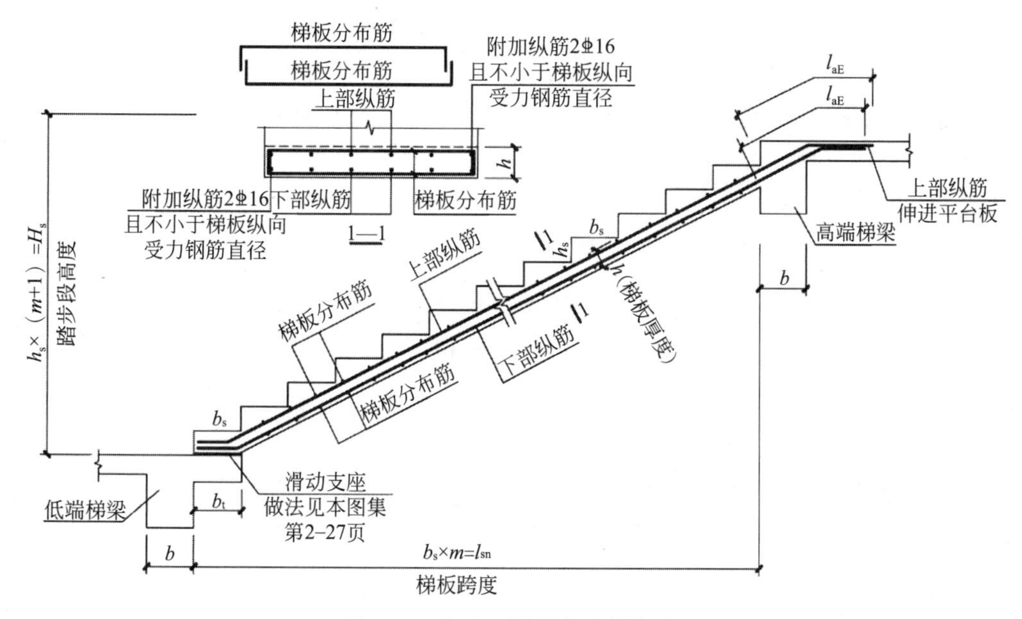

图 6-42 ATb 型楼梯板配筋构造

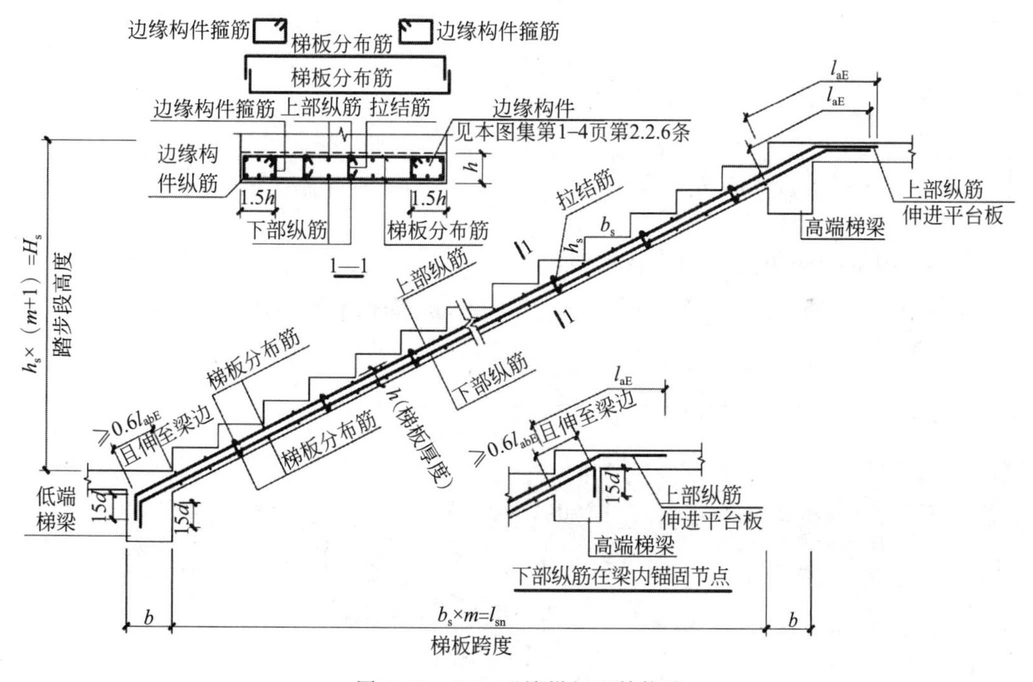

图 6-43 ATc 型楼梯板配筋构造

1）ATc 型楼梯配筋构造

ATc 型楼梯梯板厚度应按计算确定，梯板采用双层双向配筋。

踏步段低端：踏步段下部纵筋及上部纵筋均弯锚入低端梯梁，锚固平直段不小于 l_{aE}，弯折段长 $15d$。上部纵筋需伸至支座对边再向下弯折。

踏步段高端：下部纵筋及上部纵筋均伸进平台板，锚入梁（板）l_{aE}。

分布筋：分布筋两端均弯直钩，长度＝$h-2\times$保护层。

下层分布筋设在下部纵筋下面，上层分布筋设在上部纵筋上面。

拉结筋：在上部纵筋和下部纵筋之间设置拉结筋ϕ6，拉结筋间距为 600mm。

边缘构件（暗梁）设置在踏步段两侧，宽度为 1.5h。暗梁纵筋直径为ϕ12，且不小于梯板纵向受力钢筋的直径，一、二级抗震等级时，不少于 6 根；三、四级抗震等级时，不少于 4 根。暗梁箍筋尺寸为ϕ6@200。

2）ATc 型楼梯板钢筋计算

$$k=\frac{\sqrt{h_s^2+b_s^2}}{b_s} \tag{6-34}$$

梯板下部纵筋和上部纵筋（①号钢筋）的长度和根数是相同的，计算方法如下：

$$\text{下部纵筋长度}=15d+(b-\text{保护层}+l_{sn})\times k+l_{aE} \tag{6-35}$$

$$\text{下部纵筋根数}=(b_n-2\times 1.5h)/\text{下部纵筋间距（考虑一级抗震）} \tag{6-36}$$

上部纵筋同下部纵筋（长度、根数一致）。

梯板分布筋（即③号钢筋）的计算（扣筋形状）：

$$\text{分布筋长度}=b_n-2\times\text{保护层}+2\times(h-2\times\text{保护层}) \tag{6-37}$$

$$\text{分布筋设置范围}=l_{sn}\times k \tag{6-38}$$

$$\text{上、下纵筋分布筋根数}=(l_{sn}\times k/\text{分布筋间距})\times 2 \tag{6-39}$$

$$\text{梯板拉结筋长度}=h-2\times\text{保护层}+2\times\text{拉结筋直径} \tag{6-40}$$

4. BTb 型楼梯板配筋构造及钢筋计算

BTb 型楼梯的低端滑动支座支承在体量的挑板上，梯板配筋构造如图 6-44 所示。

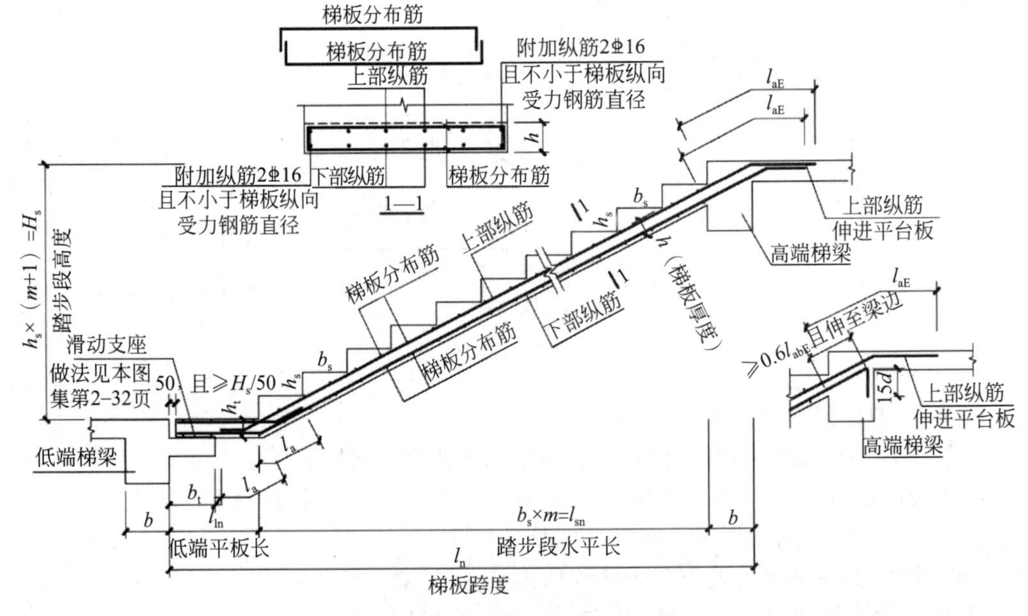

图 6-44　BTb 型楼梯板配筋构造

BTb 型楼梯钢筋构造要点如下。

（1）梯板两端各设置 2 ⌀16 的附加纵筋，且不小于梯板纵向受力钢筋直径。

（2）双层配筋：梯板下层纵筋在下端平伸至低端平板的尽头，在上部伸进高端梯梁对边弯折 $15d$，且锚入梯梁的直段长度≥$0.6l_{abE}$；上层纵筋低端平板部分，一端伸至低端平板的尽头，另一端在折板处与梯板斜段的纵筋互锚，锚固长度为 l_{aE}。

5. CTa、CTb 型楼梯配筋构造及钢筋计算

CTa 型、CTb 型楼梯板配筋构造分别如图 6-45 和图 6-46 所示。

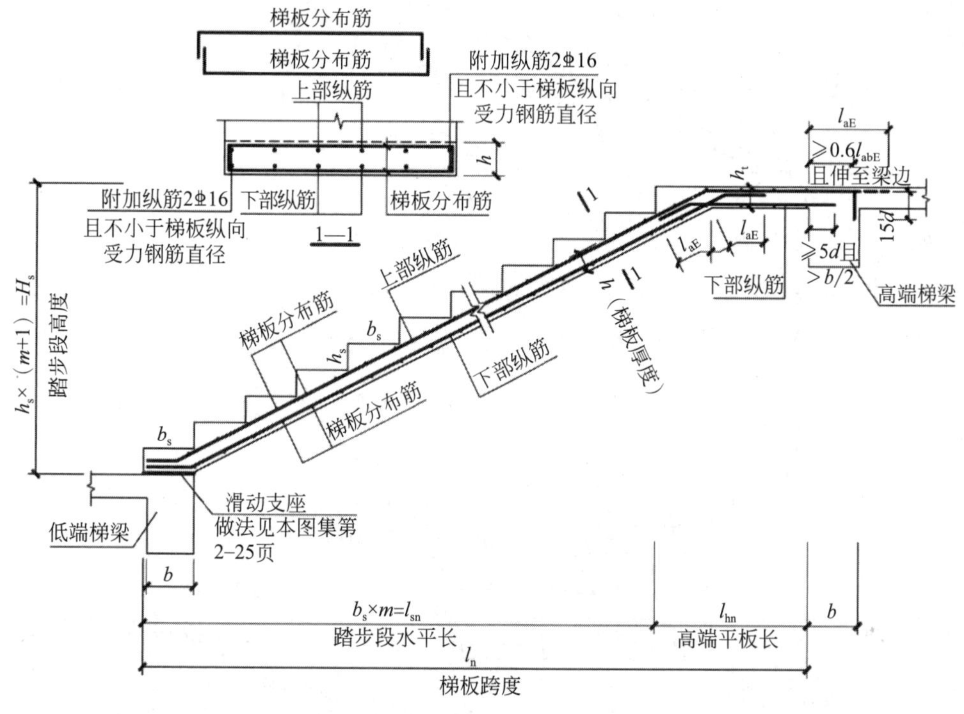

图 6-45　CTa 型楼梯板配筋构造

CTa、CTb 楼梯钢筋构造要点如下。

（1）梯板两端各设置 2 ⌀16 的附加纵筋，且不小于梯板纵向受力钢筋直径。

（2）双层配筋：下端平伸至踏步段下端的尽头。上端下部纵筋伸进梯梁，锚入梯梁长度不小于 $5d$，且不小于 $b/2$（b 为梯梁宽）；上端上部纵筋伸至梯梁外侧，并弯折 $15d$；或自梯梁内侧起平直锚固长度不小于 l_{aE}。

CTa、CTb 型楼梯钢筋计算方法如下：纵向钢筋在低端滑动支座位置与 ATa、ATb 型相同，纵向钢筋在高端的构造及高端平板钢筋的计算与 CT 型钢筋在高端及高端平板钢筋的计算方法相同，但是需要将锚固长度 l_a 替换成抗震锚固长度 l_{aE}。

6. DTb 型楼梯配筋构造及钢筋计算

DTb 型楼梯板配筋构造如图 6-47 所示。

DTb 楼梯钢筋构造要点如下。

（1）梯板两端各设置 2 ⌀16 的附加纵筋，且不小于梯板纵向受力钢筋直径。

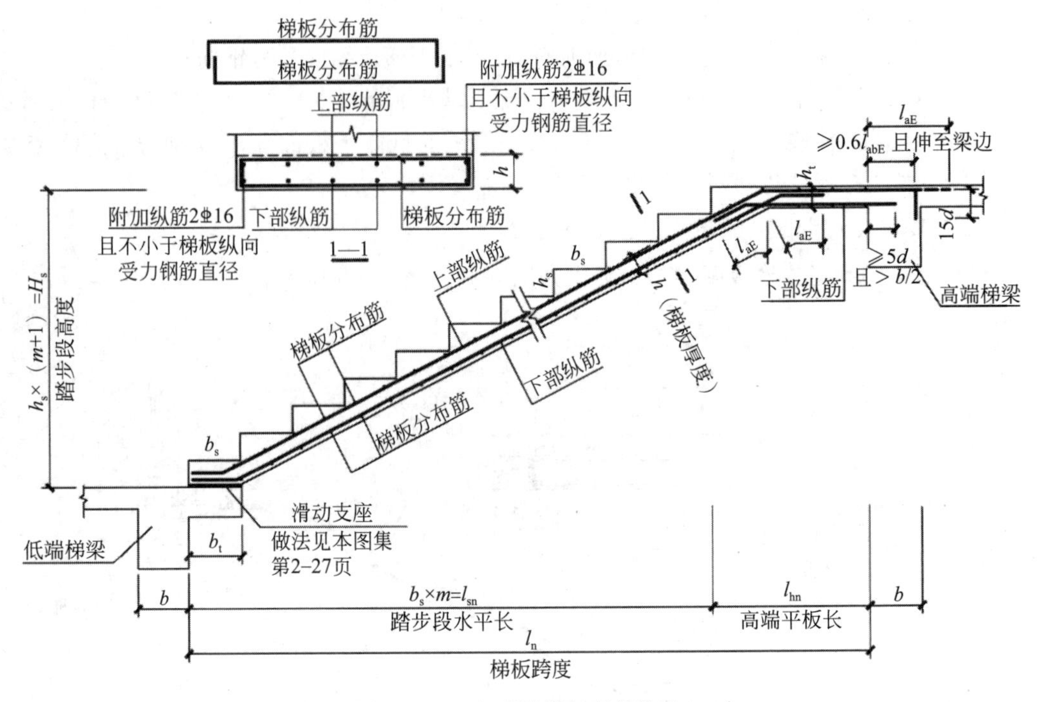

图 6-46　CTb 型楼梯板配筋构造

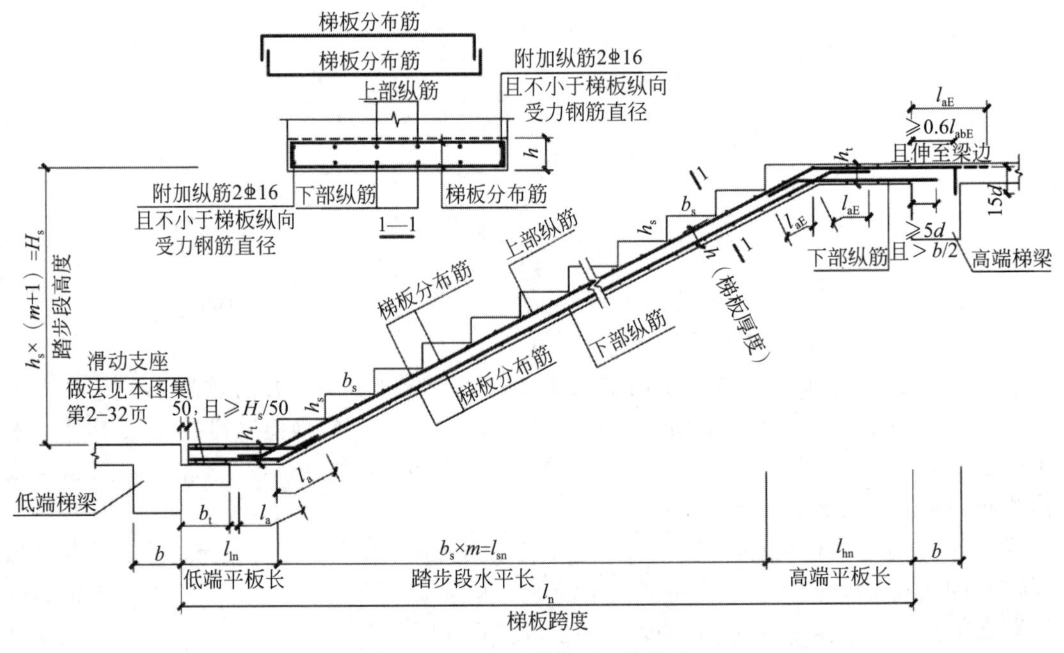

图 6-47　DTb 型楼梯板配筋构造

(2) 双层配筋：梯板下部纵筋在下端平伸至低端平板的尽头，在上部与高端平板的水平筋互锚，锚固长度为 l_{aE}。上部纵筋低端水平纵筋与斜段纵筋互锚，锚固长度为 l_{aE}，高端弯折至高端平板中，伸至高端梯梁对边(且≥$0.6l_{abE}$)弯折 $15d$，或锚入平台板内不小于 l_{aE}。

6.4　板式楼梯施工图识图及钢筋算量实例

本节将通过对平法板式楼梯配筋施工图的识读，讲述绘制板式楼梯的纵向剖面配筋图的步骤和方法；通过计算板式楼梯各种钢筋的长度，来巩固、理解板式楼梯的钢筋排布构造和板式楼梯端支座钢筋锚固构造要求，达到正确识读板式楼梯平法配筋图以及计算钢筋设计长度的目的。

结合第10章中的板式楼梯在《楼梯详图》(结施—13)中，选择AT1楼梯标高−2.400～−0.96段进行板式楼梯平法施工图的识读和钢筋长度的计算。从设计总说明和结施图中可以得出以下工程信息：楼梯混凝土强度C30，混凝土保护层厚度梯板15mm，梯梁25mm，图中未标注钢筋锚固长度着为30d，其余信息详见结施—13。试识读AT1平法施工图，计算AT1楼梯各种钢筋的长度及根数，并汇总成钢筋材料明细表。

6.4.1　识读AT1楼梯平法施工图

根据《楼梯详图》(结施—13)和设计说明，绘制AT1楼梯平面布置图，如图6-48所示，从图中可读出如下内容。

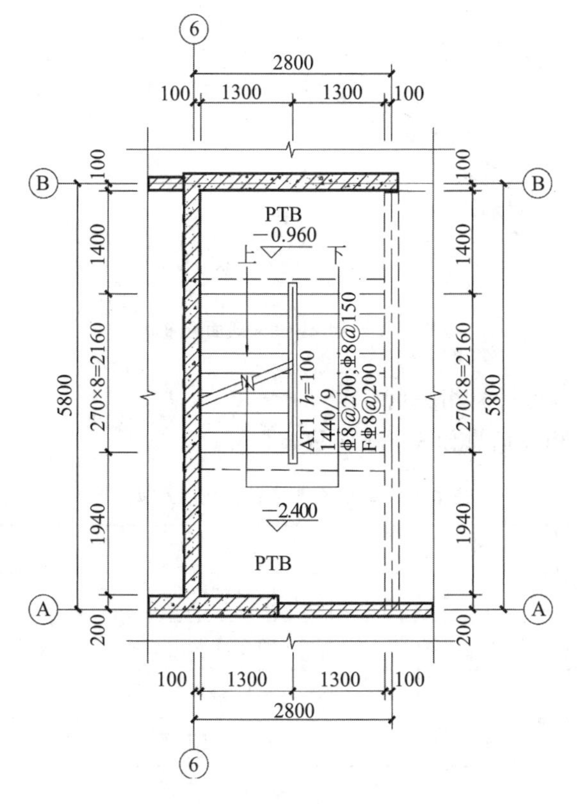

图6-48　AT1楼梯平法施工图

1. 外围标注内容解读

楼梯间的平面尺寸开间为 2800mm，进深为 5800mm；楼层平台的结构标高为－0.960m；层间平台的结构标高为－2.400m；梯板的平面几何尺寸梯段宽为 1200mm，梯段的水平投影长度为 2160mm；梯井宽为 100mm。

2. 集中标注内容解读

图中集中标注有 5 项内容，分别是第 1 项为梯板类型代号与序号 AT1；第 2 项为梯板厚度 h＝100mm；第 3 项为踏步段总高度 H＝1440mm，踏步级数为 9 级；第 4 项梯板上部纵筋为⌀8@200，下部纵筋为⌀8@150；第 5 项梯板的分布筋为⌀8@200。

6.4.2 计算 AT1 楼梯的钢筋长度

（1）绘制 AT1 楼梯配筋纵剖面图如图 6-49 所示。

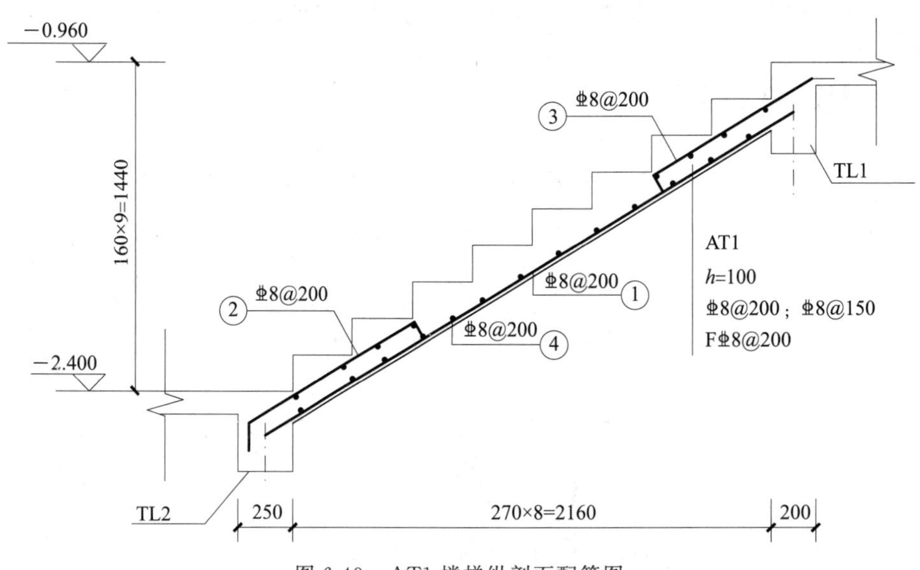

图 6-49 AT1 楼梯纵剖面配筋图

（2）计算与 AT1 楼梯计算相关信息。

与 AT1 楼梯计算相关信息如表 6-3 所示。

表 6-3 与 AT1 楼梯计算相关信息

名 称	数 值	名 称	数 值
板保护层厚度	$C_{板}=15$	锚固长度	$l_a=30d$
梯梁保护层厚度	$C_{梁}=25$	梯板净跨	$l_n=2160$
踏面宽度	$b_s=270$	梯板净宽	$b_n=1250$
踢面高度	$h_s=160$	梯梁 TL1 尺寸	200×400
梯板厚度	$h=100$	梯梁 TL2 尺寸	250×350
基本锚固长度	$l_{ab}=35d$		

斜坡系数：$k=\frac{\sqrt{b_s^2+h_s^2}}{b_s}=\frac{\sqrt{270^2+160^2}}{270}=1.162$；

下部纵筋在支座内锚固长度：$\max(5d,b/2\times k)=\max(5\times8,200/2\times1.162)=116(\text{mm})$；

上部纵筋在支座内直段锚固长度：$\geqslant0.35l_{ab}=0.35\times35\times10=122.5(\text{mm})$；

上部纵筋在支座内的弯折长度$=15d=15\times8=120(\text{mm})$；

上部纵筋在梯板内的弯折长度$=h-2\times C_{板}=100-2\times15=70(\text{mm})$；

上部纵筋在高端可直接深入平台板内锚固，从支座内边算起，总锚固长度不小于$l_a=30d=30\times8=240(\text{mm})$。

(3) 计算梯板钢筋。

① 梯板下部纵筋(ф8@200)

长度 $l=l_n\times k+2\max(5d,bk/2)=2160\times1.162+2\times116=2742(\text{mm})$

根数 $n=(b_n-2\times C_{板})/$间距$+1=(1250-2\times15)/200+1=7$(根)

② 梯板下部纵筋的分布筋(ф8@200)

长度 $l=b_n-2\times C_{板}=1250-2\times15=1220(\text{mm})$

根数 $n=[l_n\times k-2\times$(分布筋间距$/2)]/$间距$+1=(2160\times1.162-2\times100)/200+1$
$=13$(根)

③ 梯板低端上部纵筋(ф8@150)

长度 $l=(l_n/4+b-C_{梁})\times k+15d+(h-2\times C_{板})$
$=(2160/4+200-25)\times1.162+15\times8+(100-2\times15)=1021(\text{mm})$

根数 $n=(b_n-2\times C_{板})/$间距$+1=(1250-2\times15)/150+1=10$(根)

④ 梯板低端上部纵筋的分布筋(ф8@200)

长度 $l=b_n-2\times C_{板}=1250-2\times15=1220(\text{mm})$

根数 $n=(l_n/4\times k-$分布筋间距$/2)/$间距$+1=(2160/4\times1.162-100)/200+1=4$(根)

⑤ 梯板高端上部纵筋(ф8@150)

上部纵筋在高端直接伸入平台板内锚固。

长度 $l=15d+l_n/4\times k+30d=15\times8+2160/4\times1.162+30\times8=988(\text{mm})$

根数与梯板低端上部纵筋相同，$n=10$ 根。

梯板高端上部纵筋的分布筋(ф8@200)。

长度和根数均与梯板低端上部纵筋的分布筋相同，长度 $l=1220\text{mm}$，根数 $n=4$(根)。

6.4.3 绘制梯板 AT1 钢筋材料明细表

梯板 AT1 钢筋材料明细表如表 6-4 所示。

表 6-4 AT1 楼梯钢筋材料明细表

编号	钢筋简图/mm	规格/mm	长度/mm	数量/根
1	2742	ф8	2742	7

续表

编号	钢筋简图/mm	规格/mm	长度/mm	数量/根
2	120 831 70	⌀8	1021	10
3	70 831 87	⌀8	988	10
4	1220	⌀8	1220	21

第7章　基础识图与钢筋算量

7.1　独立基础施工图识图及钢筋算量

7.1.1　独立基础平法施工图的表示方法

独立基础平法施工图，有平面注写与截面注写两种表达方式，设计者可根据具体工程情况选择一种，或两种方式相结合进行独立基础的施工图设计。

当绘制独立基础平面布置图时，应将独立基础平面与基础所支承的柱一起绘制。当设置基础连系梁时，可根据图面的疏密情况，将基础连系梁与基础平面布置图一起绘制，或将基础连系梁布置图单独绘制。

在独立基础平面布置图上，应标注基础定位尺寸；当独立基础的柱中心线或杯口中心线与建筑轴线不重合时，应标注其定位尺寸。对于编号相同且定位尺寸相同的基础，可仅选择一个进行标注。

7.1.2　独立基础的平面注写方式

独立基础的平面注写方式分为集中标注和原位标注两部分内容，如图 7-1 所示。

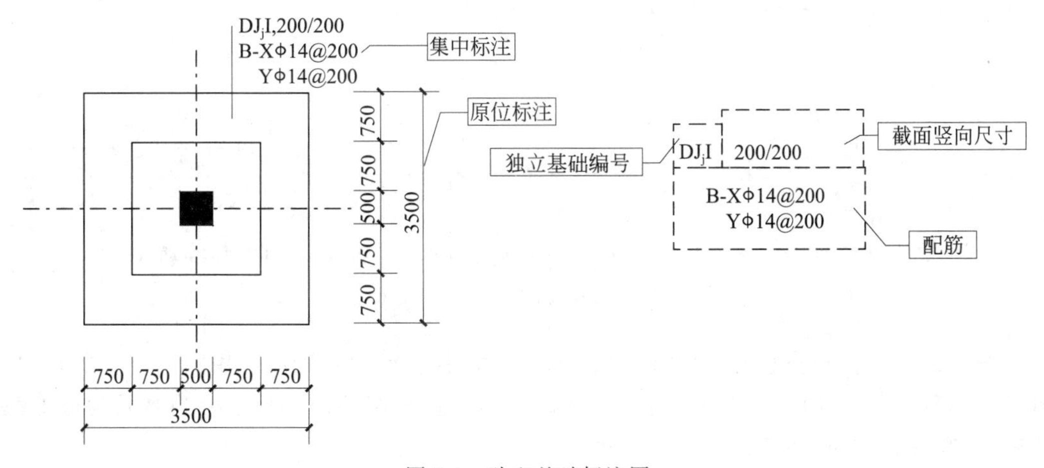

图 7-1　独立基础标注图

普通独立基础和杯口独立基础的集中标注，是在基础平面图上集中引注以下内容：基础编号、截面竖向尺寸、配筋三项必注内容，以及基础底面标高（与基础底面基准标高不同时）

和必要的文字注解两项选注内容。

素混凝土普通独立基础的集中标注，除无基础配筋内容外，均与钢筋混凝土普通独立基础相同。

钢筋混凝土和素混凝土独立基础的原位标注，是在基础平面布置图上标注独立基础的平面尺寸。

7.1.3 集中标注

1. 独立基础编号

独立基础编号见表 7-1。

表 7-1 独立基础编号

类　　型	基础底板截面形状	代号	序号
普通独立基础	阶形	DJ_j	××
	锥形	DJ_z	××
杯口独立基础	阶形	BJ_j	××
	锥形	BJ_z	××

2. 独立基础截面竖向尺寸

下面按普通独立基础和杯口独立基础分别进行说明。

1）普通独立基础

注写“$h_1/h_2/h_3\cdots$”，具体标注方式如下。

当基础为阶形截面时，如图 7-2 所示。

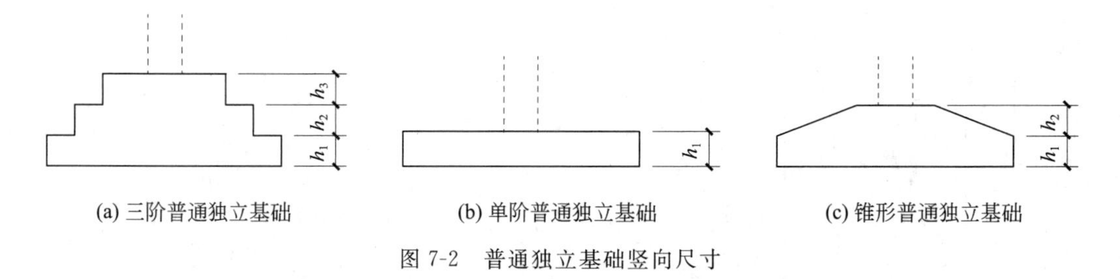

(a) 三阶普通独立基础　(b) 单阶普通独立基础　(c) 锥形普通独立基础

图 7-2 普通独立基础竖向尺寸

图 7-2(a)为三阶普通独立基础，当为更多阶时，各阶尺寸自下而上用“/”分隔顺写。当基础为单阶时，其竖向尺寸仅为一个，且为基础总高度，如图 7-2(b)所示。当基础为锥形截面时，注写方式为“h_1/h_2”，如图 7-2(c)所示。

2）杯口独立基础

当基础为阶形截面时，其竖向尺寸分两组，一组表达杯口内，另一组表达杯口外，两组尺寸以“,”分隔，注写方式为“$a_0/a_1,h_1/h_2,\cdots$”，如图 7-3 和图 7-4 所示，其中，a_0 为杯口深度。

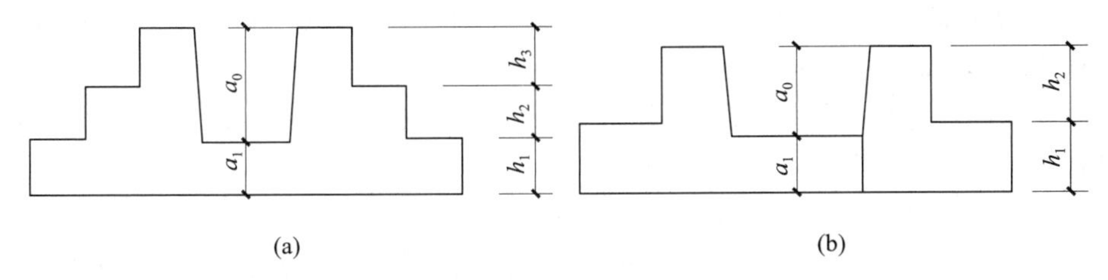

图 7-3　阶形截面杯口独立基础竖向尺寸注写方式

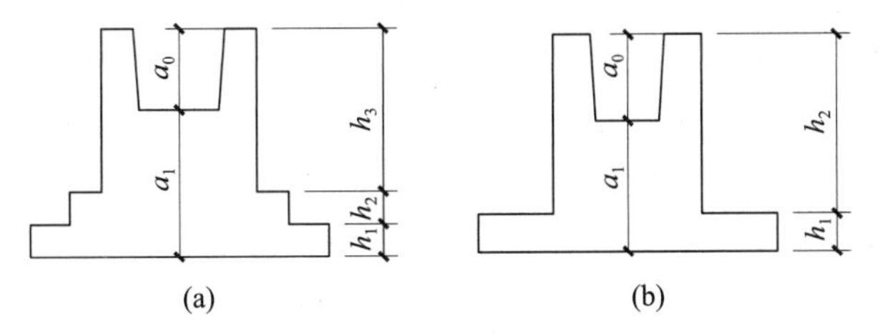

图 7-4　阶形截面高杯口独立基础竖向尺寸注写方式

3. 独立基础配筋

独立基础集中标注的第三项必注内容是配筋。独立基础的配筋有五种情况，如图 7-5 所示。

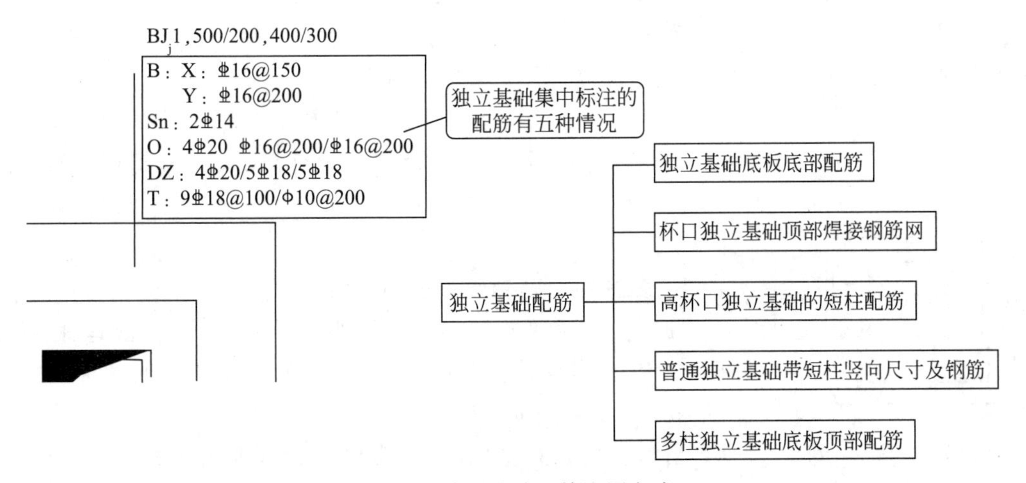

图 7-5　独立基础配筋注写方式

1）独立基础底板底部配筋

普通独立基础和杯口独立基础的底部双向配筋注写方式如下。

（1）以“B”代表各种独立基础底板的底部配筋。

（2）X 向配筋以“X”打头注写、Y 向配筋以“Y”打头注写；当两向配筋相同时，则以“X&Y”打头注写。图 7-5 中表示基础底板底部配置 HRB400 级钢筋，X 向钢筋直径为 16mm，间距为 150mm；Y 向钢筋直径为 16mm，间距为 200mm。

2）杯口独立基础顶部焊接钢筋网

以“S_n”打头引注杯口顶部焊接钢筋网的各边钢筋。表示杯口顶部每边配置 2 根 HRB400 级直径为 14mm 的焊接钢筋网。

双杯口独立基础顶部焊接钢筋网，图 7-5 中表示杯口每边和双杯口中间杯壁的顶部均配置 2 根 HRB400 级直径为 16mm 的焊接钢筋网。

当双杯口独立基础中间杯壁厚度小于 400mm 时，在中间杯壁中配置的构造钢筋见相应标准构造详图，设计不注。

3）高杯口独立基础的短柱配筋（也适用于杯口独立基础杯壁有配筋的情况）

以“O”代表短柱配筋。先注写短柱纵筋，再注写箍筋。注写方式如下：角筋/长边中部筋/短边中部筋，箍筋（两种间距）；当水平截面为正方形时，注写方式如下：角筋/X 边中部筋/Y 边中部筋，箍筋（两种间距，短柱杯口壁内箍筋间距/短柱其他部位箍筋间距）。

图 7-5 表示高杯口独立基础的短柱配置 HRB400 级竖向钢筋和 HPB300 级箍筋。其竖向纵筋为 4⏀20 角筋、⏀16@220 长边中部筋和⏀16@200 短边中部筋；其箍筋直径为 10mm，短柱杯口壁内间距为 150mm，短柱其他部位间距为 300mm。

对于双高杯口独立基础的短柱配筋，注写形式与单高杯口相同。

当双高杯口独立基础中间杯壁厚度小于 400mm 时，在中间杯壁中配置的构造钢筋见相应标准构造详图，设计不注。

4）普通独立基础带短柱竖向尺寸及钢筋

当独立基础埋深较大，设置短柱时，短柱配筋应注写在独立基础中。

以“DZ”代表普通独立基础短柱。先注写短柱纵筋，再注写箍筋，最后注写短柱标高范围。注写方式为“角筋/长边中部筋/短边中部筋，箍筋，短柱标高范围”；当短柱水平截面为正方形时，注写方式为“角筋/X 边中部筋/Y 边中部筋，箍筋，短柱标高范围”。

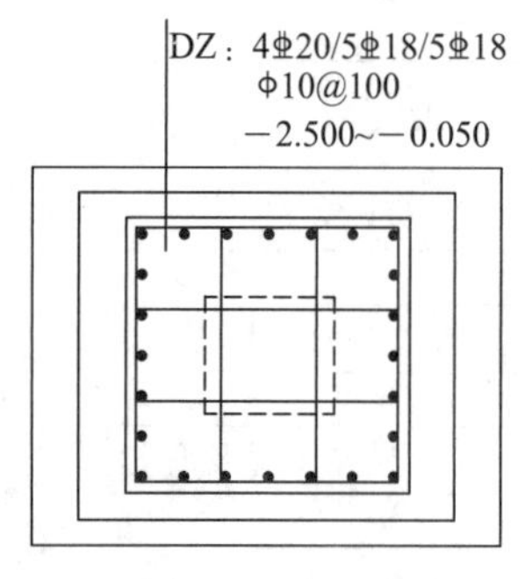

图 7-6　独立基础短柱配筋示意

图 7-6 表示独立基础的短柱设置在 −2.500～−0.050m 高度范围内，配置 HRB400 级竖向纵筋和 HPB300 级箍筋。其竖向纵筋为 4⏀20 角筋、5⏀18X 边中部筋和 5⏀18Y 边中部筋；其箍筋直径为 10mm，间距为 100mm。

5）多柱独立基础底板顶部配筋

独立基础通常为单柱独立基础，也可为多柱独立基础（双柱或四柱等）。多柱独立基础的编号、几何尺寸和配筋的标注方法与单柱独立基础相同。

当为双柱独立基础时，通常仅布置基础底部的钢筋；当柱距离较大时，除基础底部配筋外，在两柱间配置顶部一般要配置基础顶部钢筋或基础梁；当为四柱独立基础时，通常可设置两道平行的基础梁，需要时，可在两道基础梁之间配置基础顶部钢筋。

多柱独立基础顶部配筋和基础梁的注写方法规定如下。

(1) 双柱独立基础底板顶部配筋。双柱独立基础的顶部配筋，通常对称分布在双柱中心线两侧。以大写字母打头，注写为双柱间纵向受力钢筋/分布钢筋。当纵向受力钢筋在基础底板顶面非满布时，应注明其总根数。

如图 7-7 所示，表示独立基础顶部配置 9 根纵向受力钢筋 HRB400 级，直径为 18mm，间距为 100mm；分布筋 HPB300 级，直径为 10mm，间距为 200mm。

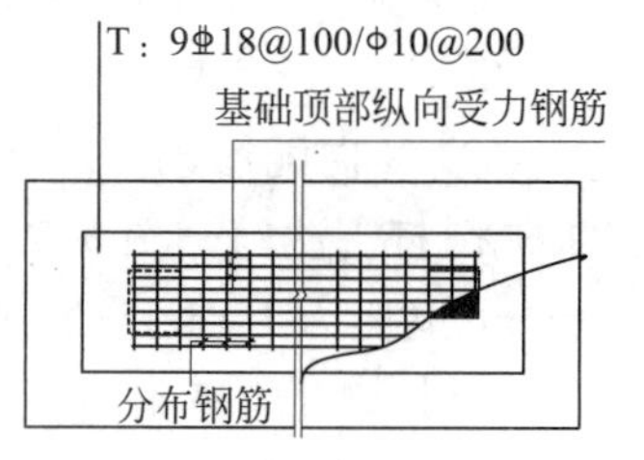

图 7-7　双柱独立基础底板顶部配筋

（2）双柱独立基础的基础梁配筋。当双柱独立基础为基础底板与基础梁相结合时，注写基础梁的编号、几何尺寸和配筋。例如JL××(1)表示该基础梁为1跨，两端无外伸；JL××(1A)表示该基础梁为1跨，一端有外伸；JL××(1B)表示该基础梁为1跨，两端均有外伸。

通常情况下，双柱独立基础宜采用端部有外伸的基础梁，基础底板则采用受力明确、构造简单的单向受力配筋与分布筋。基础梁宽度宜比柱截面宽出不小于100mm(每边不小于50mm)。

基础梁的注写规定与条形基础的基础梁注写规定相同。注写方式如图7-8所示。

（3）双柱独立基础的底板配筋。对于双柱独立基础底板配筋，可以按条形基础底板的规定注写，也可以按独立基础底板的规定注写。

（4）配置两道基础梁的四柱独立基础底板顶部配筋。当四柱独立基础已设置两道平行的基础梁时，根据内力需要，可在双梁之间以及梁的长度范围内配置基础顶部钢筋，注写为梁间受力钢筋/分布钢筋。图7-9表示在四柱独立基础顶部两道基础梁之间配置受力钢筋HRB400级，直径为16mm，间距为120mm；分布筋HPB300级，直径为10mm，分布间距为200mm。

平行设置两道基础梁的四柱独立基础底板配筋，也可按双梁条形基础底板配筋的注写规定。

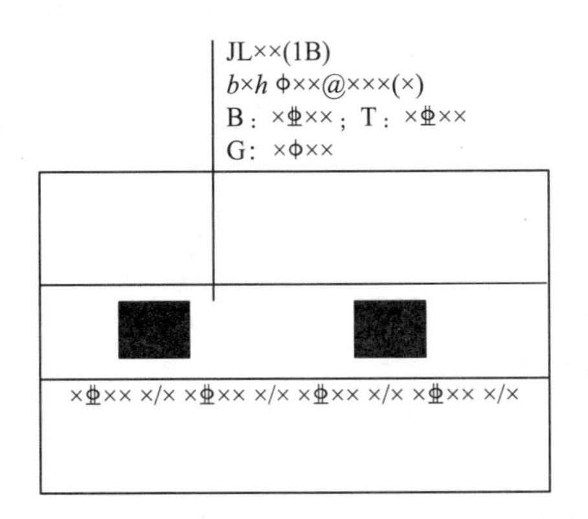

图7-8　双柱独立基础的基础梁配筋注写方式

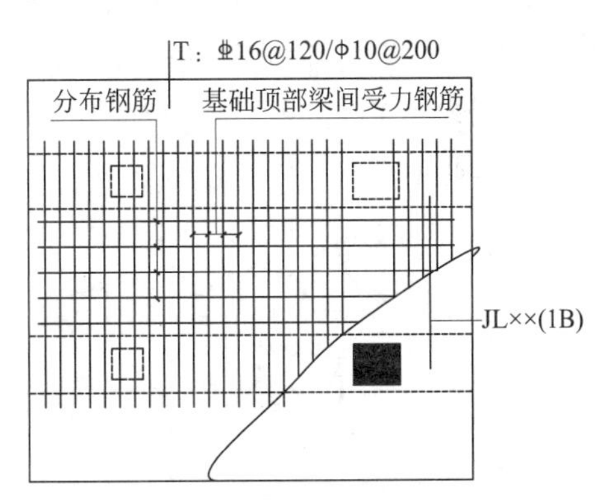

图7-9　四柱独立基础底板顶部配筋

4. 基础底面标高

当独立基础的底面标高与基础底面基准标高不同时，应将独立基础底面标高直接注写在“()”内。

当独立基础的设计有特殊要求时，宜增加必要的文字注解。例如，基础底板配筋长度是否采用减短方式等，可在该项内注明。

7.1.4　原位标注

1. 普通独立基础

原位标注x、y，x_c、y_c(或圆柱直径d_c)，x_i、y_i($i=1,2,3,\cdots$)。其中，x、y为普通独立基础两向边长，x_c、y_c为柱截面尺寸，x_i、y_i，为阶宽或锥形平面尺寸(当设置短柱时，尚应标注短柱的截面尺寸)。

阶形截面普通独立基础原位标注和设置短柱独立基础的原位标注，如图7-10所示。锥形截面普通独立基础原位标注，如图7-11所示。

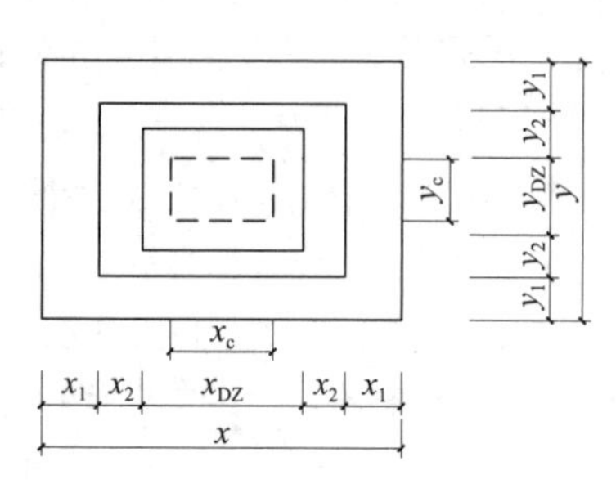

图 7-10　带短柱普通独立基础原位标注

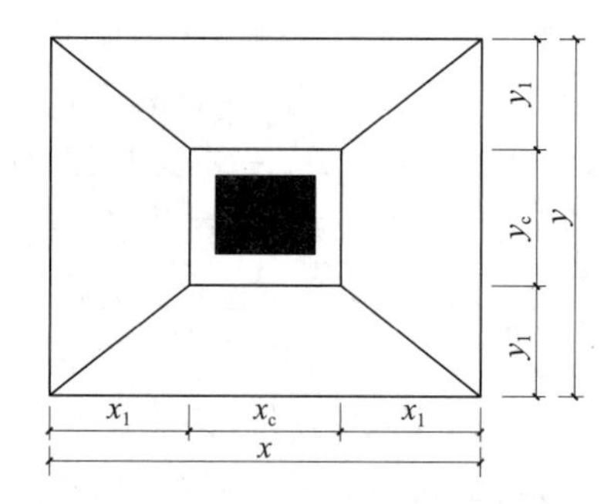

图 7-11　对称锥形截面普通独立基础原位标注

2. 杯口独立基础

原位标注 x、y，x_u、y_u，t_i，x_i、y_i（$i=1,2,3,\cdots$）。其中，x、y 为杯口独立基础两向边长；x_u、y_u 为柱截面尺寸；t_i 为杯壁上口厚度，下口厚度为（t_i+25）mm；x_i、y_i 为阶宽或锥形截面尺寸。

杯口上口尺寸 x_u、y_u 按柱截面边长两侧双向各加 75mm；杯口下口尺寸按标准构造详图（为插入杯口的相应柱截面边长尺寸，每边各加 50mm），设计不注。

阶形截面杯口独立基础原位标注，如图 7-12 所示。高杯口独立基础原位标注与杯口独立基础完全相同。

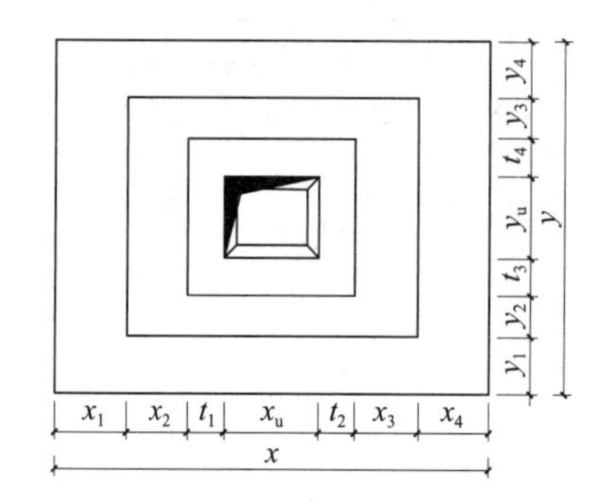

图 7-12　阶形截面杯口独立基础原位标注

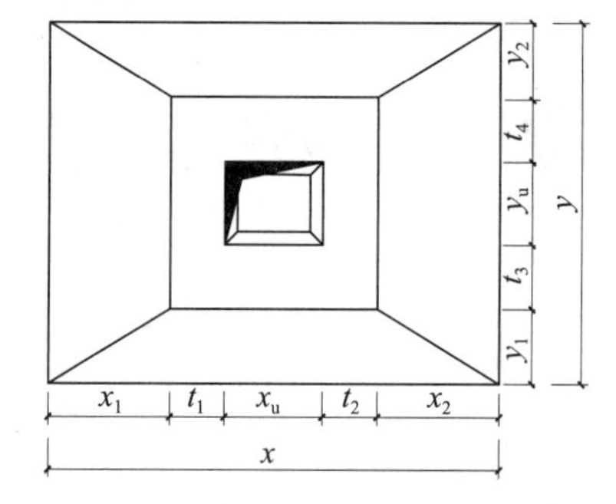

图 7-13　锥形截面杯口独立基础原位标注

锥形截面杯口独立基础原位标注，如图 7-13 所示。高杯口独立基础的原位标注与杯口独立基础完全相同。

7.1.5　独立基础的截面注写方式

独立基础的截面注写方式，又可以分为截面标注和列表注写（结合截面示意图）两种表达方式。采用截面注写方式，应在基础平面布置图上对所有基础进行编号，见表 7-1。对单个基础进行截面标注的内容和形式与传统"单构件正投影表示方法"基本相同。对于已在基础平面布置图上原位标注清楚的该基础平面几何尺寸，在截面图上可不再重复表达，具体表达内容可参照独立基础相应的标准构造。对于多个同类基础，可采用列表注写（结合截面示意图）的方式进行集中表达。表中的内容为基础截面的几何数据和配筋等，在截面示意图上应标注与表中栏目相对应的代号。列表的具体内容规定如下。

1. 普通独立基础

普通独立基础列表格式见表 7-2。

表 7-2　普通独立基础截面几何尺寸和配筋表

基础编号/截面号	截面几何尺寸				底部配筋(B)	
	x、y	x_c、y_c	x_i、y_i	$h_1/h_2/\cdots$	X 向	Y 向

注：表中可以根据实际情况增加栏目。

(1) 编号。参考表 7-1。

(2) 几何尺寸。水平尺寸 x_c、y_c(或圆柱直径 d_c)，x_i、y_i($i=1,2,3,\cdots$)。其中，x、y 为普通独立基础两向边长，x_c、y_c 为柱截面尺寸，x_i、y_i 为阶宽或锥形平面尺寸(当设置短柱时，尚应标注短柱的截面尺寸)；竖向尺寸 $h_1/h_2\cdots$。

(3) 配筋。B:XΦ××@×××，YΦ××@×××，以 B 代表各种独立基础底板的底部配筋；X 向配筋以 X 打头注写，Y 向配筋以 Y 打头注写。

2. 杯口独立基础

杯口独立基础列表格式见表 7-3。

表 7-3　杯口独立基础几何尺寸和配筋表

基础编号/截面号	截面几何尺寸				底部配筋(B)		杯口顶部钢筋网(S_n)	短柱配筋(O)	
	x、y	x_u、y_u	x_i、y_i	a_0/a_1，$h_1/h_2/h_3\cdots$	X 向	Y 向		角筋/长边中部筋/短边中部筋	杯口壁箍筋/其他部位箍筋

注：表中可以根据实际情况增加栏目。

(1) 编号。参考表 7-1。

(2) 几何尺寸。水平尺寸 x、y，x_u、y_u，t_i，x_i、y_i($i=1,2,3,\cdots$)。其中，x、y 为杯口独立基础两向边长，x_u、y_u 为杯口上口尺寸，t_i 为杯壁上口厚度(下口厚度为 t_i+25)，x_i、y_i 为阶宽或锥形截面尺寸。竖向尺寸 a_0/a_1，$h_1/h_2/h_3$，…。

(3) 配筋。B:X Φ××@×××，Y Φ××@×××，S_n ×Φ××，O×Φ××/Φ××@×××/Φ××@×××，ϕ××@×××/×××。

7.1.6　普通独立基础配筋构造及钢筋计算

1. 矩形独立基础配筋构造

矩形独立基础需要计算的钢筋有四类，见表 7-4。

表 7-4　矩形独立基础钢筋类别

名　　称	钢 筋 种 类
矩形独立基础底板筋	X 向受力筋
	Y 向受力筋
多柱基础顶部钢筋	受力筋
	分布筋

独立基础底板配筋构造适用于普通独立基础、杯口独立基础，其配筋构造如图 7-14 所示。

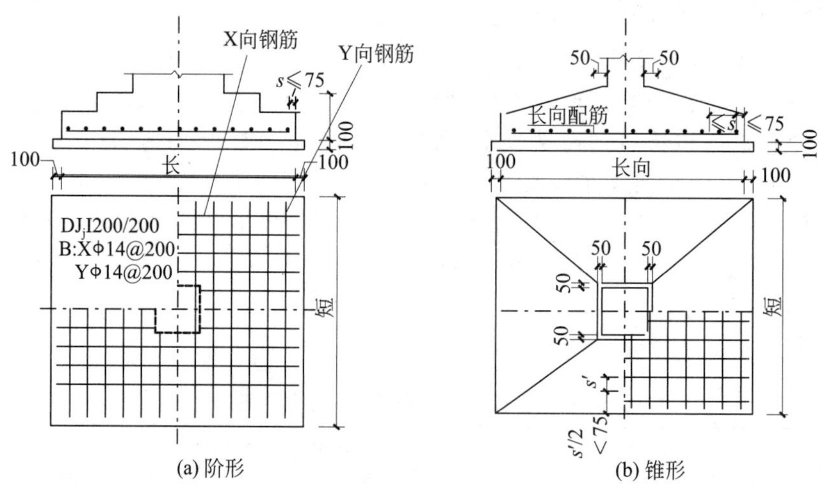

图 7-14　独立基础底板配筋构造

(1) 独立基础底板配筋构造适用于普通独立基础和杯口独立基础。

(2) 几何尺寸和配筋按具体结构设计和构造确定。

(3) 独立基础底板双向交叉钢筋长向设置在下，短向设置在上。

2. 矩形独立基础底板钢筋计算

1) X 向钢筋

$$长度 = x - 2c \tag{7-1}$$

$$根数 = \frac{y - 2\times\min\left(75, \frac{s'}{2}\right)}{s'} + 1 \tag{7-2}$$

2) Y 向钢筋

$$长度 = y - 2c \tag{7-3}$$

$$根数 = \frac{x - 2\times\min\left(75, \frac{s}{2}\right)}{s} + 1 \tag{7-4}$$

式中：c——钢筋保护层的最小厚度，mm；

$\min\left(75,\frac{s'}{2}\right)$ ——X向钢筋起步距离，mm，其中，s'——X向钢筋间距，mm。

3. 独立基础底板配筋长度减短10%构造及钢筋计算

当独立基础 DJ_j、DJ_z、BJ_j、BJ_z 底板的长度不小于2500mm时，各边最外侧钢筋不缩短；除了外侧钢筋，两项其他底板配筋可以减短10%，即取相应方向底板长度的90%，交错放置。

1）对称独立基础

当独立基础对称时，底板钢筋排布如图7-15所示。

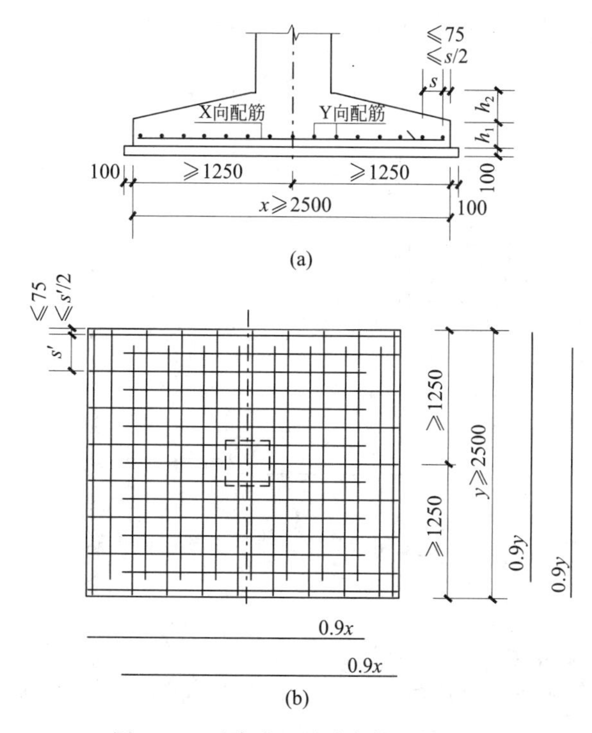

图7-15 对称独立基础底板配筋长度缩减10%构造

此时：

$$外侧钢筋长度=x-2c \quad 或 \quad y-2c \tag{7-5}$$

外侧钢筋根数：X向或Y向各2根。

$$其他钢筋长度=0.9x \quad 或 \quad 其他钢筋长度=0.9y \tag{7-6}$$

$$X向其他钢筋根数=\frac{y-2\times\min\left(75,\frac{s'}{2}\right)}{s'}-1 \tag{7-7}$$

$$Y向其他钢筋根数=\frac{x-2\times\min\left(75,\frac{s}{2}\right)}{s}-1 \tag{7-8}$$

2）非对称独立基础

底板配筋长度减短10%的非对称独立基础构造如图7-16所示。

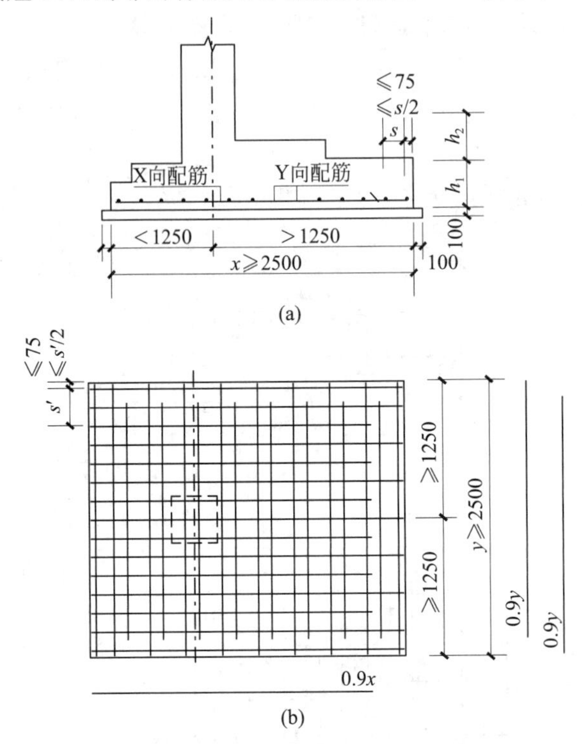

图7-16 非对称独立基础底板配筋长度缩减10%构造

当非对称独立基础底板的长度不小于2500mm时，各边最外侧钢筋不减短；对称方向（图7-16中Y向）中部钢筋长度减短10%；非对称方向（图7-16中X向）当基础某侧从柱中心至基础底板边缘的距离小于1250mm时，该侧钢筋不减短；当基础某侧从柱中心至基础底板边缘的距离不小于1250mm时，该侧钢筋隔1根减短1根。

此时：

外侧钢筋（不缩减）长度$=x=2c$ 或 $y-2c$ (7-9)

对称方向中部钢筋长度$=0.9y$ (7-10)

非对称方向中部钢筋长度$=x=2c$ 或 非对称方向中部钢筋长度$=y-2c$ (7-11)

根数计算与对称独立基础相同。

4. 双柱普通独立基础底部与顶部配筋及钢筋计算

双柱独立基础底板钢筋计算与单柱独立基础算法相同。双柱普通独立基础底部与顶部配筋由纵向受力钢筋和横向分布筋组成，如图7-17所示。

1）基础底板长度

沿双柱方向，在确定基础底板底部钢筋长度缩短10%时，基础底板长度应按减去两柱中心距尺寸后的长度取用。

2）钢筋位置关系

双柱普通独立基础底部双向交叉钢筋，根据基础两个方向从柱外缘至基础外缘的延伸长度 e_x 和 e_y 的大小，较大者方向的钢筋设置在下，较小者方向的钢筋设置在上。而基础顶部双向交叉钢筋，则柱间纵向钢筋在上，柱间分布钢筋在下。

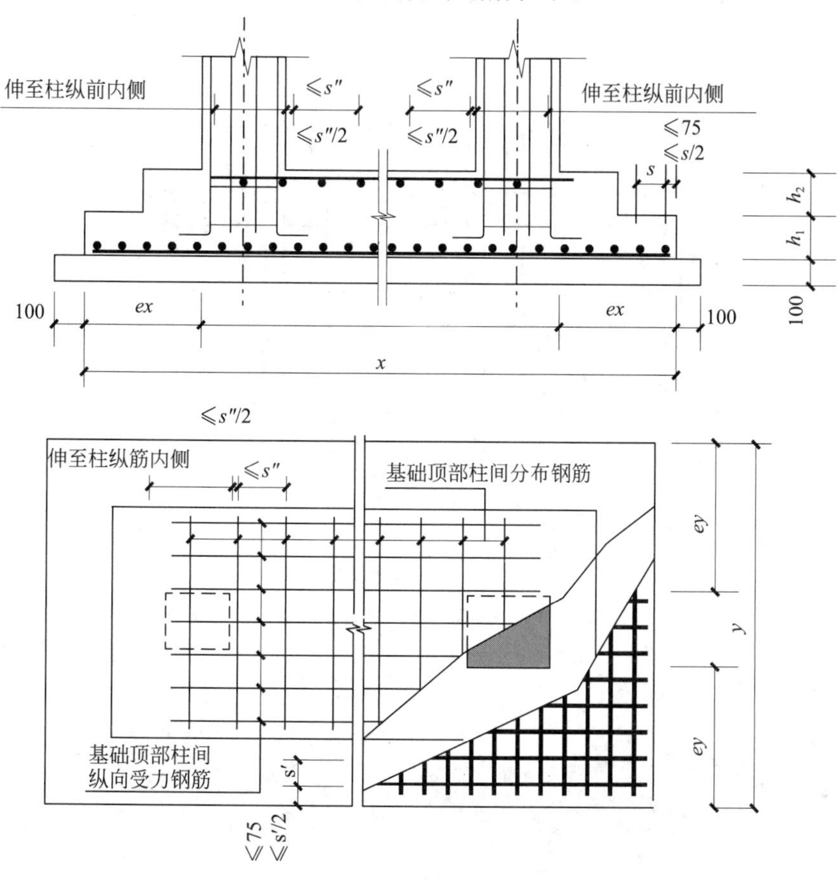

图 7-17　双柱普通独立基础配筋构造（s—分布筋起步距离）

3）纵向受力筋

（1）布置在柱宽度范围内纵向受力筋：

$$长度=柱内侧边起算+两端锚固\ l_a \tag{7-12}$$

（2）布置在柱宽度范围以外的纵向受力筋：

$$长度=柱中心线起算+两端锚固\ l_a \tag{7-13}$$

根数由设计标注。

4）横向分布筋

$$长度=纵向受力筋布置范围长度+两端超出受力筋外的长度（取构造长度 150mm） \tag{7-14}$$

横向分布筋根数在纵向受力筋的长度范围布置，起步距离取“分布筋间距/2”。

5. 四柱独立基础底板顶部钢筋构造及钢筋计算

四柱独立基础底板顶部钢筋由纵向受力筋和横向分布筋组成，如图 7-18 所示。

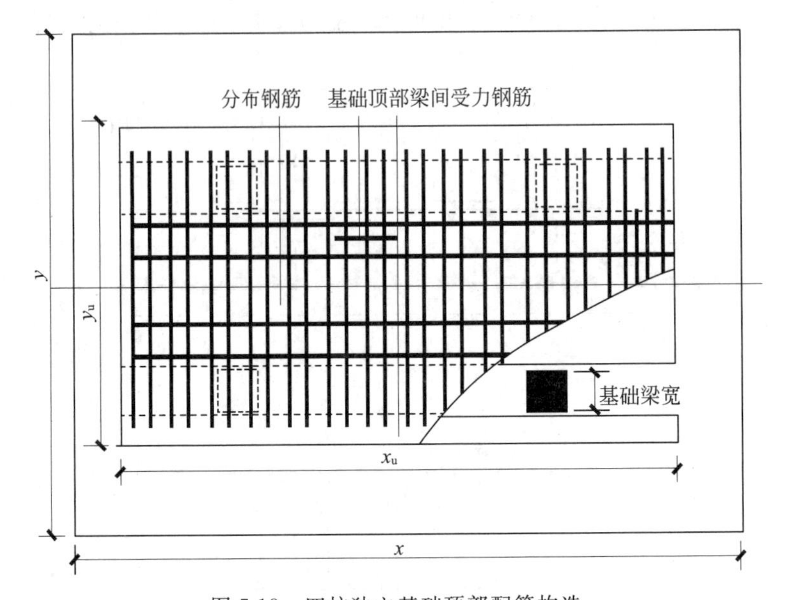

图 7-18 四柱独立基础顶部配筋构造

x、y—基础两向边长；x_u—基础顶部横向宽度；y_u—基础顶部纵向宽度

1）纵向受力筋

长度＝基础顶部纵向宽度 y_u－两端保护层 $2c$ (7-15)

根数＝(基础顶部横向宽度 x_u－起步距离)/间距＋1 (7-16)

2）横向分布筋

长度＝基础顶部横向宽度 x_u－两端保护层 $2c$ (7-17)

根数在两根基础梁之间布置。

6. 设置基础梁的双柱普通独立基础配筋构造及钢筋计算

设置基础梁的双柱普通独立基础配筋构造如图 7-19 所示。

(1) 双柱独立基础底板的截面形状可为阶形截面 DJ_j 或锥形截面 DJ_z。

(2) 几何尺寸和配筋按具体结构设计和该图构造确定。

(3) 双柱独立基础底部短向受力钢筋设置在基础梁纵筋之下，与基础梁箍筋的下水平段位于同一层面。

(4) 双柱独立基础所设置的基础梁宽度应比柱截面宽度宽 2100mm(每边 250mm)。当具体设计的基础梁宽度小于柱截面宽度时，施工时，应按相关规定增设梁包柱侧腋。

基础底板双向钢筋长度和根数可按照独立基础底板钢筋计算方法计算，包括基础梁的钢筋基础梁顶部纵筋、底部纵筋、侧面纵筋和箍筋。

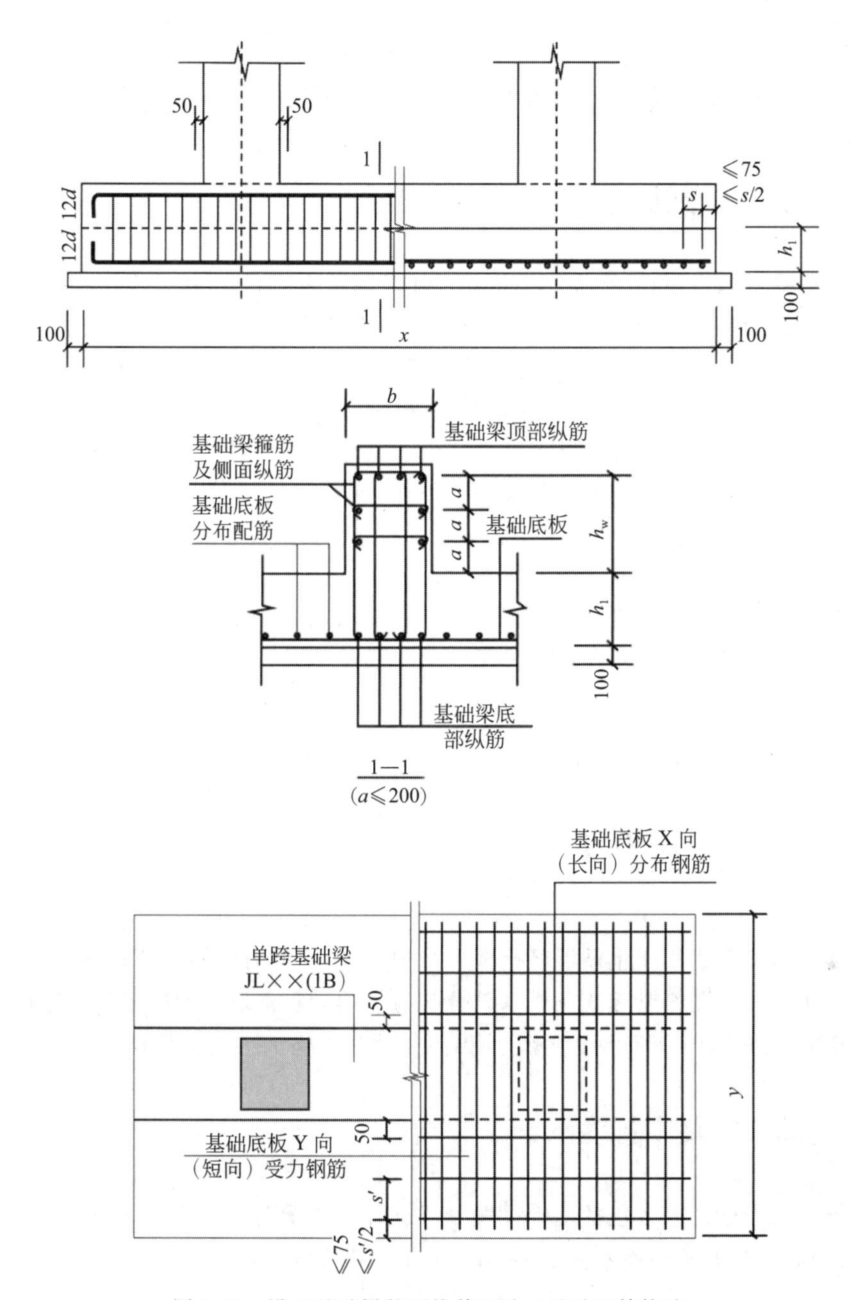

图 7-19 设置基础梁的双柱普通独立基础配筋构造

$$顶部纵筋长度 = x - 2c + 12d \times 2 \tag{7-18}$$

$$底部纵筋长度 = x - 2c + 12d \times 2 \tag{7-19}$$

$$侧面纵筋长度 = x - 2c \tag{7-20}$$

顶部纵筋、底部纵筋和侧面纵筋根数由设计标注。

基础梁箍筋和拉筋按照 22G101-1 中梁箍筋的计算方法计算。

7.2 条形基础施工图识图及钢筋算量

7.2.1 条形基础平法施工图的表示方法

条形基础平法施工图,有平面注写与截面注写两种表达方式,设计者可根据具体工程情况选择一种,或将两种方式相结合进行条形基础的施工图设计。

当绘制条形基础平面布置图时,应将条形基础平面与基础所支承的上部结构的柱、墙一起绘制。当基础底面标高不同时,需注明与基础底面基准标高不同之处的范围和标高。

当梁板式基础梁中心或板式条形基础板中心与建筑定位轴线不重合时,应标注其定位尺寸;对于编号相同的条形基础,可仅选择一个进行标注。

条形基础按构造组成不同可分为梁板式条形基础和板式条形基础两类,如图 7-20 所示。

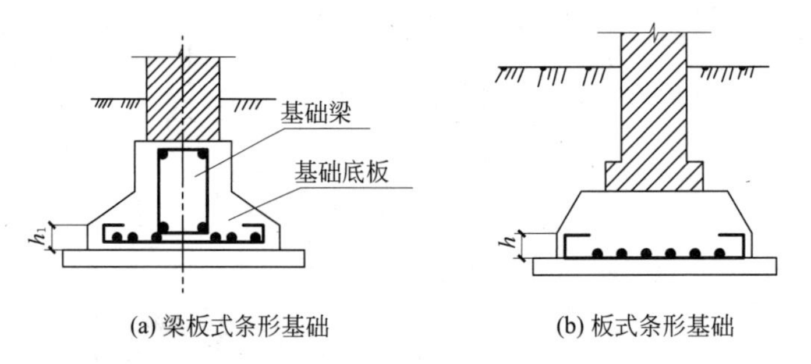

(a) 梁板式条形基础　　(b) 板式条形基础

图 7-20　条形基础形式

梁板式条形基础适用于钢筋混凝土框架结构、框架—剪力墙结构、部分框支剪力墙结构和钢结构。平法施工图将梁板式条形基础分解为基础梁和条形基础底板分别进行表达。

板式条形基础适用于钢筋混凝土剪力墙结构和砌体结构,平法施工图仅表达条形基础底板。

7.2.2 基础梁的集中标注

基础梁的集中标注内容包括基础梁编号、截面尺寸、配筋三项必注内容(图 7-21),以及基础梁底面标高(与基础底面基准标高不同时)和必要的文字注解两项选注内容。

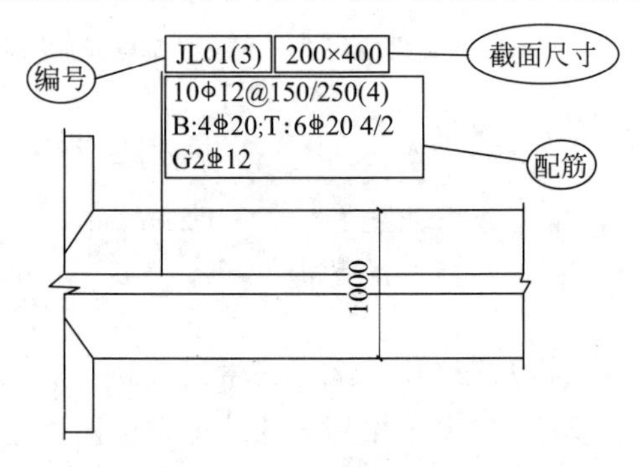

图 7-21　基础梁的集中标注

1. 基础梁编号

基础梁编号由“代号”“序号”“跨数及有无外伸”三项组成，如图 7-22 所示，具体表示方法见表 7-5。

7-5　基础梁编号

类　型	代号	序号	跨数及有无外伸
基础梁	JL	××	(××)端部无外伸
		××	(××A)一端有外伸
		××	(××B)两端有外伸

2. 基础梁截面尺寸

基础梁截面尺寸，注写方式为“$b\times h$”，表示梁截面宽度与高度。当为竖向加腋梁时，注写方式为“$b\times h$ Y$c_1\times c_2$”其中，c_1 为腋长；c_2 为腋高。

3. 基础梁配筋

基础梁配筋主要注写内容包括箍筋、底部、顶部及侧面纵向钢筋，如图 7-23 所示。

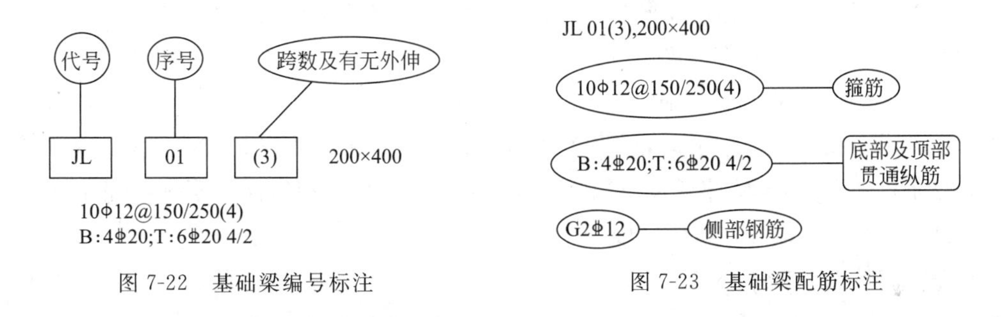

图 7-22　基础梁编号标注　　图 7-23　基础梁配筋标注

1）基础梁箍筋

基础梁箍筋的布置有两种情况。

当具体设计仅采用一种箍筋间距时，应注写钢筋级别、直径、间距与肢数(箍筋肢数写在括号内，下同)，如图 7-24 所示。当具体设计采用两种及两种以上箍筋时，用“/”分隔不同箍筋，按照从基础梁两端向跨中的顺序注写。先注写第 1 段箍筋(在前面加注箍筋道数)，在斜线后再注写第 2 段箍筋(不再加注箍筋道数)。如图 7-25 所示的箍筋，表示两端向里先各布置 6 根直径为 10mm、间距为 150mm 的箍筋，再往里两侧各布置 4 根直径为 12mm、间距为 200mm 的箍筋，中间剩余部位按间距 250mm 的箍筋布置，均为 6 肢箍。

施工时，两向基础梁相交的柱下区域应有一向截面较高的基础梁箍筋贯通设置。当两向基础梁高度相同时，可任选一向基础梁箍筋贯通设置。

2）基础梁底部、顶部及侧面纵向钢筋

(1) 以“B”打头，注写梁底部贯通纵筋(不应少于梁底部受力钢筋总截面面积的 1/3)。当跨中所注根数少于箍筋肢数时，需要在跨中增设梁底部架立筋以固定箍筋，采用“+”将贯通纵筋与架立筋相连，架立筋注写在加号后面的括号内。

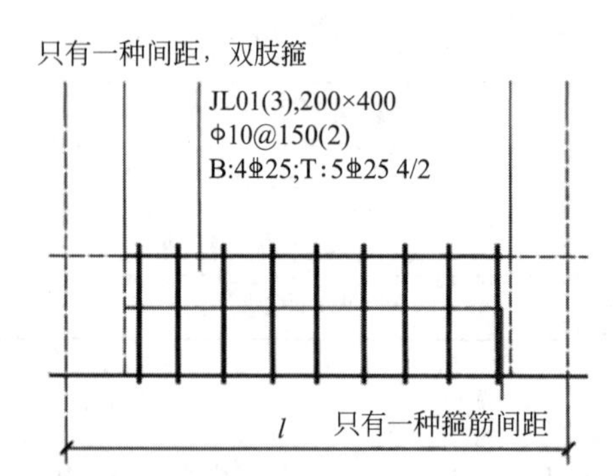

图 7-24　基础梁箍筋仅有一种间距的布置

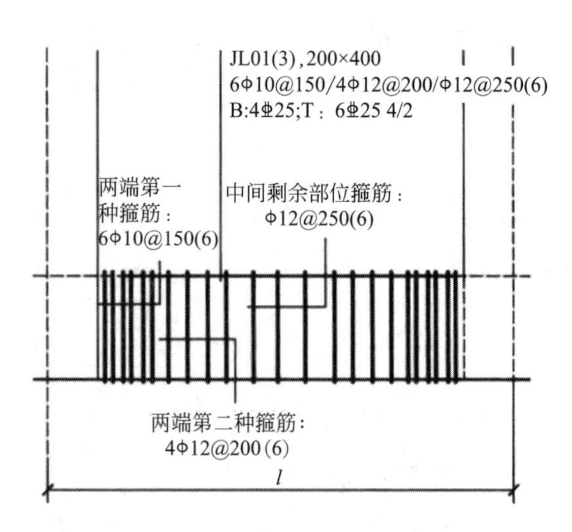

图 7-25　基础梁箍筋不止一种间距的布置

（2）以“T”打头，注写梁顶部贯通纵筋。注写时，用“；”将底部与顶部贯通纵筋分隔开，如有个别跨与其不同时，按原位注写的规定处理。

（3）当梁底部或顶部贯通纵筋多于一排时，用“/”将各排纵筋自上而下分开。

（4）以“G”打头，注写梁两侧面对称设置的纵向构造钢筋的总配筋值（当梁腹板净高 h_w 不小于 450mm 时，根据需要配置）。

当需要配置抗扭纵向钢筋时，梁两个侧面设置的抗扭纵向钢筋以“N”打头。当为梁侧面构造钢筋时，其搭接与锚固长度可取为 15d。当为梁侧面受扭纵向钢筋时，其锚固长度为 l_a，搭接长度为 l_l，其锚固方式同基础梁上部纵筋。

4. 基础梁底面标高

当条形基础的底面标高与基础底面基准标高不同时，将条形基础底面标高注写在括号内。

5. 文字注解

当基础梁的设计有特殊要求时，宜增加必要的文字注解。

7.2.3　基础梁的原位标注

1. 基础梁支座的底部纵筋

基础梁支座的底部纵筋是指包含贯通纵筋与非贯通纵筋在内的所有纵筋。其原位标注识图如图 7-26 所示。

当底部纵筋多于一排时，用“/”将各排纵筋自上而下分开，如图 7-26（a）所示，6Φ20 2/4 表示上排 2Φ20 是底部非贯通纵筋，下排 4Φ20 是底部贯通纵筋。

当同排纵筋有两种直径时，用“＋”将两种直径的纵筋相连。如图 7-26（b）所示，2Φ20＋2Φ18 中，2Φ20 表示底部贯通纵筋，2Φ18 表示底部非贯通纵筋。

当梁支座两边的底部纵筋配置不同时，需在支座两边分别标注。图 7-26（c）中，梁支座

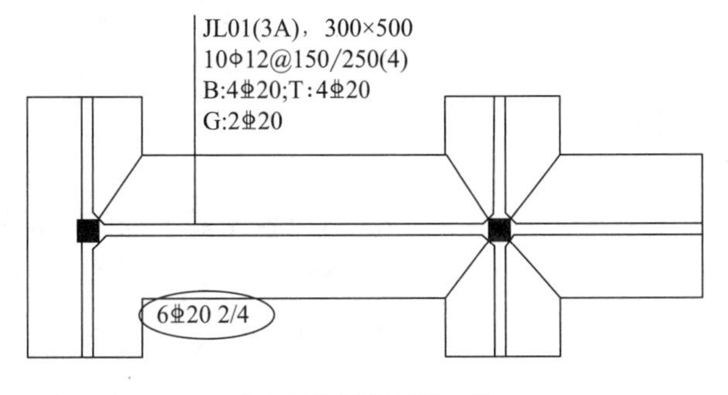

（a）底部纵筋多于一排

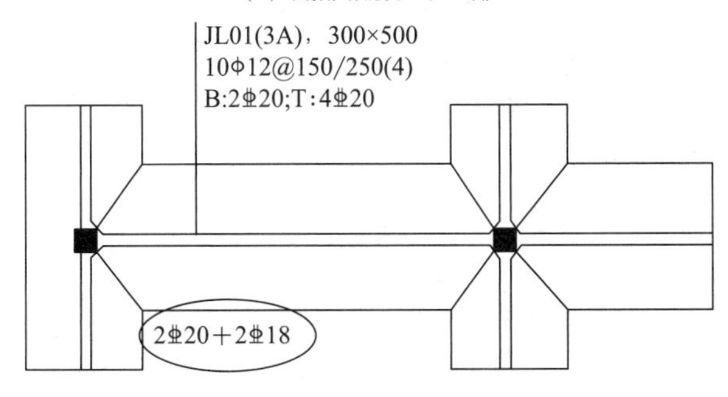

(b) 底部纵筋同排有两种直径

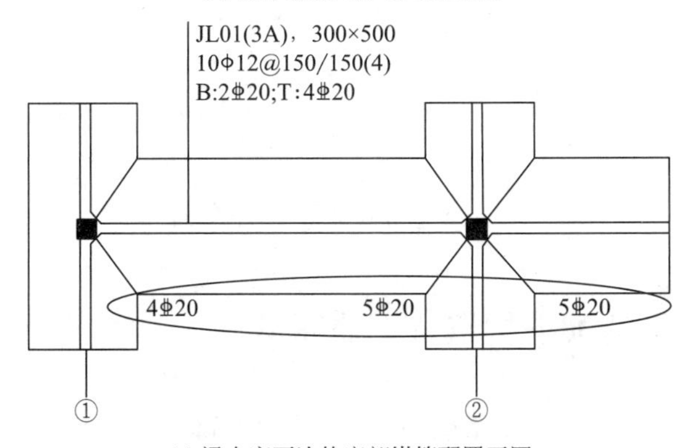

(c) 梁支座两边的底部纵筋配置不同

图 7-26　基础梁底部纵筋

两侧底部配筋不同，②轴左侧 4Φ20，其中 2 根为底部贯通纵筋，另 2 根为底部非贯通纵筋；②轴右侧 5Φ20，其中 2 根为底部贯通纵筋，另 3 根为底部非贯通纵筋。②轴左侧为 4 根，右侧为 5 根，它们直径相同，只是根数不同，则其中 4 根贯穿②轴，右侧多出的 1 根进行锚固。

当梁支座两边的底部纵筋相同时，可仅在支座的一边标注。当梁支座底部全部纵筋与集中注写过的底部贯通纵筋相同时，可不再重复做原位标注。

竖向加腋梁加腋部位钢筋，需在设置加腋的支座处以“Y”打头注写在括号内。

对于底部一平梁的支座两边配筋值不同的底部非贯通纵筋（“底部一平”为“梁底部在同一个平面上”的缩略词），应先按较小一边的配筋值选配相同直径的纵筋贯穿支座，再将较大一边的配筋差值选配适当直径的钢筋锚入支座，避免造成支座两边大部分钢筋直径不相同的不合理配置结果。

在施工及预算方面，应注意，当底部贯通纵筋经原位注写修正出现两种不同配置的底部贯通纵筋时，应在两毗邻跨中配置较小一跨的跨中连接区域进行连接，即配置较大一跨的底部贯通纵筋需伸出至毗邻跨的跨中连接区域。

2. 基础梁的附加箍筋或（反扣）吊筋

当两向基础梁十字交叉，但交叉位置无柱时，应根据需要设置附加箍筋或（反扣）吊筋。将附加箍筋或（反扣）吊筋直接画在平面图中条形基础主梁上，原位直接引注总配筋值（附加箍筋的肢数注在括号内）。当多数附加箍筋或（反扣）吊筋相同时，可在条形基础平法施工图上统一注明。少数与统一注明值不同时，再在原位直接引注。

施工时，应注意附加箍筋或（反扣）吊筋的几何尺寸应按照标准构造详图，结合其所在位置的主梁和次梁的截面尺寸确定。

3. 基础梁外伸部位的变截面高度尺寸

当基础梁外伸部位采用变截面高度时，在该部位原位注写 $b \times h_1/h_2$。其中，h_1 为根部截面高度，h_2 为端部截面高度，如图 7-27 所示。

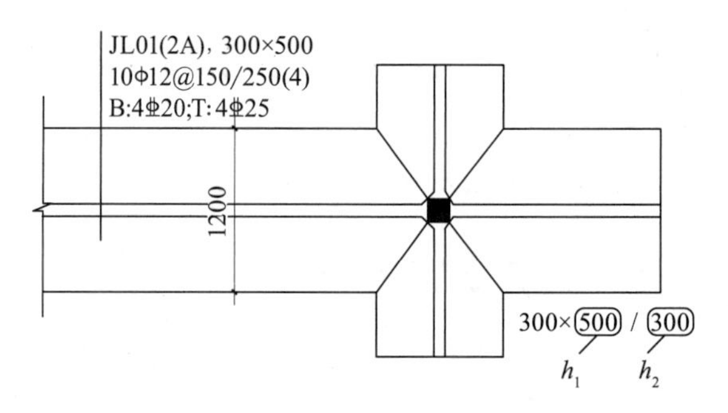

图 7-27 基础梁外伸部位变截面高度尺寸

7.2.4 条形基础梁的配筋构造及钢筋算量

图集 22G101-3 中，梁板式条形基础中的梁，筏形基础中的基础主梁统一编号为 JL，并且采用相同的构造要求，因此此处所写的基础梁的配筋构造及钢筋算量，除专门说明的构造外，包括梁板式条形基础中的梁和筏形基础中的基础主梁的配筋构造与钢筋计算方法。

1. 基础梁 JL 纵向钢筋与箍筋构造及钢筋计算

基础梁 JL 纵向钢筋与箍筋构造如图 7-28 所示。

(1) 梁上部设置贯通长纵筋，如需接头，其位置在柱两侧 $l_n/4$ 的范围内。

(2) 梁下部纵筋有贯通纵筋和非贯通纵筋。贯通筋的接头位置在跨中 $l_n/3$ 的范围内；当相邻两跨贯通纵筋配置不同时，应将配置较大一跨的底部贯通纵筋越过其标注的跨数终点或起点，伸至配置较小的毗邻跨的跨中连接区域。

(3) 基础主梁相交处位于同一层面的交叉纵筋，哪片梁的纵筋在下，哪片梁的纵筋在上，应按具体设计说明。

2. 基础梁 JL 配置两种箍筋构造

基础梁 JL 配置两种箍筋构造如图 7-29 所示。

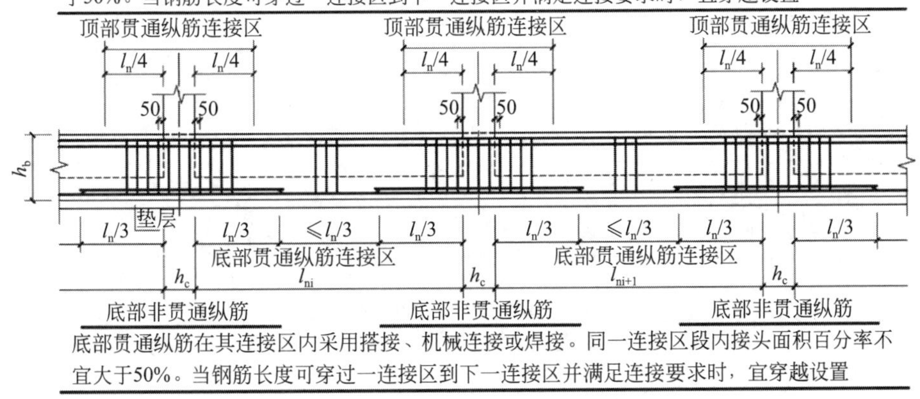

图 7-28　基础梁 JL 纵向钢筋与箍筋构造

当具体设计未注明时，基础梁的外伸部位及基础梁端部节点内按第一种箍筋设置。

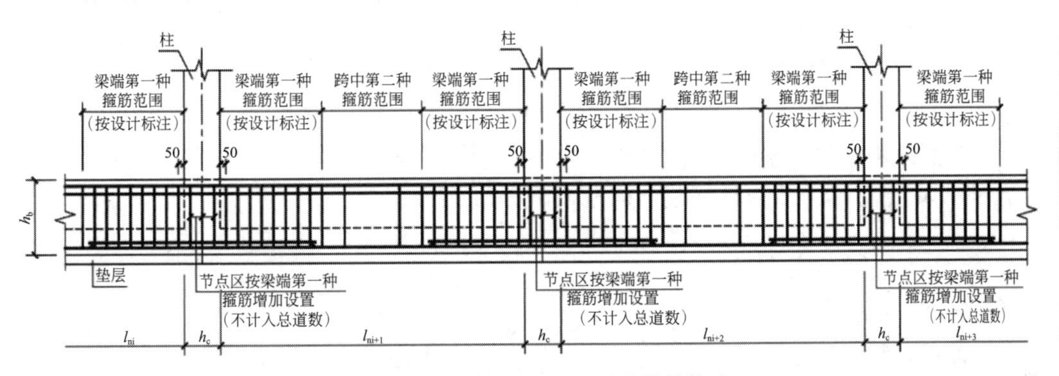

图 7-29　基础梁 JL 配置两种箍筋构造

基础梁箍筋长度和根数计算按照 22G101-1 中 KL 的箍筋计算方法计算。

当基础梁端部无外伸构造时，如图 7-30 所示。

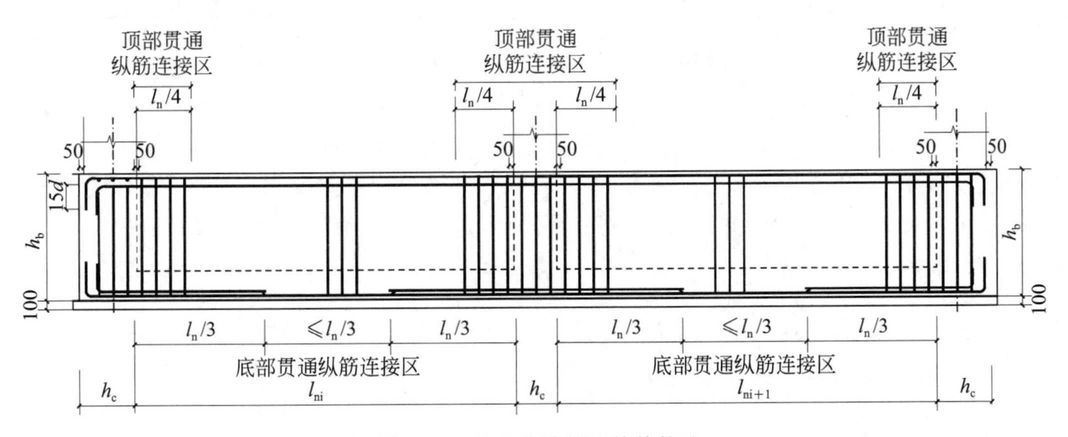

图 7-30　基础梁端部无外伸构造

$$上部贯通筋长度=下部贯通筋长度=梁长-2c_1+(h_b-2c_2)/2 \quad (7\text{-}21)$$

上部或下部钢筋根数不同时：

$$多出的钢筋长度=梁长-2c+左弯折15d+右弯折15d \quad (7\text{-}22)$$

$$下部端支座非贯通钢筋长度=0.5h_c+\max(l_n/3,1.2l_a+h_b+0.5h_c)+(h_b-2c)/2 \quad (7\text{-}23)$$

$$下部多出的端支座非贯通钢筋长度=0.5h_c+\max(l_n/3,1.2l_a+h_b+0.5h_c)+15d \quad (7\text{-}24)$$

$$下部中间支座非贯通钢筋长度=\max(l_n/3,1.2l_a+h_b+0.5h_c)\times 2 \quad (7\text{-}25)$$

式中：c_1——基础梁端保护层厚度，mm；

c_2——基础梁上、下保护层厚度，mm；

h_b——基础梁截面高度，mm；

c——基础梁保护层厚度，mm，如基础梁端、基础梁底、基础梁顶保护层不同，应分别计算；

d——钢筋直径，mm；

l_n——左跨与右跨之较大值，mm；

h_c——沿基础梁跨度方向柱截面高度，mm。

3. 条形基础梁端部等截面外伸钢筋构造及钢筋计算

条形基础梁端部等截面外伸钢筋构造如图7-31所示。

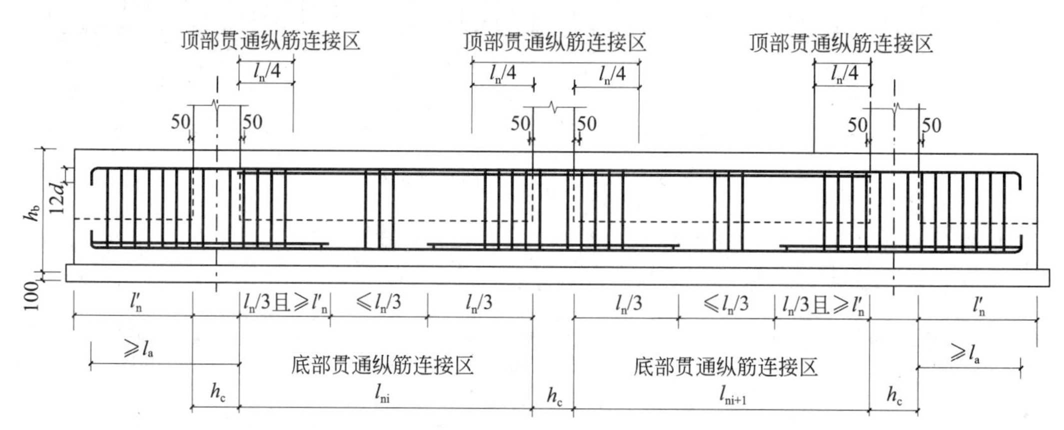

图7-31　条形基础梁端部等截面外伸钢筋构造

l_n——支座两边的净跨长度l_{ni}和l_{ni+1}的最大值；l_{ni}、l_{ni+1}——左、右跨的净跨长度；h_b——基础梁高度；h_c——沿基础梁跨度方向的柱截面高度；l'_n——柱外侧边缘至梁外伸端的距离；l_a——受拉钢筋锚固长度；d——钢筋直径

(1) 梁顶部上排贯通纵筋伸至尽端内侧弯折$12d$；顶部下排贯通纵筋不伸入外伸部位。

(2) 梁底部下排非贯通纵筋伸至尽端内侧弯折$12d$，从支座中心线向跨内的延伸长度为$h_c/2+l'_n$。

(3) 梁底部贯通纵筋伸至端部内侧弯折$12d$。

(4) 当从柱内边算起的梁端部外伸长度不满足直锚要求时，基础梁下部钢筋应伸至端部后弯折，且从柱内边算起水平段长度不小于 $0.6l_{ab}$，弯折段长度为 $15d$。

上部贯通纵筋长度＝下部贯通纵筋长度＝梁长－2×保护层＋左弯折 $12d$＋右弯折 $12d$ (7-26)

下部端支座非贯通纵筋长度＝外伸长度 $l+\max(l_n/3,l'_n)+12d$ (7-27)

下部中间支座非贯通纵筋长度＝$\max(l_n/3,l'_n)\times 2$ (7-28)

4. 基础梁侧面构造纵筋、加腋筋构造

1）基础梁侧面构造纵筋和拉筋

基础梁侧面构造纵筋和拉筋如图 7-32 所示。

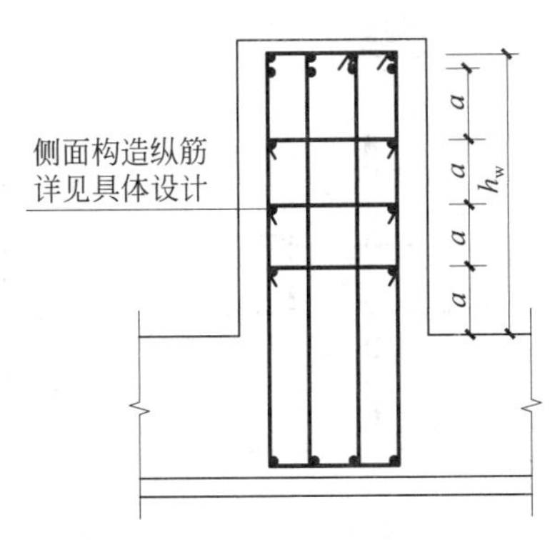

图 7-32 基础梁侧面构造纵筋及拉筋

基础梁 $h_w\geqslant 450$mm 时，梁的两个侧面应沿高度配置纵向构造钢筋，纵向构造钢筋间距 $a\leqslant 200$mm，侧面构造纵筋能贯通就贯通，如不能贯通，则取锚固长度值为 $15d$，如图 7-33 所示。

梁侧钢筋的拉筋直径除注明者外均为 8mm，间距为箍筋间距的 2 倍。当设有多排拉筋时，上、下两排拉筋应沿竖向错开设置。

梁侧面钢筋的拉筋长度＝(梁宽 b－保护层厚度 $c\times 2$)＋$4d$＋$2\times 11.9d$ (7-29)

梁侧面钢筋的拉筋根数＝侧面筋道数 $n\times[(l_n-50\times 2)$/非加密区间距的 2 倍＋1)] (7-30)

2）加腋筋

基础梁侧面纵向构造钢筋搭接长度为 $15d$。对于十字相交的基础梁，当相交位置有柱时，侧面构造纵筋锚入梁包柱侧腋内 $15d$，如图 7-33(a)所示；当无柱时，侧面构造纵筋锚入交叉梁内 $15d$，如图 7-33(d)所示；丁字相交的基础梁，当相交位置无柱时，横梁外侧的构造纵筋应贯通，横梁内侧的构造纵筋锚入交叉梁内 $15d$，如图 7-33(e)所示。

基础梁侧面受扭纵筋的搭接长度为 l_l，其锚固长度为 l_a，锚固方式同梁上部纵筋。

7.2.5 条形基础底板的平面注写方式

梁板式条形基础底板和板式条形基础底板的平法注写规则与配筋构造是统一的。

条形基础底板 TJB_p、TJB_j 的平面注写方式分为集中标注和原位标注两部分内容。

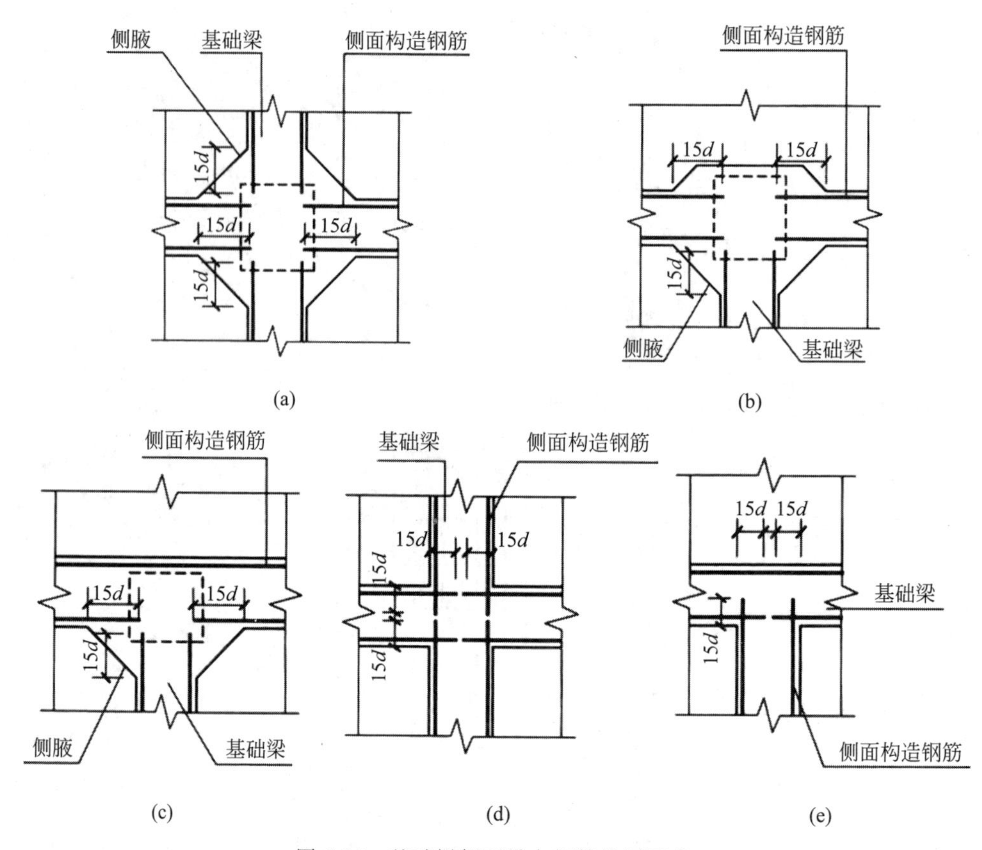

图 7-33 基础梁侧面纵向钢筋锚固要求

1. 集中标注

条形基础底板的集中标注内容包括条形基础底板编号、截面竖向尺寸、配筋三项必注内容(图 7-34),以及条形基础底板底面标高(与基础底面基准标高不同时)和必要的文字注解两项选注内容。

素混凝土条形基础底板的集中标注,除无底板配筋内容外,其他与钢筋混凝土条形基础底板相同。

(1) 条形基础底板编号由“代号”“序号”“跨数及有无外伸”三项组成,如图 7-35 所示,具体表示方法见表 7-6。

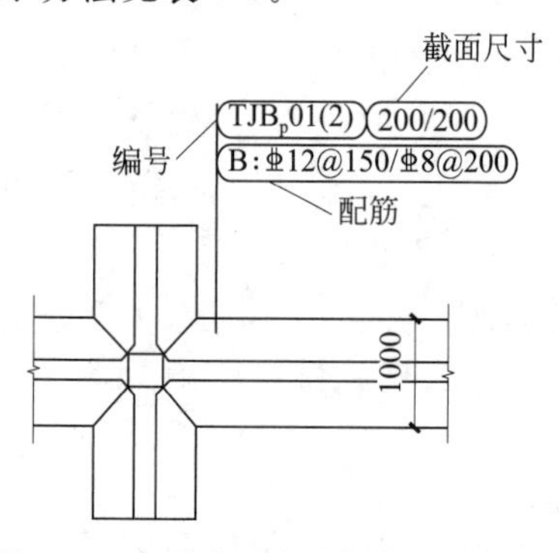

图 7-34 条形基础底板集中标注示意图

代号 序号 跨数及有无外伸

TJB_p 01 (2) 200/200

B:⌀12@150/⌀8@200

图 7-35 条形基础底板编号平法标注

表 7-6　条形基础梁及底板编号

类　型		代号	序号	跨数及有无外伸
条形基础底板	阶形	TJB_j	××	(××)端部无外伸,(××A)一端有外伸,(××B)两端有外伸
	坡形	TJB_p	××	

注:条形基础通常采用坡形截面或单阶形截面。

条形基础底板向两侧的截面形状通常包括以下两种。

① 阶形截面,编号加下标“j”,例如 TJB_j××(××)。

② 坡形截面,编号加下标“p”,例如 TJB_p××(××)。

(2) 条形基础底板截面竖向尺寸,注写方式,见表 7-7。

表 7-7　条形基础底板截面竖向尺寸

分　类	注 定 方 式	示 意 图
坡形截面的条形基础底板	$TJB_p××h_1/h_2$	h_1 h_2
单阶形截面的条形基础底板	$TJB_j××h_1$	h_1
多阶形截面的条形基础底板	$TJB_j××h_1/h_2$	h_1 h_2

(3) 条形基础底板底部及顶部配筋。以“B”打头,注写条形基础底板底部的横向受力钢筋。图 7-36 中,条形基础底板配筋标注为 B:⏀14@150/ϕ8@250,表示条形基础底板底部配置 HRB400 级横向受力钢筋,直径为 14mm,间距为 150mm;配置 HPB300 级纵向分布钢筋,直径为 8mm,间距为 250mm。以“T”打头,注写条形基础底板顶部的横向受力钢筋;注写时,用“/”分隔条形基础底板的横向受力钢筋与纵向分布钢筋。图 7-37 中,当为双梁(或双墙)条形基础底板时,除在底板底部配置钢筋外,一般尚需在两根梁或两道墙之间的底板顶部配置钢筋,其中,横向受力钢筋的锚固长度 l_a 从梁的内边缘(或墙内边缘)算起。

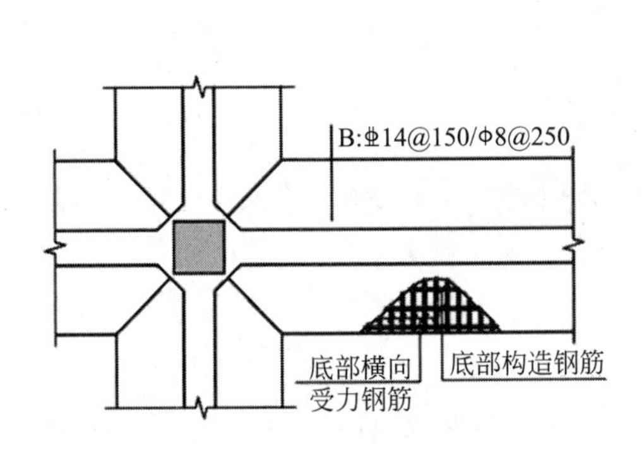

图 7-36　条形基础底板底部配筋示意

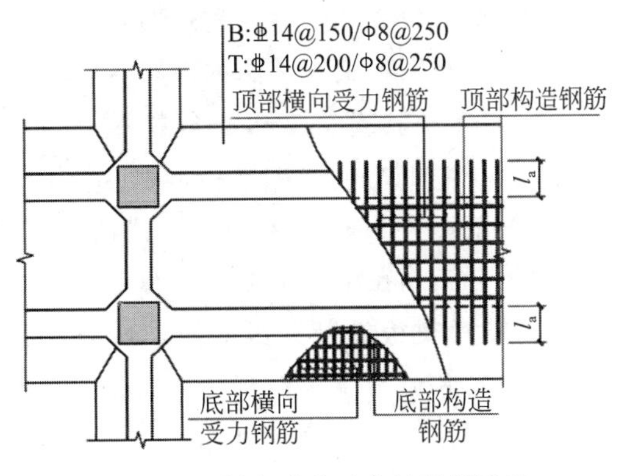

图 7-37　双梁条形基础底板配筋示意

(4) 条形基础底板底面标高。当条形基础底板的底面标高与条形基础底面基准标高不同时,应将条形基础底板底面标高注写在括号内。

(5) 文字注解。当条形基础底板有特殊要求时,应增加必要的文字注解。

2. 原位标注

(1) 原位注写条形基础底板的平面尺寸。原位标注方式为"b,b_i(i=1,2,…)"。其中,b 为基础底板总宽度,如基础底板台阶的宽度。当基础底板采用对称于基础梁的坡形截面或单阶形截面时,b_i 可不标注,如图 7-38 所示。

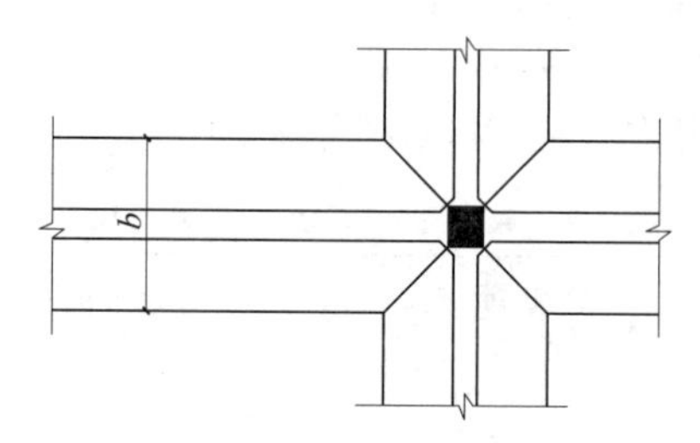

图 7-38 条形基础底板平面尺寸原位标注

对于相同编号的条形基础底板,可仅选择一个进行标注。

条形基础存在双梁或双墙共用同一基础底板的情况,当为双梁或为双墙,且梁或墙荷载差别较大时,条形基础两侧可取不同的宽度,实际宽度以原位标注的基础底板两侧非对称的不同台阶宽度 b 进行表达。

(2) 原位注写修正内容。当在条形基础底板上集中标注的某项内容,如底板截面竖向尺寸、底板配筋、底板底面标高等,不适用于条形基础底板的某跨或某外伸部分时,可将其修正内容原位标注在该跨或该外伸部位,施工时原位标注取值优先。

7.2.6 条形基础底板的配筋构造及钢筋算量

1. 十字交接基础底板配筋构造

十字交接基础底板配筋构造如图 7-39 所示。

(1) 十字交接时,一向受力筋贯通布置,另一向受力筋在交接处伸入 $b/4$ 范围布置。

(2) 配置较大的受力筋贯通布置。

(3) 分布筋在梁宽范围内不布置。

2. 丁字交接基础底板配筋构造

丁字交接基础底板配筋构造如图 7-40 所示。

(1) 丁字交接时,丁字横向受力筋贯通布置,丁字竖向受力筋在交接处伸入 $b/4$ 范围布置。

(2) 分布筋在梁宽范围内不布置。

3. 转角梁板端部无纵向延伸配筋构造

转角梁板端部无纵向延伸构造如图 7-41 所示。

(1) 交接处,两向受力筋相互交叉已经形成钢筋网,分布筋则需要切断,与另一方向受力筋搭接长度为 150mm。

(2) 分布筋在梁宽范围内不布置。

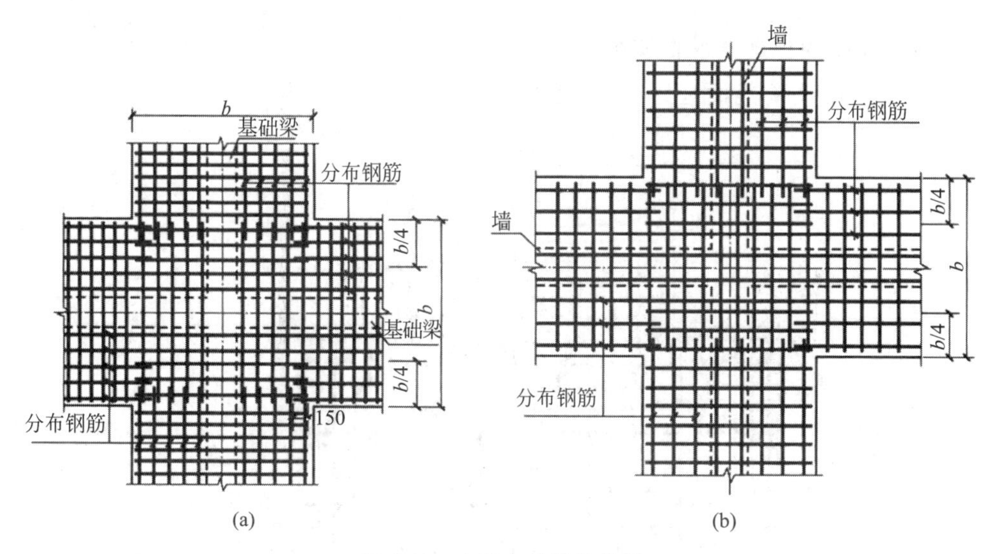

图 7-39 十字交接基础底板

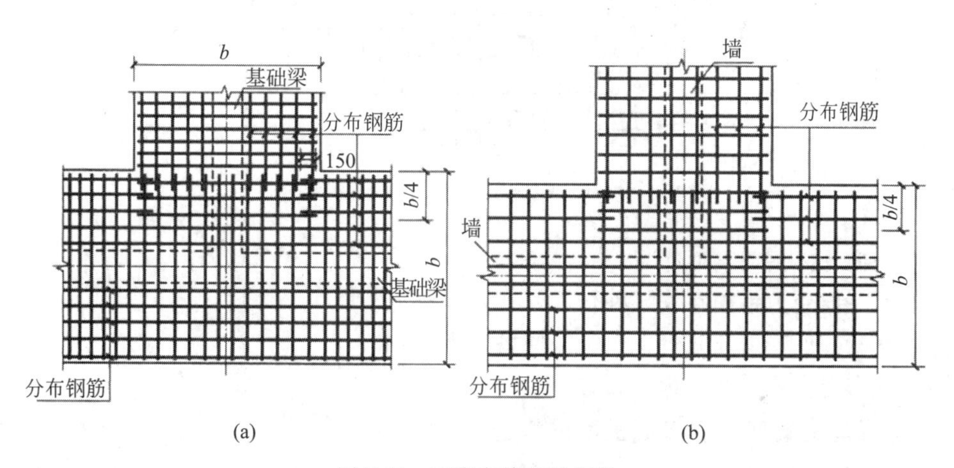

图 7-40 丁字交接基础底板

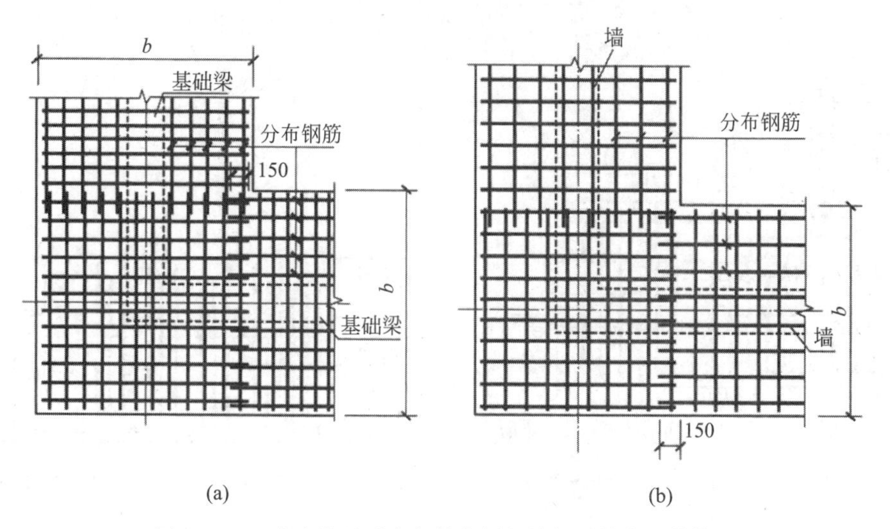

图 7-41 丁字交接基础底板转角梁板端部无纵向延伸构造

4. 转角梁板端部均有纵向延伸

转角梁板端部均有纵向延伸构造如图 7-42 所示。

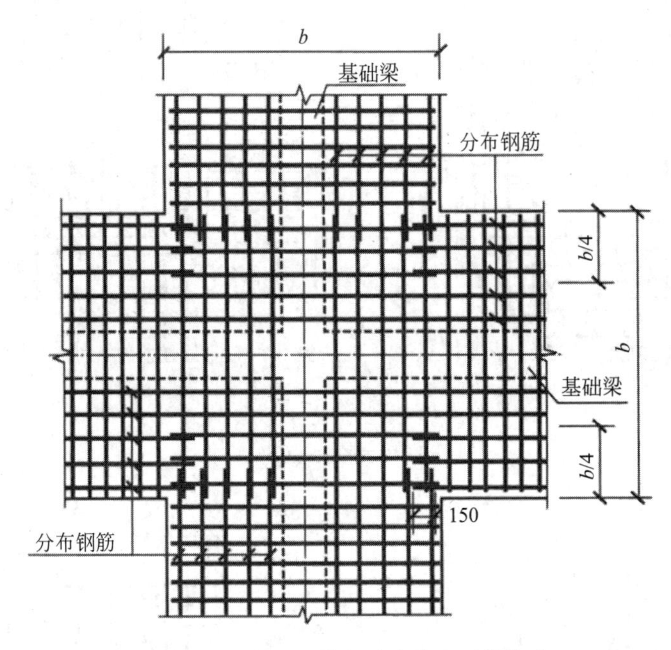

图 7-42 转角梁板端部均有纵向延伸构造

(1) 一向受力钢筋贯通布置。

(2) 另一向受力钢筋在交接处伸入 $b/4$ 范围布置。

(3) 网状部位受力筋与另一向分布筋搭接为 150mm。

(4) 分布筋在梁宽范围内不布置。

5. 条形基础端部无交接底板配筋构造

条形基础端部无交接底板,另一向为基础连梁(没有基础底板),钢筋构造如图 7-43 所示。端部无交接底板,受力筋在端部。底板端部范围内相互交叉,分布筋与受力筋搭接 150mm。

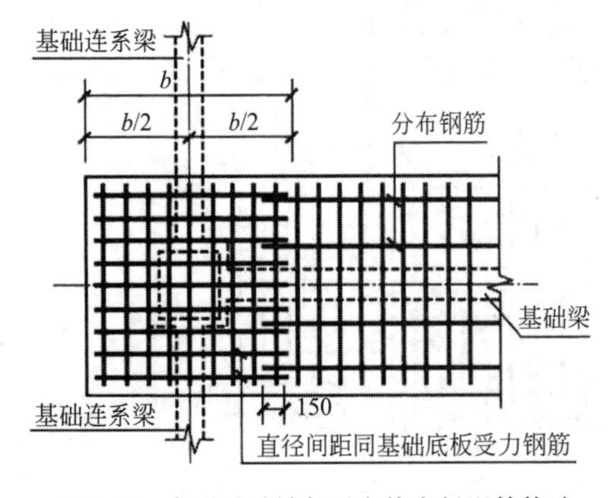

图 7-43 条形基础端部无交接底板配筋构造

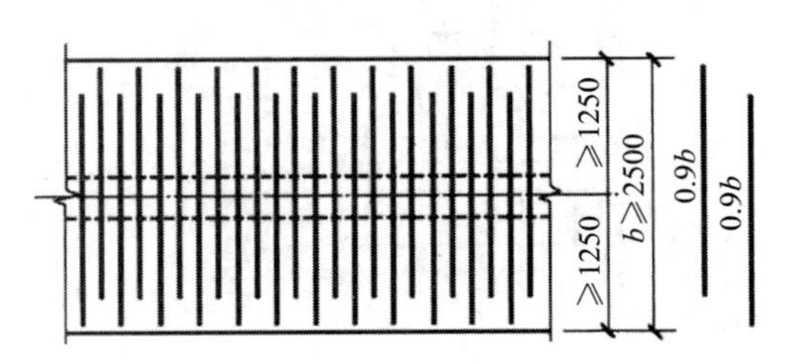

图 7-44 条形基础底板配筋长度缩短 10%构造

6. 条形基础底板配筋长度缩短10%构造

条形基础底板配筋长度缩短10%构造如图7-44所示。

当条形基础底板不小于2500mm时，底板配筋长度缩短10%交错配置，端部第一根钢筋不应缩短。

7.3　筏形基础施工图识图及钢筋算量

7.3.1　梁板式筏形基础平法施工图识图

梁板式筏形基础平法施工图，是在基础平面布置图上采用平面注写方式进行表达。当绘制基础平面布置图时，应将梁板式筏形基础与其所支承的柱、墙一起绘制。梁板式筏形基础以多数相同的基础平板底面标高作为基础底面基准标高。当基础底面标高不同时，需注明与基础底面基准标高不同之处的范围和标高。

通过选注基础梁底面与基础平板底面的标高高差来表达两者间的位置关系，可以明确其"高板位"(梁顶与板顶一平)、"低板位"(梁底与板底一平)以及"中板位"(板在梁的中部)三种不同位置组合的筏形基础，方便设计表达。对于轴线未居中的基础梁，应标注其定位尺寸。

1. 梁板式筏形基础构件的类型与编号

梁板式筏形基础由基础主梁、基础次梁、基础平板等构成，编号按表7-8的规定设定。

表7-8　梁板式筏形基础梁编号

构件类型	代号	序号	跨数及是否有外伸
基础主梁(柱下)	JL	××	(××)或(××A)或(××B)
基础次梁	JCL	××	(××)或(××A)或(××B)
梁板筏基础平板	LPB	××	

注：① (××A)为一端有外伸，(××B)为两端有外伸，外伸不计入跨数。

② 梁板式筏形基础平板跨数及是否有外伸分别在X、Y两向的贯通纵筋之后表达。图面从左至右为X向，从下至上为Y向。

③ 梁板式筏形基础主梁与条形基础梁编号须与标准构造详图一致。

2. 基础主梁和基础次梁的平面注写方式

基础主梁JL与基础次梁JCL的平面注写方式，分集中标注与原位标注两部分内容，如图7-45所示。当集中标注的某项数值不适用于梁的某部位时，应将该项数值采用原位标注。施工时，原位标注优先。

1) 集中标注

基础主梁JL与基础次梁JCL的集中标注内容包括基础梁编号、截面尺寸、配筋三项必注内容，以及基础梁底面标高高差(相对于筏形基础平板底面标高)一项选注内容，如图7-46所示。

(1) 基础梁的编号由代号序号、跨数及有无外伸三项组成，如图7-47所示。其具体表示方法见表7-8。

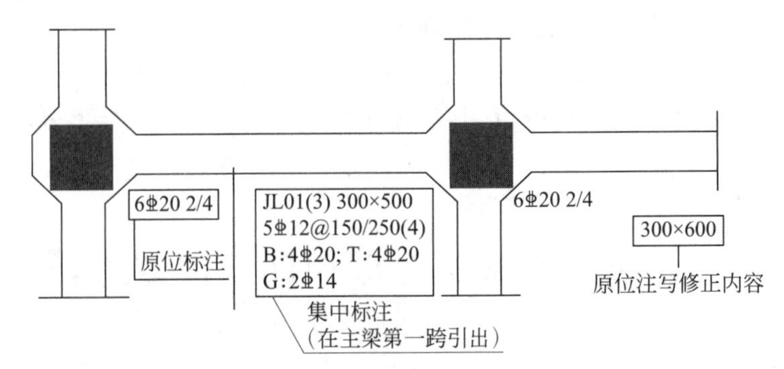

图 7-45　基础主/次梁平面注写方式

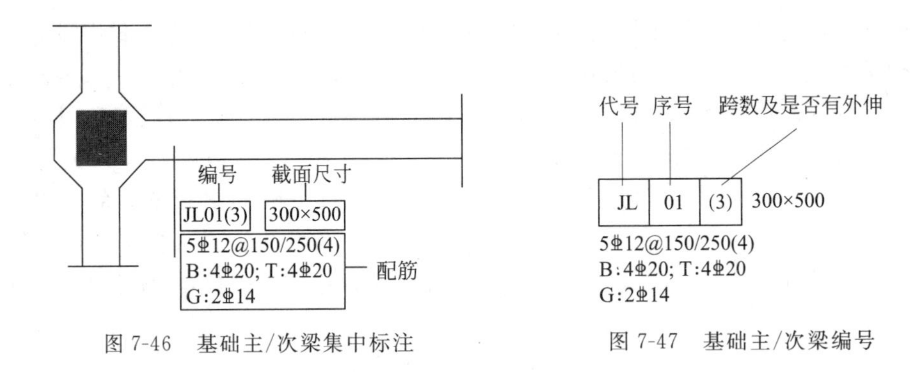

图 7-46　基础主/次梁集中标注　　　　图 7-47　基础主/次梁编号

(2) 基础梁的截面尺寸。以 $b \times h$ 表示梁截面宽度和高度，当为竖向加腋梁时，用 $b \times h$ $\mathrm{Y}c_1\mathrm{X}c_2$ 表示，其中 c_1 为腋长，c_2 为腋高。

(3) 基础梁的配筋。基础梁箍筋表示方法有以下四种情况。

① 当采用一种箍筋间距时，注写钢筋级别、直径、间距与肢数(写在括号内)。如图 7-48(a)中Φ10@250(2)表示基础梁箍筋是直径为 10mm、间距为 250mm 的箍筋，双支箍。

② 当采用两种箍筋时，用"/"分隔不同箍筋，按照从基础梁两端向跨中的顺序注写。先注写第 1 段箍筋(在前面加注箍数)，在斜线后再注写第 2 段箍筋(不再加注箍数)。如图 7-48(b)中 5Φ10@150/250(2)表示两端各布置 5 根直径为 10mm、间距为 150mm 的箍筋，中间剩余部位按间距 250mm 布置，均为双肢箍。

③ 当采用两种箍筋直径和两种间距时，仍然用"/"分隔不同箍筋，按照从基础梁两端向跨中的顺序注写。如图 7-48(c)中 5Φ10@150/6Φ15@150/250(2)表示两端向内先各布置 5 根直径为 10mm、间距为 150mm 的箍筋，再往内两侧各布置 6 根直径为 15mm、间距为 150mm 的箍筋，中间剩余部位按间距 250mm 的箍筋布置，均为双肢箍筋。

④ 当采用不同间距且肢数不同时，应分别逐一表达。如图 7-48(d)中 5Φ10@150(4)/Φ12@250(2)表示两端各布置 5 根直径为 10mm、间距 150mm 的四肢箍筋，中间剩余部位布置直径为 12mm、间距 250mm 的双肢箍。

施工时，应注意在两向基础主梁相交的柱下区域，应有一向截面较高的基础主梁箍筋贯通设置；当两向基础主梁高度相同时，可任选一向基础主梁箍筋贯通设置。

基础梁的底部、顶部及侧面纵向钢筋说明如下。

① 以"B"打头，先注写梁底部贯通纵筋(不应少于底部受力钢筋总截面面积的 1/3)。

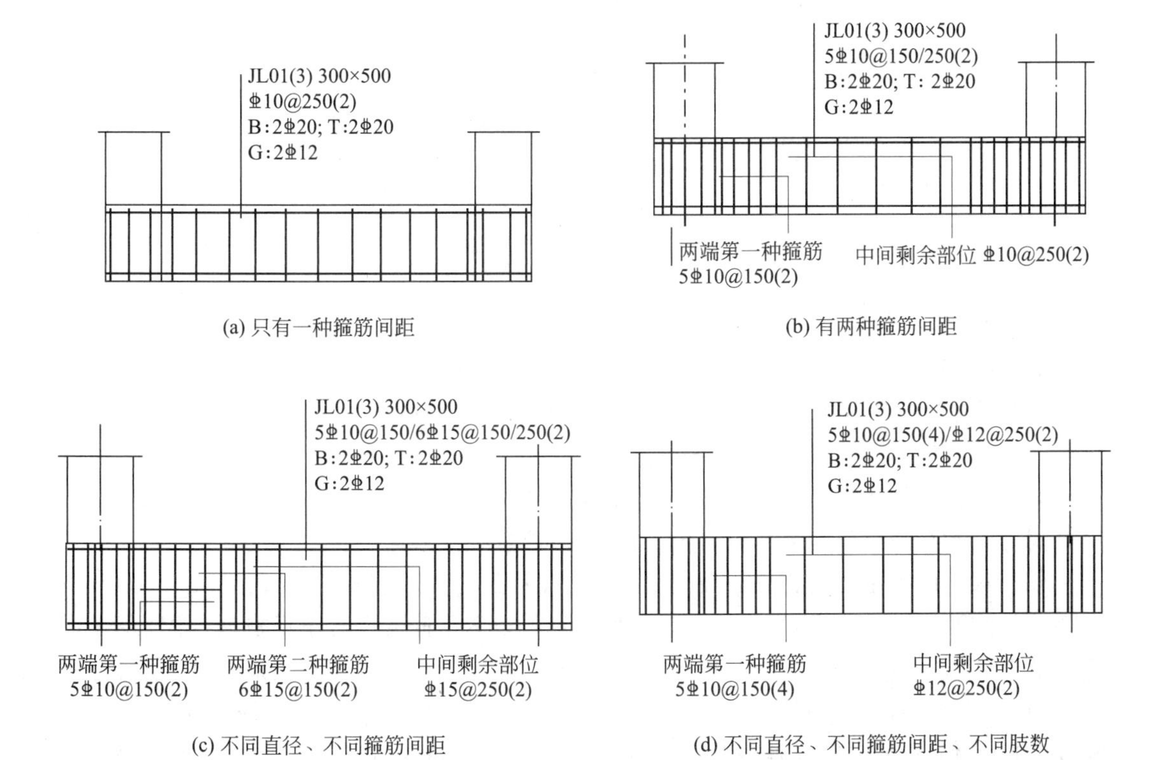

(a) 只有一种箍筋间距　(b) 有两种箍筋间距

(c) 不同直径、不同箍筋间距　(d) 不同直径、不同箍筋间距、不同肢数

图 7-48　基础梁箍筋注写方式

当跨中所注根数少于箍筋肢数时，需要在跨中加设架立筋以固定箍筋，注写时，用"＋"将贯通纵筋与架立筋相连，架立筋注写在加号后面的括号内。

② 以"T"打头，注写梁顶部贯通纵筋值。注写时，用"；"将底部与顶部纵筋分隔开。当梁底部或顶部贯通纵筋多于一排时，须将各排纵筋自上而下分开。

③ 以"G"打头，注写梁两侧面设置的纵向构造钢筋，有总配筋值(当梁腹板高度不小于450mm 时，根据需要配置)。如 8Φ16，表示梁的两个侧面共配置 8Φ16 的纵向构造钢筋，每侧各配置 4Φ16。当需要配置抗扭纵向钢筋时，梁两个侧面设置的抗扭纵向钢筋以"N"打头。如 N8Φ16，表示梁的两个侧面共配置 8Φ16 的纵向抗扭钢筋，沿截面周边均匀对称设置。当为梁侧面构造钢筋时，其搭接与锚固长度可取为 $15d$。当为梁侧面受扭纵向钢筋时，其锚固长度为 l_a，搭接长度为 l_l；其锚固方式同基础梁上部纵筋。

(4) 基础梁底面标高高差，是指相对于筏形基础平板底面标高的高差值，该项为选注值。有高差时，需将高差写入括号内(如"高板位"与"中板位"基础梁的底面与基础平板地面标高的高差值)，无高差时不注(如"低板位"筏形基础的基础梁)。

2) 原位标注

(1) 梁支座的底部纵筋。梁支座的底部纵筋是指包含贯通纵筋与非贯通纵筋在内的所有纵筋，如图 7-49 所示。其原位标注方法见表 7-8。

梁支座的底部纵筋原位标注有以下四种情况。

① 当底部纵筋多于一排时，用"/"将各排纵筋自上而下分开。如图 7-50(a)中 6Φ20 2/4，表示梁支座的底部纵筋分上、下两排布置，上排 2Φ20 是底部非贯通纵筋，下排 4Φ20 是底

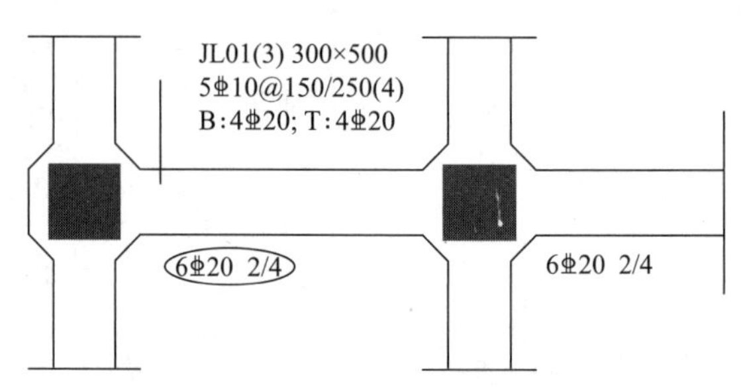

图 7-49 基础主/次梁支座底部纵筋注写

部贯通纵筋。

② 当梁中间支座两边的底部纵筋相同时，只在支座的一边标注配筋值。图 7-50(b)表示支座左、右的配筋均为上、下两排，上排 2⏀20 是底部非贯通纵筋，下排 4⏀20 是底部贯通纵筋。

③ 当同排有两种直径时用"＋"将两种直径的纵筋相连。如图 7-50(c)所示，2⏀20＋2⏀18 表示 2⏀20 是底部贯通纵筋，2⏀18 是底部非贯通纵筋。

④ 当梁中间支座两边底部纵筋配置不同时，需在支座两边分别进行标注。如图 7-50(d)所示，②轴线支座两边分别标注 4⏀20 和 5⏀20，表示中间支座柱下两侧底部配筋不同。第一种情况，②轴左侧 4⏀20 中 2 根为底部贯通纵筋，另 2 根为底部非贯通纵筋；②轴右侧 5⏀20 中 2 根为底部贯通纵筋，另 3 根为底部非贯通纵筋。第二种情况，②轴左侧为 4 根，右侧为 5 根，它们直径相同，只是根数不同，其中 4 根贯穿②轴，右侧多出的一根进行锚固。

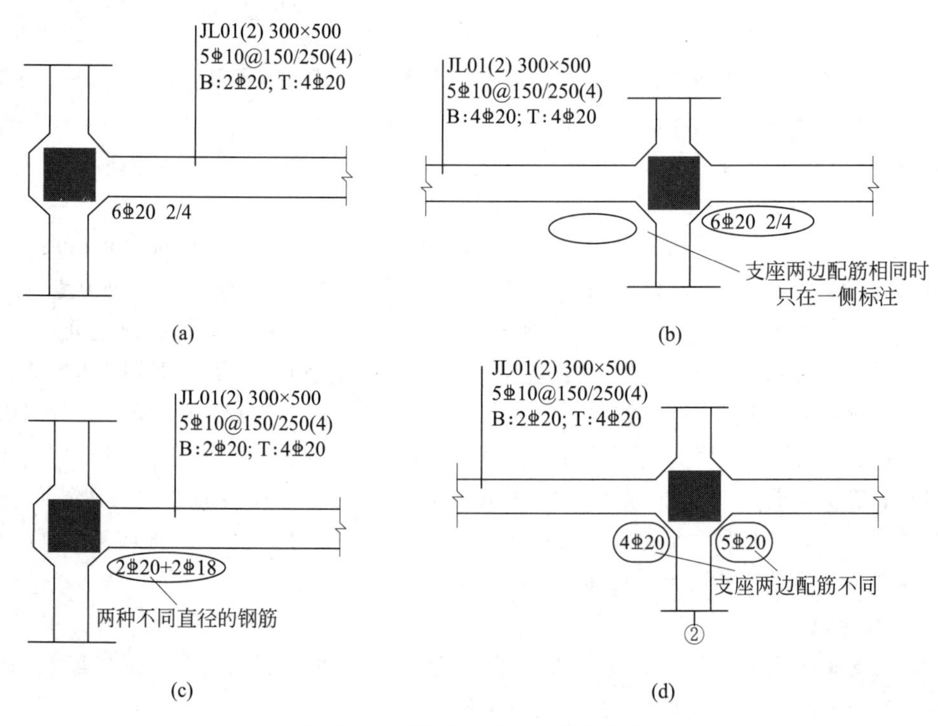

图 7-50 支座的底部纵筋原位标注方法

⑤ 当梁端(支座)区域的底部全部纵筋与集中注写过的贯通纵筋相同时，可不再重复做

原位标注。竖向加腋梁加腋部位钢筋，需在设置加腋的支座处以“Y”打头注写在括号内。

设计时，应注意当对底部齐平的梁支座两边的底部非贯通纵筋采用不同配筋值时，应先按较小一边的配筋值选配相同直径的纵筋贯穿支座，再将较大一边的配筋差值选配适当直径的钢筋锚入支座，以避免造成两边大部分钢筋直径不相同的不合理配置结果。

在施工及预算方面，应注意当底部贯通纵筋经原位修正注写后，两种不同配置的底部贯通纵筋应在两毗邻跨中配置较小一跨的跨中连接区域连接，即配置较大一跨的底部贯通纵筋需越过其跨数终点或起点伸至毗邻跨的跨中连接区域。

(2) 对于基础梁的附加箍筋或(反扣)吊筋，应将其直接画在平面图中的主梁上，用线引注总配筋值(附加箍筋的肢数注在括号内)，当多数附加箍筋或(反扣)吊筋相同时，可在基础梁平法施工图上统一注明。少数与统一注明值不同时，再原位引注。

施工时，应注意附加箍筋或反扣筋的几何尺寸应按照标准构造详图，结合其所在位置的主梁和次梁的截面尺寸确定。

(3) 当基础梁外伸部位为变截面高度时，在该部位原位注写 $b\times h_1/h_2$，h_1 为根部截面高度，h_2 为端部截面高度，如图 7-51 所示。

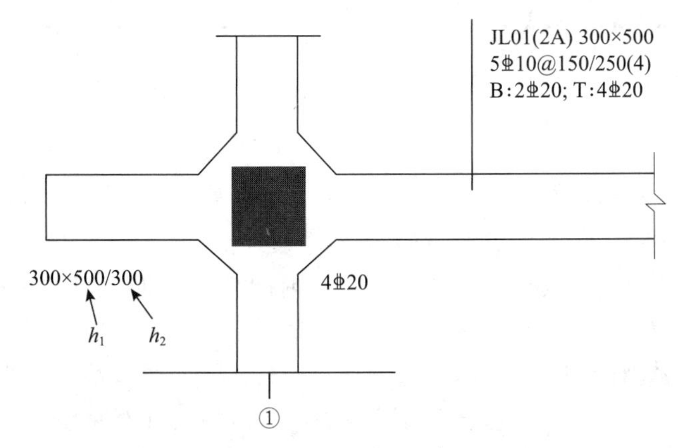

图 7-51 基础主/次梁外伸部位变截面高度尺寸标注

(4) 注写修正内容。当在基础梁上集中标注的某项内容(如梁截面尺寸、箍筋、底部与顶部贯通纵筋或架立筋、梁侧面纵向构造钢筋、梁底面标高高差等)不适用于某跨或某外伸部分时，须将其修正内容原位标注在该跨或该外伸部位，施工时，原位标注取值优先。

当在多跨基础梁的集中标注中已注明竖向加腋，而该梁某跨根部不需要竖向加腋时，应在该跨原位标注等截面的 $b\times h$，以修正集中标注中的加腋信息。

3. 梁板式筏形基础平板的平面注写方式

梁板式筏形基础平板 LPB 的平面注写，分为集中标注与原位标注两部分内容。

1) 集中标注

梁板式筏形基础平板 LPB 贯通纵筋的集中标注应在所表达的板区双向均为第一跨(X 与 Y 双向首跨)的板上引出(图面从左至右为 X 向，从上至下为 Y 向)，如图 7-52 所示。

板区划分条件：板厚相同、基础平板底部与顶部贯通纵筋配置相同的区域为同一板区。

集中标注的内容如下。

(1) 基础平板的编号见表 7-8。

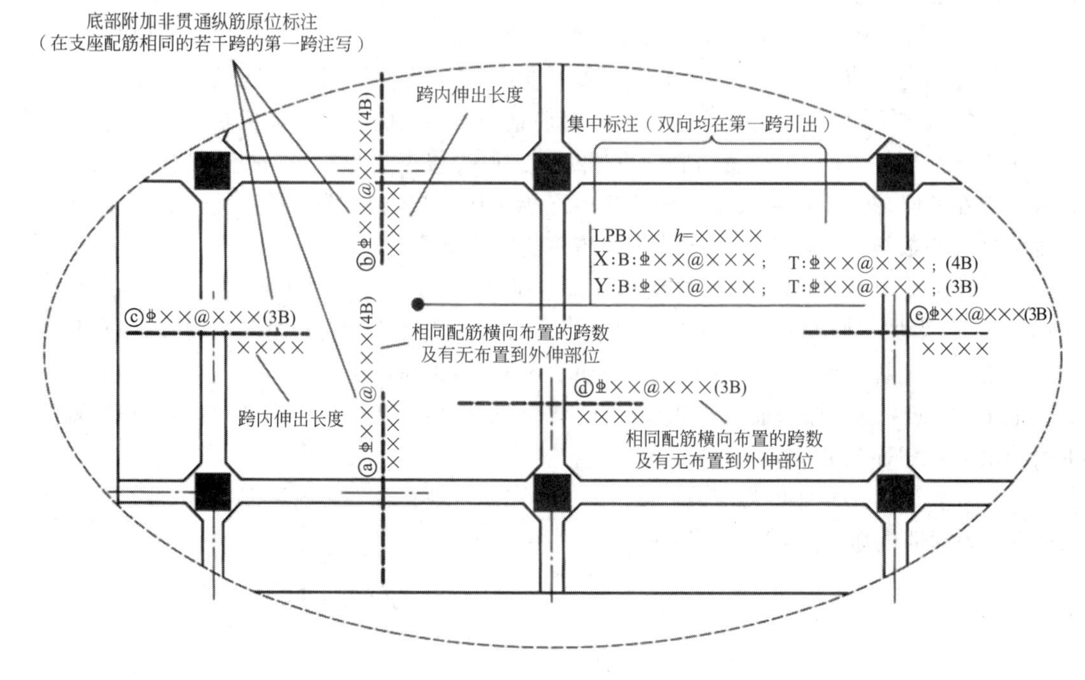

图 7-52 梁板式筏形基础平板集中标注

(2) 基础平板的截面尺寸。注写 h＝×××表示板厚。

(3) 基础平板的底部与顶部贯通纵筋及其跨数及外伸情况。先注写 X 向底部（“B”打头）贯通纵筋与顶部（“T”打头）贯通纵筋及纵向长度范围；再注写 Y 向底部（“B”打头）贯通纵筋与顶部（“T”打头）贯通纵筋及其跨数及外伸长度（图面从左至右为 X 向，从上至下为 Y 向）。

贯通纵筋的跨数及外伸长度注写在括号中，注写方式为“跨数及有无外伸”，其表达形式为：(××)（无外伸）、(××A)（一端有外伸）或(××B)（两端有外伸）。

基础平板的跨数以构成柱网的主轴线为准；两主轴线之间无论有几道辅助轴线（例如框筒结构中混凝土内筒中的多道墙体），均可按一跨考虑。

当贯通纵筋采用两种规格钢筋“隔一布一”方式时，表达为 xx/yy@××，表示直径 xx 的钢筋和直径 yy 的钢筋之间的间距为××，直径为 xx 的钢筋、直径为 xx 的钢筋间距分别为××的 2 倍。

在施工及预算方面，应注意当基础平板分板区进行集中标注，并且相邻板区板底一平时，两种不同配置的底部贯通纵筋应在两毗邻板跨中配筋较小板跨的跨中连接区域连接，即配置较大板跨的底部贯通纵筋需越过板区分界线伸至毗邻板跨的跨中连接区域。

2) 原位标注

梁板式筏形基础平板 LPB 的原位标注，主要表达板底部附加非贯通纵筋。

(1) 原位注写位置及内容。板底部原位标注的附加非贯通纵筋，应在配置相同的第一跨表达（当在基础梁悬挑部位单独配置时则在原位表达）。在配置相同跨的第一跨（或基础梁外伸部位），垂直于基础梁，绘制一段中粗虚线（当该纵筋通长设置在外伸部位或短跨板下部时，应画至对边或贯通短跨），在虚线上注写编号（如①、②等）、配筋值、横向布置的跨数及是否布置到外伸部位，如图 7-53 所示。

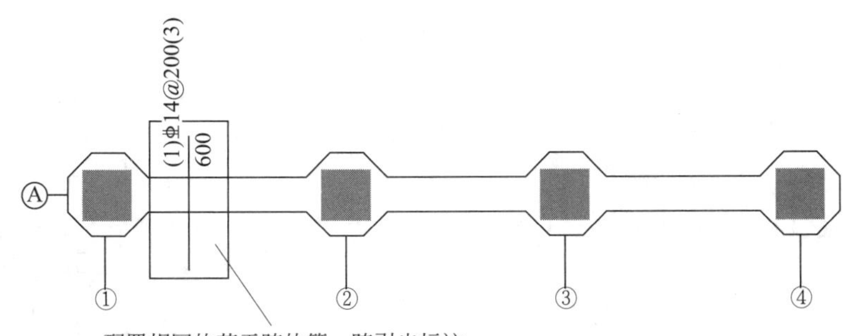

图 7-53　筏基平板原位标注

图 7-53 中板底部附加非贯通纵筋自支座中线向两边跨内的伸出长度值应注写在线段的下方位置。当该筋向两侧对称伸出时，可仅在一侧标注，另一侧不标注；当布置在边梁下时，向基础平板外伸部位一侧的伸出长度与方式按标准构造，设计不标注。底部附加非贯通纵筋相同者，可仅注写一处，其他只注写编号。

横向连续布置的跨数及是否布置到外伸部位，不受集中标注贯通纵筋的板区限制。

原位注写的底部附加非贯通纵筋与集中标注的底部贯通钢筋，宜来用"隔一布一"的方式布置，即基础平板(X 向或 Y 向)底部附加非贯通纵筋与贯通纵筋间隔布置，其标注间距与底部贯通纵筋相同(两者实际组合后的间距为各自标注间距的 1/2)。

(2) 修正内容。当集中标注的某些内容不适用于梁板式筏形基础平板某板区的某一板跨时，应由设计者在该板跨内注明，施工时应按注明内容取用。

(3) 当若干基础梁下基础平板的底部附加非贯通纵筋配置相同时(其底部、顶部的贯通纵筋可以不同)，可仅在一根基础梁下作原位注写，并在其他梁上注明"该梁下基础平板底部附加非贯通纵筋同××基础梁"。

7.3.2　梁板式筏形基础梁配筋构造及钢筋算量

1. 梁板式筏形基础梁端部等截面外伸钢筋构造

梁板式筏形基础梁端部等截面外伸钢筋构造如图 7-54 所示。

(1) 梁顶部上排贯通纵筋伸至尽端内侧弯折 $12d$；顶部下排贯通纵筋不伸入外伸部位。

(2) 梁底部上排非贯通纵筋伸至端部截断；底部下排非贯通纵筋伸至尽端内侧弯折 $12d$，从支座中心线向跨内的延伸长度大于 $l_n/3+h_c/2$。

(3) 梁底部贯通纵筋伸至尽端内侧弯折 $12d$。

当从柱内边算起的梁端部外伸长度不满足直锚要求时，基础梁下部钢筋应伸至端部后弯折，且从柱内边算起水平段长度不小于 $0.6l_{ab}$，弯折段长度为 $15d$。

2. 梁板式筏形基础梁端部变截面外伸钢筋构造

梁板式筏形基础梁端部变截面外伸钢筋构造如图 7-55 所示。

(1) 梁顶部上排贯通纵筋伸至尽端内侧弯折 $12d$；顶部下排贯通纵筋不伸入外伸部位。

(2) 梁底部上排非贯通纵筋伸至端部截断；底部下排非贯通纵筋伸至端部内侧弯折 $12d$，从支座中心线向跨内的延伸长度为 $l_n/3+h_c/2$。

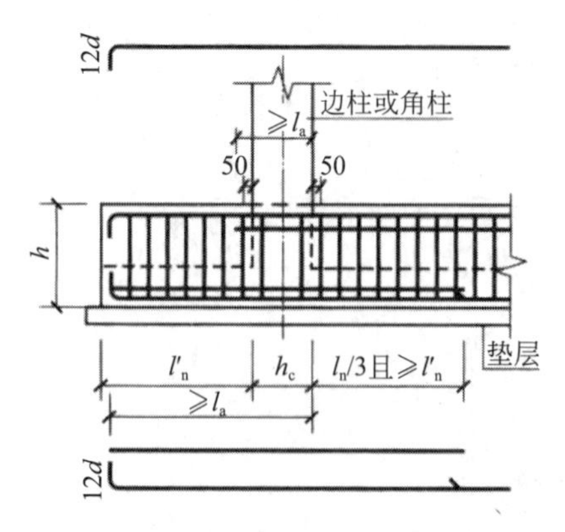

图 7-54　梁板式筏形基础梁端部等截面外伸钢筋构造

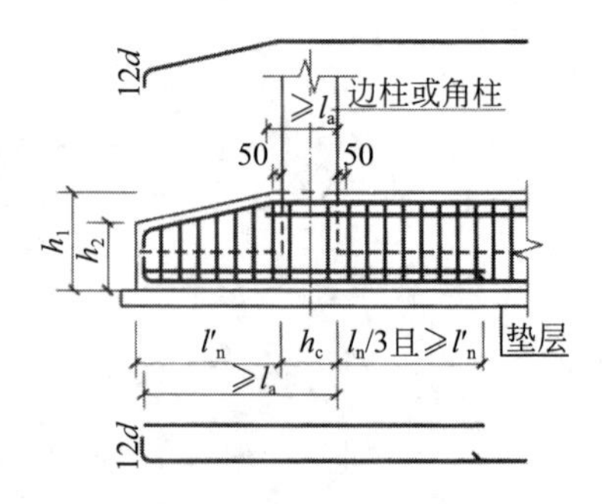

图 7-55　梁板式筏形基础梁端部变截面外伸钢筋构造

(3) 梁底部贯通纵筋伸至尽端内侧弯折 12d。

当从柱内边算起的梁端部外伸长度不满足直锚要求时，基础梁下部钢筋应伸至端部后弯折且从柱内边算起水平段长度不小于 0.6l_{ab}，弯折段长度为 15d。

3. 梁板式筏形基础梁端部无外伸钢筋构造

梁板式筏形基础梁端部无外伸钢筋构造如图 7-56 所示。

(1) 梁顶部贯通纵筋伸至尽端内侧弯折 15d；从柱内侧起，伸入端部且水平段不小于 0.6l_{ab}(顶部单排/双排钢筋构造相同)。

(2) 梁底部非贯通纵筋伸至尽端内侧弯折 15d，从柱内侧起，伸入端部且水平段不小于 0.6l_{ab}，从支座中心线向跨内的延伸长度为 $l_n/3+h_c/2$。

(3) 梁底部贯通纵筋伸至端部内侧弯折 15d；从柱内侧起，伸入端部且水平段不小于 0.6l_{ab}。

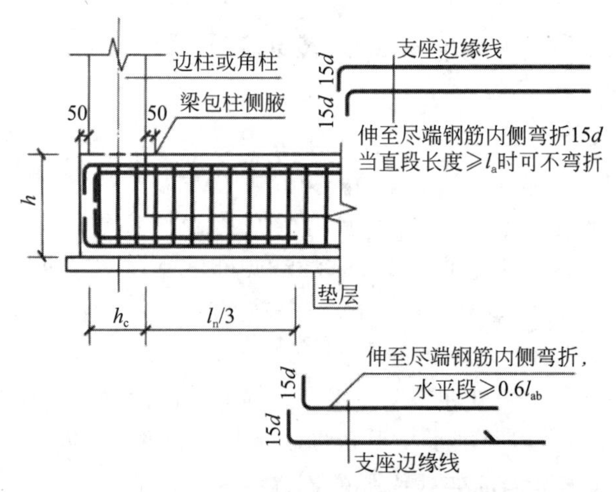

图 7-56　梁板式筏形基础梁端部无外伸钢筋构造

l_a—受拉钢筋锚固长度；l_n—相邻两跨跨度值的较大值；h_c—沿基础梁跨度方向的柱截面高度；h—基础梁高度；d—钢筋直径；l_{ab}—受拉钢筋基本锚固长度

4. 基础次梁 JCL 纵向钢筋与箍筋构造

基础次梁纵向钢筋与箍筋构造如图 7-57 所示。

(1) 同跨有两种箍筋时，其设置范围按具体设计标注。

(2) 基础梁外伸部位按梁端第一种箍筋设置，或根据具体设计标注。

(3) 基础主梁与次梁交接处基础主梁箍筋贯通，次梁箍筋距主梁边 50mm 开始布置。

(4) 基础次梁 JCL 上部贯通纵筋连接区长度在主梁 JL 两侧各 $l_n/4$ 范围内；下部贯通纵筋的连接区在跨中 $l_n/3$ 范围内，非贯通纵筋的截断位置在基础主梁两侧 $l_n/3$ 处，l_n 为左跨和右跨的较大值。

5. 基础次梁 JCL 配置两种箍筋构造

基础次梁 JCL 配置两种箍筋构造如图 7-58 所示。

(1) 每跨梁的箍筋布置从基础主梁边沿 50mm 开始计算，依次布置第一种加密箍筋、非加密区箍筋。

(2) 当梁只标注一种箍筋的规格和间距时，整跨基础次梁都按照这种箍筋的规格和间距进行配筋。

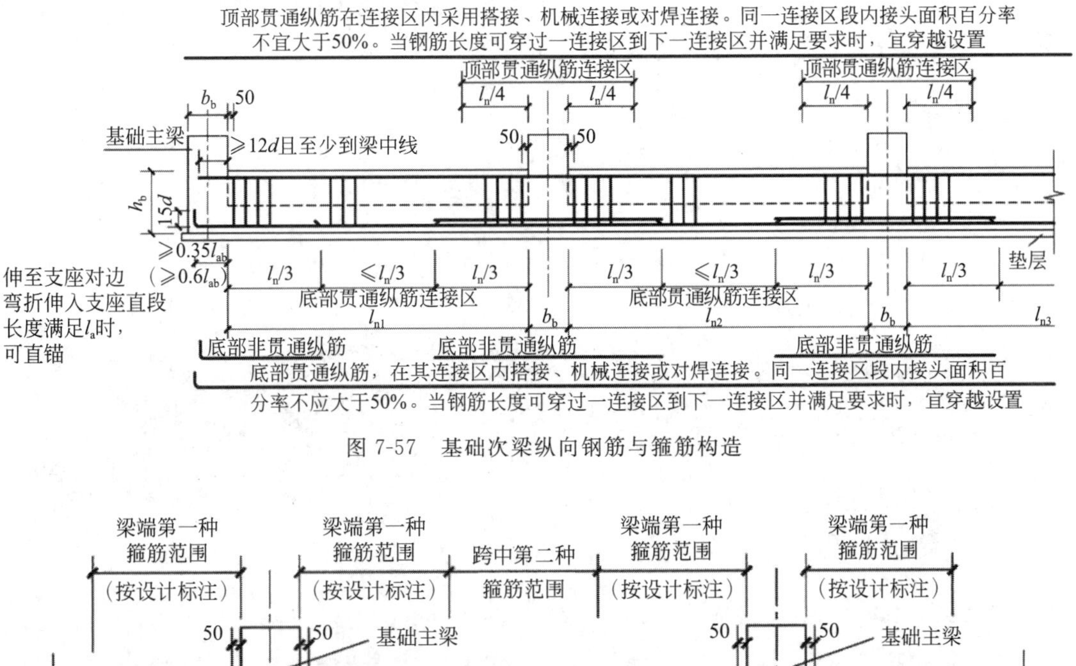

图 7-57 基础次梁纵向钢筋与箍筋构造

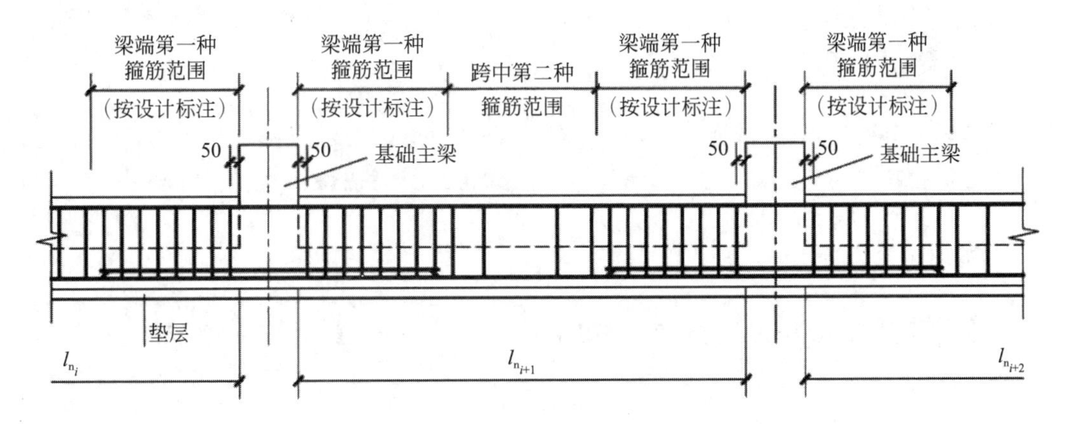

图 7-58 基础次梁 JCL 配置两种箍筋构造

6. 基础次梁钢筋计算

1）基础次梁上部纵筋、下部纵筋计算

（1）当基础次梁无外伸时。

上部贯通筋长度＝梁净跨长＋左 $\max(12d,0.5h_b)$＋右 $\max(12d,0.5h_b)$ （7-31）

下部贯通筋长度＝梁净跨长＋$2\times l_a$ （7-32）

下部端支座非贯通钢筋长度＝$0.5b_b+\max(l_n/3,1.2l_a+h_b+0.5b_b)+12d$ （7-33）

下部中间支座非贯通钢筋长度＝$\max(l_n/3,1.2l_a+h_b+0.5b_b)\times 2$ （7-34）

式中：l_n——左跨和右跨之较大值，mm；

h_b——基础次梁截面高度，mm；

b_b——基础主梁宽度，mm。

（2）当基础次梁外伸时。

上部贯通筋长度＝下部贯通筋长度＝梁长－2×保护层厚度＋左弯折 $12d$ ＋右弯折 $12d$ （7-35）

下部端支座非贯通钢筋长度＝外伸长度 $l+\max(l_n/3,1.2l_a+h_b+0.5b_b)+12d$ （7-36）

下部端支座非贯通第二排钢筋长度＝外伸长度 $l+\max(l_n/3,1.2l_a+h_b+0.5b_b)\times 2$ （7-37）

下部中间支座非贯通钢筋长度＝$\max(l_n/3,1.2l_a+h_b+0.5b_b)\times 2$ （7-38）

2）基础次梁侧面纵筋计算

梁侧面构造纵筋长度＝$l_{n1}+2\times 15d$ （7-39）

梁侧面构造纵筋根数＝（梁高 h－保护层厚度－筏板厚 b）/梁侧面构造筋间距 ×2－1 （7-40）

3）基础次梁拉筋计算

梁侧面拉筋长度＝（梁宽 b－保护层厚度 $c\times 2$）＋$4d+2\times 11.9d$ （7-41）

梁侧面拉筋根数＝侧面筋道数 $n\times[(l_n-50\times 2)$/非加密区间距的 2 倍＋1］ （7-42）

4）基础次梁箍筋计算

箍筋根数＝$\sum$ 根数$_1$＋根数$_2$＋［梁净长－2×50－（根数$_1$－1）×间距$_1$ －（根数$_2$－1）×间距$_2$］/间距$_3$－1 （7-43）

当设计未注明加密箍筋范围时：

箍筋加密区长度 $L_1=\max(1.5h_b,500)$ (7-44)

箍筋根数$=2\times[(L_1-50)/$加密区间距$+1]+(l_n-2L_1)/$非加密区间距-1 (7-45)

箍筋长度$=(b+h)\times 2-8c+2\times 11.9d+8d$ (7-46)

式中：b——梁宽度，mm；

c——梁侧保护层厚度，mm；

n——梁箍筋肢数；

d——梁箍筋直径，mm。

7. 基础次梁端部等截面外伸构造

基础次梁端部等截面外伸钢筋构造如图 7-59 所示。

(1) 梁顶部贯通纵筋伸至尽端内侧弯折 $12d$；梁底部贯通纵筋伸至端部内侧弯折 $12d$。

(2) 梁底部上排非贯通纵筋伸至端部截断；底部下排非贯通纵筋伸至端部内侧弯折 $12d$，从支座中心线向跨内的延伸长度为 $l_n/3+b_b/2$。

(3) 当从基础主梁内边算起的外伸长度不满足直锚要求时，基础次梁下部钢筋伸至端部后弯折 $15d$；从梁内边算起水平段长度不应小于 $0.6l_{ab}$。

8. 基础次梁端部变截面外伸钢筋构造

基础次梁端部变截面外伸钢筋构造如图 7-60 所示。其中，l_a 为受拉钢筋锚固长；l_n 为相邻两跨跨度值的较大值；l'_n 为柱外侧边缘至梁外伸端的距离；d 为钢筋直径；h_b 为基础次梁截面高度；b_b 为基础次梁支座的基础主梁宽度；h_2 为端部截面高度。

(1) 梁顶部贯通纵筋伸至尽端内侧弯折 $12d$。梁底部贯通纵筋伸至尽端内侧弯折 $12d$。

(2) 梁底部上排非贯通纵筋伸至端部截断；梁底部下排非贯通纵筋伸至尽端内侧弯折 $12d$，从支座中心线向跨内的延伸长度为$(l_n/3+b_b/2)$。

(3) 当从基础主梁内边算起的外伸长度不满足直锚要求时，基础次梁下部钢筋伸至端部后弯折 $15d$；从梁内边算起水平段长度不应小于 $0.6l_{ab}$。

7.3.3 梁板式筏形基础底板配筋构造及钢筋算量

1. 梁板式筏形基础底板配筋构造

梁板式筏形基础平板钢筋构造如图 7-59 所示。基础平板同一层面的交叉纵筋，哪个方向的纵筋在下，哪个方向的纵筋在上，应按具体设计进行说明。

2. 梁板式筏形基础底板端部与外伸部位钢筋构造

(1) 端部等截面外伸构造如图 7-60 所示。

底部贯通纵筋伸至外伸尽端(留保护层)，向上弯折 $12d$。

顶部钢筋伸至外伸尽端向下弯折 $12d$。

无须延伸到外伸段顶部的纵筋，其伸入梁内水平段的长度不小于 $12d$，且至少到支座中线。

(2) 端部变截面外伸构造如图 7-61 所示。

底部贯通纵筋伸至外伸尽端(留保护层)，向上弯折 $12d$。

非外伸段顶部钢筋伸至伸入梁内水平段长度不小于 $12d$，且至少到梁中线。

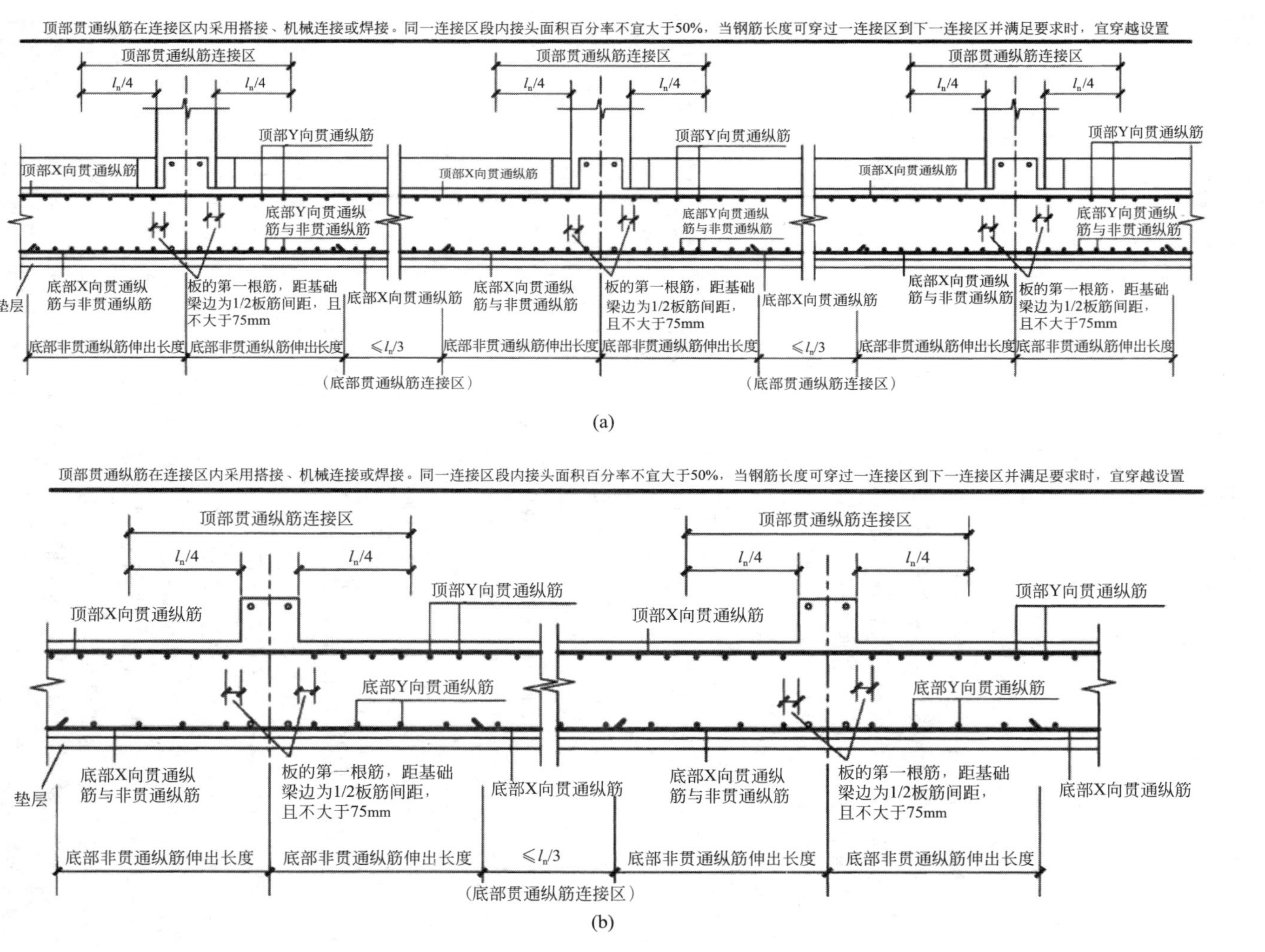

图 7-59　梁板式筏形基础平板钢筋构造

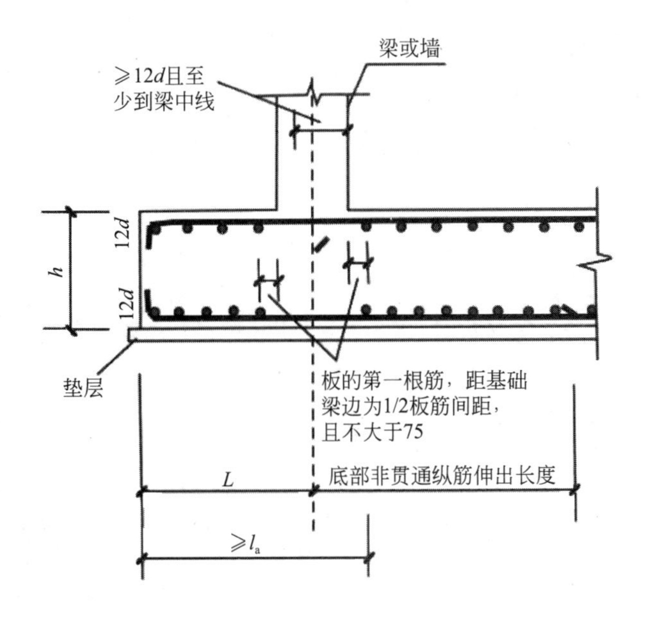

图 7-60 梁板式筏形基础端部等截面外伸构造

外伸段顶部纵筋伸入梁内长度不小于 12d，且至少到支座中线。

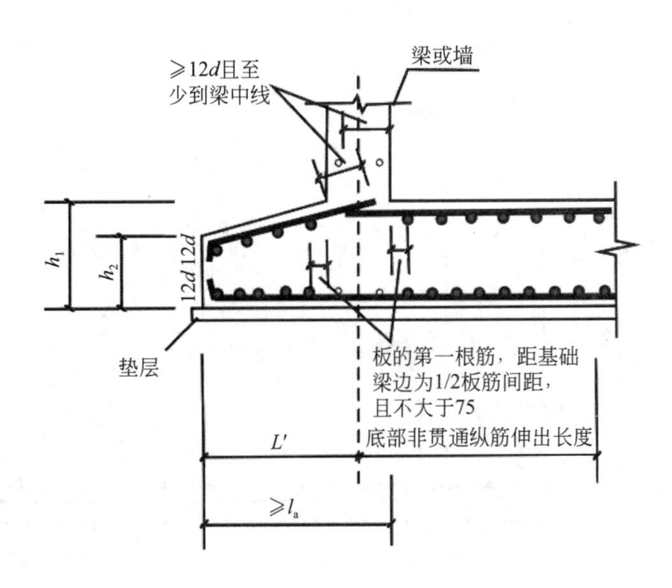

图 7-61 梁板式筏形基础端部变截面外伸构造

上部贯通纵筋长度＝底部贯通纵筋长度＝筏板长度－2×保护层厚度＋弯折长度 (7-47)

弯折长度算法如下。

① 弯钩交错封边构造如图 7-62(a)所示。

弯折长度＝筏板高度/2－保护层厚度＋75 (7-48)

② U 形封边构造如图 7-62(b)所示。

$$弯折长度=12d \tag{7-49}$$

$$U形封边长度=筏板高度-2\times保护层厚度+2\times12d \tag{7-50}$$

③ 无封边构造如图 7-62(c)所示。

$$弯折长度=12d \tag{7-51}$$

$$中层钢筋网片长度=筏板长度-2\times保护层厚度+2\times12d \tag{7-52}$$

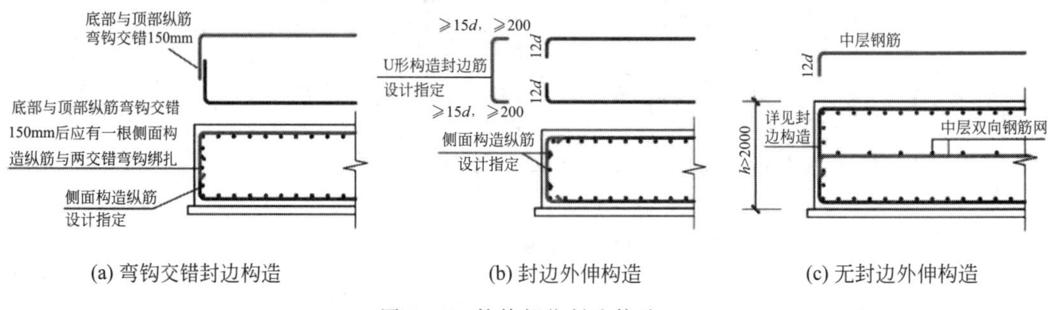

(a) 弯钩交错封边构造　　(b) 封边外伸构造　　(c) 无封边外伸构造

图 7-62　外伸部位封边构造

(3) 端部无外伸构造如图 7-63 所示。

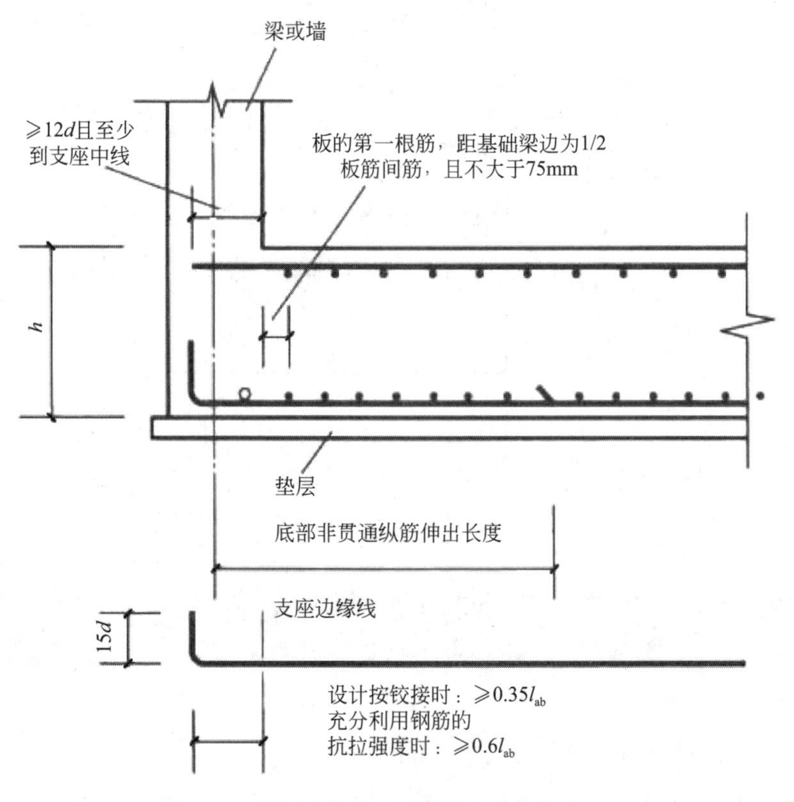

图 7-63　梁板式筏形基础端部无外伸构造

板的第一根筋距基础梁边为 1/2 板筋间距，且不大于 75mm。

底板贯通纵筋与非贯通纵筋均伸至尽端钢筋内侧，向上弯折 $15d$，且从基础梁内侧伸入梁端部，水平段长度由设计指定。底部非贯通纵筋，从基础梁内边缘向跨内的延伸长度由设计指定。

顶部板筋伸至基础梁内的水平段长度不小于 $12d$，且至少到支座中线。

$$底部贯通筋长度=筏板长度-2\times保护层厚度+弯折长度\ 2\times 15d \tag{7-53}$$

即使底部锚固区水平段长度满足不小于 $0.2l_a$ 时，底部纵筋也必须伸至基础梁箍筋内侧。

$$上部贯通筋长度=筏板净跨长+\max(12d, 0.5h_c) \tag{7-54}$$

7.3.4　平板式筏形基础平法施工图的表示方法

1. 平板式筏形基础平法施工图

平板式筏形基础平法施工图是指在基础平面布置图上采用平面注写方式进行表达。当绘制基础平面布置图时，应将平板式筏形基础与其所支承的柱、墙一起绘制。当基础底面标高不同时，需注明与基础底面基准标高不同之处的范围和标高。

2. 平板式筏形基础构件的类型与编号

平板式筏形基础的平面注写表达方式有两种：①划分为柱下板带和跨中板带进行表达；②按基础平板进行表达。平板式筏形基础构件编号见表 7-9。

表 7-9　平板式筏形基础构件编号

构件类型	代号	序号	跨数及有无外伸
柱下板带	ZXB	××	(××)或(××A)或(××B)
跨中板带	KZB	××	(××)或(××A)或(××B)
平板筏基础平板	BPB		

注：① (××A)为一端有外伸，(××B)为两端有外伸，外伸不计入跨数。

② 平板式筏形基础平板的跨数及其是否有外伸分别在 X、Y 两向的贯通纵筋之后表达。图面从左至右为 X 向，从上至下为 Y 向。

柱下板带 ZXB(视其为无箍筋的宽扁梁)与跨中板带 KZB 的平面注写，分集中标注与原位标注两部分内容。

平板式筏形基础平板 BPB 的平面注写，分为集中标注与原位标注两部分内容，如图 7-64 所示。

基础平板 BPB 的平面注写虽与柱下板带 ZXB、跨中板带 KZB 的平面注写的表达方式不同，但可以表达同样的内容。当整片板式筏形基础配筋比较规律时，宜采用 BPB 表达方式。

平板式筏形基础平板 BPB 的集中标注，除按表 7-9 注写编号外，所有规定均与“梁板式筏形基础平板 LPB 的集中标注”相同。此处主要讲解由柱下板带与跨中板带组成的平板式筏形基础。

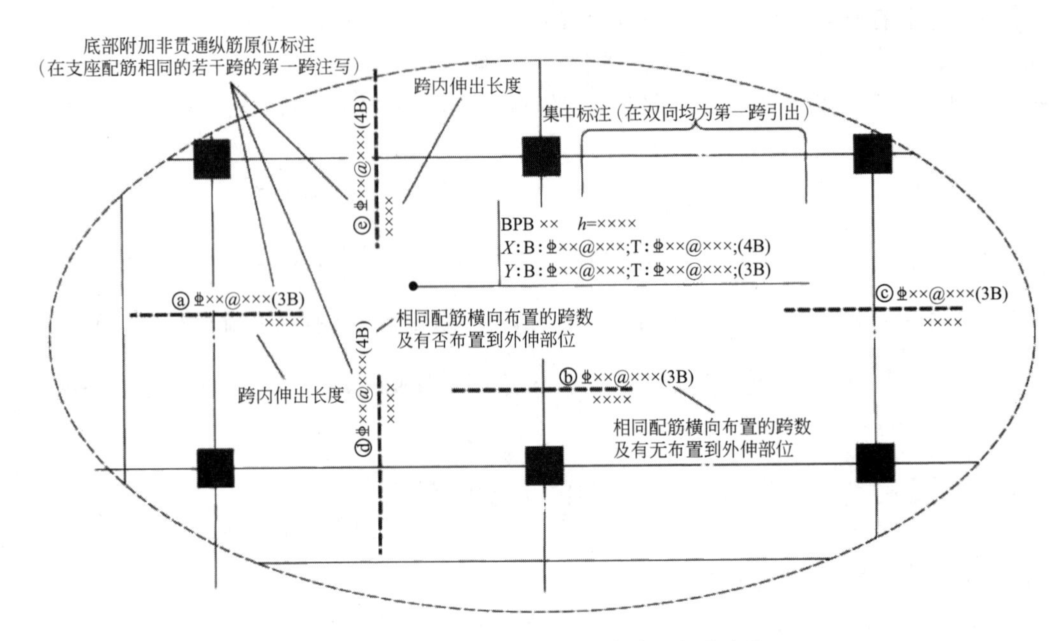

图 7-64 平板式筏形基础平面注写示意

3. 柱下板带与跨中板带的集中标注

柱下板带与跨中板带的集中标注,应在第一跨(X 向为左端跨,Y 向为下端跨)引出,由编号、截面尺寸、底部与顶部贯通纵筋三项内容组成,如图 7-65 所示。

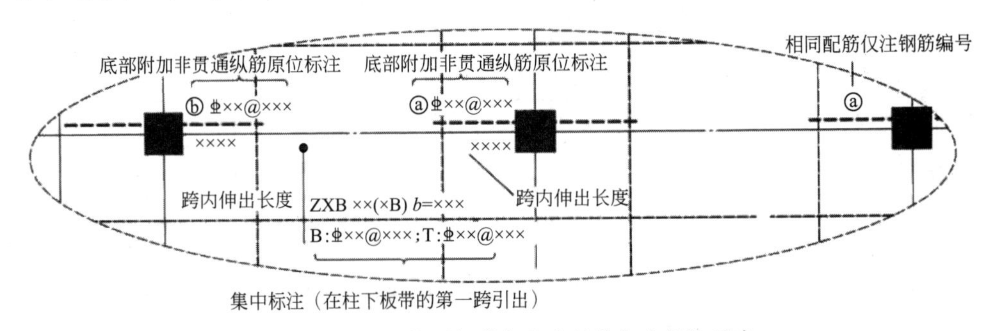

图 7-65 柱下板带与跨中板带集中标注示意

(1) 编号。注写编号见表 7-9。

(2) 截面尺寸。注写 b=×××表示板带宽度(在图注中注明基础平板厚度)。柱下板带宽度应根据规范要求与结构实际受力需要确定。当柱下板带宽度确定后,跨中板带宽度亦随之确定(即相邻两平行柱下板带之间的距离)。当柱下板带中心线偏离柱中心线时,应在平面图上标注其定位尺寸。

(3) 底部与顶部贯通纵筋。注写底部贯通纵筋("B"打头)与顶部贯通纵筋("T"打头)的规格与间距,用";"将其分隔开。柱下板带的柱下区域,通常在其底部贯通纵筋的间隔内插空(原位注写的)设有底部附加非贯通纵筋。

在施工及预算方面,应注意当柱下板带的底部贯通纵筋配置从某跨开始改变时,两种不同配置的底部贯通纵筋应在两毗邻跨中配置较小跨的跨中连接区域连接,即配置较大跨的底部贯通纵筋需越过其跨数终点或起点外伸至毗邻跨的跨中连接区域。

4. 柱下板带与跨中板带原位标注

柱下板带与跨中板带原位标注如图 7-66 所示。

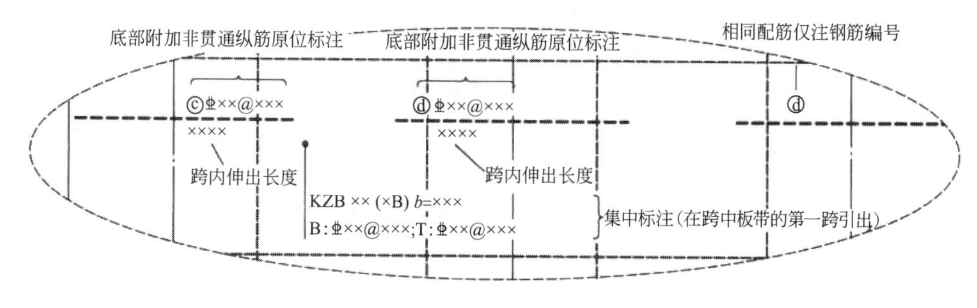

图 7-66 柱下板带与跨中板带原位标注示意

以一段与板带同向的中粗虚线代表附加非贯通纵筋;柱下板带贯穿其柱下区域绘制;跨中板带横贯柱中线绘制。在虚线上注写底部附加非贯通纵筋的编号(例如①、②等)、钢筋级别、直径、间距以及自柱中线分别向两侧跨内的伸出长度值。当向两侧对称伸出时,长度值可仅在一侧标注,另一侧不标注。外伸部位的伸出长度与方式按标准构造,设计不标注。对同一板带中底部附加非贯通筋相同者,可仅在一根钢筋上注写,其他可仅在中粗虚线上注写编号。

原位注写的底部附加非贯通纵筋与集中标注的底部贯通纵筋,宜采用“隔一布一”的方式布置,即柱下板带或跨中板带底部附加非贯通纵筋与贯通纵筋交错插空布置,其标注间距与底部贯通纵筋相同(两者实际组合后的间距为各自标注间距的 1/2)。

当跨中板带在轴线区域不设置底部附加非贯通纵筋时,则不作原位注写。

当在柱下板带、跨中板带上集中标注的某些内容(例如截面尺寸、底部与顶部贯通纵筋等)不适用于某跨或某外伸部分时,须将修正的数值原位标注在该跨或该外伸部位,施工时原位标注取值优先。

设计时,应注意对于支座两边不同配筋值的(经注写修正的)底部贯通纵筋,应按较小一边的配筋值选配相同直径的纵筋贯穿支座,较大一边的配筋差值选配适当直径的钢筋锚入支座,避免造成两边大部分钢筋直径不相同的不合理配置结果。

7.3.5 平板式筏形基础配筋构造及钢筋算量

1. 平板式筏形基础柱下板带与跨中板带纵向钢筋构造

平板式筏形基础相当于倒置的无梁楼盖,是无梁基础底板。理论上,平板式筏形基础有条件划分板带时,可划分为柱下板带 ZXB 和跨中板带 KZB 两种;无条件划分板带时,可参考平板式筏形基础平板 BPB。柱下板带 ZXB 和跨中板带 KZB 纵向钢筋构造如图 7-67 所示。

(1) 不同配置的底部贯通纵筋,应在两个毗邻跨中配置较小一跨的跨中连接区连接,即配置较大一跨的底部贯通纵筋,需超过其标注的跨数终点或起点,伸至毗邻跨的跨中连接区。

(2) 柱下板带与跨中板带的底部贯通纵筋,可在跨中 1/3 净跨长度范围内搭接连接、机械连接或焊接;柱下板带及跨中板带的顶部贯通纵筋,可在柱网轴线附近 1/4 净跨长度范围内采用搭接连接、机械连接或焊接。

(3) 基础平板同一层面的交叉纵筋，哪个方向的纵筋在下，哪个方向的纵筋在上，应按具体设计进行说明。

2. 平板式筏形基础平板 BPB 钢筋构造

1) 平板式筏形基础平板钢筋构造(柱下区域)

平板式筏形基础平板钢筋构造(柱下区域)如图 7-68 所示。

(1) 底部附加非贯通纵筋自梁中线到跨内的伸出长度 $>l_n/3$(l_n 为基础平板的轴线跨度)。

(2) 当底部贯通纵筋直径不一致时(如某跨底部贯通纵筋直径大于邻跨)，如果相邻板区板底一平，则应在两毗邻跨中配置较小一跨的跨中连接区内进行连接。

(3) 顶部贯通纵筋按全长贯通设置，连接区的长度为正交方向的柱下板带宽度。

(4) 跨中部位为顶部贯通纵筋的非连接区。

2) 平板式筏形基础平板钢筋构造(跨中区域)

平板式筏形基础平板钢筋构造(跨中区域)如图 7-69 所示。

(1) 顶部贯通纵筋按全长贯通设置，连接区的长度为正交方向的柱下板带宽度。

(2) 跨中部位为顶部贯通纵筋的非连接区。

3. 平板式筏形基础平板端部与外伸部位钢筋构造

1) 端部无外伸

(1) 端部为外墙时，平板式筏形基础平板无外伸部位顶部钢筋直锚入外墙内，锚固长度不小于 $12d$，且至少到墙中线；底部钢筋伸至尽端后弯折，弯折长度为 $12d$，弯折水平段长度不小于 $0.6l_{ab}$，且至少到墙中线，如图 7-70(a)所示。

(2) 端部为边梁时，平板式筏形基础平板无外伸部位顶部钢筋直锚入外墙内，锚固长度不小于 $12d$，且至少到梁中线。板的第一根筋距梁边 $\max(s/2,75\text{mm})$；底部钢筋伸至尽端后弯折，弯折长度为 $12d$，弯折水平段长度从梁内边算起，当设计按铰接时不应小于 $0.35l_{ab}$，当充分利用钢筋抗拉强度时不应小于 $0.6l_{ab}$，如图 7-70(b)所示。

板边缘遇墙身或柱时：

$$\text{底部贯通筋长度}=\text{筏板长度}-2\times\text{保护层厚度}+2\times\max(1.7l_a,\text{筏板高度 }h-\text{保护层厚度}) \tag{7-55}$$

其他部位按侧面封边构造：

$$\text{上部贯通筋长度}=\text{筏板净跨长}+\max(\text{边柱宽}+15d,l_a) \tag{7-56}$$

2) 端部等截面外伸

当端部等截面外伸时，板顶部钢筋伸至尽端后弯折，弯折长度为 $12d$；板底部钢筋伸至尽端后弯折，弯折长度为 $12d$，筏板底部非贯通纵筋伸出长度 l' 应由具体工程设计确定，如图 7-71 所示。

$$\text{底部贯通筋长度}=\text{上部贯通筋长度}=\text{筏板长度}-2\times\text{保护层厚度}+\text{弯折长度} \tag{7-57}$$

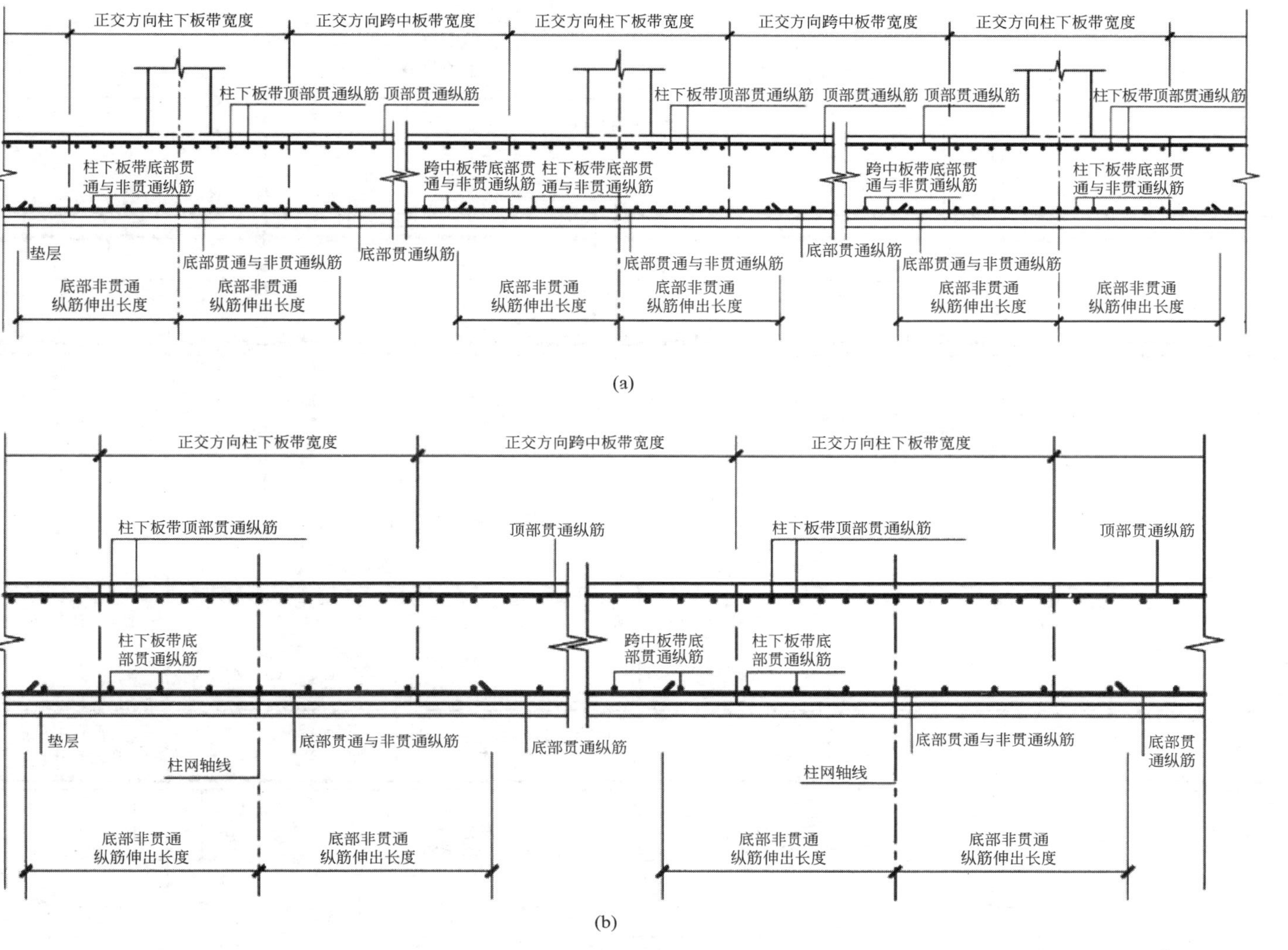

图 7-67　柱下板带 ZXB 与跨中板带 KZB 纵向钢筋构造

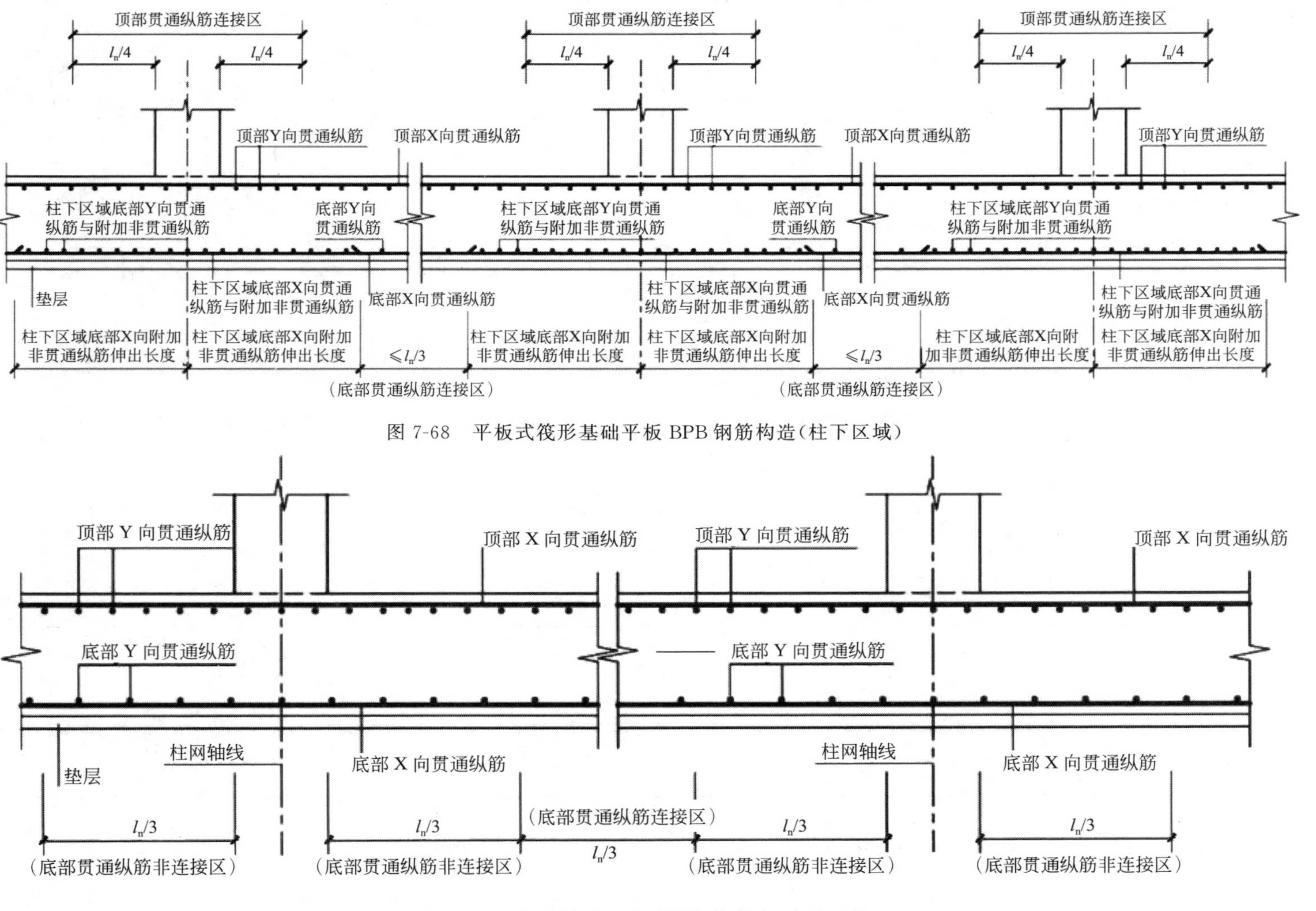

图 7-68 平板式筏形基础平板 BPB 钢筋构造（柱下区域）

图 7-69 平板式筏形基础平板钢筋构造（跨中区域）

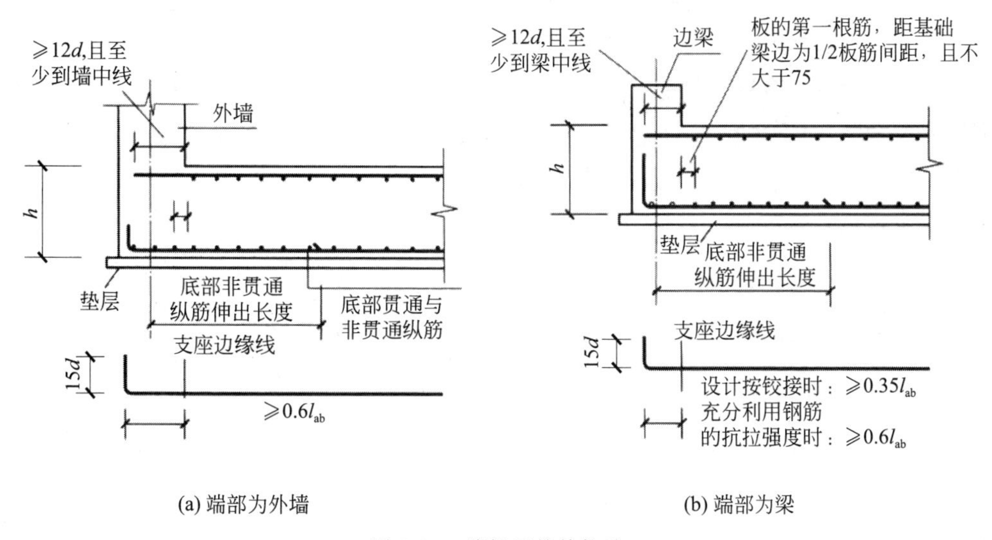

(a) 端部为外墙　　(b) 端部为梁

图 7-70　端部无外伸构造

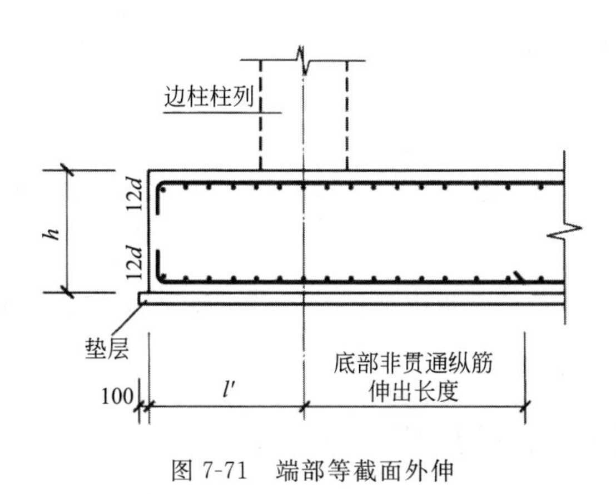

图 7-71　端部等截面外伸

在板外伸构造中，板端部有不封边和封边两种构造做法。封边构造有 U 形筋构造封边方式和纵筋弯钩交错封边方式两种，如图 7-72 所示。不同构造的底部贯通筋的弯折长度算法不同。

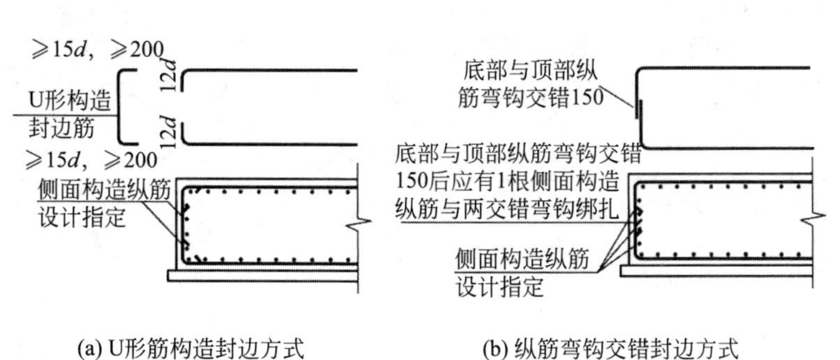

(a) U形筋构造封边方式　　(b) 纵筋弯钩交错封边方式

图 7-72　板边缘侧面封边构造（d 为钢筋直径）

（1）底部钢筋伸至端部弯折 $12d$；另配置 U 形封边筋（该筋直段长度等于板厚减去 2 倍保护层厚度，两端均弯直钩 $15d$，且不小于 200mm）及侧部构造筋。

（2）纵筋弯钩交错封边顶部与底部纵筋交错搭接 150mm，并设置侧部构造筋。底部与顶部纵筋弯钩交错 150mm 后，应有 1 根侧面构造纵筋与两交错弯钩绑扎。

不同构造的底部贯通筋的弯折长度算法不同。

无封边构造：

弯折长度＝$12d$

中层钢筋网片长度＝筏板长度－2×保护层厚度＋2×$12d$ （7-58）

弯钩交错封边：

弯折长度＝筏板高度/2－保护层厚度＋75mm （7-59）

U 形封边构造：

弯折长度＝$12d$

U 形封边长度＝筏板高度－2×保护层厚度＋2×$15d$ （7-60）

7.4 桩基础施工图识图及钢筋算量

图集 22G101-3 中的桩基础是指由灌注桩以及桩基承台构成的部分，在平法中是分开表达的。

7.4.1 灌注桩平法施工图识图

灌注桩平法施工图是在灌注桩平面布置图上采用列表注写方式或平面注写方式进行表达。灌注桩平面布置图可采用适当比例单独绘制，并标注其定位尺寸。

1. 灌注桩列表注写方式

列表注写方式是在灌注桩平面布置图上分别标注定位尺寸。在桩表中须注写桩编号、桩尺寸、纵筋、螺旋箍筋、桩顶标高、单桩竖向承载力特征值。灌注桩表见表 7-10。

表 7-10 灌注桩表

桩号	桩径 D×桩长 L/(mm×m)	通长等截面配筋全部纵筋	箍 筋	桩顶标高/m	单桩竖向承载力特征值/kN
GZH1	800×16.700	10 ⏀18	L ⏀8@100/200	－3.400	2400

桩表注写内容规定如下。

（1）注写桩编号。桩编号由类型和序号组成，应符合表 7-11 的规定。

表 7-11　桩编号

类　型	代号	序号
灌注桩	GZH	××
扩底灌注桩	GZH_K	××

(2) 注写桩尺寸。桩尺寸注写为桩径 D×桩长 L，当为扩底灌注桩时，还应在括号内注写扩底端尺寸 $D_0/h_b/h_c$，或 $D_0/h_b/h_{c1}/h_{c2}$。其中，D_0 表示扩底端直径，h_b 表示扩底端锅底形矢高，h_c 表示扩底端高度，如图 7-73 所示。

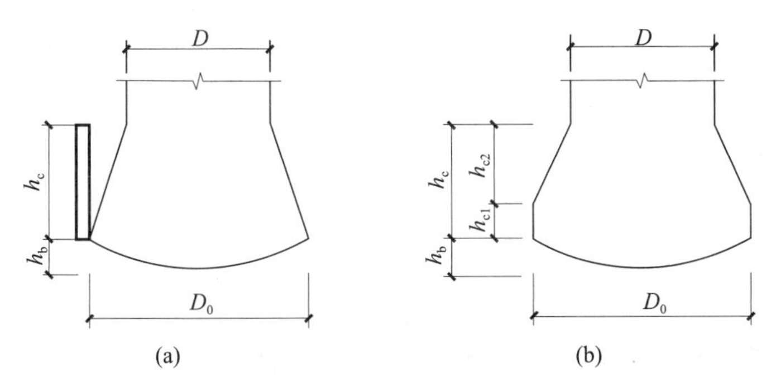

图 7-73　扩底灌注桩扩底端示意

(3) 注写桩纵筋。桩纵筋包括桩周均布的纵筋根数、钢筋强度级别、从桩顶起算的纵筋配置长度。

① 通长等截面配置：注写全部纵筋，如××⏀××。

② 部分长度配筋：注写桩纵筋，如××⏀××/L_1，其中 L_1 表示从桩顶起算的入桩长度。

③ 通长变截面配筋：注写桩纵筋，包括通长纵筋××⏀××和非通长纵筋××⏀××/L_1。通长纵筋与非通长纵筋沿桩周间隔均匀布置。如 15⏀20，15⏀18/6000，分别表示桩通长纵筋为 15⏀20，桩非通长纵筋为 15⏀18，从桩顶起算入桩长度为 6000mm，实际桩上段纵筋为 15⏀20＋15⏀18，通长纵筋与非通长纵筋间隔均匀布置在桩周。

(4) 注写螺旋箍筋。以大写字母 L 打头注写桩螺旋箍筋，包括钢筋强度级别、直径与间距。

① 通常用斜线区分桩顶箍筋加密区与桩身箍筋非加密区长度范围内箍筋的间距。灌注桩箍筋构造加密区长度为桩顶以下 5D(D 为桩身直径)，当与实际工程情况不同时，设计者需在图中注明。

② 当桩身位于液化土层范围内时，箍筋加密区长度应由设计者根据具体工程情况注明，或者箍筋全长加密。如 L⏀8@100/200mm，表示箍筋强度级别为 HRB400 级钢筋，直径为 8mm，加密区间距为 100mm，非加密区间距为 200mm，L 表示螺旋箍筋。

(5) 注写桩顶标高。

(6) 注写单桩竖向承载力特征值。设计时，应注意当考虑箍筋受力作用时，箍筋配置应符合《混凝土结构设计规范》(GB 50010—2010)(2015 年版)的有关规定，并另行注明。如果设计未注明，且当钢筋笼长度超过 4m 时，应每隔 2m 设一道直径为 12mm 的焊接加劲箍；焊接加劲箍也可由设计另行注明。桩顶进入承台高度 h，如桩径 D<800mm 时取 50mm，桩径 D≥800mm 时，取 100mm。

2. 灌注桩平面注写方式

平面注写方式的规则同列表注写方式，就是将表格中的内容集中标注在灌注桩上，如图 7-74 所示。

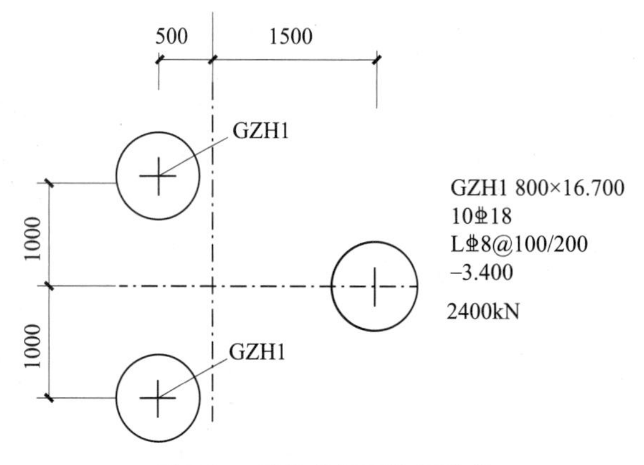

图 7-74 灌注桩平面注写示意

7.4.2 灌注桩配筋构造及钢筋算量

灌注桩根据具体工程设计有三种配筋构造，分别是通长等截面配筋构造、部分长度配筋构造和通长变截面配筋构造。

灌注桩桩顶进入承台高度，桩径 $D<800$mm 时，取 50mm。桩径 $D\geqslant 800$mm 时，取 100mm。若螺旋箍筋加密区范围内设计未标注，则按不小于 $5D$ 范围设置。焊接加劲箍见设计标注，当设计未注明时，加劲箍直径为 12mm，强度等级不低于 HRB400，间距为 2000mm。

桩顶与承台连接构造有三种情况，当承台厚度－保护层厚度$\geqslant \max(l_a,35d)$时，纵筋在承台中可直锚，纵筋伸入承台的锚固长度从桩顶标高算起为 $\max(l_a,35d)$，如图 7-75(a)所示。

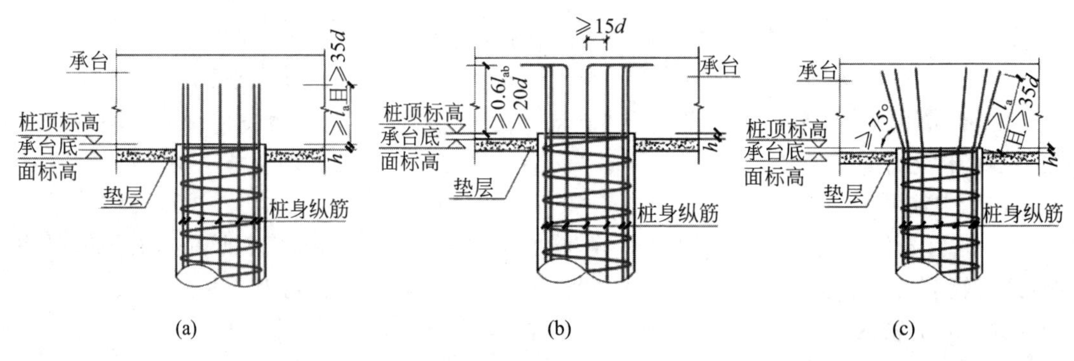

图 7-75 桩顶与承台连接构造

当承台厚度－保护层厚度$<\max(l_a,35d)$时，纵筋伸至承台中顶弯折 $15d$，同时伸入承台的直段长从桩顶算起应满足 $\max(0.6l_{ab},20d)$，如图 7-75(b)所示。

灌注桩纵筋伸入承台与承台底板呈 75°倾角布置，在承台内的直段长不小于 l_a，且不小于 $35d$，如图 7-75(c)所示。

螺旋箍筋在桩顶开始与桩底结束位置应有水平段，水平段长度不小于一圈半，如图 7-76 所示。钢筋在开始与结束位置的搭接长度不应小于 l_1，且不应小于 300mm，并勾住纵筋，如图 7-77 所示。

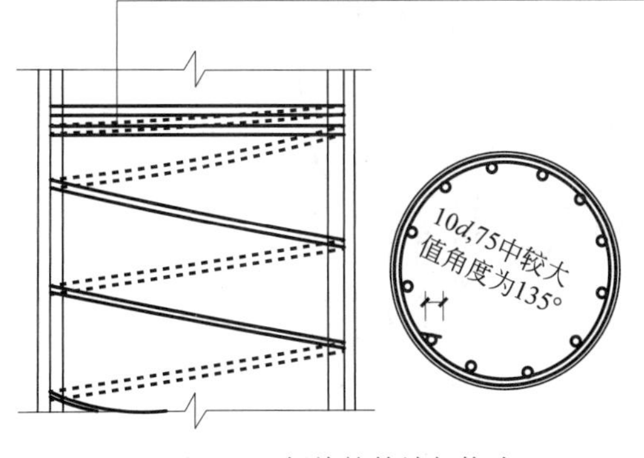

图 7-76　螺旋箍筋端部构造

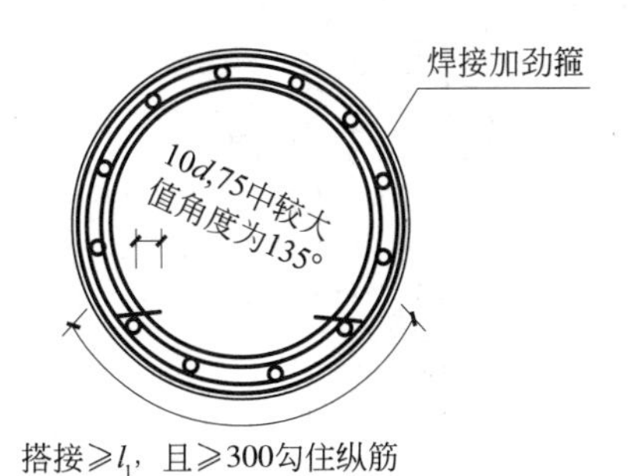

图 7-77　螺旋箍筋搭接构造

1. 灌注桩通长等截面配筋构造

灌注桩通长等截面配筋构造如图 7-78 所示。灌注桩沿桩身全长配置纵筋及螺旋箍筋。

当承台厚度－保护层厚度≥max(l_a,35d)时，

$$\text{纵筋长度}=\text{桩长}L-\text{桩底保护层厚度}+\max(l_a,35d) \tag{7-61}$$

当承台厚度－保护层厚度<max(l_a,35d)时，

$$\text{纵筋长度}=\text{桩长}L-\text{桩底保护层厚度}+\text{承台厚度}-\text{承台保护层厚度}+15d \tag{7-62}$$

纵筋根数由设计标注。

$$\text{螺旋箍筋度}=\frac{L_1}{s_1}\sqrt{[\pi(D-2c)]^2+s_1^2}+\frac{L_2}{s_2}\sqrt{[\pi(D-2c)]^2+s_2^2}+2\pi(D-2c) \tag{7-63}$$

$$\text{焊接加劲箍根数}=(\text{桩长}L-\text{保护层厚度}c-2\times30)/2000+1 \tag{7-64}$$

$$\text{焊接加劲箍长度}=\pi(D-2c-2d_1-2d_2) \tag{7-65}$$

式中：L_1——箍筋加密区深度，mm；

L_2——箍筋非加密区深度，mm；

s_1——箍筋加密区间距，mm；

s_2——箍筋非加密区间距，mm；

D——桩径，mm；

d_1——桩纵筋直径，mm；

d_2——桩箍筋直径，mm。

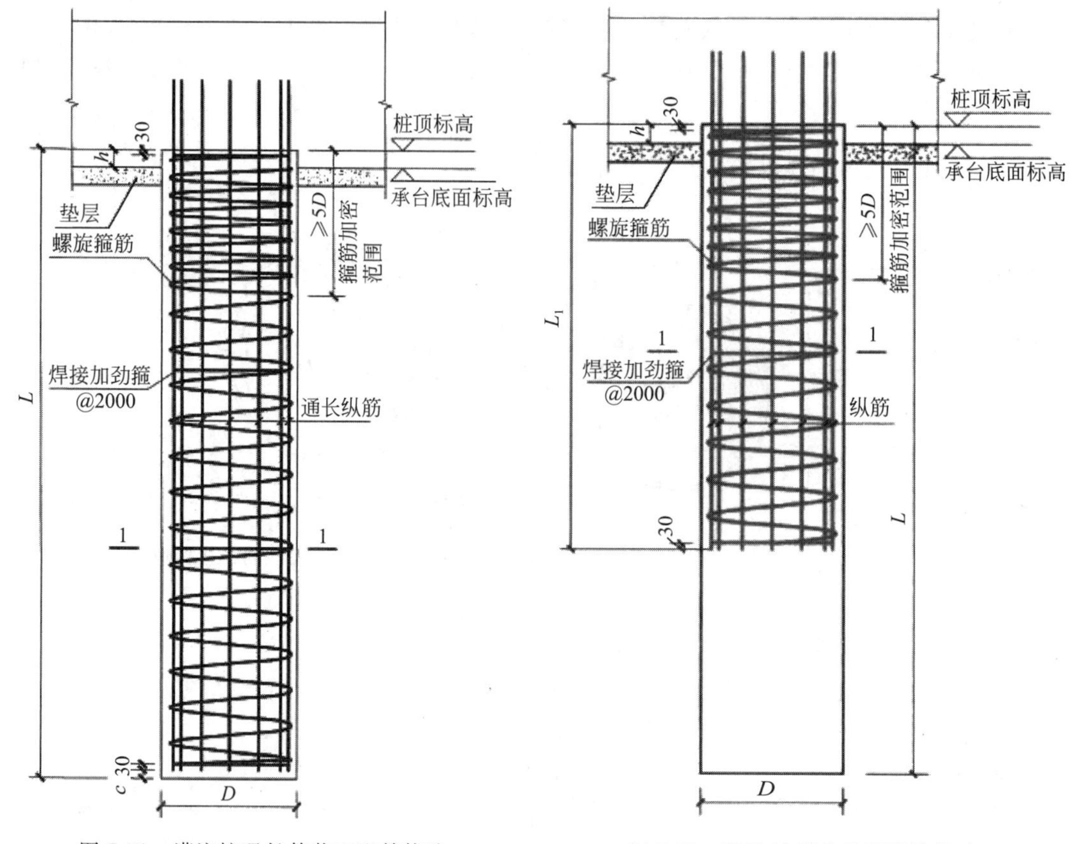

图 7-78　灌注桩通长等截面配筋构造　　　　图 7-79　灌注桩部分长度配筋构造

2. 灌注桩部分长度配筋构造

灌注桩部分长度配筋构造如图 7-79 所示。灌注桩仅在一定桩身长度范围内配置纵筋及螺旋箍筋。

当承台厚度－保护层厚度≥max(l_a,35d)时，

$$非通长纵筋长度=纵筋在桩中的长度L_1+\max(l_a,35d) \tag{7-66}$$

当承台厚度－保护层厚度<max(l_a,35d)时，

$$非通长纵筋长度=非通长纵筋在桩中的长度L_1+承台厚度-承台保护层厚度+15d \tag{7-67}$$

$$焊接加劲箍根数=(非通长纵筋在桩中的长度L_1-2\times30)/2000+1 \tag{7-68}$$

纵筋根数由设计标注。

螺旋箍筋长度、焊接加劲箍长度的计算与通长等截面配筋构造的计算方法相同，只是计算范围仅在桩的配筋范围。

3. 灌注桩通长变截面配筋构造

灌注桩桩身纵筋由通长纵筋和非通长纵筋组成，通长纵筋和非通长纵筋间隔布置，根数由设计确定，如图 7-80 所示。通长纵筋长度按式(7-61)或式(7-62)计算，非通长纵筋长度按

式(7-66)或式(7-67)计算。

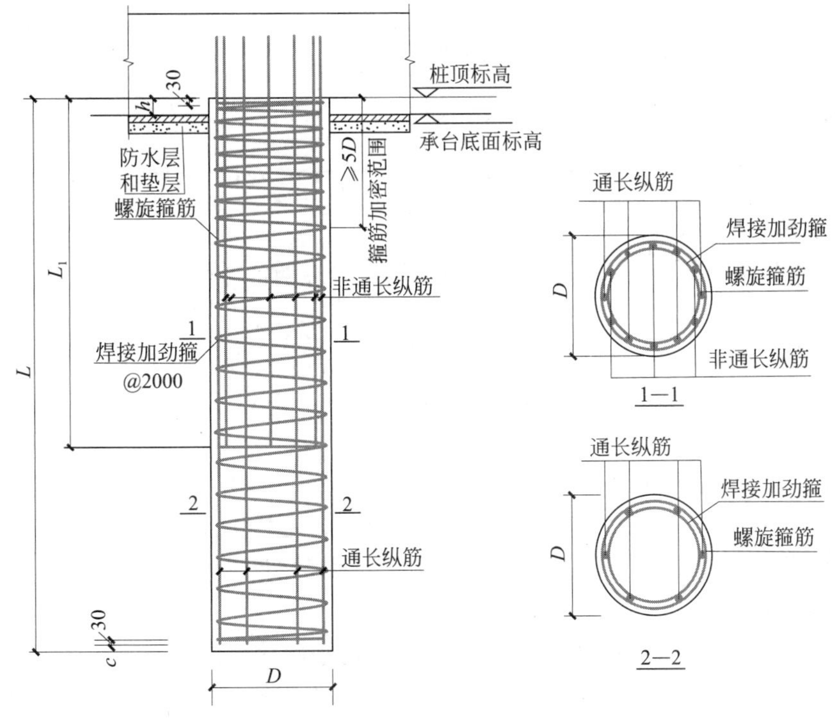

图 7-80 灌注桩通长变截面配筋构造

7.4.3 桩基承台平法施工图识图

桩基承台平法施工图有平面注写和截面注写两种表达方式,设计者可根据具体工程情况选择一种,或将两种方式相结合进行桩基承台施工图设计。

当绘制桩基承台平面布置图时,应将承台下的桩位和承台所支承的柱、墙一起绘制。当设置基础连系梁时,可根据图面的疏密情况一起绘制基础连系梁与基础平面布置图,或单独绘制基础连系梁布置图。

当桩基承台的柱中心线或墙中心线与建筑定位轴线不重合时,应标注其定位尺寸;编号相同的桩基承台可仅选择一个进行标注。

1. 桩基承台编号

桩基承台分为独立承台和承台梁。独立承台按表 7-12 进行编号,承台梁按表 7-13 进行编号。杯口独立承台的代号可为 BCT_j 和 BCT_z,设计注写方式可参照独立杯口基础,施工详图应由设计者提供。

表 7-12 独立承台编号表

类 型	独立承台截面形状	代号	序号	说 明
独立承台	阶形	CT_j	××	单阶截面即为平板式独立承台
	锥形	CT_z	××	

表 7-13　承台梁编号表

类型	代号	序号	跨数及有无外伸
承台梁	CTL	××	(××)端部无外伸 (××A)一端有外伸

2. 独立承台的平面注写方式

独立承台的平面注写方式分为集中标注和原位标注两部分内容。

1) 集中标注

独立承台的集中标注是在承台平面上集中引注，具体包括独立承台编号、截面竖向尺寸、配筋三项必注内容，以及承台板底面标高(与承台底面基准标高不同时)和必要的文字注解两项选注内容。具体规定如下。

(1) 注写独立承台编号参考表 7-12。独立承台的截面形式通常有阶形截面和锥形截面两种，阶形截面在编号加下标“j”，如 CT_j××；锥形截面在编号加下标“z”，如 CT_z××。

(2) 注写独立承台截面竖向尺寸。独立承台截面竖向尺寸注写为 $h_1/h_2/h_3$…，具体标注规定如下。

① 当独立承台为阶形截面时，图 7-81(a)为两阶独立承台，当为多阶时，各阶尺寸自下而上用“/”分隔顺写。图 7-81(b)为单阶独立承台，截面竖向尺寸仅为一个，且为独立承台总高度。

② 当独立承台为锥形截面时，截面竖向尺寸标注为 h_1/h_2，如图 7-81(c)所示。

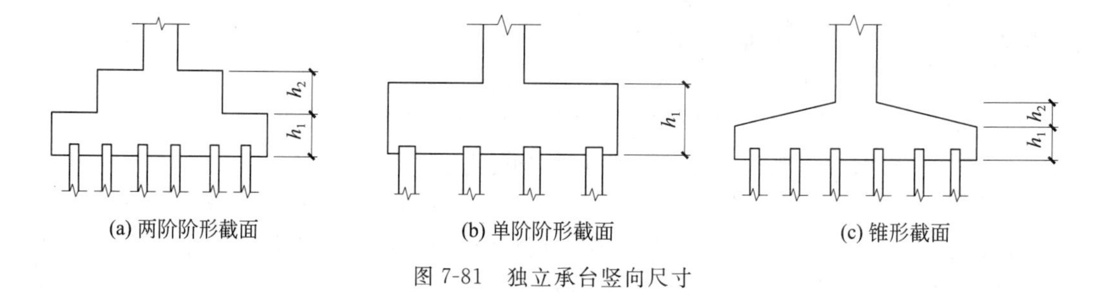

(a) 两阶阶形截面　(b) 单阶阶形截面　(c) 锥形截面

图 7-81　独立承台竖向尺寸

(3) 注写独立承台配筋。底部与顶部双向配筋应分别注写，顶部配筋仅用于双柱或四柱等独立承台。当独立承台顶部无配筋时，则不标注顶部。注写规定如下。

① 以 B 开头注写底部配筋，以 T 开头注写顶部配筋。

② 矩形承台 X 向配筋以 X 开头，Y 向配筋以 Y 开头；当双向配筋相同时，以 X&Y 开头。

③ 当为等边三桩承台时，以“△”开头，注写三角布置的各边受力钢筋(注明根数并在配筋值后注写“×3”)，在后注写分布钢筋，不设分布筋时可不注写。例如△6⌀25@150×3 表示等边三桩承台每边各配置 6 根直径为 25mm 的 HRB400 钢筋，间距为 150mm。

④ 当为等腰三桩承台时，以“△”开头，注写等腰三角形底边的受力钢筋＋两对称斜边的受力钢筋(注明根数并在两对称配筋值后注写“×2”)，在后注写分布钢筋，不设分布筋时可不注写。例如△5⌀22@150＋6⌀22@150×2 表示等腰三桩承台底边配置 5 根直径为 22mm 的 HRB400 钢筋，间距为 150mm；两对称斜边各配置 6 根直径为 22mm 的 HRB400

钢筋，间距为150mm。

⑤ 当为多边形（五边形或六边形）承台或异形独立承台，其采用X向与Y向正交配筋时，注写方式与矩形独立承台相同。

⑥ 两桩承台可按承台梁进行标注。

应注意，设计和施工时，三桩承台的底部受力钢筋应按三向板均匀布置，且最里面的三根钢筋围成的三角形应在柱截面范围内。

（4）注写基础底面标高。当独立承台的底面标高与桩基承台底面基准标高不同时，应将独立承台底面标高注写在括号内。

（5）必要的文字注解。当独立承台的设计有特殊要求时，宜增加必要的文字注解。

2）原位标注

独立承台的原位标注是在桩基承台平面布置图上标注独立承台的平面尺寸，相同编号的独立承台可仅选择一个标注，其他仅标注编号。注写规定如下。

（1）矩形独立承台。原位标注 x、y，x_c、y_c（或圆柱直径 d_c），x_i、y_i，a_i、b_i（$i=1,2,3,\cdots$）。其中，x、y 为矩形独立承台两向边长，x_c、y_c 为柱截面尺寸，x_i、y_i 为阶宽或锥形平面尺寸，a_i、b_i 为桩的中心距及边距（a_i、b_i 根据具体情况可不标注），见图7-82。

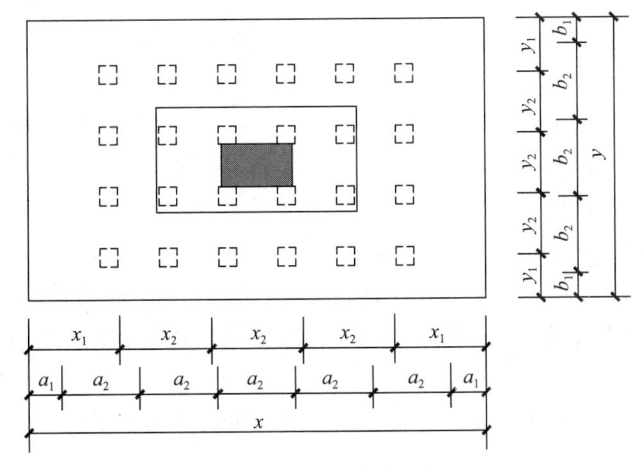

图7-82　矩形独立承台平面原位标注

（2）三桩承台。结合X、Y双向定位，原位标注 x、y 或 x_c、y_c（或圆柱直径 d_c），x_i、y_i（$i=1,2,3,\cdots$），a。其中 x、y 为三桩独立承台平面垂直于底边的高度，x_c、y_c 为柱截面尺寸，x_i、y_i 为承台分尺寸和定位尺寸，a 为桩中心距切角边缘的距离。等边三桩独立承台平面原位标注见图7-83，等腰三桩独立承台平面原位标注见图7-84。

（3）多边形独立承台。结合X、Y双向定位，原位标注 x、y 或 x_c、y_c（或圆柱直径 d_c），x_i、y_i，a_i（$i=1,2,3,\cdots$）。具体设计时，可参照矩形独立承台或三桩独立承台的原位标注规定。

3. 承台梁的平面注写方式

承台梁CTL的平面注写方式分为集中标注和原位标注两部分内容。

1）集中标注

承台梁的集中标注内容包括承台梁编号、截面尺寸、配筋三项必注内容，以及承台梁底面标高（与承台底面基准标高不同时）和必要的文字注解两项选注内容。具体规定如下。

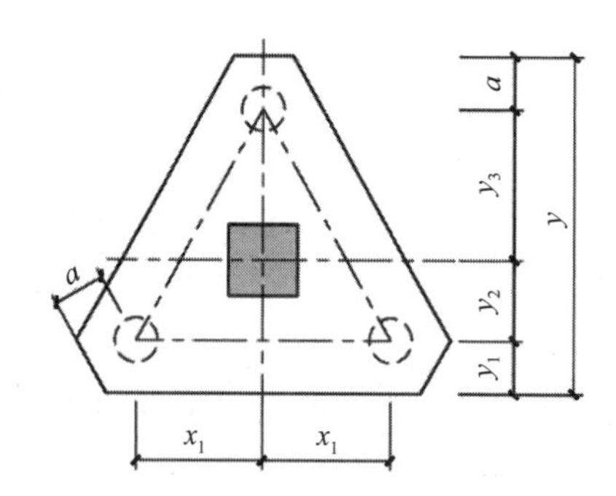

图 7-83　等边三桩独立承台平面原位标注

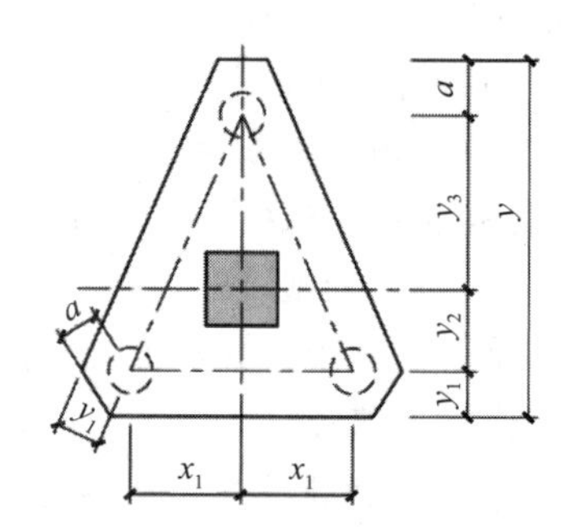

图 7-84　等腰三桩独立承台平面原位标注

(1) 注写承台梁编号。承台梁编号注写参照表 7-13。

(2) 注写承台梁截面尺寸。承台梁截面尺寸注写为 $b\times h$,分别表示承台梁截面宽度与高度。

(3) 注写承台梁配筋。

① 注写承台梁箍筋。当具体设计仅采用一种箍筋间距时,注写钢筋级别、直径、间距与肢数(箍筋肢数写在括号内,下同)。当具体设计采用两种箍筋间距时,用"/"分隔不同箍筋间距。此时,设计应指定其中一种箍筋间距的布置范围。

施工时,应注意在两向承台梁相交位置,应有一向截面较高的承台梁箍筋贯通设置;当双向承台梁等高时,可任选一向承台梁箍筋贯通设置。

② 注写承台梁底部、顶部及侧面纵向配筋。以"B"开头,注写承台梁底部贯通纵筋。以"T"开头,注写承台梁顶部贯通纵筋。例如,B:5⏀25;T:7⏀25,表示承台梁底部配置贯通纵筋 5⏀25,梁顶部配置贯通纵筋 7⏀25。

当梁底部或顶部贯通纵筋多于一排时,用"/"将各排纵筋自上而下分开。以大写字母"G"开头注写承台梁侧面对称设置的纵向构造钢筋的总配筋值(当梁腹板高度不小于450mm 时,根据需要配置)。如 G8⏀14,表示梁每个侧面配置纵向构造钢筋 4⏀14,共配置了 8⏀14。

③ 注写承台梁底面标高。当承台梁底面标高与承台底面基准标高不同时,将承台梁底面标高注写在括号内。

④ 必要的文字注解。当承台梁的设计有特殊要求时,宜增加必要的文字注解。

2) 原位标注

(1) 标注承台梁的附加箍筋或(反扣)吊筋。当需要设置附加箍筋或(反扣)吊筋时,将附加箍筋或(反扣)吊筋直接画在平面图中的承台梁上,原位直接引注总配筋值(附加箍筋的肢数标注在括号内)。当多数梁的附加箍筋或(反扣)吊筋相同时,可在桩基承台平法施工图上统一注明,少数与统一注明值不同时,在原位直接引注。

(2) 注写修正内容。当在承台梁上集中标注中的某项内容(如截面尺寸、箍筋、底部与顶部贯通纵筋或架立筋、梁侧面纵向构造钢筋、梁底标高)不适用于某跨或某外伸部位时,应将其修正内容原位标注在该跨或该外伸部位,施工时,原位标注取值优先。

4. 桩基承台的截面注写方式

桩基承台的截面注写方式可分为截面标注和列表注写(结合截面示意图)两种表达方式。采用截面注写方式,应在桩基平面布置图上对所有桩基承台进行编号,见表 7-12 和

表 7-13。桩基承台的截面注写方式，可参照独立基础及条形基础的截面注写方式，进行设计施工图的表达。

7.4.4　桩基承台配筋构造及钢筋算量

桩基承台分为矩形承台、等边三角形承台、等腰三角形承台和六边形承台。

当桩直径(圆桩)或桩截面边长(方桩)小于 800mm 时，桩顶嵌入承台 50mm；当桩直径(圆桩)或桩截面边长(方桩)不小于 800mm 时，桩顶嵌入承台 100mm。

承台底部配置双向钢筋网，双向钢筋哪个方向在上，哪个方向在下由设计确定。底部钢筋伸至承台边缘向上弯折 $10d$，同时应满足最外侧的一根桩内侧边缘至承台端部的直段长度，方桩不小于 $25d$，圆桩不小于 $25d+0.1D$(D 为圆桩直径)。当伸至端部直段满足方桩不小于 $35d$，圆桩不小于 $35d+0.1D$ 时，可不弯折。

1. 矩形承台 CT_j 和 CJ_z 配筋构造

矩形承台配筋构造如图 7-85 所示。

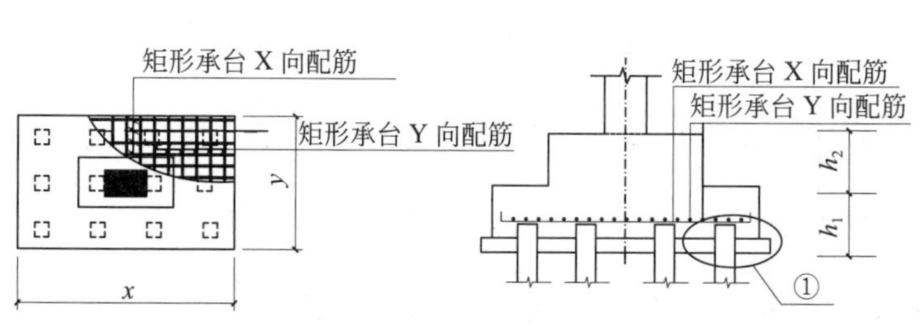

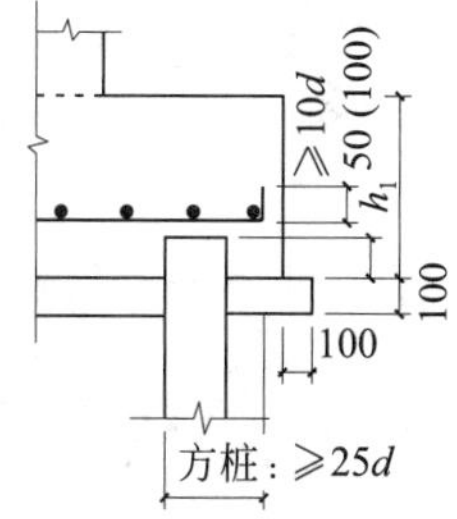

圆桩：≥25d+0.1D，D 为圆桩直径
(当伸至端部直段长度方桩≥35d 或圆桩≥35d+0.1D 时可不弯折)

①

图 7-85　矩形承台配筋构造

$$X(Y)\text{向钢筋长度}=X(Y)\text{向承台边长}-2\times\text{保护层厚度}+2\times 10d \tag{7-69}$$

当底部钢筋伸至端部直段长满足方桩不小于 $35d$，圆桩不小于 $35d+0.1D$ 时：

$$X(Y)\text{向钢筋长度}=X(Y)\text{向承台边长}-2\times\text{保护层厚度} \tag{7-70}$$

$$X\text{向纵向受力钢筋根数}=[Y\text{向承台边长}-2\times\min(s/2,75)]/X\text{向纵筋间距}+1 \tag{7-71}$$

$$Y\text{向纵向受力钢筋根数}=[X\text{向承台边长}-2\times\min(s/2,75)]/Y\text{向纵筋间距}+1 \tag{7-72}$$

2. 等边三桩承台 CT_j 配筋构造

等边三桩承台 CT_j 配筋构造如图 7-86 所示。

等边三桩承台几何尺寸和配筋按具体结构设计和图 7-86 的构造确定。最里面的 3 根钢筋应在柱截面范围内，是否布置分布钢筋由设计确定。

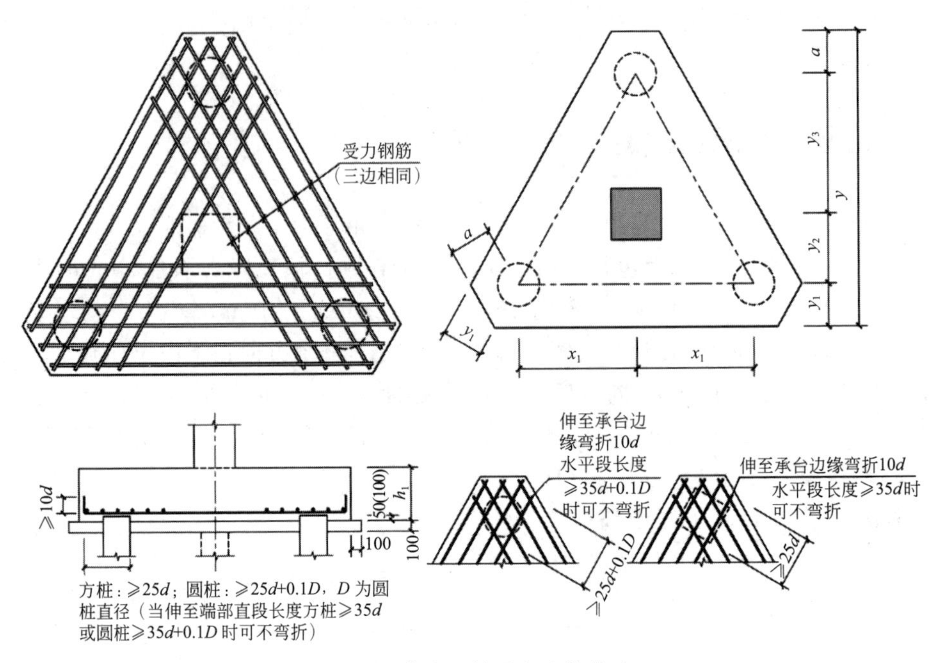

图 7-86　等边三桩承台配筋构造

板底纵向受力钢筋长度＝等边三桩承台几何尺寸－2×保护层厚度＋2×10d　(7-73)

当底部纵向受力钢筋伸至端部直段长满足方桩≥35d，圆桩≥35d＋0.1D 时：

板底纵向受力钢筋长度＝等边三桩承台几何尺寸－2×保护层厚度　(7-74)

3. 等腰三桩承台 CT_j 配筋构造

等腰三桩承台 CT_j 配筋构造如图 7-87 所示。

等腰三桩承台的几何尺寸和配筋按具体结构设计和图 7-87 的构造确定。最里面的 3 根钢筋应在柱截面范围内，是否布置分布钢筋由设计确定。

受力钢筋端部构造、纵筋和分布筋长度计算与等边三桩承台相同。根数由设计确定。

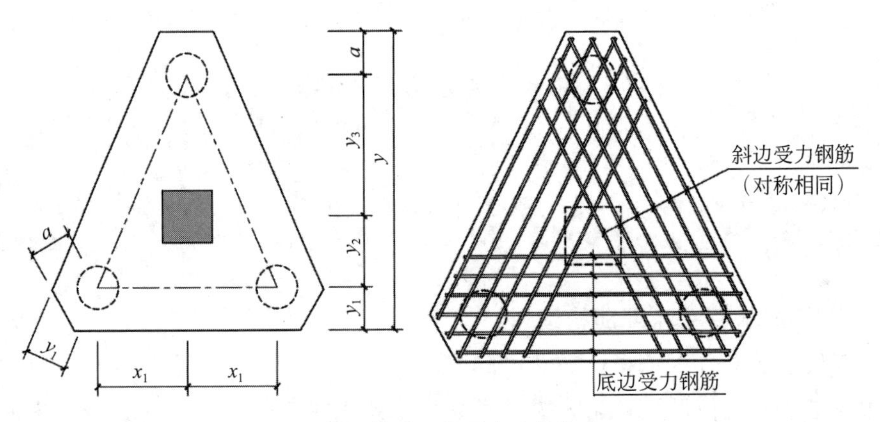

图 7-87　等腰三桩承台配筋构造

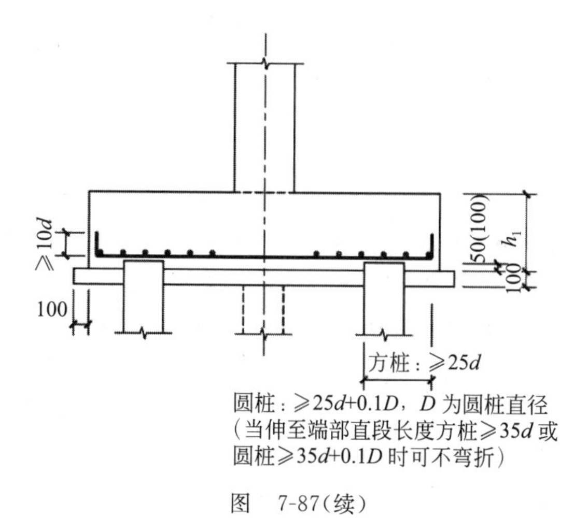

图　7-87（续）

4. 六边形承台 CT_j 配筋构造

六边形承台几何尺寸和配筋按具体结构设计和图 7-88 的构造确定。

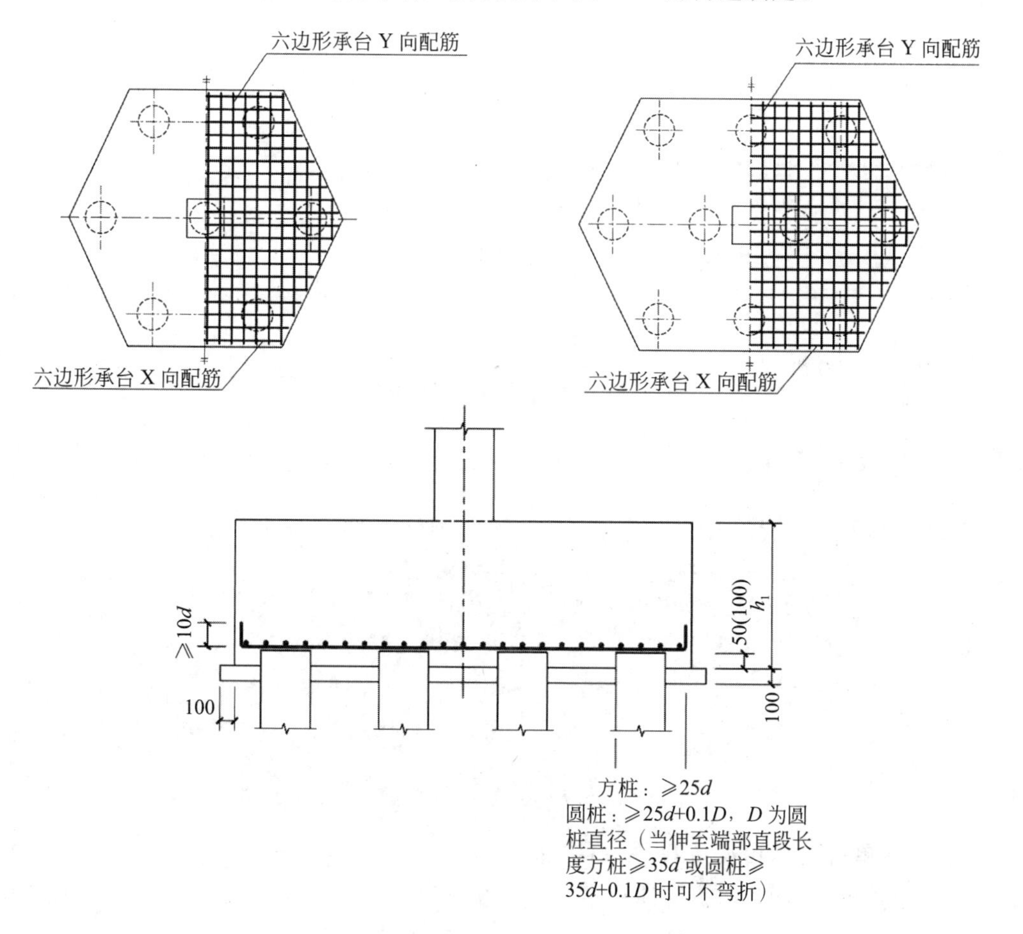

图 7-88　六边形承台配筋构造

X(Y)向钢筋长度=X(Y)向承台边长−2×保护层厚度+2×10d　(7-75)

当底部钢筋伸至端部直段长满足方桩不小于35d，圆桩不小于35d+0.1D时：

X(Y)向钢筋长度=X(Y)向承台边长−2×保护层厚度　(7-76)

X向纵向受力钢筋根数=[Y向承台总边长−2×min(s/2,75)]/X向纵筋间距+1　(7-77)

Y向纵向受力钢筋根数=[X向承台总边长−2×min(s/2,75)]/Y向纵筋间距+1　(7-78)

5. 双柱联合承台底部与顶部配筋构造

双柱联合承台底部与顶部配筋构造如图7-89所示。需设置上层钢筋网片时，由设计指定。

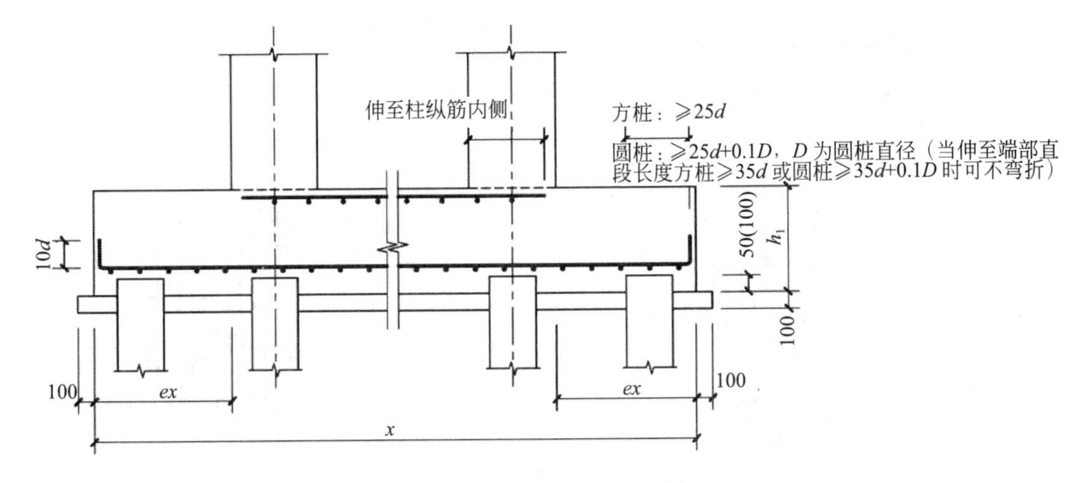

图7-89　双柱联合承台底部配筋构造

X(Y)向钢筋长度=X(Y)向承台边长−2×保护层厚度+2×10d　(7-79)

当底部钢筋伸至端部直段长满足方桩≥35d，圆桩≥35d+0.1D时：

X(Y)向钢筋长度=X(Y)向承台边长−2×保护层厚度　(7-80)

X向纵向受力钢筋根数=[Y向承台总边长−2×min(s/2,75)]/X向纵筋间距+1　(7-81)

Y向纵向受力钢筋根数=[X向承台总边长−2×min(s/2,75)]/Y向纵筋间距+1　(7-82)

6. 墙下单排桩承台梁CTL配筋构造

墙下单排桩承台梁CTL配筋构造如图7-90所示。其中，拉筋直径为8mm，间距为箍筋间距的2倍。当设有多排拉筋时，上、下两排拉筋在竖向宜错开设置。

承台梁上部纵筋长度=下部纵筋长度=梁全长−2×保护层厚度+2×10d　(7-83)

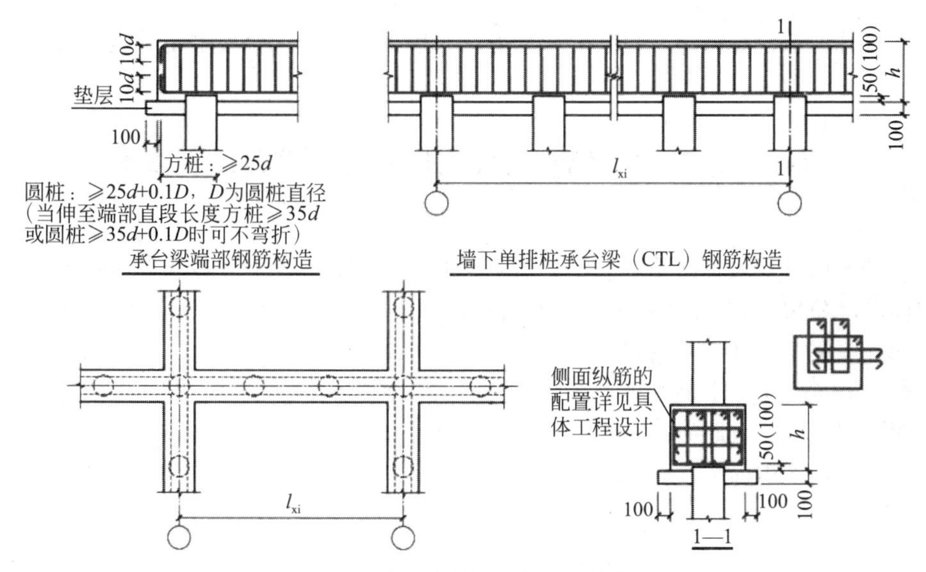

图 7-90　墙下单排桩承台梁配筋构造

当梁下部纵筋伸至端部直段长满足方桩不小于 35d，圆桩不小于 35d＋0.1D 时：

承台梁上部纵筋长度＝下部纵筋长度＝梁全长－2×保护层厚度＋2×10d　　(7-84)

侧面纵筋长度＝梁全长－2×保护层厚度　　(7-85)

上部纵筋根数、下部纵筋根数、侧面纵筋根数见设计详图。箍筋、拉筋单根长按 KL 的箍筋、拉筋计算方法计算。箍筋按设计标注的间距沿梁全长布置。

7. 墙下双排桩承台梁 CTL 配筋构造

墙下双排桩承台梁 CTL 配筋构造如图 7-91 所示。其中，拉筋直径为 8mm，间距为箍筋间距的 2 倍，当设有多排拉筋时，上、下两排拉筋竖向错开设置。

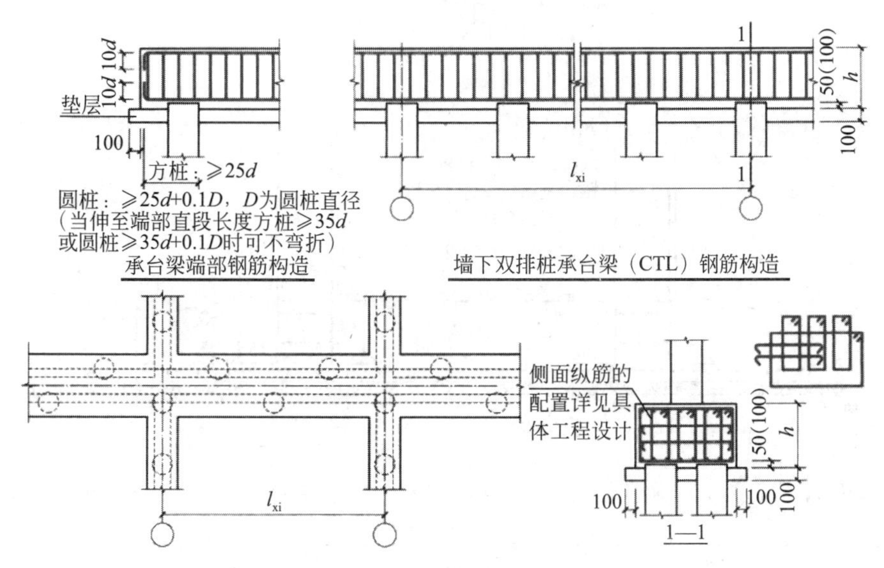

图 7-91　墙下双排桩承台梁配筋构造

墙下双排桩承台梁钢筋工程量的计算方法与墙下单排桩承台梁钢筋工程量的计算方法相同。

7.5 独立基础施工图识图及钢筋算量实例

本节将通过对普通独立基础的平法施工图的识读，巩固、理解并最终可以熟练运用独立基础的标准配筋构造；通过计算独立基础内各种钢筋的长度，达到正确识读独立基础平法施工图并能计算钢筋长度的目的。

结合第 9 章案例 1 中的基础布置图(结施—01)、基础详图(结施—02)和基础配筋表及设计说明(结施—03)，选择双柱独立基础 JC12，如图 7-92 和图 7-93 所示，进行独立基础平法施工图的识读和钢筋长度的计算。

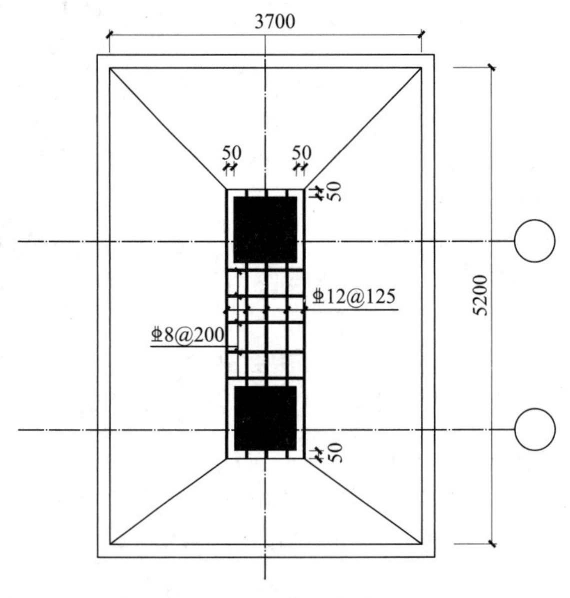

图 7-92 JC12 基础平面图

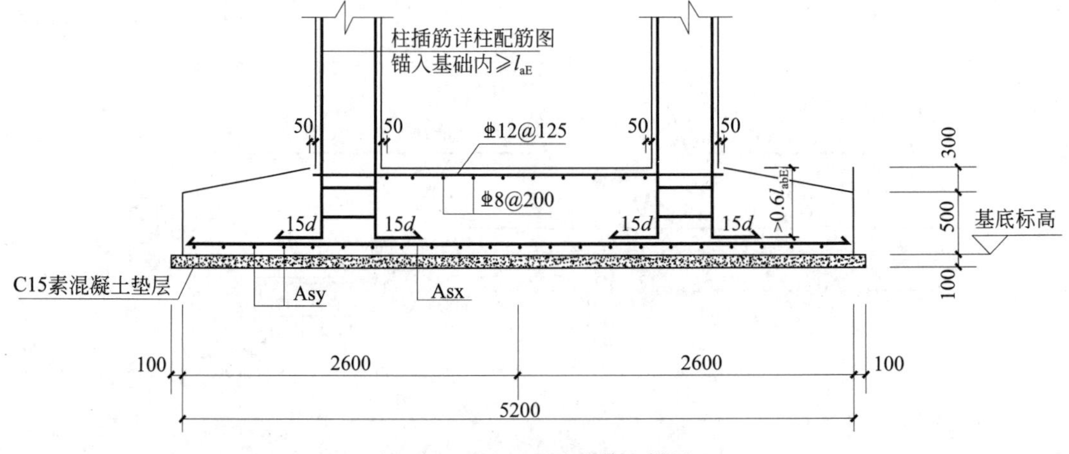

图 7-93 JC12 基础配筋大样图

7.5.1　识读独立基础 JC12 平法施工图

从设计总说明和结施图中可以得出以下工程信息：JC12 为双柱锥形基础，基础底面尺寸为 3700mm×5200mm，基础竖向尺寸为 500/300，基础底板总厚度为 800mm，C15 素混凝土垫层厚度为 100mm。基础采用 C30 混凝土，保护层厚度为 50mm。JC12 底板的上部配筋 Asx 为ⲫ12@100，即 X 向钢筋为直径 12mm 的 HRB400 钢筋，间距为 100mm；Asy 为ⲫ16@100，即 Y 向钢筋为直径 16mm 的 HRB400 钢筋，间距为 100mm。基础顶面在双柱之间设置 X 向ⲫ8@200，Y 向ⲫ12@125 的钢筋。其余信息见结施图。试识读 JC12 平法施工图，计算基础各种钢筋的长度及根数，并汇总成钢筋材料明细表。

7.5.2　计算独立基础 JC12 钢筋长度及根数

从结施—01 中可以看出，JC12 基础底面 X 向边长为 3700mm，以③轴对称布置，每边 1850mm>1250mm。结合结施—02 柱平面布置图、结施—03 柱表中 KZ7 和 KZ8 的平面尺寸，可知 KZ7 外边缘距基础底板边缘为 950－300＝650(mm)<1250mm，KZ8 外边缘距基础底板边缘为 1850－100＝1750(mm)>1250mm。因此，JC12 基础底面有三边大于 1250mm，所以这三边计算底部钢筋时按减短选 10%的构造要求；若有一边小于 1250mm，则用一般构造。基础钢筋的保护层取 50mm。

1. 计算 JC12 底部 X 向钢筋

X 向钢筋(①号筋)不减短长度＝3700－2×50＝3600(mm)

基础最外侧第一根钢筋的起步尺寸＝min(75，*s*/2)＝min(75，100/2)＝50(mm)

根数＝(5200－50×2)/100＋1＝52(根)

因减短 10%构造为交叉布置，除放置在外边缘的两根钢筋不减短外，其余 50 根长度均减短 10%。

减短构造的钢筋(②号筋)长度＝3600×0.9＝3240(mm)

减短构造的钢筋根数＝52－2＝50(根)

2. 计算 JC12 底部 Y 向钢筋

Y 向钢筋不减短(③号筋)长度＝5200－2×50＝5100(mm)

基础最外侧第一根钢筋的起步尺寸＝min(75，*s*/2)＝min(75，100/2)＝50(mm)

根数＝(3700－50×2)/100＋1＝37(根)

减短构造的钢筋长度＝5100×0.9＝4590(mm)

因 JC12 为双柱基础，底板仅 KZ8 外边缘距基础底板边缘为>1250mm，另一边 KZ7 外边缘距基础底板边缘<1250mm，不满足减短 10%的构造要求，因此减短 10%的钢筋仅一半，且外边缘的两根不能减短。

减短构造的钢筋根数＝(37－1)/2＝18(根)

不减短构造钢筋根数＝37－18＝19(根)

3. 计算 JC12 顶部 X 向钢筋(分布筋)

JC12 顶部 X 向钢筋(⑤号筋)长度＝基础顶面 X 向尺寸－基础保护层厚度×2＝500＋

50×2－50×2＝500(mm)

根数＝A、B轴间距/X向钢筋间距＋1＝2400/200＋1＝13(根)

4. 计算JC12顶部Y向钢筋

JC12顶部Y向钢筋长度应结合结施—02柱平面布置图、结施—03柱表中KZ7和KZ8的平面位置和尺寸进行计算。

JC12顶部Y向钢筋(⑥号筋)长度＝2400＋300＋100＋50×2－50×2＝2800(mm)

根数＝(500＋50×2－50×2)/125＋1＝5(根)

7.5.3 绘制JC12基础钢筋明细表

JC12基础钢筋明细表见表7-14。

表7-14 JC12基础钢筋明细表

编号	钢筋简图/mm	规格/mm	长度/mm	数量/根
1	3600	⌀12	3600	2
2	3240	⌀12	3240	50
3	5100	⌀16	5100	19
4	4590	⌀16	4590	18
5	500	⌀8	500	13
6	2800	⌀12	2800	5

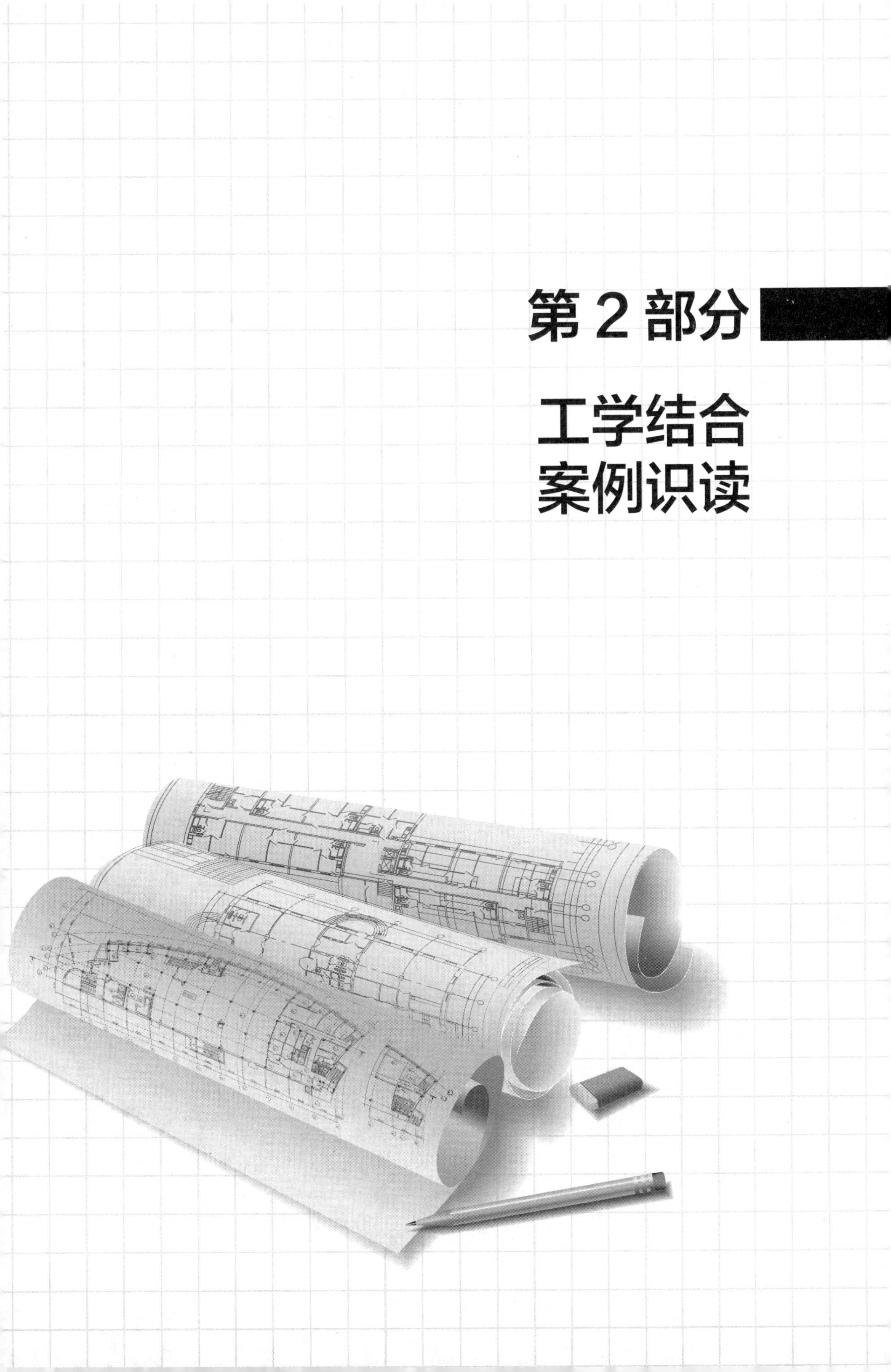

第2部分

工学结合案例识读

第8章 钢筋混凝土结构平法施工图识读方法

8.1 识读结构设计总说明

一套完整的平法结构施工图包括图纸目录、结构设计总说明、基础平面图及详图、梁、板、柱、墙和楼梯平法施工详图及大样图。一般应按以下顺序和方法识读结构施工图。

通过阅读结构设计总说明，了解工程结构类型、建筑抗震等级、设计使用年限，结构设计所采用的规范、规程及所采用的标准图集，地质勘探单位、结构各部分所用材料情况，尤其应注意结构说明中强调的施工注意事项。

8.2 识读基础图

基础图主要由基础说明、基础平面图和基础详图组成。主要反映建筑物相对标高±0.000以下的结构图。基础平面主要表示轴线号、轴线尺寸，基础的形式、大小，基础的外轮廓线与轴线间的定位关系，管沟的形式、大小、平面布置情况，基础预留洞的位置、大小与轴线的位置关系，构造柱、框架柱、剪力墙与轴线的位置关系，基础剖切面位置等。基础详图表示具体工程所采用的基础类型、基础形状和大小及其具体做法。

阅读各部分图纸时，应注意以下问题。

1. 基础平面图

基础平面图是假想用一水平剖切面沿建筑物底层地面(即±0.000)将其剖开，移去剖切面以上的建筑物，基础未回填土前所做的水平投影。识读基础平面图时，首先对照建筑一层平面图核对基础施工时定位的轴线位置、尺寸是否与建筑图相符；核对房屋开间、进深尺寸是否正确；基础平面尺寸有无重叠、碰撞现象；地沟及其他设施、电气施工图所需管沟是否与基础存在重叠、碰撞现象；确认地沟深度与基础深度之间的关系，沟盖板标高与地面标高之间的关系，地沟入口处的做法。其次，注意各种管沟穿越基础的位置，相应基础部位采用的处理做法(如基础局部是否加深、具体处理方法，相应基础洞口处是否加设过梁等构件)；管沟转角等部位加设的构件类型(过梁)、数量。

基础平面图常用比例为1∶100或1∶150。

2. 基础详图

基础详图是假想用一个垂直的剖切面在指定的位置剖切基础所得到的断面图。基础详图一般用较大的比例(1∶20)绘制，能反映出基础的断面形状、尺寸、与轴线的关系、基底标高、材料及其他构造做法等详细情况，也称为基础详图。

基础详图反映的内容如下。

(1) 图名和比例。图名为剖断编号或基础代号及其编号,如1—1或J—2、JC4等;比例如1∶20。

(2) 定位轴线及其编号与对应基础平面图一致。

(3) 基础断面的形状、尺寸、材料以及配筋。

(4) 室内外地面标高及基础底面的标高。

(5) 基础墙的厚度、防潮层的位置和做法。

(6) 基础梁或圈梁的尺寸和配筋。

(7) 垫层的尺寸及做法。

(8) 施工说明等。

对于不同构造的基础,应分别画出其详图。基础详图表达的内容并不相同,根据实际情况可能只有上述内容中的几项。

识读基础详图时,首先应对本工程所采用基础类型的受力特点有基本的了解,各类基础的关键控制位置及需要注意的事项,在此基础上注意发现基础尺寸有无设计不合理的现象。注意基础配筋有无不合理之处。比如独立钢筋混凝土基础底板长向、短向配筋量标注是否有误,其上下关系是否正确。搞清复杂基础中各种受力钢筋间的关系,注意核对基础详图中所标注的尺寸、标高是否正确。与相关专业施工队伍技术人员配合,了解基础图中与专业设计(如涉及水暖、配电管沟、煤气设施等)有关的内容,进一步核对图纸内容,查漏补缺,发现问题。

3. 基础说明

对于基础平面图和详图中无法表达的内容,可增加“基础说明”作为补充。基础说明可以放在基础图中,也可以放在“结构设计总说明”中,其主要内容如下。

(1) 房屋±0.000标高的绝对高程。

(2) 柱下或墙下的基础形式。

(3) 该工程地质勘查单位及勘查报告的名称。

(4) 基础持力层的选择及持力层承载力要求。

(5) 基础及基础构件的构造要求。

(6) 基础选用的材料。

(7) 防潮层的做法。

(8) 设备基础的做法。

(9) 基础验收及检验的要求。

基础说明应根据工程实际情况编制,可能只有上述内容中的几项。为了施工方便,实际工程中常常将同一建筑物的基础平面图、基础详图及基础说明放在同一张图纸上。

通过阅读基础说明,工程技术人员可以了解本工程基础底面放置在什么位置(基础持力层的位置),相应位置地基承载力特征值的大小,基础图中所采用的标准图集,基础部分所用材料情况,基础施工需注意的事项等。

8.3 识读结构详图

1. 识读结构平面图

结构平面布置图是假想沿楼板面将房屋水平剖切所做的楼层的水平投影。因此，该结构平面图中的实线表示楼层平面轮廓，虚线表示楼面下被遮挡的墙、梁等构件的轮廓及其位置。通过查看结构平面图中各种梁、板、柱、剪力墙等构件的代号、编号和定位轴线、定位尺寸，即可了解各种构件的位置和数量。

读图时，需注意以下几个问题。

(1) 首先与建筑平面图(比相应结构层多一层的建筑平面图)相对照，理解结构平面布置图，建立相应楼层的空间概念，理解荷载传递关系和构件受力特点。同时，应注意发现问题。

(2) 现浇结构平面图。由结构平面图可准确判断现浇楼盖的类型、楼板的主要受力部位，现浇板中受力筋的配筋方式及其大小，未标注的分布钢筋是否有文字说明(阅读说明时应予以注意)，现浇板的板厚及标高；墙、柱、梁的类型、位置及其数量；注意房间功能不同处楼板标高有无变化，相应位置梁与板在高度方向上的关系；板块大小差异较大时，板厚有无变化；注意建筑造型部位梁、板的处理方法、尺寸(注意与建筑图核对)。

(3) 预制装配式结构平面图。主要查看各种预制构件的代号、编号和定位轴线、定位尺寸，以了解所用预制构件的类型、位置及其数量；认真阅读图纸中预制构件的配筋图、模板图；进一步查阅图纸中预制构件所用标准图集，查阅标准图集中的相关大样及说明，搞清施工安装注意事项；注意查看、确定所用预埋件的做法、形式、位置、大小及其数量，并予以详细记录。

(4) 板上洞口的位置、尺寸及洞口处理方法。若洞口周边加设钢筋，则需注意洞口周边钢筋间的关系、钢筋的接头方式及接头长度。

2. 识读梁配筋图

(1) 注意梁的类型，各种梁的编号、数量及其标高。

(2) 仔细核对每根梁的立面图与剖面图的配筋关系，准确核对梁中钢筋的型号、数量和位置。

(3) 对于梁配筋图，若采用平面表示法，则需结合相应图集阅读。在阅读时，要注意建立梁配筋情况的空间立体概念，必要时需将梁配筋草图勾画出来，以帮助理解梁的配筋情况。

(4) 注意梁中所配各类钢筋的搭接、锚固要求。注意跨度较大梁支撑部位是否设有梁垫或构造柱，相应支撑部位梁上部钢筋的处理方法。

(5) 若混合结构中设有墙梁，除注意阅读梁的尺寸和配筋外，必须注意墙梁特殊的构造要求及相应的施工注意事项。

3. 识读柱配筋图

(1) 注意柱的类型、编号、数量及其具体定位。

(2) 仔细核对每根柱的立面图与剖面图的配筋关系,以准确核对柱中钢筋的型号、数量、位置。注意柱在高度方向上截面尺寸有无变化,如何变化以及柱截面尺寸变化处钢筋的处理方法。还要了解柱筋在高度方向的连接方式、连接位置、连接部位的加强措施。

(3) 柱配筋图若采用平面表示法,则需结合相应图集阅读,在阅读时,要注意建立柱配筋情况的空间立体概念。必要时,需将柱配筋草图勾画出来,以帮助理解柱配筋图。

4. 识读剪力墙配筋图

(1) 注意剪力墙的编号、数量及其具体位置。

(2) 注意查看剪力墙中一些暗藏的构件,如暗梁、暗柱的位置、大小及其配筋和构造要求。注意剪力墙与构造柱及相邻墙之间的关系以及相应的处理方法。

(3) 注意剪力墙中开设的洞口大小、位置和数量;洞口处理方法(是否有梁、柱)以及洞口四周加筋情况;对照建筑施工图、设备施工图和电气施工图,阅读理解剪力墙中开设洞口的作用和功能。

5. 识读楼梯配筋图

(1) 楼梯结构平面图与楼梯建筑平面图一样,主要表示梯段及休息平台的具体位置、尺寸大小,上下楼梯的方向,梯段及休息平台的标高及踏步尺寸。

(2) 楼梯剖面图应清楚地表达楼梯的结构类型(板式楼梯或梁式楼梯),更明确地表达梯段及休息平台的标高、位置。有时梯段配筋图及休息平台配筋图也一并在剖面图中表达。

(3) 楼梯构件详图具体表达梯段及楼梯梁的配筋情况,需特别注意折板或折梁在折角处的配筋处理。应注意相邻梯段板之间互为支撑时受力筋间的位置关系。

6. 识读结构大样图

(1) 注意与建筑施工图中的墙身大样、节点详图进行对照,核对相应部位结构大样的形状、尺寸、标高是否有误。注意构造柱、圈梁的配筋及构造做法。

(2) 在清楚掌握节点大样受力特点的基础上,了解各种钢筋的形式及其相互关系。若结构平面布置图中有相应抽筋图,则需对照抽筋图来读图;若没有相应的抽筋图,则需在阅读详图时,按自己的理解画出复杂钢筋的抽筋图,在会审图纸时,与设计人员交流、确认正确的配筋方法。

(3) 对于一些造型复杂的部位,在清楚结构处理方法、读懂结构大样图的基础上,应注意思考施工操作的难易程度,若感到施工操作难度大,需从施工操作的角度提出解决方案,与设计人员共同探讨、商量予以变更。

(4) 对于采用金属构架做造型或装饰的情况,应注意阅读金属构架与钢筋混凝土构件连接部位的节点大样,了解两者间的相互关系以及两者衔接需注意的问题,并注意阅读金属构架本身的节点处理方法及其需要注意的问题。

第9章 案例1：某学生宿舍结构施工图识读

本章为云南省××县的一所中学的学生宿舍楼，为钢筋混凝土框架结构，独立基础、地上三层。学生通过本案例的识读，熟悉和掌握钢筋混凝土框架结构中图纸组成、各构件施工图的平法表示方法和各构件配筋构造要求，为钢筋算量提供依据。

9.1 结构施工图图纸目录

表9-1为结构施工图图纸目录。

表9-1 结构施工图图纸目录

序号	图 号	图 纸 名 称
1	结施—01	基础布置图
2	结施—02	基础详图
3	结施—03	基础配筋表、基础设计说明
4	结施—04	柱平面布置图
5	结施—05	柱表
6	结施—06	地梁配筋图
7	结施—07	3.600m标高梁配筋图
8	结施—08	3.600m标高板配筋图
9	结施—09	7.200m标高梁配筋图
10	结施—10	7.200m标高板配筋图
11	结施—11	10.800m标高梁配筋图
12	结施—12	10.800m标高板配筋图
13	结施—13	1#楼梯结构施工图
14	结施—14	2#楼梯结构施工图
15	结施—15	非结构构件与主体结构连接详图
16	结施—16	大样图

9.2 结构设计总说明

1. 结构概况

本工程位于云南省××县，为框架结构的宿舍楼。地上三层，结构计算高度为

11.25m。房屋平面尺寸为35.75m×0.5m。本建筑结构安全等级为一级，地基基础设计等级为丙级。建筑抗震设防类别为乙类，结构重要性系数为1.1。建筑场地类别为Ⅱ类。本建筑抗震设防烈度为7度，设计基本地震加速度值为0.15g，第三组；特征周期为0.45s。用以小震作用下的截面抗震验算和抗震变形验算的水平地震的影响系数为0.12。用以大震作用下结构薄弱层弹塑性变形验算的水平地震影响系数为0.72。

本工程结构设计使用年限为50年。框架抗震等级为二级，抗震构造措施为二级，结构阻尼比为5%。

2. 设计依据

（1）相关政府职能部门就本工程的相关批文。

（2）建筑及其他专业提供的本工程条件图及相应要求。

（3）××县××中学学生宿舍场地岩土工程勘查报告。

（4）主要涉及以下设计规范、规程及图集。

《建筑结构制图标准》(GB/T 50105—2010)

《工程结构可靠性设计统一标准》(GB 50153—2008)

《建筑工程抗震设防分类标准》(GB 50223—2008)

《建筑结构荷载规范》(GB 50009—2012)

《混凝土结构设计规范》(GB 50010—2010)(2015年版)

《建筑抗震设计规范》(GB 50011—2010)(2016年版)

《高层建筑混凝土结构技术规程》(JGJ 3—2010)

《建筑地基基础设计规范》(GB 50007—2011)

《建筑桩基技术规范》(JGJ 94—2008)

《地下工程防水技术规范》(GB 50108—2008)

《混凝土结构施工图平面整体表示方法制图规则和构造详图集》(22G101-1～3)

《冷轧带肋钢筋混凝土结构技术规程》(JGJ 95—2011)

《钢筋焊接及验收规程》(JGJ 18—2012)

《钢筋机械连接技术规程》(JGJ 107—2010)

《建筑基桩检测技术规范》(JGJ 106—2014)

《混凝土结构工程施工质量验收规范》(GB 50204—2015)

《建筑地基基础工程施工质量验收规范》(GB 50202—2013)

《混凝土结构耐久性设计规范》(GB/T 50476—2008)

《蒸压加气混凝土砌块、板材构造》(13J104)

《中国地震动参数区划图》(GB 18306—2015)

（5）主要荷载如下。

基本风压为0.35kN/m^2，基本雪压为0.35kN/m^2，地面粗糙度为B类。

各功能用房的设计活荷载标准值如表9-2所示。

3. 主要结构材料

（1）工程各方所选用的材料、添加剂必须满足国家规范及国标《民用建筑工程室内环境污染控制规范》(GB/T 50325—2010)的有关规定，且所有建筑材料必须有出厂合格证，并应按施工验收规范要求进行取样、试验，达到设计要求后才可使用。

(2) 本工程混凝土结构必须符合下列要求。

① 混凝土材料强度等级见表 9-3。

表 9-2 各功能用房的设计活荷载标准值

单位	宿舍	走廊	消防楼梯	卫生间	上人屋面	不上人屋面
荷载	2.0	3.5	3.5	2.5	2.0	0.5
部位	盥洗室	栏杆顶部的水平荷载		栏杆顶部的竖向荷载		
荷载	2.5	1.0kN/m		1.2kN/m		

表 9-3 混凝土材料强度等级

标 高	柱、梁、板	楼梯	构造柱	圈梁
基础顶标高～屋面	C30	C30	C20	C20

注：当部分构件采用其他混凝土强度等级时，另见相关详图及说明。

② 混凝土结构耐久性的环境类别。本工程建筑物室内混凝土构件正常环境按一类环境考虑；露天混凝土构件、与无侵蚀水以及土壤直接接触的混凝土构件按二类 a 类环境考虑。水灰比、水泥用量、混凝土中氯离子和碱含量应根据环境类别以及使用年限符合相应规范、规定的要求。

③ 混凝土的质量及裂缝控制与施工工艺密切相关，建议由开发商、监理方及施工总承包单位协调原材料供应单位、混凝土生产供应单位、混凝土浇捣单位、材料试验单位等进行专题研究，制订保证混凝土质量及防止混凝土裂缝的切实可行的施工方案。专题研究要点是在保证混凝土设计强度的前提下，如何从施工各个环节采取措施防止混凝土裂缝的出现。所研究的主要内容为混凝土集料的选用(水泥骨料掺合料和外加剂品种性能)、混凝土集料的配比(水泥用量，水灰比的确定和坍落度控制)、混凝土试验和检测(实验室和现场控制)、混凝土生产、运输和泵送质量、时间控制、混凝土现场浇灌、支模、拆模、养护以及后浇带程序方式的控制等。

(3) 钢筋。Φ表示 HPB300，Φ表示 HRB335，Φ表示 HRB400。钢筋的强度标准值应具有不小于 95%的保证率。框架抗震等级为一、二、三级的框架结构和斜撑构件(含梯段)，其纵向受力钢筋采用普通钢筋时，钢筋的抗拉强度实测值与屈服强度实测值的比值不应小于 1.25；钢筋的屈服强度实测值与强度标准值的比值不应大于 1.3；且钢筋在最大拉力下的总伸长率实测值不应小于 9%。

(4) 埋件钢板选用 Q235。

(5) 吊钩和埋件埋脚钢筋采用 HPB300 钢筋，不得对其进行冷加工硬化处理。特殊的埋脚钢筋详见有关施工图中的说明。

(6) 本工程如涉及钢结构或预应力混凝土结构相关的材料，其选用详见相应的施工图说明。

(7) 钢筋与钢筋、钢筋与埋件间连接用焊条，不同连接材料按照《钢筋焊接及验收规程》(JGJ 18—2012)中相关规定选用相应类型的电弧。

整套建筑施工图

(8) 建筑非承重填充墙材料选用为 B06 型蒸压加气混凝土砌块，抗压强度 A3.5，M5 混合砂浆砌筑，厚度以建筑施工图为准，容重 6.5kN/m^3。室外地面以下接触土体的填充墙体为 MU10 砌块，M10 水泥砂浆砌筑；两侧采用 1∶2 防水砂浆各粉刷单位厚。

(9) 建筑立面幕墙或装饰挂件应由专业设计单位负责设计，并由有关部门审查批准后才可安装(建筑设计单位仅作配合)。

4. 上部结构设计及构造要求

(1) 本工程框架梁柱钢筋连接优先采用机械接头，接头间距、钢筋的搭接率、接头范围内箍筋的做法按 22G101 的要求进行。

(2) 钢筋的锚固和搭接长度应根据本工程的抗震等级、所选用的钢筋种类按 22G101-1 的要求执行。框架柱上、下层受力纵筋的搭接和锚固做法详见 22G101-1 的相关要求。

(3) 施工单位需要以强度较高或较低的钢筋替换原设计的构件纵向钢筋时，必须征得设计方的认可。

(4) 未标注钢筋混凝土现浇楼板和梯板分布筋为ϕ6@200。

(5) 混凝土结构构造详图除按标准图集 22G101-1 的要求进行绘制外，根据本工程特点绘制的构造详图见总说明所附详图。填充墙与钢筋混凝土结构构件间的拉结等构造按《蒸压加气混凝土砌块、板材构造》(13J104)的相关要求施工。楼梯间和人流通道的填充墙应采用钢丝网砂浆面层加强，双面设置ϕ4@150 钢筋网片，1∶2.5 水泥砂浆粉刷 25mm 厚，墙内拉结筋沿墙全长贯通。

(6) 屋面板上要砌女儿墙时，先现浇 C20 素混凝土 400mm 高，宽度同女儿墙。现浇女儿墙、挑檐等外露构件的局部伸缩缝间距不宜大于 12m。

(7) 钢筋混凝土保护层厚度按表 9-4 确定。

表 9-4　混凝土的保护层最小厚度　　单位：mm

环境类别		板、墙、壳		梁、柱、杆	
		≤C25	>C25	≤C25	>C25
一		20	15	25	20
二	a	25	20	30	25
	b	30	25	40	35
三	a	35	30	45	40
	b	45	40	55	50
处于地下水影响的环境		基础梁、底板及地下室迎水面墙：50			

注：① 工程中，如采用预制构件用于人防、腐蚀环境时，保护层另按规定执行。

② 板中分布筋的保护层不应小于 10mm；梁、柱箍筋或拉筋保护层不应小于 15mm。

③ 处于二类环境中的悬臂板表面，应另加 10～15mm 厚防水水泥砂浆粉刷保护，或采取相应措施。

④ 选用构件的保护层厚度应同时满足防火要求。

⑤ 保护层厚度不应小于受力主钢筋的公称直径。

⑥ 保护层厚度大于 40mm 时，应在保护层内设置ϕ4@100 钢筋网，以防止混凝土收缩开裂。

(8) 除图中注明的构造柱外，其余按下列条件所给位置设置构造柱（GZ1，200×200，4ϕ12，ϕ6@200，或GZ2，240×120，4ϕ12，ϕ6@200）

楼层间构造柱：内外墙交接处；楼电梯间四角无框架柱处；孤墙垛处；门洞宽大于2.0m的两侧；悬挑梁端部；墙长超过5.0m中分处，注意中分后柱距应小于5.0m；楼梯中间休息平台梁位置（此处构造柱全楼层设置，上端与梁铰接，下端做法详见图9-9梁抬柱加强大样）。

屋顶女儿墙构造柱：框架柱的柱顶位置；女儿墙转角处；主次梁交叉处；悬挑梁端部；两构造柱之间的墙长不超过2.5m。

(9) 圈梁除图中注明者之外其余按下列条件、位置设置圈梁（梁宽同墙宽）。

① 楼梯中间平台下墙顶QL1断面200×250，配筋上2ϕ12，下2ϕ16，ϕ6@200。

② 墙高大于4.0m的中部或门窗洞顶位置断面200×250，配筋4ϕ12，ϕ6@200（兼做过梁时，另详具体设计）。

③ 电梯井道楼层间圈梁设置位置按厂家电梯条件图的位置确定，断面及配筋不小于墙宽×200，4ϕ12，ϕ6@200。

(10) 门窗洞顶无梁者设钢筋混凝土过梁，根据图集G322-1～4荷载级别二级选用。

(11) 框架梁、次梁采用平法制图，详细做法详见图集22G101-1。

(12) 屋面找坡为建筑找坡，找坡材料采用C10陶粒混凝土，最薄处为30mm，容重不大于8.0kN/m^3。

(13) 板筋布置为板下部筋短向在下、长向在上；板上部筋长向在下、短向在上。

① 未注明楼板支座面筋长度标注尺寸界线时，板面筋下方的标注数值为面筋自梁（混凝土墙、柱）边起算的直段长度，见图9-1。

② 楼板内的设备预埋管上方无板面钢筋且超过两根管时，沿预埋管走向设置板面附加钢筋网带，钢筋网带取ϕ6@200×200。最外排预埋管中心至钢丝网带边缘水平距离为150mm，做法见图9-2。

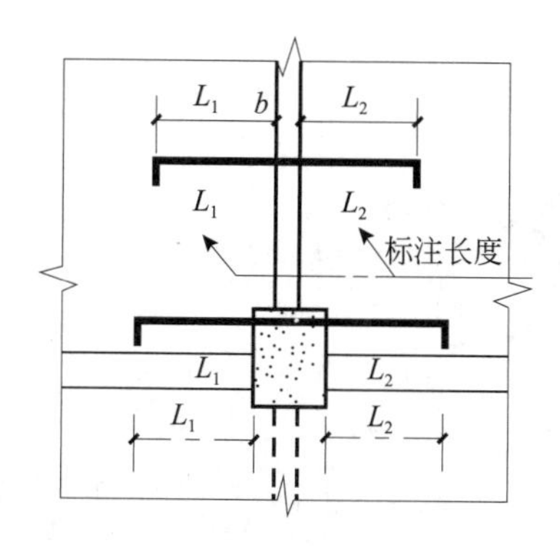

图9-1 板钢筋长度标注示意图

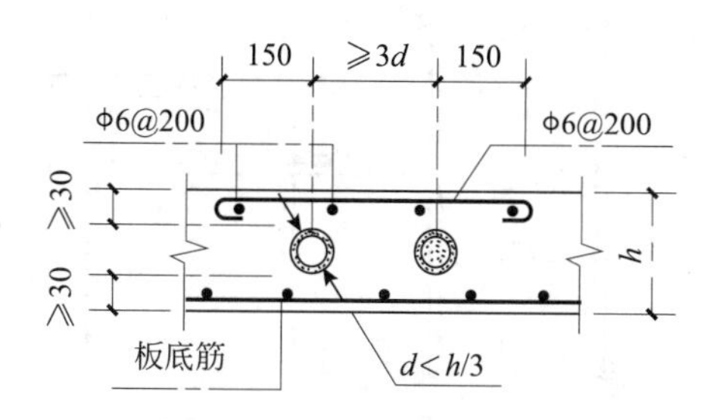

图9-2 预埋管处附加钢筋图

③ 所有屋面板区格上部跨中设置抗裂钢筋网，具体做法详见图9-3。

④ 现浇板放射筋做法要求见图9-4和图9-5。

⑤ 板洞口加强大样图见图9-6。

(14) 等高井字梁纵筋要求短向跨筋布置于长向跨筋之下，井字梁在交接处需双向加密箍筋和吊筋（吊筋按需要配置详梁配筋图）。

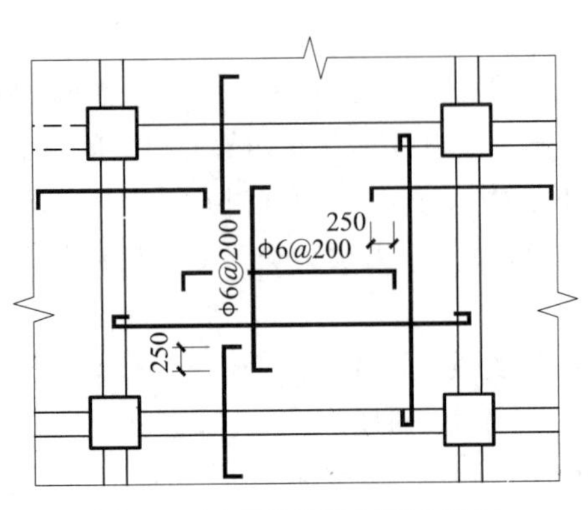

图 9-3　屋面板抗裂钢筋大样图

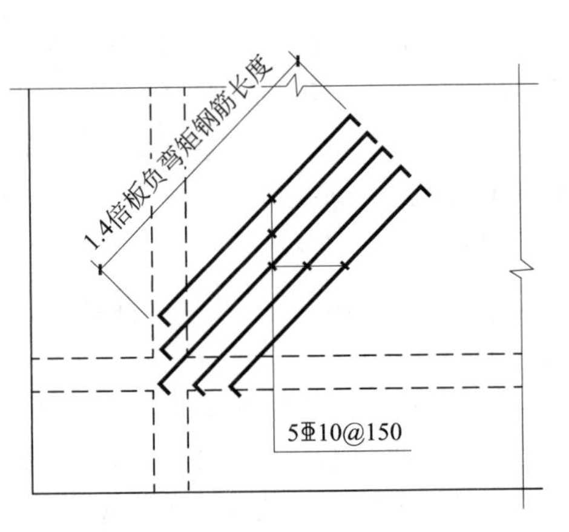

图 9-4　板跨大于 3.9m 时阳角处配筋大样

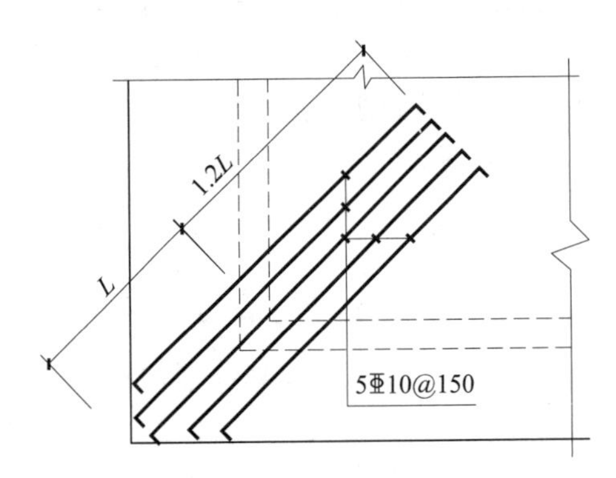

图 9-5　屋面挑檐阳角处放射筋做法大样

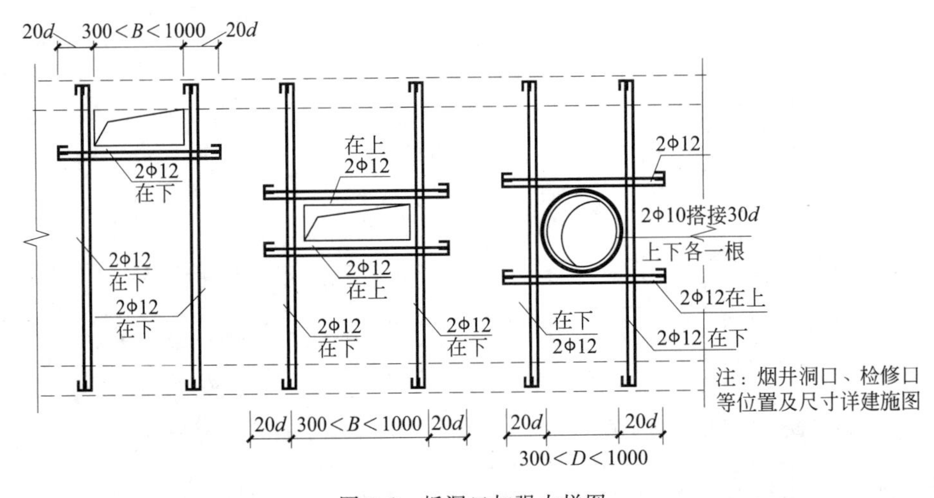

图 9-6　板洞口加强大样图

(15) 板上预留洞口边长或直径 $b\leqslant300$mm 时，板筋不断、绕洞而过。$300\text{mm}<b\leqslant700$mm 时，洞边须设附加钢筋，做法详见图 9-6 板洞口加强大样图。$b>700$mm 时，洞边须设边梁或作翻边处理，具体详见各层板配筋图。

(16) 电梯机房的楼板预留、预埋，应按电梯设备制造厂商提供的土建配合图预留烟囱井道洞口位置，尺寸详见建施图，板洞口加强大样详见图 9-6。

(17) 钢筋混凝土板内不允许成束布置 PVC 线管，线管直径也不得大于 0.3 倍板厚；且当预埋 PVC 管径不小于 30mm 时，线管上部在无结构设计上部受力钢筋范围内，应按图 9-6 布置构造钢筋网片。

(18) 通风管道出屋面的盖板，采用板厚 80mm，双面双向配筋ϕ6@200。

5. 注意事项

(1) 在进行各楼层结构施工前，必须对照建施立面图及单体大样图核对板面、阳台和雨篷标高、门窗洞口尺寸以及梁柱定位尺寸，如与结构图不符，必须与甲方及设计方协商解决后才可施工。

(2) 电梯的井道尺寸须与所选型号要求完全相符之后才可照图施工，否则应通知设计人员进行修改。电梯的预埋件设置详见电梯图。

(3) 分隔墙定位具体详见建施图。

(4) 使用时，楼板荷载不应超过设计活荷载；墙体上悬挂重物不应超过 100kg(以使用的墙体材料厂家资料为准)。附墙部件固定方法详图集 13J104. P48 大样。

(5) 所有外加剂均应符合国家或行业标准一等品及以上的质量要求，外加剂质量及应用技术应符合现行国家标准《混凝土外加剂》(GB 8076)、《混凝土外加剂应用技术规范》(GB 50119)等和有关环境保护的规定。根据限制膨胀率和干缩率通过试验确定膨胀剂掺量。除后浇带外，补偿收缩混凝土(加膨胀剂 SY-G. ZY. UEA 等)水中养护 14 天的限制膨胀率应不小于 1.5×10，水中养护 14 天，空气中养护 28 天的限制干缩率不大于 3.0×10^{-4}。28 天抗压强度不小于 25MPa。

6. 施工要求

(1) 本项目各主要分项工程(如基坑支护、钢构件加工安装等)应由具有相应资质及技术经验的专业单位施工，并根据施工图环境特点、地质情况、设备安装性能等资料及当地有关政府部门规定编制施工组织设计。

(2) 施工单位编制的施工组织设计和质量控制标准应满足现行国家及地方施工验收规范、规程、标准及当地有关政府部门的要求，不得擅自盲目施工和任意修改设计、施工图，如有任何修改，必须征得设计单位的许可。

(3) 如结构设计分析中未考虑冬夏季或雨季施工措施，也未考虑特殊施工荷载，施工单位应在施工保修期间做好结构构件维护、保养工作。对临时的特殊施工荷载，应作支撑及复核工作。

(4) 分项工程验收时，应请开发商、勘查、施工、监理和设计各方参加对复杂地基的验收。勘查部门必须提出确认意见，工程各分部、分项的施工须按国家现行的施工验收规范要求执行。

(5) 结构设计施工图应与相关建筑、设备施工图同时阅图，如有矛盾，应及时提交设计单位复核。

(6) 包括沉降观察记录在内的所有施工资料必须保存完整，以备提交设计单位和有关单位审查。

(7) 其他设计专业图纸要求的预留、预埋，须按各专业图纸执行。严禁结构施工完成后打凿；预埋影响结构构件时，须报设计人员商定。

(8) 对于钢筋混凝土悬挑构件的施工模板，须待混凝土达到龄期强度后才可拆除；在施工过程中，严禁在悬挑部分堆载。

(9) 柱纵筋的连接采用电渣压力焊或机械连接施工时，须保证钢筋的垂直度和焊接质量符合验收规范要求。

(10) 工程的每个分部和分项施工前，须认真核对各专业图纸后再施工，如有矛盾处，应向设计人员报告进行调整后才可实施。

(11) 梁板施工时，应采取措施保证钢筋位置和保护层厚度。

(12) 施工单位必须采取有效措施以保证混凝土质量，尽量减少混凝土自身收缩，降低水化热。

(13) 所有结构构件上的预埋、预留孔位均应事先通知结构设计人员，待复核确定后才可实施。

(14) 基坑开挖后，应通知有关人员验槽。未尽事宜详见基础设计补充说明。

(15) 对于跨度不小于 4m 的现浇钢筋混凝土梁、板，其模板按跨度的 1/1000 高度要求起拱。

7. 做法大样图

除图中注明事项外，做法大样图中的其余做法大样按图 9-7～图 9-9 中的要求执行。

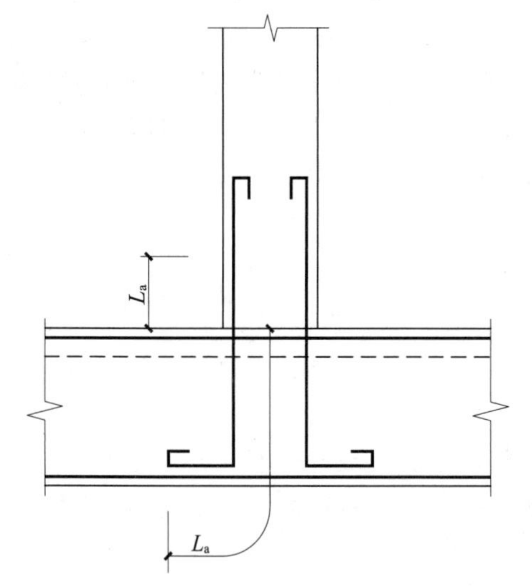

图 9-7 构造柱筋的预埋做法大样图

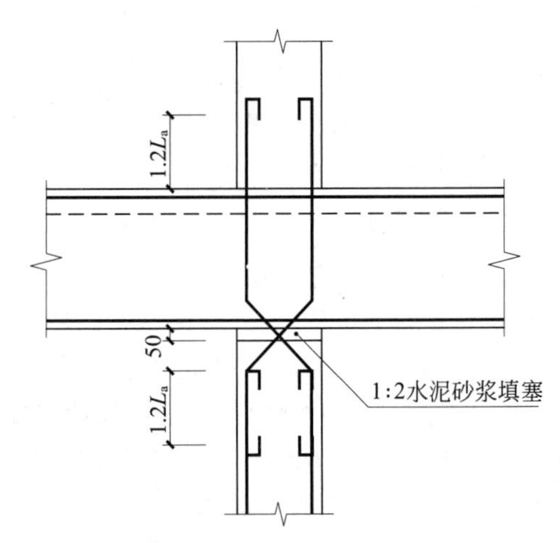

图 9-8 构造柱筋与梁底的连接做法大样图

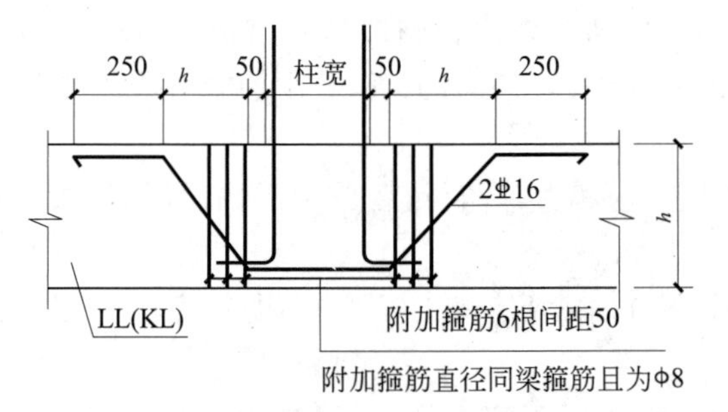

图 9-9 梁抬柱加强大样图

9.3　结构施工图

扫描以下二维码查看结构施工图。

二维码	内容	二维码	内容
	基础布置图(结施—01)		7.200m 标高梁配筋图(结施—09)
	基础详图(结施—02)		7.200m 标高板配筋图(结施—10)
	基础配筋表及设计说明(结施—03)		10.800m 标高梁配筋图(结施—11)
	柱平面布置图(结施—04)		10.800m 标高板配筋图(结施—12)
	柱表(结施—05)		1＃楼梯结构施工图(结施—13)
	地梁配筋图(结施—06)		2＃楼梯结构施工图(结施—14)
	3.600m 标高梁配筋图(结施—07)		非结构构件与主体结构连接详图(结施—15)
	3.600m 标高板配筋图(结施—08)		大样图(结施—16)

根据该工程平法结构施工图进行三维建模，如图 9-10 所示。

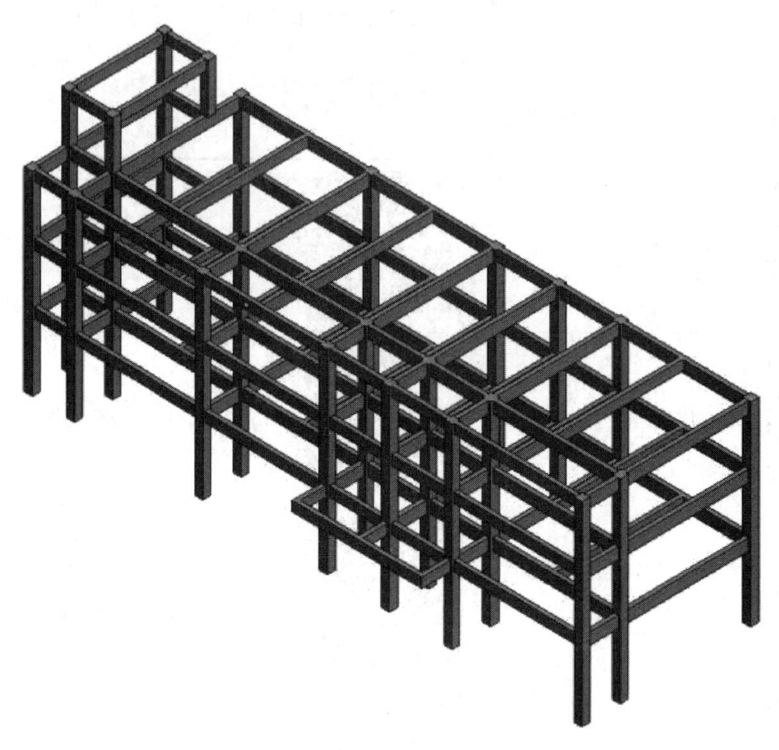

图 9-10　某学生宿舍框架结构三维图

第10章 案例2：某住宅小区22号楼结构施工图识读

本章为云南省昆明市某住宅小区的22号住宅楼，为钢筋混凝土剪力墙结构，桩基础＋筏形基础，地下1层，地上13层。学生通过本案例的识读，熟悉和掌握钢筋混凝土剪力墙结构中的图纸组成、各构件施工图的平法表示方法和各构件配筋构造要求。

10.1 结构施工图图纸目录

表10-1为本章涉及的图纸。

表10-1 结构施工图图纸目录

序号	图纸编号	图纸名称
1	结施—01	桩位布置图
2	结施—02	底板平面布置图
3	结施—03	基础设计说明
4	结施—04	大样图
5	结施—05	标高－4.800～±0.000剪力墙平面布置图
6	结施—06	标高－4.800～±0.000剪力墙柱、墙身表
7	结施—07	标高±0.000～5.400剪力墙平面布置图
8	结施—08	标高±0.000～5.400剪力墙柱、墙身表
9	结施—09	标高5.400～13.500剪力墙平面布置图
10	结施—10	标高5.400～13.500剪力墙柱、墙身表
11	结施—11	标高13.500～46.500剪力墙平面布置图
12	结施—12	标高13.500～46.500剪力墙柱、墙身表
13	结施—13	楼梯详图
14	结施—14	标高±0.000板配筋施工图
15	结施—15	标高5.400板配筋施工图
16	结施—16	标高10.200板配筋施工图
17	结施—17	标高13.500～43.200板配筋施工图
18	结施—18	标高46.500板配筋施工图

续表

序号	图纸编号	图纸名称
19	结施—19	标高 51.000 板配筋及大样图
20	结施—20	标高±0.000 梁配筋施工图
21	结施—21	标高 5.400 梁配筋施工图
22	结施—22	标高 10.200 梁配筋施工图
23	结施—23	标高 13.500～16.800 梁配筋施工图
24	结施—24	标高 20.100～23.400 梁配筋施工图
25	结施—25	标高 26.700～30.000 梁配筋施工图
26	结施—26	标高 33.300～36.600 梁配筋施工图
27	结施—27	标高 39.900～43.200 梁配筋施工图
28	结施—28	标高 46.500 梁配筋施工图

10.2 结构设计总说明

1. 工程概况

本栋建筑地下 1 层，上部结构 13 层，采用钢筋混凝土剪力墙结构。建筑结构的设计使用年限为 50 年；结构安全等级为二级；属丙类建筑；抗震设防烈度为 8 度，设计基本地震加速度值为 0.2g，设计地震分组属于第二组；基础设计等级为乙级。剪力墙抗震等级为二级；有关抗震的结构构造措施应按相应的抗震等级采用标准图集。

基本风压为 0.30kN/m^2，地面粗糙度均为 B 类；基本雪压为 0.30kN/m^2。场地地震效应：根据本工程岩土工程勘查报告，建筑场地类别为Ⅱ类。

设计采用的均布活荷载标准值见表 10-2。

表 10-2 设计均布活荷载标准值(kN/m^2)

部位	场	公寓	阳台	露台	卫生间	楼梯间	上人屋面	不上人屋面	太阳能设备
荷载	3.5	2.0	2.5	3.0	2.5	3.5	2.0	0.5	0.5

对于钢筋混凝土挑檐、雨篷和预制小梁，施工或检修集中荷载(人和小工具的自重)应取 1.0kN。楼梯、看台、阳台和上人屋面等的栏杆顶部水平荷载为 1.0kN/m。

2. 本工程设计遵循的标准、规范、规程

《建筑抗震设计规范》(GB 50011—2010)

《高层建筑混凝土结构技术规程》(JGJ 3—2010)

《建筑结构荷载规范》(GB 50009—2012)

《混凝土结构设计规范》(GB 50010—2010)

《砌体结构设计规范》(GB 50003—2011)

《建筑地基基础设计规范》(GB 50007—2011)

《工程结构可靠性设计统一标准》(GB 50153—2008)

《建筑抗震设防分类标准》(GB 50223—2008)

《建筑地基处理技术规范》(JGJ 79—2012)

《建筑桩基技术规范》(JGJ 94—2008)

3. 地基基础

地基基础详见地下室结构或基础施工图。

(1) 基础施工前,施工单位必须查明建筑物周围地下市政管网设施和相邻建(构)筑物的相关距离。

(2) 本工程应按基础图所注明的位置设置沉降观测点,在施工期间,每施工完一层,进行一次沉降观测;主体封顶后,第一年每季度一次,第二年每半年一次,以后每年一次,直至沉降稳定为止。若发现沉降有异常时,应及时通知设计单位。建筑物沉降观测的具体要求详见《建筑变形测量规程》(JGJ/T 8—2007)中的有关规定。沉降观测应由具有相应资质的单位承担。

4. 主要结构材料

1) 混凝土强度等级(表 10-3)

表 10-3　混凝土强度等级表

标　高	墙、柱	梁、板及楼梯	构造柱及过梁
基础顶标高～10.200	C40	C30	C20
10.200～30.000	C35	C30	C20
30.000～屋面	C30	C30	C20

2) 砖及砂浆

砖及砂浆用于后砌隔墙,具体位置详见建筑图,均采用 200 厚 A3.5 蒸压加气混凝土砌块,密度不大于 700kg/m^3。

3) 钢筋及钢材

(1) 钢筋采用 HPB300 级(A)、HRB400 级(B)、HRB500E 级(C),钢筋的强度标准值应具有不小于 95%的保证率。抗震等级为一、二、三级的框架和斜撑构件(含梯段),其纵向受力钢筋的抗拉强度与屈服强度实测值的比值不应小于 1.25;钢筋的屈服强度实测值与屈服强度标准的比值不应大于 1.3,且钢筋在最大拉力下的总伸长率实测值不应小于 9%。HRB500E 级钢筋搭接及使用要求详见《建筑工程应用 500MPa 热轧带肋钢筋技术规程》(DBJ 53/T—26—2010)。

(2) 当施工中需以强度等级较高的钢筋替代原设计中的纵向受力钢筋时,应按照钢筋受拉承载力设计值相等的原则进行换算,并应满足最小配筋率的要求。

(3) 电梯吊钩采用 HPB300 级钢筋,不得采用冷加工钢筋。

(4) 钢筋直径大于 22mm 时,应采用机械连接。

(5) 焊条:结构钢焊条性能应符合《钢筋焊接及验收规程》(JGJ 18—2012)中有关章节的要求。E43××型用于 HPB300、三号钢焊接;E50××型用于 HRB400 焊接;采用帮条焊或搭接焊时,HRB500 焊接宜采用 E5503 焊条。

4）水泥

根据《云南省散装水泥促进条例》的相关要求，现场应使用散装水泥、预拌混凝土和预拌砂浆。

5. 钢筋混凝土构件统一构造要求

本工程采用图集《混凝土结构施工图平面整体表示方法制图规则和构造详图》（22G101-1）规定的制图规则和标准构造，抗震构造措施详见图集《建筑物抗震构造详图》（11G329-1）。

1）主筋的混凝土保护层厚度

桩、基础梁、屋面构架及阳台部分环境类别为二a类，其余为一类；相应各类环境下构件纵筋混凝土保护层厚度详见22G101-1第2-1页和22G101-3第2-1页的规定。

2）钢筋连接形式及要求

（1）采用绑扎搭接接头，相邻的搭接接头位置应相互错开，从任一接头中心至$1.3l_{lE}$或$1.3l_l$的区域范围内，对梁类、板类及墙类构件，受拉钢筋搭接接头面积百分率不宜大于25%；对柱类构件，不宜大于50%；当工程中确有必要增大受拉钢筋搭接接头面积百分率时，对梁类构件，不应大于50%；对板类、墙类及柱类构件，可根据实际情况放宽。受力钢筋的接头应设置在受力较小处，上部钢筋在跨中附近，下部钢筋在支座处搭接；次梁钢筋搭接长度范围内箍筋间距不应大于100mm。板面同时设置通长筋及支座短筋时，通长筋与支座短筋应间隔均匀布置。

（2）采用机械连接接头，相邻的接头位置应相互错开，从任一接头中心至35d（d为纵向受力钢筋的较大直径）的区域范围内，对纵向受拉钢筋接头。纵向受力钢筋的接头面积百分率不应大于50%；纵向受压钢筋的接头面积百分率可不受限制。

（3）采用焊接接头，相邻的焊接接头位置应相互错开，从任一接头中心至35d（d为纵向受力钢筋的较大直径，且不小于500mm）的区域范围内。对纵向受拉钢筋接头，纵向受力钢筋的焊接接头面积百分率不应大于50%；纵向受压钢筋的接头面积百分率可不受限制。

（4）基础梁、板上部钢筋应在支座处搭接，下部钢筋应在跨中1/3范围内搭接；钢筋搭接接头长度范围内的梁箍筋间距不应大于100mm。

3）纵向受拉钢筋的锚固长度、搭接长度

（1）详见图集《22G101-1》之规定。

（2）受拉钢筋搭接长度不应小于300mm，受压钢筋搭接长度不应小于200mm。

4）现浇钢筋混凝土板

（1）板的钢筋构造详见国标图集22G101-1的相关构造。

（2）双向板的板底短跨钢筋置于下排，板面短跨钢筋置于上排。

（3）当板底与梁底平齐时，板的下部钢筋伸入梁内须弯折后置于梁的下部纵向钢筋之上，做法参见图集22G101-1。

（4）板跨度不小于4m时，跨中按$L/300$起拱；悬挑板板端起拱为$L/150$。其中，L为净跨或挑出净长度。

（5）板上应预留孔洞，留洞钢筋构造见国标图集22G101-1相关构造。

（6）当楼板上轻质隔墙处未设梁时，顺墙方向于板底附加2⌀14加强筋，加强筋长度同该方向的板跨度，加强筋两端应锚入梁支座。

（7）对于外露的现浇钢筋混凝土女儿墙、挂板、栏板、檐口等构件，当其水平直线长度超过 12m 时，应按图 10-1 设置伸缩缝。伸缩缝间距不大于 12m。

(8) 板中预埋管线上无板面筋时，应沿管线方向加设ϕ6@100 网片筋，详见图 10-2。

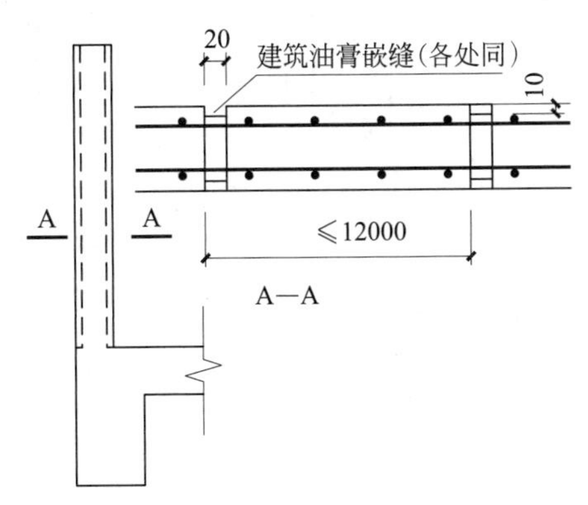

图 10-1　外露的现浇钢筋混凝土构件伸缩缝构造

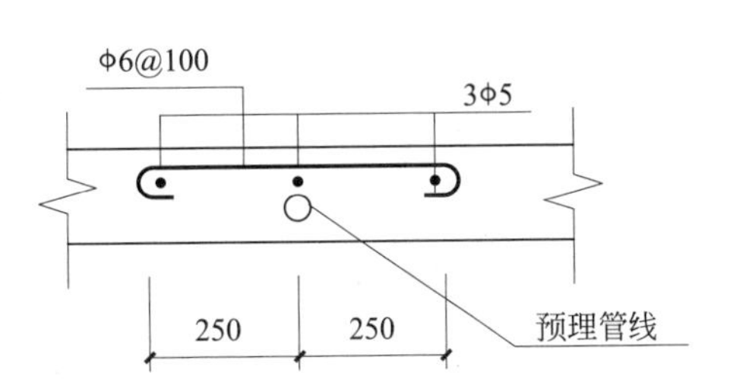

图 10-2　预埋管线处板加强筋大样

(9) 除通风道外，管道竖井中的各层楼板的钢筋应照常设置，待管线施工完毕后再补浇补偿收缩混凝土(掺加适当膨胀剂)。

(10) 楼板几字形马凳筋采用Φ10，间距为 1000×1000，呈花形布置，水平段及脚长均为 300mm。

(11) 电梯吊钩大样见图 10-3。

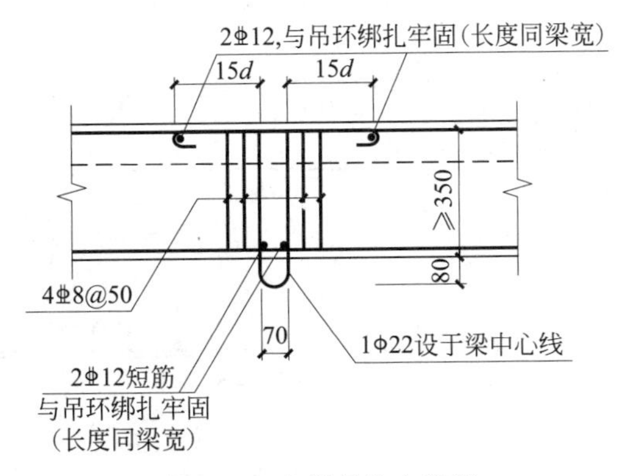

图 10-3　电梯吊钩大样图

5) 楼面主、次梁构造措施

(1) 楼面主、次梁平面外与剪力墙墙肢连接时，梁纵筋应满足锚固要求。

(2) 在主梁内次梁作用处，箍筋应贯通布置，凡未在次梁位置两侧注明箍筋的，均应在次梁两侧各设 3 组箍筋，箍筋肢数、直径同主梁箍筋，间距为 50mm。次梁吊筋在梁配筋图中表示。井字梁交点处应互设附加箍筋，参考主、次梁附加箍筋构造施工。

(3) 施工时，应注意次梁的位置，将次梁筋置于主梁筋之上；当主、次梁同高时，次梁的下部纵向钢筋应置于主梁下部纵向钢筋之上。

(4) 凡水平穿梁洞口，均应预埋钢套管，并设梁孔加强钢筋，在具体设计中未说明做法时，洞的位置应在梁跨中的 1/3 范围内，梁高的中间 1/3 范围内。主、次梁顶不在同一标高时，次梁锚固大样见图 10-4，洞边及洞上下的配筋见图 10-5。

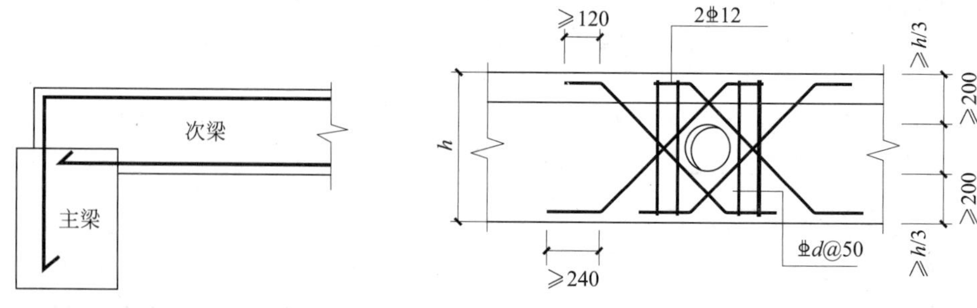

图 10-4　主、次梁顶不在同一标高时次梁锚固大样　　　图 10-5　洞边及洞上下配筋详图

(5) 井字梁双向梁高相同时，短跨梁跨中主筋在下，支座主筋在上。

(6) 梁跨度不小于 4m 时，跨中按 $L/300$ 起拱；悬臂端一律上翘 $150/L$。其中，L 为净跨或挑出净长度。

(7) 除图中注明之外，凡梁腹板高度不小于 450mm 的梁，均应在梁腹板两侧附加腰筋，腰筋的拉筋直径同该跨梁箍筋，间距为该跨梁箍筋的 2 倍。具体构造详见 22G101-1。

(8) 梁筋布置不少于两排时，采用垫铁施工，级别同梁主筋，直径同主筋直径，且不小于 25mm，间距为 800mm。

(9) 悬挑梁构造措施见图 10-6。

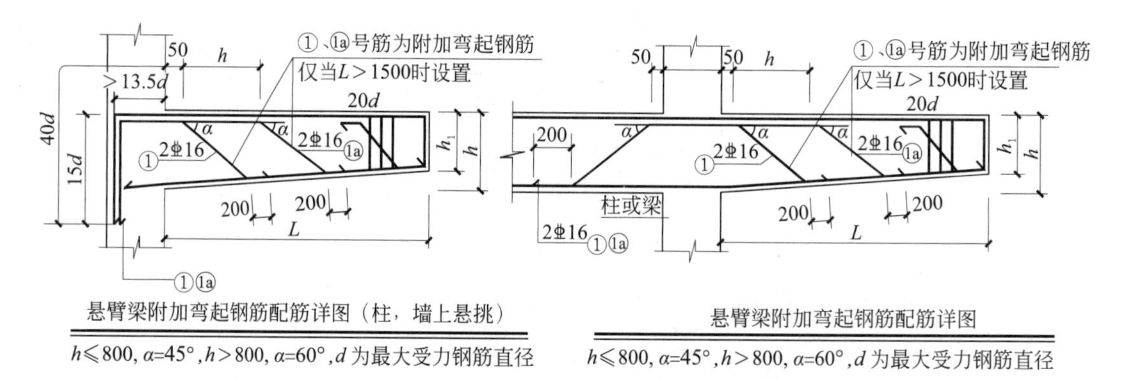

图 10-6　悬臂梁附加弯起钢筋配筋详图

6) 剪力墙及连梁构造措施

(1) 本工程剪力墙底部加强部位为自负一层顶(−4.800m)至 3 层顶(13.500m)。

(2) 剪力墙配筋及构造按 22G101-1 第 2-19 页相应构造施工。

(3) 剪力墙墙端边缘构件主筋连接构造按 22G101-1 第 2-21 页相应构造施工。

(4) 剪力墙墙体分布钢筋连接构造按 22G101-1 第 2-21 页相应构造施工。

(5) 剪力墙连梁配筋构造按 22G101-1 第 22-27～28 页相应构造施工。

(6) 剪力墙上孔洞必须预留，不得后凿。除按结构施工图纸预留孔洞外，还应根据各专业的施工图纸认真核对，确定无遗漏后才能浇筑混凝土。图中未注明洞边加筋者，按下述要求施工：当洞口尺寸不大于 300mm 时，洞边不再设附加筋，墙内钢筋由洞边绕过，不得截断；当洞口尺寸大于 300mm 时，设置洞口附加筋，做法见图 10-7。

当 $300<D,a,b<500$ 时，$d=16$；当 $500<D,a,b<800$ 时，$d=20$。

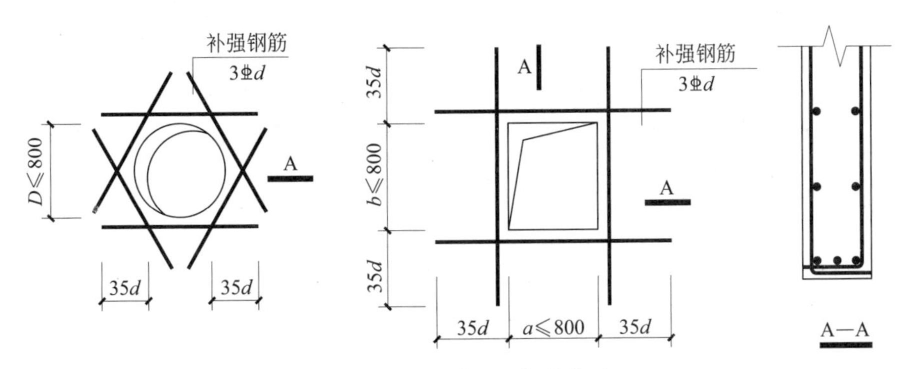

图 10-7　剪力墙洞口加筋构造

(7) 剪力墙洞口暗柱构造详图见图 10-8。

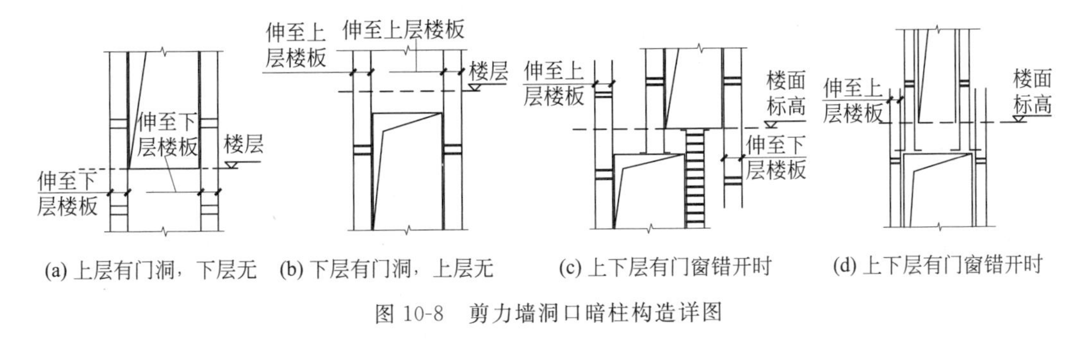

图 10-8　剪力墙洞口暗柱构造详图

(8) 位于屋面层的剪力墙顶部应设置暗梁，暗梁截面为墙宽×400；配筋为 4Φ14/Φ8@200。

6. 后砌填充墙等构件构造措施

(1) 填充墙的材料、平面位置见建筑图，不得随意更改。砌体施工质量控制等级为 B 级。

(2) 后砌填充墙与框架的拉结、墙顶与上层梁板的交接做法、门洞边框做法按图集 22G614-1 第 17～21 页的要求施工。

(3) 圈梁除图中注明者之外，其余按下列条件、位置设置圈梁。

墙高大于 4.0m 的中部或门窗洞顶位置，断面为墙厚×200，配筋 4Φ10，ϕ6@200(兼做过梁时另详具体设计)。

无剪力墙的电梯井在门洞顶设封闭的 QL1：200mm×300mm，4Φ12，ϕ6@200。

(4) 构造柱按以下原则布置：墙交接处；楼电梯间；孤墙垛处；门洞宽大于 2.1m 的两侧；悬挑梁端部；墙长超 5m 的中部；楼梯平台梁梯柱详见结施—13。构造柱的截面、配筋按图集 22G614-1 第 19 页注 5 条和第 20 页注 5 条施工；构造做法按图集 22G614-1 第 16 页的构造柱详图施工。不同位置构造柱配筋详图见图 10-9。

(5) 后砌填充墙中门窗洞过梁选用预制过梁，详见《钢筋混凝土过梁》(G322-1～4)(2013 年合订本)第 18 页，荷载等级选用 1 级；当门窗洞口位于剪力墙边时，应将预制改为现浇，剪力墙上洞口过梁不得与剪力墙同时浇筑，应预埋钢筋(锚入剪力墙体钢筋不得小于钢筋锚固长度)后浇，过梁纵筋锚入长度为 35d。具体做法详见图 10-10。

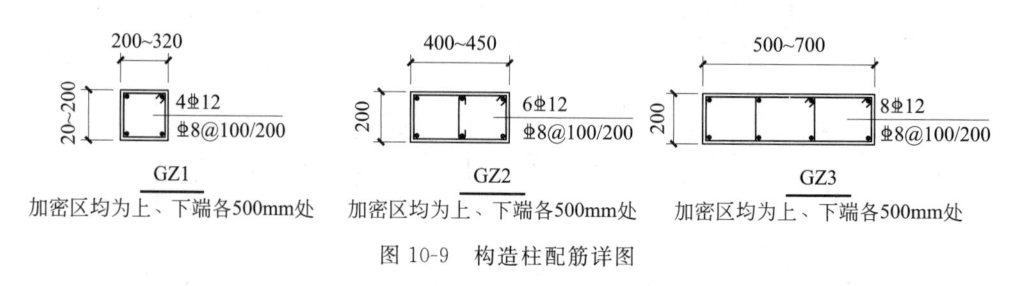

图 10-9 构造柱配筋详图

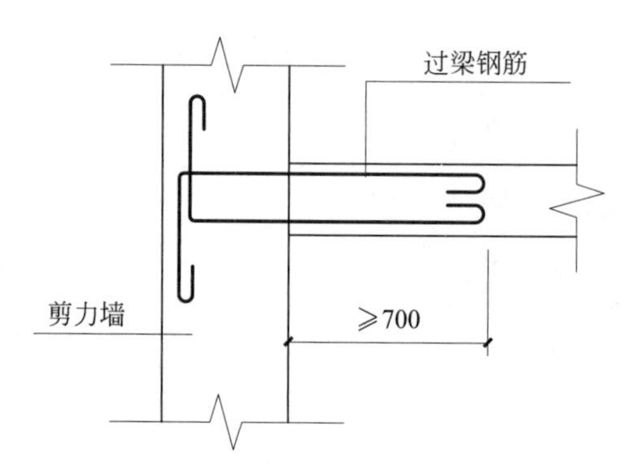

图 10-10 剪力墙上洞口过梁预埋钢筋构造

(6) 楼梯间和人流通道处的填充墙,应采用钢丝网砂浆面层加强。

7. 其他

(1) 本工程图示尺寸以毫米(mm)为单位,标高以米(m)为单位。

(2) 施工时,应严格遵守有关的施工验收规范,确保工程质量。

(3) 钢筋混凝土构件施工中,必须密切配合各专业施工图进行施工,如楼梯栏杆、吊顶、门窗、落水管的孔洞、排气道等;电气管线的预埋、防雷及接地装置的设置,给排水和设备图中的预埋管及预留洞,均应按图纸要求设置预埋件或预留洞。

(4) 若遇冬季期间施工,应采取可靠的冬季施工防护措施,确保施工工程质量。

(5) 若施工中遇到问题,应及时与设计方联系,双方协商解决。

8. 使用注意事项

(1) 本工程未经技术鉴定或设计许可,不得改变结构用途和使用环境。

(2) 不得擅自改变装修材料,并不得超出表 10-1 中所示活荷载使用值。

(3) 应定期检查外露的结构构件及非结构构件,并做必要的维护。

(4) 在使用期间,应经常对建筑物和管道进行维护和检修,并应确保所有防水措施发挥有效作用,防止建筑物和管道的地基浸水湿陷。

10.3 结构施工图

扫描以下二维码,查看结构施工图。

二维码	内容	二维码	内容
	桩位布置图(结施—01)		标高 5.400～13.500 剪力墙柱、墙身表(结施—10)
	底板平面布置图(结施—02)		标高 13.500～46.500 剪力墙平面布置图(结施—11)
	基础设计说明(结施—03)		标高 13.500～46.500 剪力墙柱、墙身表(结施—12)
	大样图(结施—04)		楼梯详图(结施—13)
	标高－4.800～±0.000 剪力墙平面布置图(结施—05)		标高±0.000 板配筋施工图(结施—14)
	标高－4.800～±0.000 剪力墙柱、墙身表(结施—06)		标高 5.400 板配筋施工图(结施—15)
	标高±0.000～5.400 剪力墙平面布置图(结施—07)		标高 10.200 板配筋施工图(结施—16)
	标高±0.000～5.400 剪力墙柱、墙身表(结施—08)		标高 13.500～43.200 板配筋施工图(结施—17)
	标高 5.400～13.500 剪力墙平面布置图(结施—09)		标高 46.500 板配筋施工图(结施—18)

续表

	标高 51.000 板配筋及大样图（结施—19）		标高 20.100～23.400 梁配筋施工图（结施—24）
	标高 0.000 梁配筋施工图（结施—20）		标高 26.700～30.000 梁配筋施工图（结施—25）
	标高 5.400 梁配筋施工图（结施—21）		标高 33.300～36.6000 梁配筋施工图（结施—26）
	标高 10.200 梁配筋施工图（结施—22）		标高 39.900～43.200 梁配筋施工图（结施—27）
	标高 13.500～16.800 梁配筋施工图（结施—23）		标高 46.500 梁配筋施工图（结施—28）

根据该工程结构施工图纸进行建模，如图 10-11 和图 10-12 所示。

图 10-11　22 号楼三维图

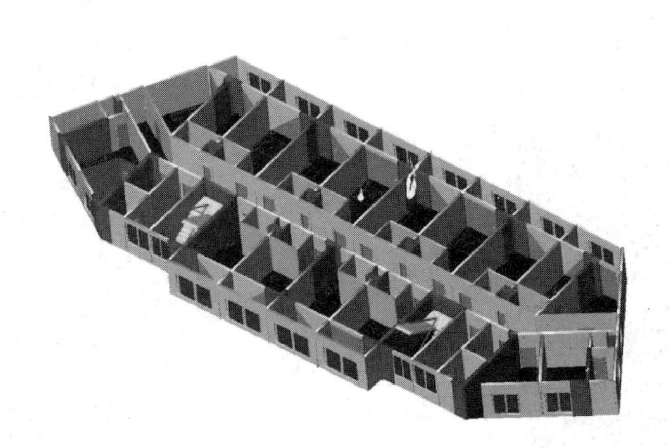

图 10-12　22 号楼一层布置三维图

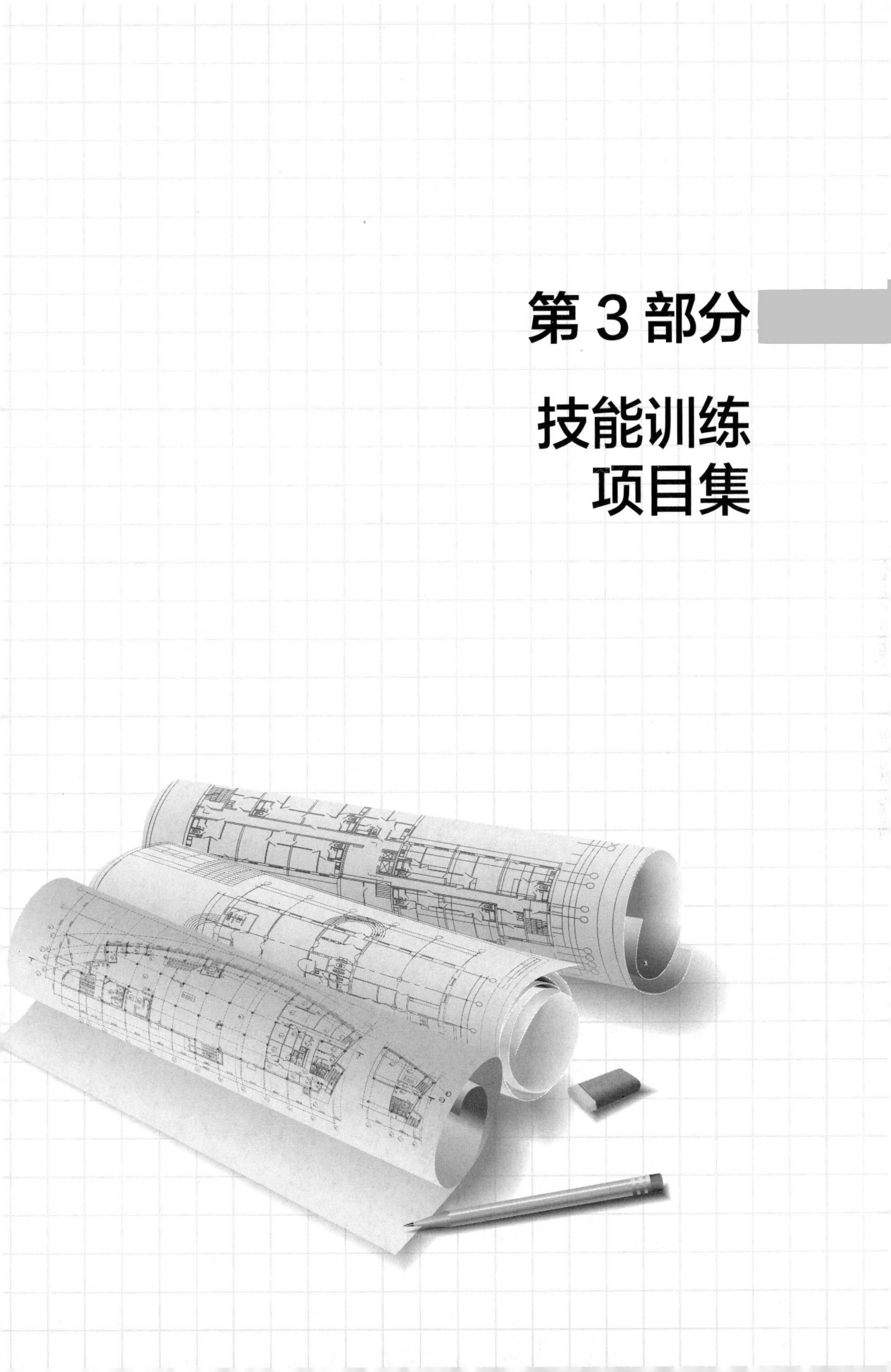

第3部分

技能训练项目集

第11章 平法识图与钢筋算量技能训练项目集

11.1 独立基础平法识图与钢筋算量

1. 训练目标

(1) 能熟练识读独立基础平法施工图。

(2) 能熟练计算独立基础钢筋的长度及根数。

2. 资料

第9章案例1中,基础布置图(结施—01)、基础详图(结施—02)和基础配筋表及设计说明(结施—03)中独立基础JC—5的相关信息。

3. 要求

计算JC5的钢筋预算工程量。

4. 做法提示

(1) 根据结施—01、结施—02和结施—03找出JC—5的平面尺寸、竖向尺寸和配筋信息。

(2) 按照图集22G101-3独立基础的配筋构造要求,计算JC5的钢筋长度和根数,注意底板钢筋减短构造的要求。

(3) 填写JC—5钢筋材料明细表,格式如表11-1所示。所有技能训练项目钢筋材料明细表均以表11-1格式为准,不再单独画出。

表11-1 JC—5钢筋材料明细表

编号	钢筋简图/mm	规格/mm	设计长度/mm	根数/根	总长/m

11.2 梁板式条形基础平法识图与钢筋算量

1. 训练目标

(1) 能熟练识读梁板式条形基础平法施工图。

(2) 能写出梁板式条形基础梁和基础板的钢筋种类。

(3) 能熟练计算梁板式条形基础梁和基础板中各种钢筋的长度及根数。

2. 资料

条形基础
平面布置图

云南滇东地区某学校学生宿舍，地上6层，地下1层，为现浇多层钢筋混凝土框架结构，抗震等级为二级，基础为梁板式条形基础，基础混凝土强度等级为C35，混凝土保护层厚度为40mm。详细信息见右侧二维码和图11-1。

3. 要求

计算条形基础的钢筋工程量。

4. 做法提示

扫描二维码，获取条形基础平面布置图。

(1) 根据图中的资料，识读条形基础的平法施工图，写出集中标注、原位标注的含义。

(2) 按照图集22G101-3的构造要求，画出条形基础梁、板的纵剖面配筋图、基础梁横截面配筋图。

(3) 对条形基础梁、板的所有钢筋逐一进行编号。

(4) 计算条形基础所有钢筋的长度和根数。

(5) 填写条形基础的钢筋材料明细表。

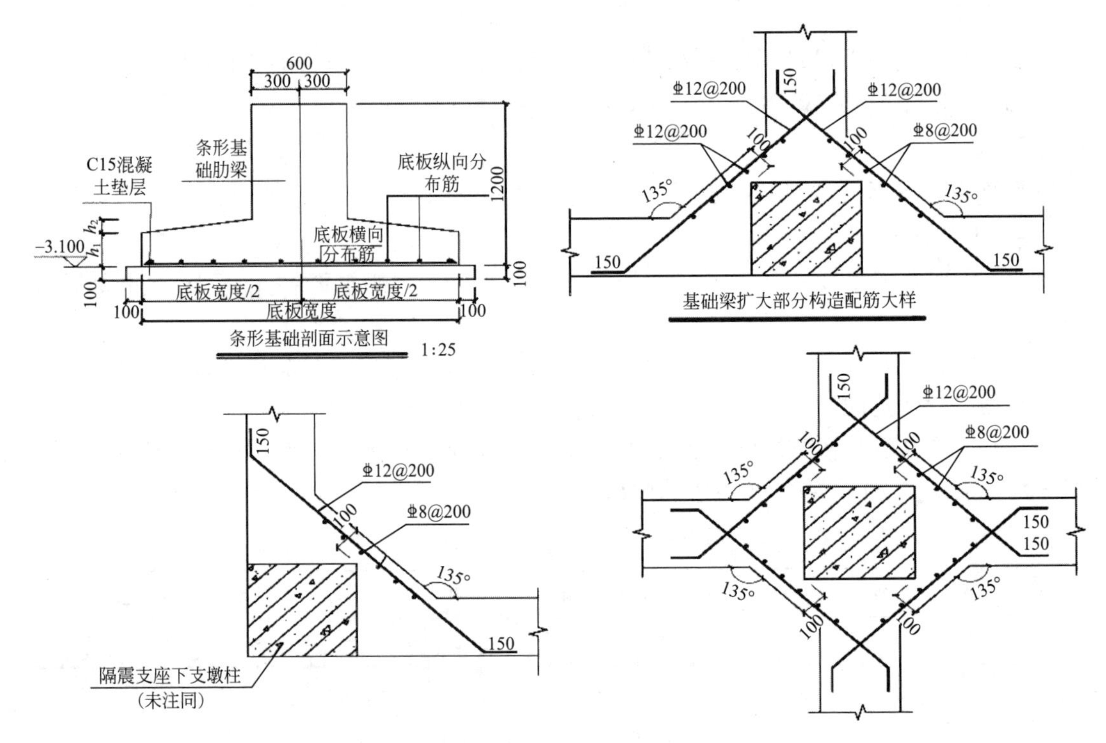

图11-1 条形基础配筋大样图

11.3 板式筏形基础平法识图与钢筋算量

1. 训练目标

(1) 能熟练识读板式筏形基础平法施工图。

(2) 能写出板式筏形基础的钢筋种类。

(3) 能熟练计算板式筏形基础中各种钢筋的长度及根数。

2. 资料

云南滇东地区某学校学生宿舍,地上 7 层,为现浇多层钢筋混凝土框架结构,抗震等级为二级,基础为板式筏形基础,基础混凝土强度等级为 C35,混凝土保护层厚度为 40mm。详细信息见图 11-2。

3. 要求

计算板式筏形基础的钢筋预算工程量。

4. 做法提示

(1) 根据图中的资料,识读筏形基础的平法施工图,写出集中标注、原位标注的含义。

(2) 按照图集 22G101-3 的构造要求,画出板式筏形基础的纵剖面配筋图。

(3) 对筏形基础的所有钢筋逐一进行编号。

(4) 计算筏形基础所有钢筋的长度和根数。

(5) 填写条形基础的钢筋材料明细表。

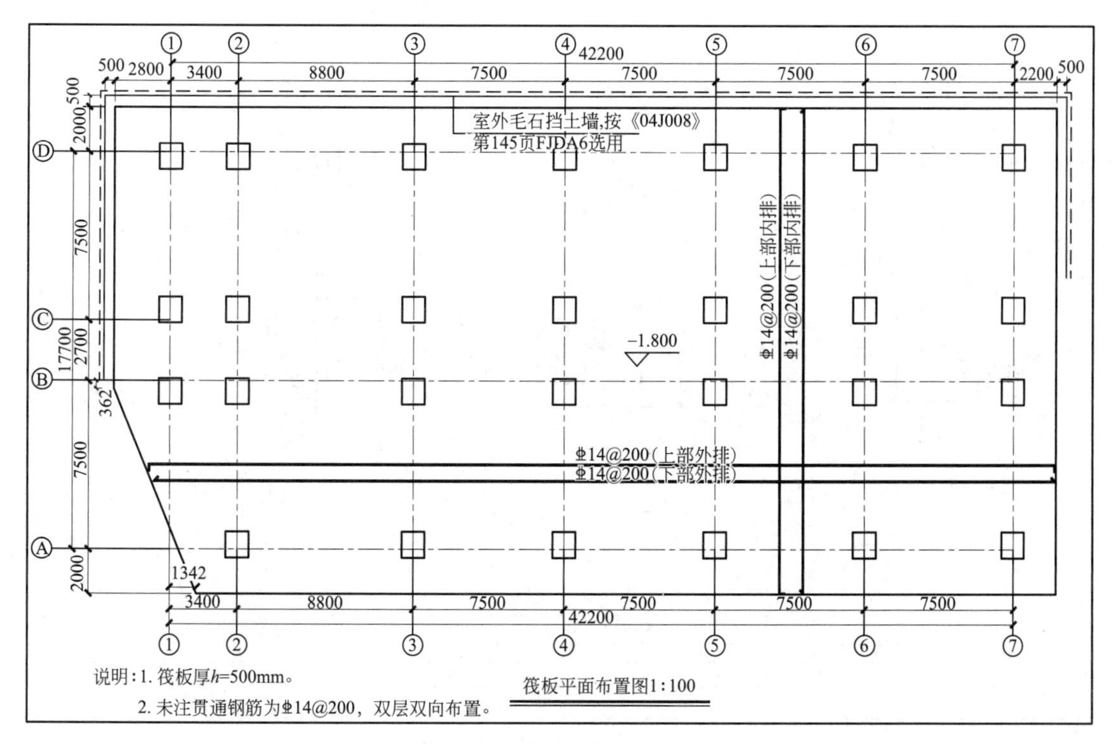

图 11-2　筏板平面布置图

11.4　桩基础平法识图与钢筋算量

1. 训练目标

(1) 能熟练识读承台和灌注桩平法施工图。

(2) 能熟练计算承台和灌注桩钢筋工程量。

2. 资料

云南嵩明县城区某住宅项目,地上4层,地下1层,为现浇多层钢筋混凝土框架结构,抗震等级为一级,基础采用长螺旋钻孔灌注桩,成桩直径为500mm,参考有效桩长为24m,桩长控制为主。基础和桩身混凝土强度等级为C35,混凝土保护层厚度为50mm。选择基础中的四桩位承台CT4,详细信息见图11-3。

3. 要求

计算承台和桩身的钢筋预算工程量。

4. 做法提示

(1) 根据图中承台的尺寸和底部配筋,按照图集22G1010—3中承台的构造要求,计算承台的钢筋长度和根数。

(2) 根据图中灌注桩的尺寸信息和钢筋信息,计算灌注桩的纵筋、螺旋箍筋和加劲箍的钢筋用量。

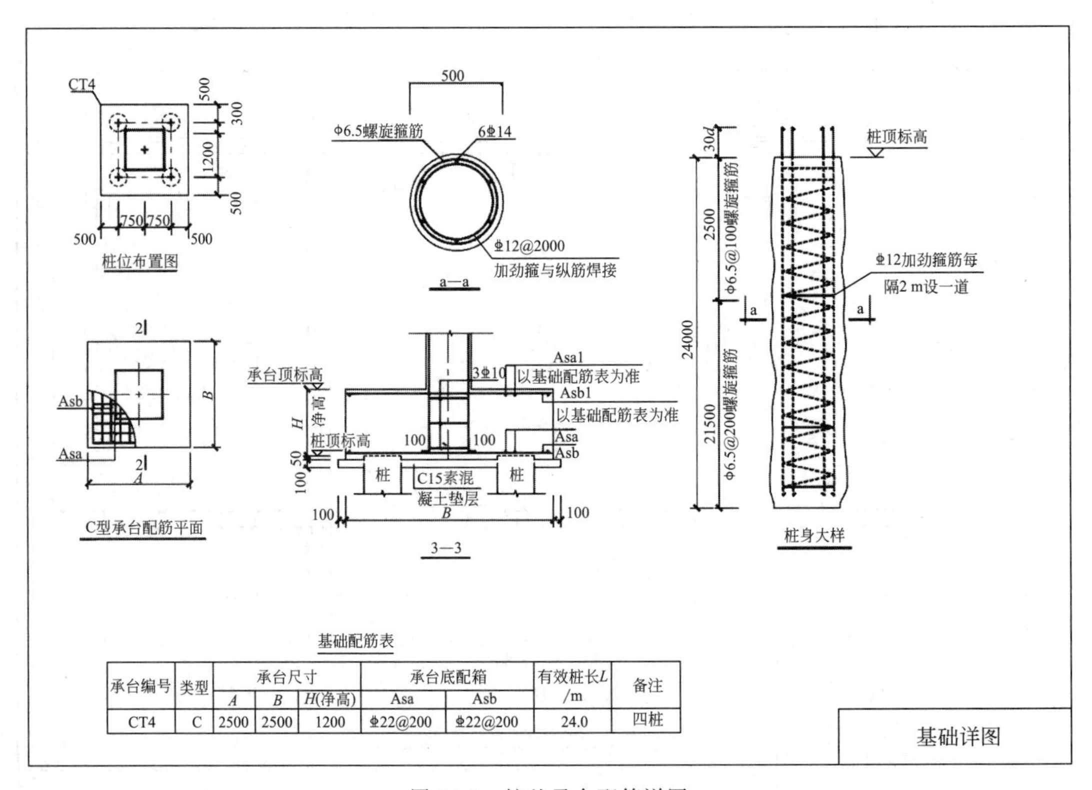

承台编号	类型	承台尺寸			承台底配箱		有效桩长L /m	备注
		A	B	H(净高)	Asa	Asb		
CT4	C	2500	2500	1200	Φ22@200	Φ22@200	24.0	四桩

图 11-3 桩基承台配筋详图

11.5 框架柱平法识图与钢筋算量

1. 训练目标

(1) 能写出框架柱的钢筋种类。

(2) 能熟练识读框架柱用列表法注写方式表达的施工图。

(3) 能熟练计算框架柱内的纵筋和箍筋的长度及根数。

2. 资料

第9章案例1中,柱平面布置图(结施—04)中,KZ14柱。

3. 要求

计算KZ14柱的钢筋预算工程量。

4. 做法提示

(1) 根据第9章柱平面布置图(结施—04)和柱表(结施—05)中的资料,以及KZ14柱的平法施工图,找出KZ14柱的平面尺寸、角筋、中部筋的信息。

(2) 按照图集22G101-1的构造要求,画出KZ14柱的纵剖面图及不同高程的截面配筋图。

(3) 对KZ14柱的所有钢筋逐一进行编号。

(4) 计算KZ14柱所有钢筋的长度和根数。

(5) 填写KZ14柱钢筋材料明细表。

11.6 剪力墙墙身平法识图与钢筋算量

1. 训练目标

(1) 能写出剪力墙墙身的钢筋种类。

(2) 能熟练识读剪力墙墙身的平法施工图。

(3) 能熟练计算剪力墙墙身的水平分布筋、竖向分布筋及拉筋的长度及根数。

2. 资料

第10章案例2中,结施—05～结施—10,选择B轴之间的剪力墙Q1,如图11-4所示,标高范围从基础顶～3层顶(标高－4.800～13.500m)。其余信息见第10章案例2中设计总说明和其他结施图。

3. 要求

计算剪力墙Q1在标高－4.800～13.500m范围的钢筋预算工程量。

4. 做法提示

(1) 根据第10章中结施—05～结施—10中的资料,识读剪力墙墙身Q1平法施工图,找出剪力墙Q1的平面尺寸、配筋信息。

(2) 按照图集22G101-1的构造要求,结合－4.800～13.500m标高范围内与Q1墙连接的梁、板的尺寸信息,画出剪力墙Q1的配筋简图。

(3) 对剪力墙Q1的所有钢筋逐一进行编号。

(4) 计算剪力墙墙身Q1水平钢筋的长度和总根数。

(5) 计算剪力墙墙身Q1竖向钢筋的长度和总根数。

(6) 计算剪力墙墙身拉筋的长度和总道数。

(7) 填写Q1剪力墙钢筋材料明细表。

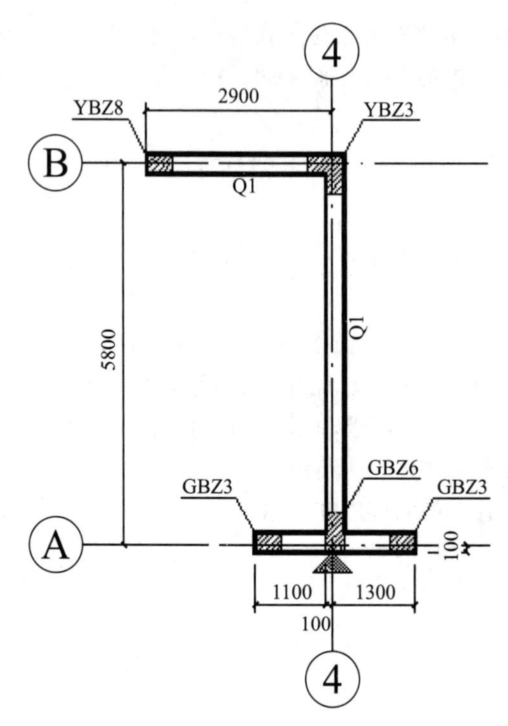

图 11-4　Q1 剪力墙平面布置图

11.7　剪力墙约束边缘柱 YBZ 平法识图与钢筋算量

1. 训练目标

(1) 能熟练识读剪力墙约束边缘柱的平法施工图。

(2) 能熟练计算剪力墙约束边缘柱各种钢筋的长度及根数。

2. 资料

选择 11.6 节中图 11-5 的约束边缘柱 YBZ8,标高范围从基础顶～3 层顶(标高－4.800～13.500m)。其余信息见设计总说明和相关结施图。

3. 要求

计算剪力墙约束边缘柱 YBZ8 在标高－4.800～13.500m 范围的钢筋预算工程量。

4. 做法提示

(1) 根据第 10 章结施—05～结施—10 中的资料,识读 YBZ8 平法施工图,找出 YBZ8 的平面尺寸、竖向尺寸、配筋信息。

(2) 按照图集 22G101-1 的构造要求,画出 YBZ8 的纵剖面图。

(3) 对 YBZ8 的所有钢筋逐一进行编号。

(4) 计算 YBZ8 纵筋的长度和总根数。

(5) 计算 YBZ8 箍筋和拉筋的长度和总根数。

(6) 填写 YBZ8 钢筋材料明细表。

11.8 剪力墙构造边缘柱GBZ平法识图与钢筋算量

1. 训练目标

(1) 能熟练识读剪力墙构造边缘柱的平法施工图。

(2) 能熟练计算剪力墙构造边缘柱各种钢筋的长度及根数。

2. 资料

选择11.6节中图11-5的构造边缘柱GBZ3,标高范围从基础顶～3层顶(标高－4.800～13.500m)。其余信息见设计总说明和相关结施图。

3. 要求

计算剪力墙构造边缘柱GBZ3在标高－4.800～13.500m范围的钢筋预算工程量。

4. 做法提示

(1) 根据结施—05～结施—10中的资料,识读GBZ3平法施工图,找出GBZ3的平面尺寸、竖向尺寸、配筋信息。

(2) 按照图集22G101-1的构造要求,画出GBZ3的纵剖面图。

(3) 对GBZ3的所有钢筋逐一进行编号。

(4) 计算GBZ3纵筋的长度和总根数。

(5) 计算GBZ3箍筋和拉筋的长度和总根数。

(6) 填写GBZ3钢筋材料明细表。

11.9 剪力墙连梁LL(JX)平法识图与钢筋算量

1. 训练目标

(1) 能熟练识读剪力墙连梁(交叉斜筋配筋)的平法施工图。

(2) 熟悉剪力墙连梁(交叉斜筋配筋)的配筋构造,并能熟练计算剪力墙连梁(交叉斜筋配筋)各种钢筋的长度及根数。

2. 资料

云南昆明某高层住宅小区,地下1层,地上20层,为现浇高层钢筋混凝土框架剪力墙结构。工程抗震等级为一级,混凝土强度等级信息如下:墙柱C40,梁板C35。选择项目中第16层的剪力墙连梁LL4(JC),该层标高52m,连梁布置及配筋信息如图11-5所示,梁截面尺寸为250×800加构造筋G6 ⌀10。连梁混凝土强度等级同墙肢。结构混凝土环境类别及耐久性的基本要求如下:地梁、室内地坪以下钢筋混凝土墙,柱基础为二a类,其余为一类。混凝土保护层厚度信息如下:墙15mm,梁柱20mm。剪力墙信息如表11-2所示。

表11-2 剪力墙墙身表

标高/m	墙厚	钢筋排数	水平分布筋	竖向分布筋	拉 筋
73.200～79.900	250	2	⌀8@150	⌀8@150	⌀6@450×450

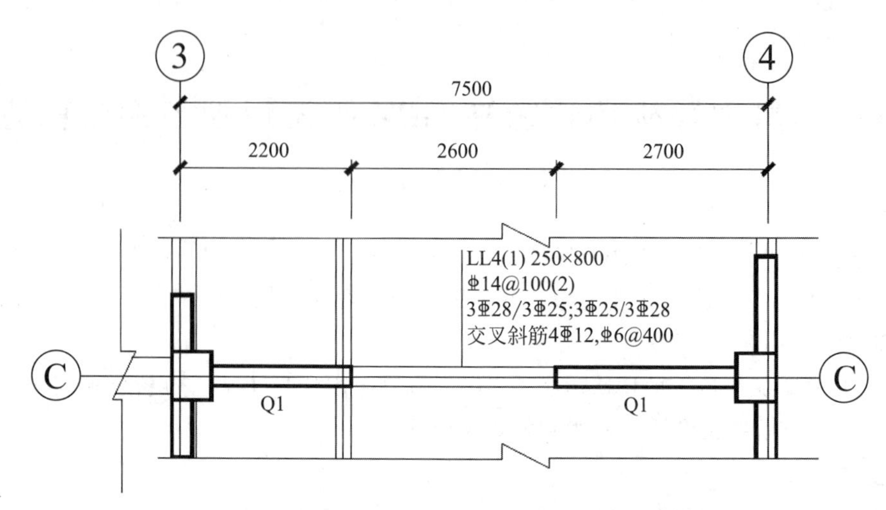

图 11-5　剪力墙连梁 LL4 配筋图

3. 要求

计算剪力墙连梁 LL4 的钢筋预算工程量。

4. 做法提示

(1) 识读图中 LL4 平法施工图,找出 LL4 的断面尺寸和配筋信息。

(2) 按照图集 22G101-1 的构造要求,画出连梁 LL4(JC)的纵剖面图和断面图。

(3) 对 LL4(JC)的所有钢筋逐一进行编号。

(4) 计算 LL4(JC)各种纵筋的长度和总根数。

(5) 计算 LL4(JC)箍筋和拉筋的长度和总根数。

(6) 填写 LL4(JC)钢筋材料明细表。

11.10　地下室外墙平法识图与钢筋算量

1. 训练目标

(1) 能熟练识读地下室外墙的平法施工图。

(2) 能熟练计算剪力墙外墙的水平分布筋、竖向分布筋及拉筋的长度及根数。

2. 资料

第 10 章的案例 2 中,标高－4.800～±0.000m 剪力墙平面布置图(结施—05)和标高－4.800～±0.000m 剪力墙柱、墙身表(结施—06),选择图 11-6 的地下室外墙 WQ1,标高范围从基础顶～地下 1 层顶(标高－4.800～0.000m)。WQ1 钢筋信息见表 11-3,其余信息见第 10 章案例 2 中的 10.2 结构设计总说明和其他结施图。

表 11-3　剪力墙身表

编号	标高/m	墙厚	钢筋排数	水平分布筋	竖向分布筋	拉　筋	备　注
WQ1	－4.800～±0.000	300	2	Φ14@2000	Φ14@120	Φ6@450×360	拉筋梅花形布置

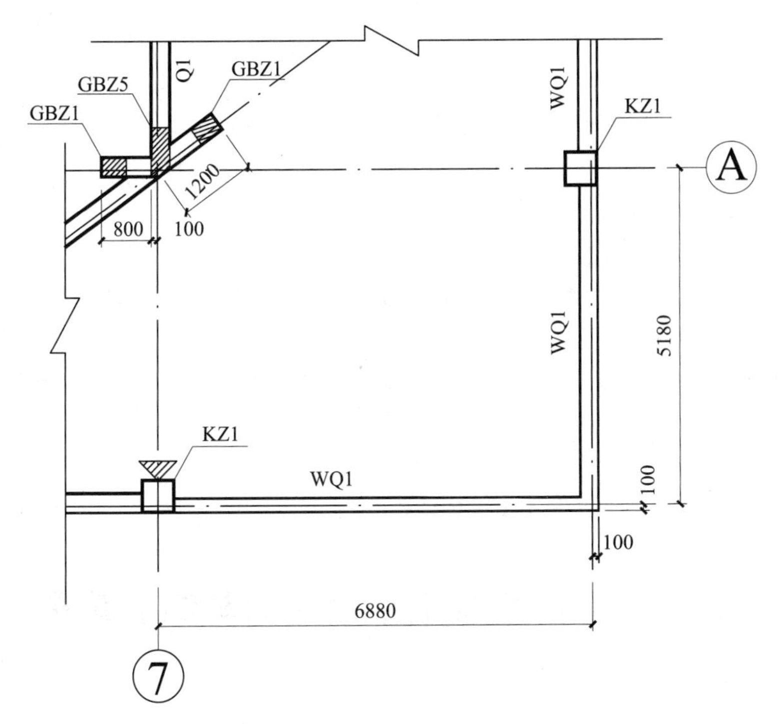

图 11-6　剪力墙 WQ1 平面布置图

3. 要求

计算 WQ1 在标高－4.800～0.000m 范围的钢筋预算工程量。

4. 做法提示

(1) 根据结施—05～结施—06 中的资料，识读 WQ1 平法施工图，找出 WQ1 的平面尺寸、配筋信息。

(2) 按照图集 22G101-1 的构造要求，结合 WQ1 结施图，画出 WQ1 墙的水平钢筋构造图、竖向钢筋构造图。

(3) 对 WQ1 的所有钢筋逐一进行编号。

(4) 计算 WQ1 水平钢筋的长度和总根数。

(5) 计算 WQ1 竖向钢筋的长度和总根数。

(6) 计算 WQ1 钢筋的长度和总道数。

(7) 填写 WQ1 钢筋材料明细表。

11.11　抗震楼层框架梁平法识图与钢筋算量

1. 训练目标

(1) 能写出抗震楼层框架梁的钢筋种类。

(2) 能熟练识读抗震楼层框架梁用平面注写方式和截面注写方式表达的施工图。

(3) 能熟练计算抗震楼层框架梁内的上部通长筋、架立筋、支座负筋、下部受力筋、构造筋、受扭筋、箍筋、拉筋及吊筋的长度及根数。

2. 资料

第 9 章案例 1 中，3.600m 标高梁配筋图(结施—07)中的 KL2 梁。

3. 要求

计算 KL2 梁的钢筋预算工程量。

4. 做法提示

(1) 根据 3.600m 标高梁配筋图(结施—07)中的资料，识读 KL2 梁的平法施工图，写出集中标注、原位标注的含义。

(2) 按照图集 22G101-1 的构造要求，画出 KL2 梁的纵剖面图、跨中横剖面图和支座横剖面图。

(3) 对 KL2 梁的所有钢筋逐一进行编号

(4) 计算 KL2 梁所有钢筋的长度和根数。

11.12 屋面框架梁平法识图与钢筋算量

1. 训练目标

(1) 能写出抗震屋面框架梁的钢筋种类。

(2) 能熟练识读抗震屋面框架梁用平面注写方式和截面注写方式表达的施工图。

(3) 能熟练计算抗震屋面框架梁内的上部通长筋、架立筋、支座负筋、下部受力筋、构造筋、受扭筋、箍筋、拉筋及吊筋的长度及根数。

2. 资料

第 9 章案例 1 中，10.800m 标高梁配筋图(结施—11)中，WKL1 梁。

3. 要求

计算 WKL1 梁的钢筋预算工程量。

4. 做法提示

(1) 根据结施—011 中的资料，识读 WKL1 梁的平法施工图，写出集中标注、原位标注的含义。

(2) 按照图集 22G101-1 的构造要求，画出 WKL1 梁的纵剖面图、大跨的跨中横剖面图和支座横剖面图。

(3) 对 WKL1 梁的所有钢筋逐一进行编号。

(4) 计算 WKL1 梁所有钢筋的长度和根数。

(5) 填写 WKL1 梁钢筋材料明细表。

11.13 非框架梁平法识图与钢筋算量

1. 训练目标

(1) 能熟练识读非框架梁用平面注写方式表达的施工图。

(2) 能熟练计算非框架梁内各钢筋的长度及根数。

2. 资料

第9章案例1中，10.800m标高梁配筋图(结施—11)中，L2梁。

3. 要求

计算L2梁的钢筋预算工程量。

4. 做法提示

(1) 根据10.800m标高梁配筋图(结施—11)中的资料，识读L2梁的平法施工图，写出集中标注、原位标注的含义。

(2) 按照图集22G101-1的构造要求，画出L2梁的纵剖面图、大跨的跨中横剖面图和支座横剖面图。

(3) 对L2梁的所有钢筋逐一进行编号。

(4) 计算L2梁所有钢筋的长度和根数。

(5) 填写WKL1梁钢筋材料明细表。

11.14 悬挑梁平法识图与钢筋算量

1. 训练目标

(1) 能熟练识读悬挑梁用平面注写方式表达的施工图。

(2) 能熟练计算悬挑梁内各钢筋的长度及根数。

2. 资料

第10章案例2中，标高5.400m梁配筋施工图(结施—21)中，XL1悬挑梁。

3. 要求

计算XL1悬挑梁的钢筋预算工程量。

4. 做法提示

(1) 根据第10章中标高5.400m梁配筋施工图(结施—21)中的资料，识读XL1悬挑梁的平法施工图，写出集中标注、原位标注的含义。

(2) 按照图集22G101-1的构造要求，画出XL1悬挑梁的纵剖面图和横剖面图。

(3) 对XL1悬挑梁的所有钢筋逐一进行编号。

(4) 计算悬挑梁所有钢筋的长度和根数。

(5) 填写悬挑梁部分钢筋材料明细表。

11.15 有梁楼板平法识图与钢筋算量

1. 训练目标

(1) 能写出有梁楼板的钢筋种类。

(2) 能熟练识读有梁楼板平法施工图。

（3）能熟练计算有梁楼板的下部贯通筋、上部贯通筋、上部非贯通筋及分布筋的长度及根数。

2. 资料

第9章案例1中，3.600m标高板配筋图(结施—08)，2—3轴和B—D轴围成的楼板。

3. 要求

计算楼板的钢筋预算工程量。

4. 做法提示

（1）根据第9章中3.600m标高板配筋图(结施—08)中的资料，识读3.600m楼板平法施工图，写出集中标注、原位标注的含义。

（2）按照图集22G101-1的构造要求，画出2—3轴和B—D轴围成的楼板剖面图。

（3）对这部分楼板内的所有钢筋逐一进行编号

（4）计算所有钢筋的长度和根数。

（5）填写钢筋材料明细表。

11.16 楼梯平法识图与钢筋算量

1. 训练目标

（1）能熟练识读板式楼梯用平面注写方式表达的施工图。

（2）能熟练计算不同类型板式楼梯内各钢筋的长度及根数。

2. 资料

第9章案例1中，2#楼梯结构施工图(结施—14)中，选择标高1.800～3.600m的梯板TB1。

3. 要求

计算TB1的钢筋预算工程量。

4. 做法提示

（1）根据第9章中2#楼梯结构施工图(结施—14)中的资料，识读TB1的平法施工图，写出集中标注、原位标注的含义。

（2）对TB1的所有钢筋逐一进行编号。

（3）按照图集22G101-2的构造要求，计算TB1所有钢筋的长度和根数。

（4）填写TB1钢筋材料明细表。

11.17 综合技能训练(××办公楼平法识读与钢筋算量)

1. 训练目标

（1）能熟练识读建筑工程钢筋混凝土结构用平法表示的全套结构施工图。

（2）掌握建筑工程钢筋混凝土结构各构件的配筋构造。

(3) 熟练计算各结构构件的钢筋预算工程量。

2. 资料

××办公楼共2层,独立基础,框架结构。详细工程信息见结施—01～结施—11,图纸目录见表11-4。

表11-4　××办公楼结构施工图图纸目录

序号	图纸编号	图纸名称
1	结施—01	设计总说明(一)
2	结施—02	设计总说明(二)
3	结施—03	基础布置图
4	结施—04	基础详图
5	结施—05	基础明细表
6	结施—06	柱平面布置图、柱配筋图
7	结施—07	顶标高3.520m梁配筋图
8	结施—08	顶标高3.520m板配筋图
9	结施—09	顶标高6.900m梁配筋图
10	结施—10	顶标高6.900m板配筋图
11	结施—11	楼梯施工图

3. 要求

计算并汇总该工程项目各构件的钢筋预算工程量。

4. 做法提示

(1) 识读设计总说明,提炼出结构各构件的抗震等级、混凝土强度等级、钢筋强度等级、工程所处环境类别、混凝土保护层厚度,钢筋连接方式。识读大样图。

(2) 识读基础布置图和基础详图,按照图集22G101-3的构造要求,计算基础钢筋的工程量,并列出明细表。

(3) 识读柱平面布置图和柱表,按照图集22G101-1的构造要求,计算框架柱钢筋的工程量,并列出明细表。

(4) 识读各层梁配筋图,按照图集22G101-1的构造要求,计算楼层框架梁、屋面框架梁、非框架梁钢筋的工程量,并列出明细表。

(5) 识读各层板配筋图,按照图集22G101-1的构造要求,计算楼层板及屋面板钢筋的工程量,并列出明细表。

(6) 识读楼梯布置图和楼梯详图,按照图集22G101-2的构造要求,计算楼梯及楼梯间其他构件钢筋的工程量,并列出明细表。

(7) 计算其他构件(构造柱、圈梁等)的钢筋工程量。

(8) 列表汇总本工程项目的钢筋工程量。

根据该工程结构施工图建三维结构模型如图11-7所示。

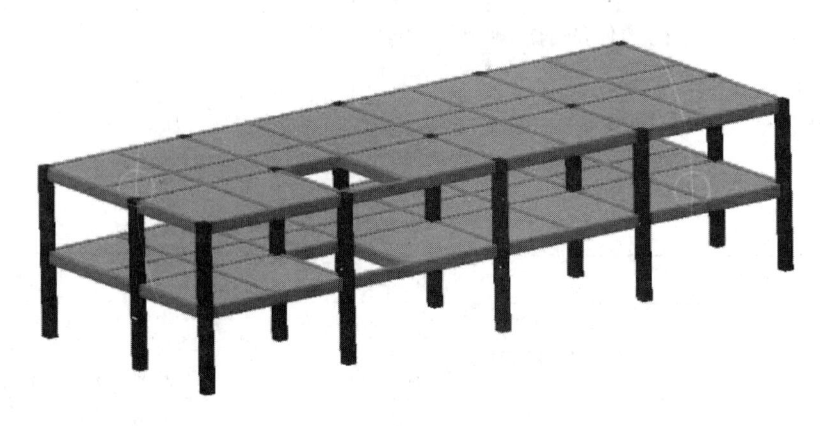

图 11-7　××办公楼结构三维图

本工程的设计总说明、基础布置图、基础详图等图纸见二维码表格。

	设计总说明(一)(结施—01)		顶标高 3.520m 梁配筋图(结施—07)
	设计总说明(二)(结施—02)		顶标高 3.520m 板配筋图(结施—08)
	基础布置图(结施—03)		顶标高 6.900m 梁配筋图(结施—09)
	基础详图(结施—04)		顶标高 6.900m 板配筋图(结施—10)
	基础明细表(结施—05)		楼梯施工图(结施—11)
	柱平面布置图、柱配筋图(结施—06)		

参考文献

[1] 中国建筑标准设计研究院．混凝土结构施工图平面整体表示方法制图规则和构造详图(现浇混凝土框架、剪力墙、梁、板)(22G101-1)[S]. 北京:中国计划出版社,2022.

[2] 中国建筑标准设计研究院．混凝土结构施工图平面整体表示方法制图规则和构造详图(现浇混凝土板式楼梯)(22G101-2)[S]. 北京:中国计划出版社,2022.

[3] 中国建筑标准设计研究院．混凝土结构施工图平面整体表示方法制图规则和构造详图(独立基础、条形基础、筏形基础、桩基础)(22G101-3)[S]. 北京:中国计划出版社,2022.

[4] 全国地震标准化技术委员会(SAC/TC 225). 中国地震动参数区划图(GB 18306—2015)[S]. 北京:中国标准出版社,2016.

[5] 中国建筑科学研究院．混凝土结构设计规范(GB 50010—2010)(2015 年版)[S]. 北京:中国建筑工业出版社,2015.

[6] 中国建筑科学研究院．建筑抗震设计规范(GB 50011—2010)[S]. 北京:中国建筑工业出版社,2010.

[7] 中华人民共和国住房和城乡建设部．高层建筑筏形与箱形基础技术规范(JGJ 6—2011)[S]. 北京:中国建筑工业出版社,2011.

[8] 徐珍、章明．钢筋混凝土结构平法识读与钢筋算量[M]. 武汉:武汉理工大学出版社,2019.

[9] 陈达飞．平法识图与钢筋算量[M]. 3 版．北京:中国建筑工业出版社,2018.

[10] 上官子昌．平法钢筋识图方法与实例[M]. 北京:化学工业出版社,2018.

[11] 上官子昌．16G101 平法系列图集施工常见问题详解[M]. 北京:中国建筑工业出版社,2017.

[12] 尤小明,汪金能．平法识图与钢筋算量(修订版)[M]. 西安:西北工业大学出版社,2016.